民航飞机电气系统

朱新宇　彭卫东　何　建　编

西南交通大学出版社
·成都·

图书在版编目（CIP）数据

民航飞机电气系统 / 朱新宇，彭卫东，何建编. —成都：西南交通大学出版社，2010.4（2020.10 重印）
ISBN 978-7-5643-0634-2

Ⅰ. ①民… Ⅱ. ①朱… ②彭… ③何… Ⅲ. ①民用飞机－航空电气设备 Ⅳ. ①V242

中国版本图书馆 CIP 数据核字（2010）第 060095 号

民航飞机电气系统
Minhang Feiji Dianqi Xitong

朱新宇　彭卫东　何建　编

责任编辑	高平
特邀编辑	张阅
封面设计	本格设计
出版发行	西南交通大学出版社
	（四川省成都市金牛区二环路北一段 111 号
	西南交通大学创新大厦 21 楼）
发行部电话	028-87600564　87600533
邮　　编	610031
网　　址	http://www.xnjdcbs.com
印　　刷	四川森林印务有限责任公司
成品尺寸	185 mm × 260 mm
印　　张	20.875
字　　数	520 千字
版　　次	2010 年 4 月第 1 版
印　　次	2020 年 10 月第 8 次
书　　号	ISBN 978-7-5643-0634-2
定　　价	48.00 元

图书如有印装质量问题　本社负责退换

版权所有　盗版必究　举报电话：028-87600562

前　　言

随着中国步入民航大国的行列，对民航特有人员的需求量不断增大，中国民航飞行学院承担着培养机务维修高级应用人才的重任，因此必须在出好人才、快出人才上贡献力量。航空电气技术是机务从业人员必须掌握的基本知识之一，在这样的大背景下学院组织编写了《民航飞机电气系统》一书，作为热能与动力工程（航空发动机维修）、电子信息工程（航空电子设备维修）、飞行器制造与工程（飞行器结构修理）、航空机电设备维修等专业的教材。

本书介绍了电器设备、电气系统的基础知识及民航飞机主要电气设备的组成和功用，包括电路装置、航空电机、直流电源系统、交流电源系统、发动机起动与点火系统、飞机电气控制系统、灭火系统、灯光照明及警告信号、电磁干扰与防护等内容。在本书的最后一章，还对在我国使用量较大的、具有典型意义的飞机的电源系统做了介绍，并结合电气系统维护的实际，在附录中提出了维护注意事项。

由于民用航空国际化的性质，使得在民航服役的飞机来自于不同的国家，其技术资料的使用语言和各种符号的标准不尽相同，为了让使用过本书的人尽快掌握所学内容，能够顺利适应民用航空中不同机型的维护，书中对不同的符号标准和图中所用文字并未完全统一。同时，对于在机务维护中常遇到的电气系统的概念都给出了其英文对应词汇，以便于读者熟悉英文文献的表达方式。

本教材为培养学员从事电气相关工作的基本知识提供理论知识和一般的故障及排除方法，书中提供的资料和数据并不能直接作为机型维修或维护工作的依据，实际工作必须参照飞机制造公司配备的维修手册进行。

本书由中国民航飞行学院朱新宇教授、彭卫东副教授、何建副教授编写，由朱新宇担任主编。在本书编写过程中得到了教务处和航空工程学院的大力支持，在此一并感谢。

由于时间紧，资料有限，编者水平也有限，教材难免会存在不足之处，请读者提出宝贵意见，我们将认真改正。

编　者
于中国民航飞行学院
2009 年 5 月

目 录

绪论 飞机电气系统概述 ··· 1
- 第一节 飞机供电系统的功用和构成 ·· 1
- 第二节 用电设备 ··· 4
- 第三节 未来先进飞机的电源系统 ··· 6

第一章 电器基本知识 ·· 10
- 第一节 电接触和气体导电的基本理论 ·· 10
- 第二节 磁路基本理论* ··· 22
- 第三节 电磁铁 ··· 27

第二章 电路装置 ·· 31
- 第一节 导线及其连接装置 ··· 31
- 第二节 电路控制装置 ··· 39
- 第三节 电路保护装置 ··· 54

第三章 航空电机 ·· 62
- 第一节 概述 ··· 62
- 第二节 直流电机的基本结构和工作原理 ·· 65
- 第三节 直流电机的电枢反应和换向 ·· 71
- 第四节 直流发电机运行特性 ··· 75
- 第五节 直流电动机 ··· 79
- 第六节 三相同步交流发电机 ··· 81
- 第七节 三相异步电动机 ··· 86
- 第八节 单相异步电动机 ··· 90
- 第九节 控制电机 ··· 93
- 第十节 变压器 ··· 100

第四章 飞机蓄电池 ·· 108
- 第一节 飞机铅酸蓄电池 ··· 108
- 第二节 VRLA 蓄电池 ··· 119
- 第三节 飞机碱性蓄电池 ··· 123

第五章 飞机直流供电系统 ··········132

第一节 直流发电机的电压调节 ··········132
第二节 直流电源的并联供电 ··········137
第三节 直流电源的控制与保护 ··········141
第四节 旋转变流机及静止变流器 ··········144
第五节 直流发电机在飞机上的使用 ··········147
第六节 飞机直流电网 ··········150

第六章 飞机交流供电系统 ··········152

第一节 概述 ··········152
第二节 航空无刷交流发电机 ··········156
第三节 恒速恒频交流电源 ··········159
第四节 变速恒频交流电源 ··········169
第五节 交流发电机电压调节 ··········172
第六节 交流发电机的并联运行 ··········175
第七节 飞机交流电源的控制关系 ··········181
第八节 飞机交流发电机的故障及其保护 ··········188
第九节 现代飞机的控制保护器 ··········193
第十节 变压整流器 ··········196

第七章 发动机电力起动 ··········205

第一节 启动系统的主要机件及其工作原理 ··········205
第二节 活塞发动机起动 ··········213
第三节 喷气发动机的起动 ··········216

第八章 飞机电气控制系统 ··········220

第一节 飞机电动机械 ··········220
第二节 飞机襟翼收放电路 ··········224
第二节 调整片操纵电路 ··········226
第三节 起落架收放电路 ··········228
第四节 顺桨系统 ··········231

第九章 飞机灭火系统 ··········240

第一节 概述 ··········240
第二节 火警探测系统 ··········240
第三节 灭火系统 ··········247
第四节 灭火系统的维护 ··········255

第十章　飞机灯光照明及警告信号设备 ································· 257

    第一节　灯光照明设备 ································· 257

    第二节　警告信号设备 ································· 270

第十一章　电磁干扰及防护 ································· 277

    第一节　电磁干扰及其危害 ································· 277

    第二节　电磁干扰的控制 ································· 281

    第三节　静电及防护技术 ································· 289

    第四节　典型飞机系统的电磁干扰源分析 ································· 298

第十二章　典型民航飞机供电系统* ································· 302

    第一节　TB-20 飞机供电系统 ································· 302

    第二节　新舟-60 飞机供电系统 ································· 303

    第三节　B737-300 飞机供电系统 ································· 307

    第四节　B777-200 供电系统 ································· 311

    第五节　B747-400 供电系统 ································· 314

附录 1　电气设备维护规则 ································· 317

    第一节　电气设备一般维护规则 ································· 317

    第二节　飞机线路的检查与维护规则 ································· 318

    第三节　地面电源及检查与使用规则 ································· 320

附录 2　常用电气符号对照 ································· 324

参考文献 ································· 326

绪论　飞机电气系统概述

第一节　飞机供电系统的功用和构成

一、电源系统的组成和功用

飞机上电能的产生、调节、控制、变换和传输分配系统统称为飞机供电系统（Power Supplying System），包括从电能产生一直到用电设备端的部分，它又可分为飞机电源系统和飞机输配电系统两部分。

飞机电源系统（Aircraft Electrical Power System）是飞机上电能产生、调节、控制和电能变换部分的总称。飞机电源系统通常由主电源、辅助电源、应急电源、二次电源和地面电源及其连接与监控部分组成，飞机电源系统组成如图 0-1 所示。主电源由航空发动机直接或间接传动的发电机及其变换调节、控制保护设备等构成，它在飞机正常飞行时向全机提供足够数量和一定质量的电能，满足用电设备的需要。辅助电源是飞机发动机未工作或部分主电源发生故障时向飞机供电的电源。应急电源是主电源故障后向飞机飞行必须的用电设备供

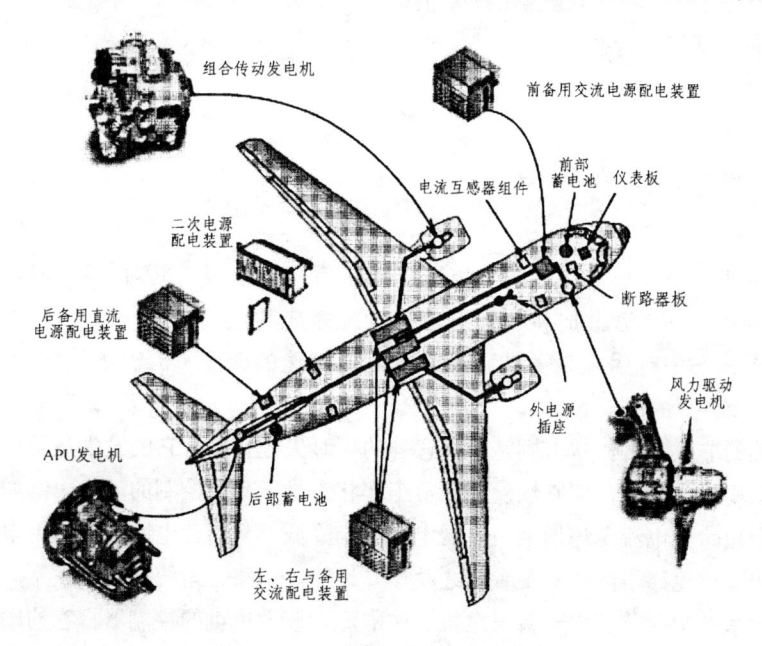

图 0-1　飞机电源系统组成示意图

电的电源，由于应急电源容量小或储能有限，此时飞机必须在就近机场着陆。二次电源由电能变换器构成，用于将主电源产生的一种形式的电能转变为另一种或多种形式的电能，以适应不同用电设备的需要。飞机停于机场时，最好由机场的地面电源供电，地面电源通过电缆和机身的插头插座向飞机供电，以供在地面通电检查机上用电设备和起动发动机。

飞机电源系统是指由飞机电源到电源汇流条间的部分，飞机输配电系统则是指由电源汇流条到用电设备端的部分。飞机输配电系统又称飞机电网，由电线、配电装置和保护元件等构成。

在飞机输配电系统中，根据配电方式的不同分为集中式、分散式和混合式三种。集中式配电系统设有中心配电装置，所有电源的电能都送到此配电装置，所有用电设备也通过导线连接到配电装置，所以飞机上的电源都处于并联工作状态。这种配电方式仅适合于小型飞机。分散式配电是各电源产生的电能送到各自的配电装置，并通过它向就近的用电设备供电，一旦某电源故障，由它供电的设备转由正常电源供电。这种配电方式比较简单可靠。混合配电方式设有多个用电设备汇流条，分布于用电设备附近，称为二次配电装置，所有电源的电能仍集中在中心配电装置，二次配电装置由中心配电装置供电，这样可以使中心配电装置简化。

配电系统的控制方式有：常规式、遥控式和固态式。常规控制方式的电源线和用电设备输电线都集中于座舱内的中心配电装置中，由飞行员控制电源和用电设备电路的接通或断开。遥控式的配电汇流条设于用电设备附近，飞行员在座舱内通过继电器或接触器接通或断开电路，故座舱内只有控制线，没有电力线。固态配电系统应用微型计算机和分时多路传输总线来控制电源和用电设备的通或断，既有遥控式的特点，又简化了控制线，减轻了飞行人员的负担，减小了飞机电网的质量，提高了电网的可靠性和维修性。

此外，根据电压分类，有低压和高压（60 V 以上）电网两种。根据电流类型来划分则有直流电网和交流电网。就交流电网来说，又有单相和三相电网之分。就电网的线制来划分，则有单线、双线、三线、四线等几种。根据电网的用途来划分，则有主电网（即供电网）、配电网、辅助电网和应急电网等。

二、正常和非正常供电

在飞机的飞行准备、起飞爬升、着陆和停机等各个阶段，要对飞机进行操纵和完成执行飞行任务所需的工作，若此时供电系统能连续地完成其全部功能性工作，称为飞机正常供电状态。该工作状态中有用电设备的转换、发电机转速的改变、汇流条的切换和同步、多发电机系统的并联或解除并联等。

供电系统的非正常工作状态则是一种意外的短时失控状态，它的发生是不可控制的，发生的时刻也是无法精确预测的，但它恢复到正常工作状态是一个可控制的动作。例如配电线短路，一旦发生短路则短路处电流迅速增大，电网电压急剧降低，从而使电网中别的用电设备可能不能正常工作，但由于该电路中的保护装置随之动作，切除了短路，系统又恢复正常。又如，在不并联运行的多发电系统中，若其中一台发电机发生故障，该发电机的控制器将它的励磁电路切断，并将发电机输出的馈电线中的接触器断开，于是由该电机供电的所有用电设备都失去了电能供应，但随后供电系统将这些用电设备转换到正常工作的发电通道,则它们又恢复了正常工作。

若飞行中飞机主电源不能提供足够的或符合规定要求的电功率,要求使用应急电源的工作状态,称为供电系统的应急工作。由于应急电源容量小,只能向飞行和降落所必须的设备供电,且供电时间有限。

应急电源有两种类型,应急蓄电池和应急发电机。前者因储能有限,属于短期供电应急电源,一般规定应急供电时间为 30 min;后者属于长期供电电源。蓄电池供电时,供电电压将随供电时间的增加而降低,甚至低到 18~20 V,应急设备必须在这样低的电压下正常工作。

对于在国内航线使用的飞机,应急供电时可到就近机场或备降机场着陆,且所用通信和着陆仪表设备用电量不大,应急电源容量可以小些。对于跨洋飞行的飞机,在到达任一机场前,必须进行长时间飞行,飞机上除安装有国内飞行所需用电设备外,还有短波通信和无线电测向器等用电设备,用电量较大,但用增大蓄电池容量来满足应急供电要求是不现实的,宜采用应急发电机,利用液压或气压能发电。

应急电源必须具有独立性,它应不依赖于主电源或别的电源而能自行工作。

三、电源容量的选取

飞机电源系统的容量是指主电源的容量,等于飞机上主发电系统的台数与单台发电系统额定容量的乘积。直流电源容量单位为千瓦(kW),交流电源为千伏安(kV·A)。

发电系统的额定容量是在电源质量指标符合技术要求的长期连续工作时的最大容量。发电系统的工作状态受环境因素的影响,地面工作时,因只能靠内装风扇冷却,允许输出功率较小。在高空时,尽管进气温度降低了,但大气密度也同时降低,散热效果变差。低速飞行,进风量小;超音速后进气温度因绝热压缩而急剧升高,也使发电机最大允许容量降低。变速工作的直流发电机低速时的功率极限受励磁绕组热的限制,高速时受摩擦损耗和换向条件的限制。喷油冷却交流发电机的最大允许工作容量受飞行高度及速度的影响较小,但变速交流发电机的低速最大允许工作容量也受励磁过大的限制。

电源系统的容量不仅取决于发电机和变换器(对于 VSCF 电源),还与从电源到电源汇流条的主馈线容量有关,馈电线的容量应等于电源的额定容量。

飞机低压直流发电机的额定容量有 3 kW、6 kW、9 kW、12 kW 和 18 kW 等数种;交流电源的额定容量有 15 kV·A、20 kV·A、30 kV·A、40 kV·A、60 kV·A、90 kV·A、120 kV·A 和 150 kV·A 等数种。

飞机交流发电机允许在 150%额定负载下工作 2 min,在 200%额定负载下工作 5 s。VSCF 电源发电通道的过载能力要低些。

在多发电机电源系统中,一个发电通道出现故障,不应卸去用电设备,仅在两个或两个以上发电通道故障时才需要卸去次要用电设备。在没有负载自动管理的飞机上,卸载工作由飞行员完成,由于飞行员操作的滞后,这种情况下往往导致电源过载。2 min 过载要求是为了满足电源故障时人工监控负载的需要和短时工作用电设备的需要;5 s 过载是为了满足电动机起动和配电电路导线接地短路排除故障的需要。

飞机电源的容量取决于用电设备的用电量大小，如果电源还有起动航空发动机的功能，则还应满足起动的需求。飞机用电设备决定于飞机的类型及其任务，大型飞机的用电设备比小飞机多得多，而旅客机的设备与货运机又有很大的不同。同一飞机在不同飞行阶段，使用的用电设备也不同。

第二节 用电设备

广义地说，飞机电气系统是飞机供电系统和飞机用电设备的总称。狭义的飞机电气系统是指飞机供电系统、电气照明与灯光信号系统、电气防冰和加温系统、发动机启动和电点火系统、飞机电力传动系统的总和。

飞机用电设备按其重要性可分为三类：

① 飞行关键设备，如仪表、飞行控制系统、仪表着陆系统和通信电台等，它们是确保飞机安全返航或就近降落（包括维持可操纵飞行）所必需的最低限度的用电设备，它们一旦供电中断，将威胁飞机和机上人员的安全，为此，必须将其配置在重要负载汇流条上。正常供电期间由主电源供电，当主电源失效转入应急供电时，应能自动或人工地转为由应急电源供电。

② 任务关键设备，这是完成飞行任务所必须的设备，如民用飞机中的座舱增压和空调设备等。在飞机应急供电时，为确保重要负载得到供电，将视故障的严重程度，切除部分乃至全部任务关键设备。

③ 一般用电设备，如座舱照明和厨房炊具等，它们不能正常工作，并不危及飞行安全，故当主电源发生局部故障而提供的功率有限时，为确保对重要负载和主要负载的供电，根据故障的严重程度，将首先切除部分以至全部一般用电设备。根据机载设备重要性的不同，供电系统将采用不同的供电余度，如图0-2所示。普通负载由主发电机供电；重要负载可由主发电机为主蓄电池供电，而飞行关键负载则可由主发电机、应急

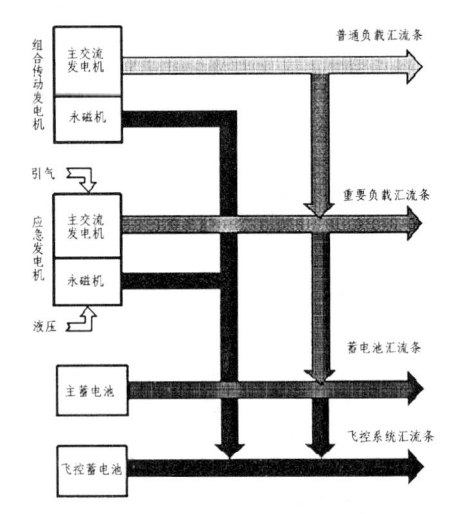

图0-2 机载设备的余度供电

发电机、主蓄电池、飞控蓄电池和主发电机及应急发电机的永磁机供电，构成了六余度供电。应急发电机可由发动机引气或液压电动机二余度驱动。

飞机用电设备类型很多，对供电也有不同的要求，下面进行简单的论述。

1. 用电设备的供电频率特性

飞机用电设备有的必须使用直流电，有的必须使用交流电，有的则二者均可。有的在使用交流电时必须使用恒频交流电，有的也可以使用变频交流电。直流电磁铁、接触器和继电

器、直流电动机只能使用直流电。集成电路、微机芯片不仅应供给直流电，而且要求直流电压较稳定。变压器、磁放大器和交流电动机只能供交流电，且通常希望供给频率较稳定的交流电。白炽灯和电加温设备既可供给交流电，也可供给直流电，它们对交流电的频率也没有要求，可由变频交流电源供电。

2. 用电设备的起动特性

白炽灯点燃前后的灯丝电阻相差数十倍，故接通电源时的电流要比正常工作电流大得多，但因灯丝的热惯性很小，故一般不计及初始接通电源的过程。电动机则不同，它的起动电流大，起动时间长，有明显的起动过程。若飞机供电系统发生故障导致供电短暂中断，从而使电网中的电动机停转，则当一旦恢复供电时，这些电机同时起动，将会给电网带来很大的冲击。实际上，任何用电设备都有一个从起动到稳态的工作过程，但多数设备这个过程都较短，一般可以忽略不计。

3. 用电设备的输入电压特性

不同用电设备的工作电压是不同的。集成电路、计算机芯片的工作电压为±15 V 和 5 V，并可以进一步减小；飞机用白炽灯工作电压有很多种，一般功率越小工作电压越低；但雷达发射机功率管的工作电压则达数千伏。多数交流电动机的额定电压为 115 V/200 V，直流电动机的额定电压为 27 V 或 270 V。电源电压变化范围对用电设备的影响很大。

供电电压的变化有两种，稳态电压变化和瞬态电压变化，稳态电压不稳定是由于飞机使用过程中工作环境变化、发电机转速或负载大小变化所造成的，是一种缓慢的变化。瞬态电压变化是由供电系统突加或突卸负荷、电源或汇流条切换或系统故障引起的短时电压变化，持续时间从几个毫秒至上百毫秒的电压瞬变常称为电压浪涌，持续时间 10 μs 左右的电压瞬变称电压尖峰。集成电路、微机芯片、电子元件对电压的稳态和瞬态变化很敏感，电压变化过大会导致永久性损坏。

4. 用电设备对供电系统的影响

用电设备运行的数量和功率，用电设备的投入与切除，将直接影响到供电系统的工作，对供电电压大小、频率、电压波形和供电系统的发热状态、机械应力、电应力等都有影响。用电设备性质的不同，影响的程度也不同。对于线性负载，总的影响较小，但是在三相系统中，三相负载配置的不对称会导致三相电压的不平衡和使三相电机损耗加大。电动机是一种特殊用电设备，它的起动特性和稳态运行特性差别很大，直接起动时起动电流很大且有较低的功率因数，对电网电压电流和频率都有影响。直流电机的特性和工作状态直接与供电电压有关，当电压大于电动势时，为电动机工作；当电压约等于电动势时，电机空载工作，基本上不吸取电源功率；当电压小于电动势时，为发电机工作状态，电机向电网提供功率，即储存于电机内的机械能向电能转化。故大型电动机在电网突然短路、电网电压降低时，工作于发电机状态，也向短路点输送电流。

电子设备增多,使交流供电系统的波形发生畸变。因为电子设备内部电源首先将输入 400 Hz 交流电并通过二极管整流电路整流成直流电,经电容滤波后送稳压电路。整流滤波电路是一种典型非线性电路,使交流电源输入电流中出现高次谐波,该高次谐波在电源内阻抗上产生高次电压降,从而使电源电压波形畸变,损耗加大,并对电网上其他用电设备产生不良影响。通信电台发射机、雷达和电子对抗设备发射机往往还是一种脉冲工作负载,发射期间消耗功率很大,不发射时则较小,从而使供电电源长期处于瞬变状态,使供电质量降低。

供电系统分成正常、非正常和应急工作三种状态。在供电系统正常时,一般用电设备应具有设计要求的全部技术性能,除非有专门的规定,在供电特性的一定范围内设备的某些性能可以降低,在电源或汇流条转换出现供电中断时,对用电设备的性能不作要求,但恢复供电后,设备性能应全部恢复。在供电系统非正常期间,除非另有规定,一般对设备性能不作要求,但必须保证安全,一旦供电恢复正常,用电设备也应全部恢复其特性。应急供电时,由于应急电源的电气特性一般弱于主电源的特性,应急状态工作的电气设备必须在这种条件下仍具有规定的特性,并保证安全可靠。

第三节 未来先进飞机的电源系统

现代飞机二次能源有液压、气压和电能等,每种辅助能源包括能量的产生、转换、调节、控制、保护、传输和分配等环节,是一个完整的系统。这些系统都以发动机为原动力,其中,液压和供电系统均遍布整个飞机。多种二次能源的使用,使得飞机的结构布局显得重复和复杂,因此,使用同一种二次能源——电源——将是一种趋势。

传统飞机发动机的动力主要满足环控系统、机械系统、液压系统、电力系统等四大系统的需要。由于系统越来越复杂,造成发动机能量利用率很低,于是人们在 20 世纪 70 年代初提出了全电飞机(All Electrical System, AEA)的概念。所谓全电飞机是一种用电力供电系统取代原来的液压、气压和机械系统的飞机,即所有的次级功率均用电的形式分配,AEA 要求实现所有机载设备和操纵系统的电气化。而多电飞机是全电飞机发展的一个过渡过程,是用电力系统部分取代次级功率系统的飞机。但这是一个逐渐发展的过程,在一定时期内,以电能部分地取代液压能、气压能是比较现实的,因而波音公司在 20 世纪 80 年代末提出了多电飞机(More Electrical System, MEA)的计划,其中的一些技术已经应用在了波音公司的 787 和空客的 A380 飞机上,A380 多电飞机的方案如图 0-3 所示。

多电飞机计划是一项按技术可用性分阶段实施的研究、发展和验证计划,将引出三代不同的多电飞机。第一代多电飞机以现有技术发展计划和已安排的验证项目为基础,计划在 1998 年完成。第一代多电飞机具有足够大的发电容量,足以取代飞机上的液压系统,它在供电系统方面应实现的目标是系统可靠性提高 9 倍,系统功率密度提高 1 倍。第二代多电飞机是供电技术大发展的产物,计划在 2005 年完成。在第二代多电飞机上,发电容量将明显大于一般的飞机用电量，从而有能力为新增的功能（如定向能武器、雷达等）提供电力。预计，第二代多电飞机的供电系统将比第一代多电飞机的轻 43%，且在供电系统方面应实现的目标是系统可靠性提高 14~19 倍，系统功率密度提高 2 倍。第三代多电飞机代表了供电技术的长远设想，其技术可用期为 2012 年。欧盟的"电传动力项目"，美国空军实验室开展的"多电飞机"项目，都取得了许多的研究成果，包括：① 发动机电力系统从发动机的起动发电机产生高压直流电，同时为发动机的燃油系统、滑油系统、助力系统和磁性轴承提供能源；② 飞

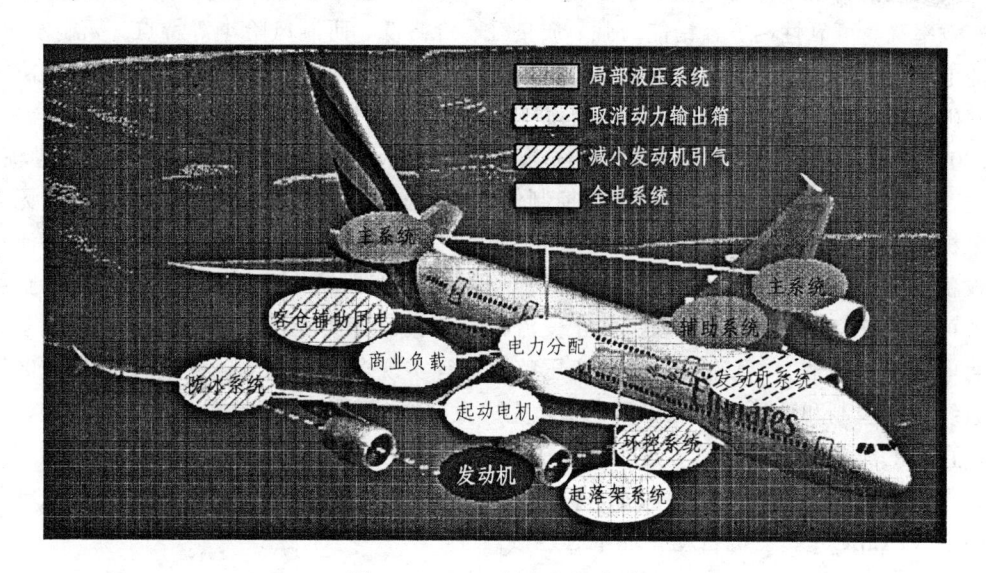

图 0-3　A380 多电飞机方案

机电力系统为机电舵机和混合动力舵机提供能源，用于起落架收放、刹车、喷口控制和平尾控制等；③ 环控系统将采用多电环控技术。无论是过渡性的 MEA，还是最终将要实现的 AEA，其电源系统都将具有以下特点：① 电源容量大，现代高性能飞机的电源系统已达 100 kV·A 以上；② 多余度不中断供电；③ 电源系统应能提供多种形式的电能，电能的多样性可以简化用电设备结构，减小其体积和质量；④ 电源系统应具有计算机检测、监控、管理和保护系统，并接受飞机自动管理中心的管理；⑤ 节省燃油，使用费用低，性能价格比高。

在目前运营中的民航客机中采用较多的恒频交流电源不适用于多电飞机或全电飞机发展的需要，主要是由于：① 恒频交流电源的效率较低，不适应大容量的需要，通常 CSCF 电源效率在 70%以下，VSCF 电源效率能达到 80%以上，但仍较低；② 115 V 三相四线制交流电网限制了进一步提高电源系统的容量，随着电源容量的增长，馈电线的重量又成为问题；③ 交流电源只有在满足一定条件时才能投入并联工作，交流电网实现不间断供电也比较复杂；④ 现代飞机上机载设备形式日趋多样化，恒频交流电并不一定是设备所需的理想电源。

虽然高压直流电源系统只在美国空军的 F-22 飞机上得以采用，尚未应用于民航客机，但研究表明高压直流电源具有较大的发展前途，它主要具有以下特点：① 效率较高，可以达到 90%左右，电能质量较高；② 容易实现不间断供电，可靠性较高；③ 配电电网质量较轻；④ 同交流电源相比，高压直流电源可以减小机电作动器、雷达、开关电源等内部的交流/直流变换环节，从而可以减小设备的体积和质量。

电源供电体制决定了飞机主电源系统发电设备本身的质量，也决定了配电装置和用电设备的质量，而且对飞机燃料从化学能转化为电能的效率也有很大区别，如高压直流电源系统的效率可以达到90%，变频电源系统的效率可高达95%，而变速恒频、恒速恒频、低压直流电源系统的效率分别为82%~86%、74%~79%和40%~56%。

在总结高压直流和恒频交流电源的研究成果的基础上，美国胜德斯特兰公司分析了未来飞机电气负载的特性，针对MEA的需要，提出了270 V直流/115 V交流混合电源系统方案，它具有效率高、可靠性高、容错能力强、质量轻、价格低、研制风险小等特点。无刷发电机、高性能电能变换器、固态功率控制器和固态配电技术三项关键技术均已得到了部分解决或取得了突破，在不远的将来，高压直流混合供电系统将成为先进飞机的首选电源系统。

270 V直流/115 V交流电源系统的组成如图0-4所示，主要由无刷交流发电机、整流器、逆变器、固态功率控制器和发电机/系统控制保护器等构成。由飞机发动机直接传动的无刷交流发电机输出恒压变频交流电，经整流后得到电压恒定的直流电，该直流电经两条汇流条向用电设备供电，一条提供270 V直流电，另一条经过逆变器转换后提供恒频交流电，重要用电设备可以经28 V直流汇流条通过静止变流器、整流器等实现冗余供电，28 V汇流条由机载应急电源（蓄电池）、直流变换器和变压整流器等实现多余度供电，发电机/系统控制保护器对系统进行控制和保护，实现电压调节，完成发电机的差动、过/欠压、欠速、过流、缺相保护，直流汇流条的纹波分量、过/欠压、过流保护，交流汇流条的过/欠压、过/欠频、谐波含量、直流分量、差动、缺相等保护，并通过通信总线（最新采用ARINC629）与电气负载管理中心（ELMC）和飞机自动管理中心连接。

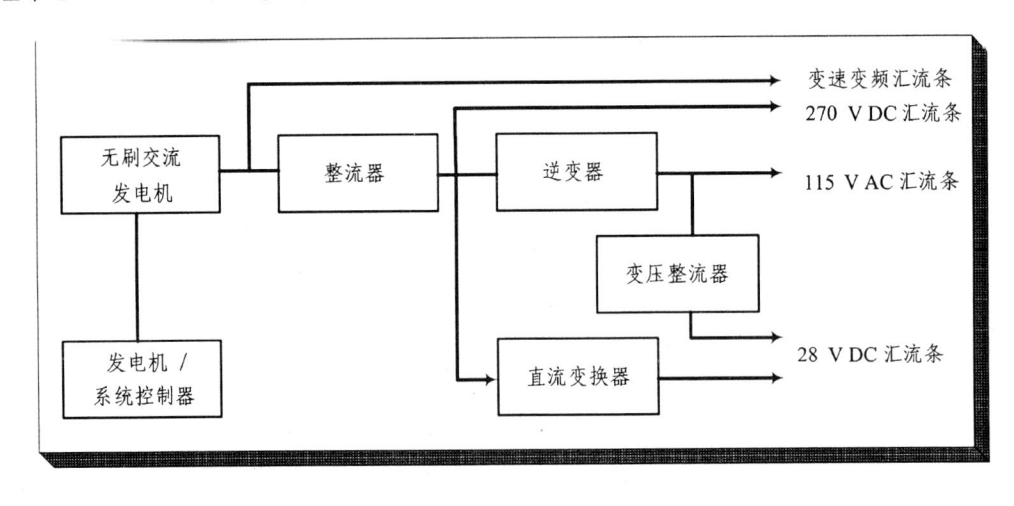

图 0-4　混合电源系统单通道构成

从图0-4所示供电系统的结构上看，该系统可以提供多种形式的电能：①变频交流电可直接用于加热、除雾、除冰等对电压要求不高的设备；②高压直流汇流条可以为机电作动器、雷达、通信导航设备等供电；③恒频交流电为电动机、变压器等交流负载供电。这种混合电源系统适应负载发展的需要，具有继承性好、能实现余度供电的特点。

现在以单通道系统功率为60 kV·A，由两通道组成的恒速恒频系统（IDG）、变速恒频系统（VSCF）、变频系统（VF）、混合供电系统（10 kV·A，4 000 Hz，50 kV·A 变频）等进行比较（见表 0-1），可见混合供电系统综合性能最优。

表 0-1 系统费用、质量和性能参数比较

	IDG	VSCF	混合系统	VF
系统质量/kg	242	247	234	214
系统可靠性 MTBF/h	1 424	1 632	1 687	1 831
系统费用比	1	0.95	0.78	0.63
系统功率质量比/（kV·A/lb）	1	0.93	0.6	0.34
维修费用率	1	0.85	0.8	0.75

复习思考题

1．飞机电源系统由哪几部分组成？各有何功用？
2．飞机电源系统的配电方式有哪几种？各有何特点？
3．简述飞机用电设备的分类及余度供电的概念。
4．简述多电和全电飞机的基本概念。
5．高压直流供电系统有何优点？

第一章 电器基本知识

第一节 电接触和气体导电的基本理论

一、概述

从电源到用电设备总是要用导线和各种控制保护电器来连通。两个或几个导体互相接触之处叫做电接触。电接触的作用是将电流的通路从一个线路延续到另一个线路中去，它是电器线路中非常重要的一部分，对电器系统的工作有着重要意义；接触不良是电器系统的一种常见故障，而它的原因却可能多种多样，因此，研究电接触的本质及特征十分必要。

按照导体连接方式的不同，电接触可以分为三大类。

（1）固定接触：用螺钉或铆钉将相互连接的导体压紧，或者用焊接的方法将连接处焊牢，或者如同波音飞机上所使用的一种专用"接合器"将导体连接起来，这些方法都使被连接的导体在工作过程中没有相对运动，如图1-1（a）所示，此类接触在现实生活中使用较多。

（2）滑动接触：相互连接的导体，其中的一个可以在固定导体上沿一定轨道滑动，在滑动过程中，活动部分可能保持与一个固定导体块的接触，也可能分别与若干固定导体块轮流接触和分离，如图1-1（b）所示。电位器、导电刷就属于这一类连接方式。

（3）可分接触：连接导体可通可断的连接形式。在这种电接触形式中，直接实现电接触的导体称为触头或触点，其中的一个是固定的，称为固定触点或静触点，另一个则为活动触点或动触点，在工作过程中可以与静触点相接触或分离，如图1-1（c）所示。开关、继电器、接触器的触点系统属于这一类接触。触点是开关电器的重要组成部分，在电气系统中，它是控制电路通断的关键，且常常是系统中工作可靠性最差的环节。

（a）固定接触　　　（b）滑动接触　　　（c）可分接触

图 1-1　电接触的分类

开关电器触点由不同的金属和合金制造而成，尺寸和形状也各不相同。在使用时应该正确选择触点材料、额定值、外形等，如果不能正确选择，容易导致接触问题，甚至接触故障。

触点的结构形式多样，常用的有单断点触点和双断点桥式触点。单断点触点的结构如图 1-2 所示，这种结构的触点本身的灭弧能力比较差，在大负载的开关电器中一般不采用。双断点桥式触点多用于航空接触器的触点系统，由于这种结构形式本身具有较强的熄弧能力，对开断具有几十伏电压的直流电路特别有效，所以控制飞机直流电源的接触器都采用双断点桥式结构。控制飞机交流电源的接触器也采用双断点桥式触点，如图 1-3 所示。

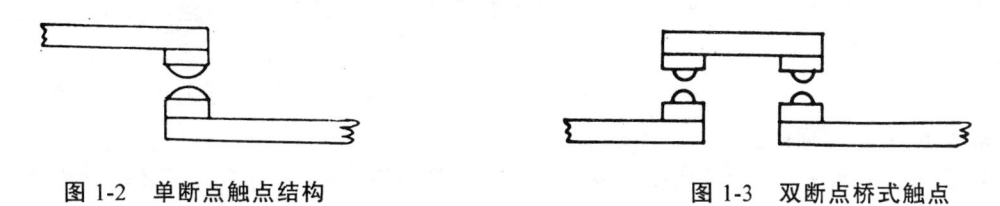

图 1-2　单断点触点结构　　　　　图 1-3　双断点桥式触点

按照动静触点接触面外形的几何形状可以分为点接触、线接触和面接触三种（见图 1-4）。点接触多用于电流比较小、电压比较低而触点压力不大的触点，继电器的触点一般都是点接触的形式；面接触可以通过较大的电流，触点上的压力也较大，接触器的触点都采用面接触的形式；线接触则介于二者之间。

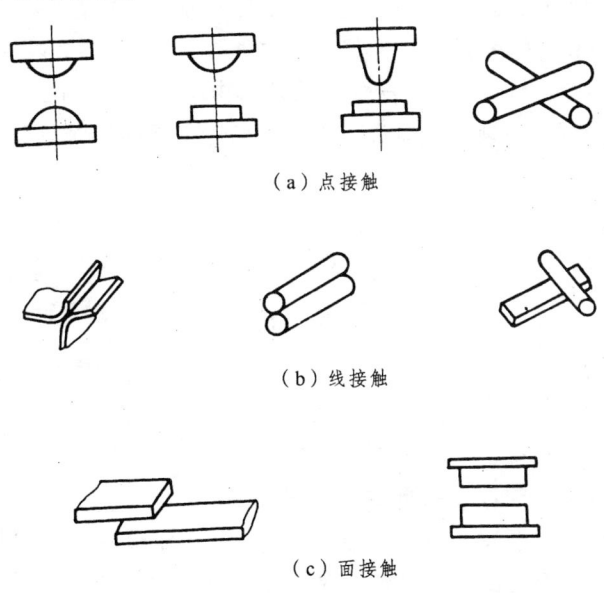

（a）点接触

（b）线接触

（c）面接触

图 1-4　触点的接触形式

触点的结构参数除去触点高度、直径等外形尺寸以外，还有以下 4 个主要参数。

（1）触点间隙：指在断开状态时，动静触点间的最小距离。此时活动铁芯与静铁芯之间的距离称为磁间隙。

（2）触点超行程：在闭合过程中，动静触点开始接触后，传动机构继续运动，直达其终点。若动触点不受静触点的阻碍，它会从开始接触的位置起，活动铁芯继续向静铁芯运动的一段距离称为触点的超行程（也可称为备用行程）。设置超行程是为了增大触点的终压力而减小触点的接触电阻，保证触点工作的可靠性。

(3)触点的初压力:动、静触点刚接触时,触点间的压力(超行程之前的触点压力),主要是限制和防止触头在接通时的机械振动。

(4)触点的终压力:带动触点的传动机构运动到终点之后触点间的压力(超行程之后的触点压力)。终压力一般为初压力的1.5~2倍。终压力是为了保证触头在闭合状态下接触电阻较小,从而使其温升不致超过容许值。

触点压力的第一个作用是抗热熔或抗熔焊。它将已接触的点压皱变形,使接触面积增加,从而减小了接触电阻。这时,在流过同样电流时触点的发热就会减轻。换句话说,即在同样的发热条件下,触点允许通过的电流就相应地增大。

触点压力的第二个作用为清膜能力。它将触点表面膜压破,使触点金属直接接触,从而使其接触电阻减小并稳定。

触点压力的第三个作用称为抗振能力。它能消除外界的振动与冲击,确保不致因这些因素影响而使接触电阻增大,甚至发生触点瞬时断开造成断电事故。

触点在工作过程中,总是要经历以下四种工作状态的:

(1)闭合状态,保证电流顺利通过。

(2)断开状态,保证电路可靠断开。

(3)闭合过程,由断开状态到闭合状态的过渡过程。

(4)断开过程,由闭合状态到断开状态的过渡过程。

触点在上述四种工作状态下,会发生一系列的物理化学变化,主要可以归纳为接触电阻、气体放电(电弧与火花)和触点磨损等三方面的问题,下面围绕这些问题进行讨论。

二、接触电阻

1. 接触电阻的产生

当两个金属导体互相接触时,在接触区域内存在着一个附加电阻,这个附加电阻称为接触电阻,它是电接触中客观存在的重要的物理现象之一。

接触电阻的产生,主要有两方面的原因。第一,由于接触表面的凹凸不平,使导体的实际接触面积减小了,因而电流流过接触面时要发生严重的收缩现象而产生所谓收缩电阻;第二,接触面暴露在空气中,因而会在表面形成一层薄膜,如氧化膜之类附着在表面上,这就是表面膜电阻。所以,接触电阻R_j由收缩电阻R_s和表面膜电阻R_M两部分组成,其表达式为

$$R_j = R_s + R_M$$

1)收缩电阻

接触表面不可能是完全吻合的,即使是经过精加工和研磨抛光工序的触点,从微观看也不可能是理想的平面,总会有波纹起伏和凹凸不平,因而实际接触时只有一些小的凸起部分相接触。当电流通过时,从截面尺寸较大的导体进入实际接触面很小的接触点,电流分布线会发生剧烈的收缩现象,如图1-5所示。这种由于接点处实际接触面减小所呈现的电阻称为收缩电阻。

收缩电阻主要取决于触点材料性质与接触点附近的电流线分布状况。这又与接触点数目、形状、相互间隔、实际接触面积等一系列因素有关。一般来说，收缩电阻与材料电阻率成正比，与材料硬度的平方成正比，与压力和接触点数目的平方根成反比。

2）膜电阻

在电接触的接触面上，常常会附有一层导电性很差的膜，由此形成膜电阻。膜电阻的存在，使接触电阻值大大升高，甚至造成触点不通，这种现象叫做触点污染。对于小负荷的触点，污染是造成接触故障的主要原因之一。

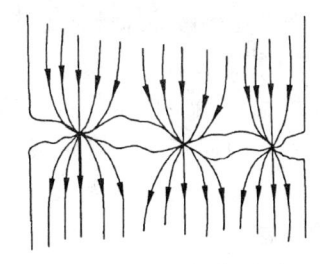

图 1-5 接触面电流的收缩现象

按膜成分不同，表面膜可以分为以下几种类型：

（1）尘埃膜。空气中的灰粉、尘埃和纺织纤维物，或表面剥落物以及电弧燃烧所形成的固体微粒。由于静电吸附而覆盖在接触表面上形成的膜，在外力作用下，这些微粒容易脱落，因而形成的电阻很不稳定。触点附近的碳氢化合物在高温（电弧）作用下分解成微粒，沉积在触点表面上，形成碳的吸附层。这种附着层的电阻随压力而改变，对触点压力较小的触点，它使接触电阻大大上升（可达几欧姆以上）。但是对触点压力较大的触点，它造成的影响较小。

（2）吸附膜。水分和其他蒸发气体的分子在接触表面形成的吸附层。吸附膜的厚度仅有几个分子层，当触点压力在接触面上形成很高的压强时，其厚度可以减小到 1~2 个分子层（即 5~10 Å），但很难用机械方法将它完全去除。

（3）无机膜。由于化学腐蚀作用在接触表面形成的金属氧化膜和其他腐蚀层，主要是氧化物和硫化物。无机膜的形成取决于金属接触材料的化学性质，并与介质温度和环境条件有关。有些金属氧化物导电性很差，如氧化铜；而另一些金属氧化物导电性并不差，如氧化银，但银的硫化物形成的膜电阻导电性差，对电接触的危害大。

（4）有机膜。从绝缘材料中析出的有机蒸汽，在电接触的金属材料表面形成的一种有机聚合物，其电阻值和击穿电压极高，因此危害严重。

膜电阻的存在对触点的接触电阻影响很大，它不仅使接触电阻阻值增大，而且还会使接触电阻严重地不稳定，甚至会使触点的导电性能遭到完全的破坏。为了恢复良好的导电性，可以利用机械力的作用（如增加接触压力），把膜压碎。增加触点压力还可看到接触面积，减薄吸附层。这些因素都使接触电阻下降，并且使电接触稳定可靠。切换大电流的触点，由于伴随而产生的电流热效应和电弧的烧损，可以使膜因烧灼而遭到破坏；也可以提高施加于触点间的电压，在静电场的作用下膜被击穿，在绝缘膜中形成许多细微的金属针孔通道，供大电流通过，由此可使接触电阻显著地下降。

需要指出的是，触点上的表面膜并不都是有害的，有时为了消除触点的冷焊现象，反而希望在触点上形成一层薄薄的氧化膜，有些膜层一旦形成，还可提高接触电阻的稳定性。

2. 接触电阻的效应

1）触点温升

电流通过触点时，由于导体电阻和接触电阻上的电能损耗，使触点温度上升。温度过高会使触点局部熔化并焊接在一起,使触点无法继续工作,这种故障称为触点的熔焊或粘连。触点的发热主要集中在接触区,因为那里接触电阻最大,但是触点的最高温升点,不是在触点表面而在接触面深处,无法直接测量。

2)接触压降

接触点两端的电压降称接触压降。从理论上讲,接触压降与触点温升具有一定的对应关系,因而可通过测量接触压降达到间接了解触点温升的目的。检查触点的接触压降,了解接触电阻的大小及其变化,可以发现触点积炭等污染情况,清除积炭是排除故障的常用方法之一。

3)触点的熔焊

电流流过闭合触点时会使触点温度上升,过高的温度会使触点局部熔化,并焊接在一起,使触点无法继续工作,这种故障现象称之为触点的熔焊。

当通过闭合触点上的电流达到一定值时,触点的接触电阻下降,接触表面出现熔化痕迹,这时的电流称为熔化电流。当继续增大电流,使触点接触表面熔化的面积和深度继续扩大。当电流超过开始熔化电流的 20%~30%时,触点开始焊接,此时要使触点分开需要施加较大的力,对应的电流称为开始焊接电流。电流越大,触点焊接越牢固,焊接力也越大,直至接近和达到触点某基体金属的抗拉强度。这种触点熔焊现象常见于大电流电器,如飞机发电机的输出接触器等。

当巨大的短路电流流过闭合触点时,触点间的电动斥力会导致触点间压力减小,甚至可能使触点完全分离而形成电弧。在压力严重减小的情况下,通过大电流以及形成电弧这两种情况都会使触点局部熔化。短路电流切除以后,电动力消失,熔化的触点重新闭合在一起,极易造成严重的熔焊故障。

4)触点的冷焊

触点的冷焊也称为触点的黏结或黏附。它是指无需焊剂的情况下,由于集中压力载荷的作用,使得要连接的触点的接触面积变大,使障碍焊接的保护膜破坏,外加载荷使暴露的纯净金属相互紧密接触,从而产生新的原子级的结合,在外加压力作用下实现焊接。这是清洁的触点在完全无电流通过的情况下,由于触点的接触表面上塑性变形而引起的。

塑性变形区的金属在压力作用下会产生一种塑性流动,如果存在切向(相对于接触表面)作用力,譬如驱使触点相对活动的作用力,会使这种塑性变形更加显著。塑性流动使接触表面扩大,并且使两金属的界面更加接近。如果两个金属界面上的原子之间的距离已接近于或等于同一金属内原子间的距离,那么不同金属的原子间就会出现明显的吸引力,叫做黏结力。很明显,黏结力与物质内部原子之间结合力具有同样的性质。可见,冷焊是在完全无电流情况下"焊"在一起的。

黏结现象与金属的各种物理及机械性质有关,环境也大大地影响黏结。试验证明,在一定条件下,在氮气中的黏结现象会比真空中的黏结现象严重。

冷焊现象对于小压力、高可靠要求的触点是一大危害。常见的触点"冷焊"故障发生于小型密封继电器中,这类继电器常用金或金合金做触点的镀层或压制成触点,以保证接触电阻的稳定性。金是塑性材料,且不会在金的表面生成氧化膜,化学亲和力好;另一方面这类继电器触点都密封于惰性气体中,所以触点的冷焊故障极易发生。

目前，解决冷焊问题的主要方法是合理选用触点材料。另外，触点间的相对摩擦会使触点表面的吸附逐渐减薄，并加强触点材料的塑性流动。这些对防止冷焊都是不利的。因此，从这一点出发，又应避免触点间过分的相对滑动。显然这与前述的利用触点间的相对摩擦以减小膜电阻是相矛盾的。

3. 影响接触电阻的因素和提高电接触可靠性的方法

接触电阻的存在是客观的，但接触电阻过大和严重的不稳定现象，则是触点发生故障的重要因素。我们希望有低值而稳定的接触电阻，以提高电接触的可靠性，因此必须了解影响接触电阻的各种因素，并采取相应措施提高接触电阻的稳定性。

1）触点材料性质

触点材料的性质会直接影响接触电阻的大小，这些材料的性质包括电阻率、材料的机械强度和硬度以及化学性质等。采用的触点材料要从减小收缩电阻、膜电阻以及获得稳定的接触电阻等几个方面来综合考虑。触点材料的电阻系数愈小，接触电阻也就愈小；触点材料的压皱强度愈小，接触电阻也就愈小。

银可作为电流由 10 A 到数千安的触点。研究可知，银触点长时间闭合通过电流时电阻下降，发热破坏了氧化膜。在长时间加热状态下，微观粗糙表面上的局部变形可使接触区域增加。银的氧化物在 100 ℃ 时已经开始热分解，随着温度升高，分解速度加剧。银触点的主要缺点是冷焊，使触点断开需要很大的力。例如压力为 300 N 和接触区域为 300 ℃ 时，断开力可达到很大数值，以致大于电器本身的驱动力。这时，应选用能抵抗冷焊和具有稳定接触电阻的材料。目前，在航空电器中使用最为广泛的触点材料还是银合金。

铜在一般温度下就会加剧氧化。这种触点需要高的压力和具有摩擦接触的表面。在闭合状态下连续工作时，铜触点的接触电阻增加很快，这是很不利的。可作为中负荷和大负荷的触点材料。

近年发展起来的金属陶瓷材料（粉末冶金），例如银-氧化镉作为触点材料具有接触电阻低而稳定的特点，尤其是温度升高时接触电阻减小。同时随着压力增加，接触电阻按抛物线规律下降。因此已被广泛应用于接触器和继电器中，特别是大电流交流接触器中，其电寿命比纯银和银-镍有很大提高。

2）接触形式与接触压力

前面讲的点、线、面三种接触形式，主要表现在对收缩电阻的影响上。一般来说，面接触的接触点最多，收缩电阻最小；而点接触收缩电阻最大。

对膜电阻的影响，主要表现在每个接触点上所承受的压力的大小。一般来说，在一定压力下，当接触面的视在面积不变时，点接触的压强最大，容易破坏接触面的表面膜层，使膜电阻减小，而面接触的膜电阻较大。

乍一看来，似乎面接触的接触点最多，接触电阻应最小。其实不然，当接触压力较小时，面接触的接触电阻不一定比点接触或线接触的接触电阻小，原因就是看上述收缩电阻和膜电阻哪个减少更多。继电器的触点压力很小，触点多数采用点接触的形式，而且触点曲率半径小，以保证必要的压强，从而获得低值而稳定的接触电阻。

接触压力对接触电阻的大小有着重要的影响，没有足够的压力，只靠加大接触面的外形尺寸，并不能使接触电阻有明显的下降。接触压力增大，当接触点压强超过一定值时，可以使触点表面的吸附膜减少到 2～3 个分子层；当超过材料屈服强度时，产生塑性变形，表面膜被压碎出现裂缝，增大了金属的接触面，使接触电阻值迅速下降。因此，接触压力对膜电阻的影响也是显著的。综合以上两个方面，加大接触压力，使收缩电阻和膜电阻都减小，所以总的接触电阻将减小。

3）接触表面状况

暴露在空气中的接触面，若不加以覆盖，对任何接点材料都将要产生氧化作用，在接触表面生成一层氧化膜，还会受外界尘土的污染。在各种金属氧化物中，只有氧化银的导电率与纯银差不多，其他大多数金属氧化物都比金属本身导电率低很多。

触头表面光洁度越差，越容易污染和生成氧（或硫）化膜，因而接触电阻越大。这不仅增大了触头损耗，有时甚至使电路无法正常接通，尤其是在电压较低、电流较小的场合。为了保证接触电阻值小而稳定，要求触点表面的光洁度越高越好。光洁度高的触点不易受污染，也不易生成有机膜和无机膜等，即减少周围介质对触点接触电阻的影响。为了达到较高的光洁度往往采用机械、电或化学抛光等工艺。但在某些情况下，为了增加接触触点，甚至有意在接触面上压上花纹。

对某些可靠性要求高的继电器和接触器，为防止触点受污染，常采用密封结构，有的还在密封室内充入惰性气体或者抽成真空，以保证接触电阻低而稳定，从而减少故障的发生。

三、触点间的电弧与熄弧方法

1. 触点放电的基本理论

众所周知，常规的空气以及常见的气体（例如氧气、氢气、氮气、二氧化碳以及各种惰性气体）都是很好的绝缘体，它们的原子和分子都是呈电中性的。然而弧隙中的气体，在发生电弧或火花放电时，能够维持电路中的电流继续流通，这说明这些气体已经不是绝缘体而变成了导电的气体。此时，这些气体中的原子和分子已不再是电中性了，而有带电粒子存在于这些气体中，带电粒子是由气体游离产生的。

当外界作用于原子的能量足够大，使得最外层电子吸收了这部分能量后能够挣脱原子核引力的束缚而成为自由电子，而原来是中性的原子或分子（简称为中性粒子）由于失去一个电子而变成带正电荷的正离子，这种现象称为游离。游离所需的能量叫做游离能。

如果外界作用于原子的能量足够大，使得正常轨道上运转的电子吸收这些能量以后，不能脱离原子核引力范围，只能使电子跳到较外层的轨道上，从而增加了原子的内能，这种现象称为激励。激励所需的能量称为激励能。

游离产生新的带电粒子，使气体中带电粒子的含量增加。与此同时，在游离气体中还进行着一个相反的过程，即存在着带电粒子不断减少的过程，这个过程叫做消游离。所谓消游离是指游离气体中带电粒子自身消失或失去电荷而变为中性粒子的现象。消游离的方式有复合和扩散两类。

两个带有异号电荷的粒子相遇后相互作用而消失电荷的现象叫做复合。

游离气体中的带电粒子，由于热运动从浓度较高的区域向浓度较低的周围气体中移动的现象叫做扩散。扩散的结果使游离气体中的带电粒子减少，这相当于游离气体产生了消游离的作用。

2. 电弧的产生

在大气中开断电路时，通常会在触点间隙（以下简称为弧隙）中发生一团温度极高，发出强光和能够导电的近似于圆柱形的气体，这就是电弧。电弧在生产和生活中早已得到广泛的应用。但是开关触点间隙中的电弧却是十分有害的，它主要存在以下危害：

（1）延迟了电路的分断时间。

（2）延长了切断故障的时间。

（3）电弧的高温会烧损用来接通和开断电路的触点，或发生熔焊现象。

（4）高温引起电弧附近电气绝缘材料烧坏，将造成母线短路、烧毁设备、烧伤操作人员甚至能引起开关电器的爆炸和火灾。

（5）形成飞弧造成电源短路事故。

（6）电弧是造成电器的寿命缩短的主要原因。

触点在断开或接通电路时，间隙是变化的。当断开电路使触点分离时，触点间的压力逐渐下降，接触电阻逐渐增大，导致触点温度提高。当温度高到金属熔点之后，金属局部熔化，熔化的金属桥接在两个触点之间，成为维持电流的通道，这种现象叫做金属液桥，简称为液桥。金属桥存在时间很短，可由触点继续运动而被拉断。在金属桥断开后，可能出现下面的情况：

（1）触点间直接生成电弧。

（2）触点间隙被击穿而发生火花放电。

（3）在金属桥断裂后的一瞬出现短弧。

触点在闭合过程中也可能发生类似的现象，特别是当触点发生"回跳"或"拍合"现象时情况更为严重，可能由于电弧而产生触点的合闸熔焊。

触点断开时直接生成电弧的条件，必须是被断开电路的电流和断开后加在触点间的电压都超过某个固定的数值，这个数值称为触点的极限燃弧电流和极限燃弧电压。极限燃弧参数的大小与触点材料及空气介质的条件有关。

3. 飞机电器中常用的熄弧方法

1）气体吹弧

利用电弧产生的高温，使某些灭弧物质受热后产生大量气体将电弧吹熄。如 KM 型接触器的触点罩盖就是利用灭弧材料（石棉-有机硅基树脂）制成的，当电弧发生时，灭弧材料受热产生大量气体吹向电弧，加强消游离过程；同时产生的大量气体使电弧燃烧区气压增大，阻止了游离过程，从而使电弧熄灭。

2）磁吹弧

图 1-6 所示为磁吹弧原理图，磁场方向和图面垂直并指向图面，电流方向如图中箭头所指。电弧因受电磁力 F 的作用向距触点较远的地方拉长，受冷却而加强消游离过程，从而使电弧熄灭。磁场可由永久磁铁产生，也可由专用的熄弧线圈产生。

飞机电器有利用触点导电片的电流产生的磁场来吹弧的，如图 1-7 所示，称为自磁吹弧（KM 型接触器即属此类）。图 1-7（a）为对接式触点，图 1-7（b）为改进型，活动触片与固定触片构成 100° 的安装角。

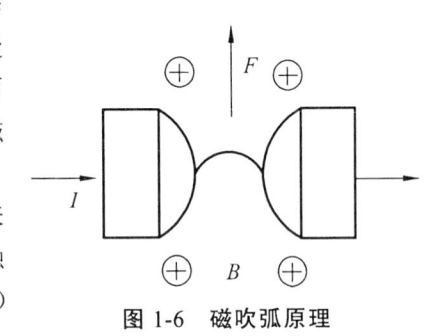

图 1-6 磁吹弧原理

用双断点触点开断电路时，如图 1-7（a）所示，当活动触点向上运动与静触点分离时，在左右两个弧隙中产生了两个彼此串联的电弧。这样在相同的条件和相同的电流时，其阴极压降和阳极压降都是单断点触点的 2 倍。因此，它可以在较小间隙下获得较高的伏安特性。

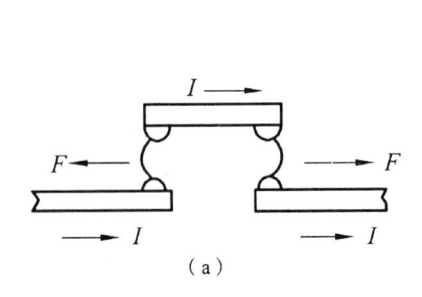

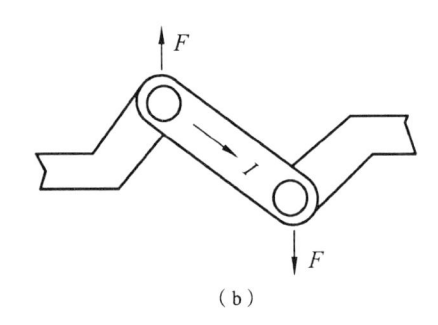

图 1-7 自磁吹弧原理

采用双断点触点熄弧对于开断具有几十伏电压的直流电路特别有效，因为此时阴极压降与阳极压降之和（每个断点的阴极压降与阳极压降之和都在十几伏以上）在整个电弧电压中占有较大的比例。目前飞机直流系统是 28 V，采用双数回点触点熄弧措施之后，触点的熄弧能力已经足够，其他措施只起到辅助作用。

3）利用石英砂粒间隙熄弧

这种方法常用于电路保护设备的熔断器中。在电路严重过载或短路时，熔丝熔化成为蒸气，很容易产生电弧。为熄灭电弧，在熔断器中放置石英砂，当形成电弧时，由于高温与蒸气压力的作用，使电弧中的带电质点向周围扩散而渗入石英砂粒的空隙中，受到了石英砂的冷却和消游离作用，将电弧熄灭。这种方法可用于熄灭从几安到几百安大电流的电弧。

4）玻璃管式保险丝熄弧

飞机上使用的小功率电路的熔断保护器，常将熔丝封装在玻璃管里。当电路过载或短路时，熔丝被熔化，这时将产生电弧并有金属蒸气，由于管内压力增大而使游离受到阻止。另外，管内热量可由管壁及金属管脚很快传递出去，由于冷却作用而加强了消游离过程，从而使电弧熄灭。

5）利用加速弹簧熄弧

对飞机上的普通电门及自动保险电门，在构造上装有加速动作弹簧，使触点断开时的动作速度加快，迅速将电弧拉断。

四、火花放电和灭火花电路

1. 火花放电的产生

触点断开时，如果电路电流小于极限燃弧电流，则在金属液桥断裂后不会发生电弧。但是，由于电路中电感的存在，自感电势将会使触点间出现高电压。当触点间的电压达到间隙的击穿电压时，便产生火花放电。

火花放电与电弧放电不同，它是由于触点间隙被击穿引起电路忽通忽断的一种不稳定放电现象。而电弧放电是在满足极限燃弧参数的条件下，在金属液桥断裂后，在触点间隙中生成的一种连续放电现象，而且电弧可能稳定燃烧。

火花放电主要是电感中储存的能量引起的，火花放电不稳定的原因在于触点间隙具有的电容作用。当触点刚分离时，储存在电路电感中的能量要释放出来，于是产生自感电势给触点充电，当触点电压升高到触点间隙的击穿电压时（一般为270～330 V），触点间隙被击穿，这样充到触点的电荷又释放出来；当放电中止，自感电势又再次对触点充电，电压再次升高，间隙再次被击穿。但这时由于间隙在不断增大，再次击穿电压比前一次击穿电压更高。如此充电和放电，直至间隙增大到一定距离以后，才使电路真正断开，电感内的储能也就通过多次火花放电转变为热能而消耗掉了。

火花放电通常在较高气压的条件下生成，电流密度比较高并伴随有高温，因而会引起触头烧损；火花放电还会在线路中产生虚假的高频信号，对电子设备和无线电通信造成干扰。因此，必须设法减弱或消除火花。

2. 灭火花电路

由于电感储能是引起火花放电的主要原因，因此，只要采取措施，将被断开电路中电感的能量消耗掉，就可以避免产生火花放电。这只要给电感储能提供一个放电回路就可实现。

常见的触点灭火花电路如图 1-8 所示。

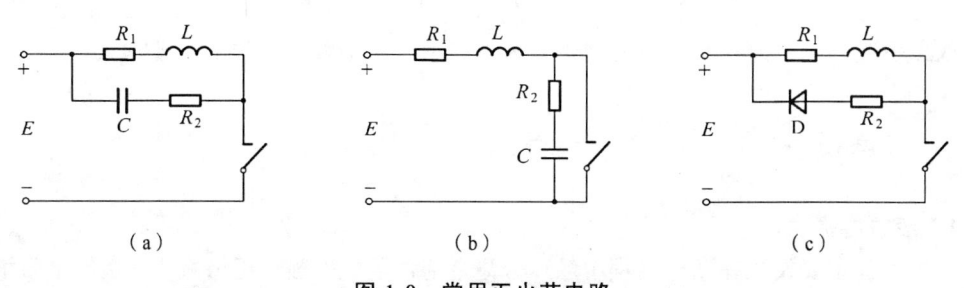

图 1-8　常用灭火花电路

图 1.8 中 R_1 与 L 一起代表感性负载。图（a）是在负载两端并联电容器，图（b）是在触

点两端并联电容器。当触点断开时，电感中的能量可以通过 R_2C 灭火花电路形成通路，使电感中的磁能在 RLC 振荡回路中消耗掉。对图（b）中的电路，因电容两端电压不能突变，所以触点刚断开时加在触点间的电压很小，到电容充电具有较高电压时，触点间隙已增大了。图（c）采用续流二极管与负载反向并联，在正常稳态时，灭火花电路不起作用，只有在触点断开过程中，自感电势使续流二极管导通，从而将电感的能量消耗在触点之外。

对于图（a）中所示电路，R_2 可以为 R_1 的 5～10 倍，而且应该避免电感、电容发生谐振。图（b）中所示电路，一般可取 $C = 0.5$～2 μF，$R_2 = \dfrac{U_C^2}{a}$，式中，U_C 是加在电容器上的电压；a 是与触头材料有关的系数，例如对于银触头，$a = 140$。对于图（c）中电路，放电电阻 R_2 一般为线圈电阻 R_1 的 5～10 倍，二极管的反向电压宜为电源电压的 2 倍。

五、触点磨损

触点在工作过程中，由于受到机械、化学、热、电等各种因素的影响，触点材料会产生损耗或定向的转移，这种现象称为触点磨损。触点磨损会造成触点表面破损、变形，使触点压力、接触电阻、触点间隙等参数发生变化，严重时甚至使触点无法正常工作。

1. 触点的磨损形式

触点磨损有三种形式：机械磨损、化学磨损和电磨损。

机械磨损是指在断开和闭合电路过程中由于触点之间的撞击和磨损等机械力的作用而引起的触点磨损。机械磨损会使触点形状变形、开裂和磨损。触点压力越大，机械磨损越快。需要指出的是，机械磨损不是触点磨损的主要形式。

化学磨损是指周围环境中有害气体对触点材料的化学腐蚀引起的触点磨损。化学腐蚀使触点表面形成非导电性膜，使得触点接触电阻增大，并且不稳定，严重时完全破坏触点的导电性能。这层膜在触点相互碰撞和触点压力等机械作用下逐渐剥落，形成金属材料的损耗。

触点在分合电路过程中，触点间隙中进行着剧烈的热和电的物理过程，伴随而产生金属液桥、电弧和火花放电等现象，引起金属材料的转移、喷溅和汽化，使触点材料损耗和变形。这种现象引起的触点磨损称为电磨损也称为电腐蚀，它是触点磨损的主要形式。

2. 电磨损

1）液桥磨损

液桥现象主要发生在断开过程中触点分离之前，是由于触点压力减小、接触电阻增大而引起高温使触点金属局部熔化而产生的。如果触点表面不平或者表面上存在着能够导电的污染物，在闭合过程中触点表面上的微小突起部分首先接触，也可能发生液桥现象。

实验证明，由于液桥的作用，触点在多次操作以后，其阳极金属减少形成凹坑，而阴极金属增多形成瘤或针尖，凸出接触表面，这种现象称为金属转移，这种作用将阳极触点金属转移到了阴极上去。主要是因为液桥上的最高温度点在靠近阳极处，当液桥被拉断时，断裂点位于温度最高点附近，因此，熔化金属中的较大部分被带到阴极。

2）电弧磨损和火花磨损

电弧和火花放电时，正离子或电子对电极的轰击会使触点温度升高，使金属局部熔化和汽化。金属蒸气的扩散和金属液体的飞溅是造成磨损的主要原因。

放电形式不同，对触点的影响也不同。火花磨损与液桥磨损相似，触点材料由阳极向阴极转移，即阳极磨损；而电弧的情况相反，触点材料由阴极向阴极转移，即阴极磨损。

3）减少电磨损的方法

为了减小电磨损，应该选用燃弧电流、燃弧电压和熔点均较高的材料做触点，防止产生电弧和液桥；在触点材料中适当加入非贵金属，利用非贵金属的氧化物避免磨损材料的连续堆积；也可采用两种不同的金属材料做触点，使液桥的最高温度点自动调节到两极间的中心点，使磨损量达到最小。此外还可以选用新型的多层复合触点。

现代飞机上干线电路中使用的接触器触点控制电流很大，在多次操作后触点的电磨损会比较严重，在维护飞机时对各种大容量的接触器（或继电器）触点的磨损情况必须认真检查，发现触点严重磨损时应及时更换。在内场维修时，应对受损的触点表面进行打磨修理。

六、触点的使用与维护

为了保证触点能够可靠地接通和断开电路，工作的触点应该满足以下条件：

（1）触点应工作在规定的工作条件之下，所控制电路的电压和电流都不应该超过额定值。

（2）保证触点上的压力在正确范围内。应保持机件内的弹簧等机构的良好和工作正常，一般不要轻易分解机件，经过分解装配后，需要检查接触压力是否符合规定。

（3）保持触点的清洁。触点上不应有任何外来物。

（4）防止水、油、尘土等进入机件内部。根据工作状况可以进行包扎、密封处理。

在使用时，如果触点承受了过大的电流将大大地降低使用寿命。对于一个 120 V，40 W 的白炽灯来说，额定电流为 0.33 A。而灯丝在冷态下的电阻值很低，接通初期的冲击电流可以达到 6 A，如果使用 2 A 的触点，将导致早期失效。

在电动机和变压器使用中也存在同样的情形，或在其他存在大量分布电容的地方。在电动机起动时，起动电流可以达到正常值的 6 倍，甚至更多。例如一台 3 A 的电动机起动电流可以达到 18 A 以上，因此触点选用的额定功率至少应为 20 A。此外，当断开开关使电动机停止运行时，在减速直至停止运行的过程中，电动机相当于一台发电机，在电门断开时，触点间将产生破坏性的电弧，从而使得触点过早失效。因此，必须对电弧进行抑制。

当继电器等开关电器与负载间的距离较远时，线路间的分布电容对于继电器及其触点会产生特殊的问题。在触点闭合后，在负载电流形成之前，线路分布电容被充电，对于触点来说相当于时间短路，吸收的电流将远超过负载电流。当线路中分布电容很大，在选择继电器等开关电器时，瞬时冲击电流的影响必须考虑在内。

在含有触点的电器中，需按要求对触点进行检查。因为在触点工作过程中，由于经常有火花、电弧和材料转移等作用存在，触点表面会受到一定的烧伤和损失。在规定的工作条件内，在额定电压和额定电流下，这种烧伤和受伤并不严重，如图1-9（a）所示，不影响触点的正常工作。当触点工作在规定范围以外（如高温）、超过额定电压和额定电流等条件下，触点会受到严重的烧伤，使得超过50%的触点表面或在触点直径的70%范围内凹凸不平，如图1-9（b）所示，这种触点不能继续使用，必须进行修理或更换。

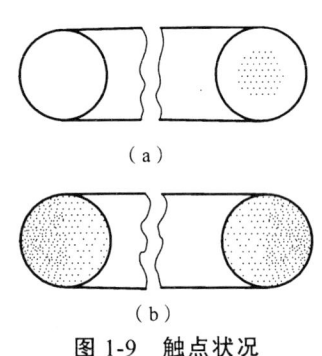

图1-9 触点状况

*第二节　磁路基本理论

在变压器、电机、电磁铁等电器中，为了把磁场限制在一定的空间范围之内，常用高磁导率的铁磁材料做成一定的形状（称为铁芯），使之形成一个磁通的路径，使磁通的绝大部分通过这一路径闭合，这个磁通的路径称为磁路。

一、磁场的基本物理量

1. 磁感应强度

磁感应强度是用来描述磁场内某点磁场强弱和方向的物理量，是一个矢量。它与电流（电流产生磁场）之间的方向关系满足右手螺旋定则，其大小可用通电导体在磁场中某点受到的电磁力与导体中的电流和导体的有效长度的乘积的比值，来表示该点磁场的性质，并称作该点磁感应强度 B。其数学式为

$$B = \frac{F}{Il}$$

在 SI 制中，B 的单位是特斯拉，简称特（T）；以前也常用电磁制单位高斯（Gs）。两者的关系是

$$1\,\text{T} = 10^4\,\text{Gs}$$

如果磁场内各点磁感应强度 B 的大小相等、方向相同，则称为均匀磁场。在均匀磁场中，B 的大小可用通过垂直于磁场方向的单位截面上的磁力线来表示。

2. 磁 通

磁感应强度 B（如果不是均匀磁场，则取 B 的平均值）与垂直于磁场方向的面积 S 乘积称为该面积的磁通 Φ，即

$$\Phi = BS$$

可见，磁感应强度在数值上可以看成与磁场方向相垂直的单位面积所通过的磁通，故又称为磁通密度。

在 SI 制中，Φ 的单位是韦伯，简称韦（Wb）；在工程上有时用电磁制单位麦克斯韦（Mx）。两者的关系是

$$1\ \text{Wb} = 10^8\ \text{Mx}$$

3. 磁导率

磁导率 μ 是表示磁场媒质磁性的物理量，也就是用来衡量物质导磁能力的物理量。它与磁场强度的乘积就等于磁感应强度，即

$$B = \mu H$$

磁场内某一点的磁场强度 H 只与电流大小以及该点的几何位置有关，而与磁场媒质的磁性（μ）无关，就是说在一定电流值下，同一点的磁场强度不因磁场媒质的不同而有异。但磁感应强度是与磁场媒质的磁性有关的。当线圈内的媒质不同时，则磁导率 μ 不同，在同样电流下，同一点的磁感应强度的大小就不同，线圈内的磁通也就不同了。

任意一种物质磁导率 μ 和真空的磁导率 μ_0 的比值，称为该物质的相对磁导率 μ_r，有

$$\mu_r = \frac{\mu}{\mu_0} = \frac{B}{B_0}$$

自然界中的物质就导磁性能而言，可分为铁磁物质（$\mu_r \gg 1$）和非铁磁物质（$\mu_r \leq 1$）两大类。非铁磁物质和空气的磁导率与真空磁导率 μ_0 很接近，有

$$\mu_0 = 4\pi \times 10^{-7}\ \text{H/m}$$

在 SI 制中，μ 的单位是亨/米（H/m）。

4. 磁场强度

磁场强度 H 是计算磁场时所引用的一个物理量，也是矢量。磁场内某点的磁场强度的大小等于该点磁感应强度除以该点的磁导率，即

$$H = \frac{B}{\mu}$$

式中，H 的单位是安每米（A/m）。

上式是安培环路定律（或称为全电流定律）的数学表示式。它是计算磁路的基本公式。磁场强度的大小取决于电流的大小、载流导体的形状及几何位置，而与磁介质无关。

二、磁性材料

1. 磁性材料的磁性能

磁性材料主要是指铁、镍、钴及其合金而言，这些磁性材料具有下列磁性能。

1）高导磁性

磁性材料的磁导率很高，铁磁物质的磁导率比非磁物质的要高很多，如硅钢的相对磁导率可达 7 000 之多。这就使它们具有被强烈磁化（呈现磁性）的特性。

为了表示铁磁物质对磁场的性质，一般以纵坐标表示磁感应强度 B，横坐标表示磁场强度 H，这样的 B-H 曲线称为铁磁材料的磁化曲线，它一般通过实验测定。

铁磁材料的磁化曲线是非线性的，如图 1-10 所示，它反映了铁磁材料的磁化程度随外磁场变化的规律。由 B-H 曲线可知，在初始阶段（Oa 段），H 增加时 B 增加得较慢；第二阶段（ab 段），H 增加时 B 增加得很快。

有时，也用磁导率 μ 与 H 的关系曲线（μ-H 曲线，见图 1-11）来表示材料的磁性能，μ 值可以由 B-H 曲线上相对应的点求得，即 $\mu = B/H$。铁磁材料的磁导率不是常数，它还与温度有关。当温度超过某一临界值时，铁磁物质就变得和弱磁材料一样，这一临界温度称为居里点。铁的居里点是 768 ℃，镍的居里点是 358 ℃，30%的坡莫合金（铁镍合金）的居里点是 70 ℃，即其在 80 ℃ 的热水中就将失去磁性。

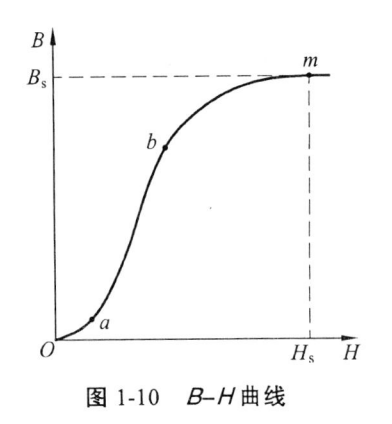

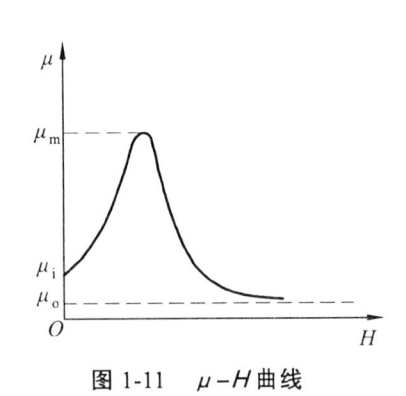

图 1-10 B-H 曲线

图 1-11 μ-H 曲线

在相同的励磁绕组匝数和励磁电流的条件下，在采用铁芯后可使磁感应强度增强几百甚至成千上万倍，因此各种变压器、电机和电器中几乎都采用由铁磁材料构成的铁芯。

2）磁饱和性

由磁化曲线可知，第三阶段（bm 段），H 增加时 B 的增加又缓慢下来，b 点常称为膝点。过了 m 点以后，H 增加时 B 几乎不再增加，这时铁磁材料的磁化已经达到饱和，m 点的磁感应强度称为饱和磁感应强度 B_s，相应的磁场强度为 H_s。磁饱和是由于当外磁场（或励磁电流）增大到一定值时，全部磁畴的磁场方向都转向与外磁场的方向一致。这时磁化磁场的磁感应强度即达饱和值。

由于磁化曲线是非线性的，故磁路是非线性的。

3）磁滞性

在铁芯线圈中通入交流电，铁芯被交变的磁场反复磁化，在电流变化一次时，磁感应强度 B 随磁场强度 H 而变化的关系如图 1-12 所示。由图可见，当 H 已减到零值时，B 并未回到零值。这种磁感应强度滞后于磁场强度变化的性质称为磁性物质的磁滞性，由此画出的 B-H 曲线称为磁滞回线。

当线圈中电流减小到零值（即 $H = 0$）时，铁芯在磁化时所获得的磁性还未完全消失。这时铁芯中所保留的磁感应强度称为剩磁感应强度 B_r（也叫剩磁），永久磁铁的磁性就是由剩磁产生的。

如果要使铁芯的剩磁消失，通常改变线圈中励磁电流的方向，也就是改变磁场强度 H 的方向来进行反向磁化。使 $B = 0$ 的 H 值称为矫顽磁力 H_c（也叫矫顽力）。

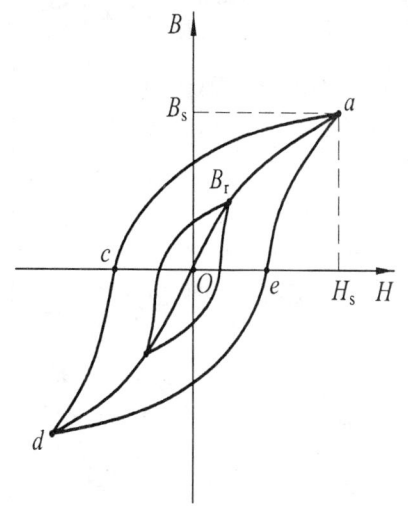

图 1-12 磁滞回线

磁化过程中，磁畴的旋转要克服其边界的互相间的"摩擦"做功，所以有能量损耗，这种损耗称为磁滞损耗。磁滞损耗与频率 f 是一次方成正比，与最大磁感应强度 B_m 的二次方成正比。磁滞损耗是导致铁磁性材料发热的原因之一，对电机、变压器等电气设备的运行不利。因此，常采用磁滞损耗小的铁磁性材料作他们的铁芯。

铁磁材料在交变磁化的过程中还有另一种损耗——涡流损耗，它是由于磁通变化时，铁芯中产生感应电动势，在垂直于磁力线的平面上产生感应电流，它围绕磁力线成漩涡状流动，因此称为涡流，涡流在铁芯电阻上引起的功率损耗称为涡流损耗，它与频率 f 的二次方成正比，与最大磁感应强度 B_m 的二次方成正比。通常用增加铁磁材料电阻率的方法以减少涡流损耗。用硅钢片叠片的方法代替整块的材料，各片之间加上绝缘层，涡流在各层之间受阻，磁粉末加上绝缘胶压制的磁介质以及铁氧体等都是为了减少涡流。

磁性材料的损耗（通常称为铁损）主要由磁滞损耗和涡流损耗引起，而磁滞损耗比涡流损耗大。

2. 磁性物质的分类

按磁化特性的不同，铁磁性材料可以分成软磁材料、永磁材料和矩磁材料三种类型。

1）软磁材料

软磁材料具有较小的矫顽力，磁滞回线较窄，它在较低的外磁场作用下能产生较高的磁感应强度。而当除去外磁场后，磁性又基本消失。一般用来制造电机、电器及变压器等的铁芯。常用的有铸铁、硅钢、坡莫合金及铁氧体等。铁氧体在电子技术中应用也很广泛，可做计算机的磁芯、磁鼓以及录音机的磁带、磁头。软磁材料的品种、牌号、主要特点及应用范围见表 1-1。

表 1-1 软磁材料的品种、牌号、主要特点及应用范围

品　种	典型牌号	主要特点	应用范围
电工用纯铁或低碳电工钢	DT3、DT4、DT5、DT6、10号钢	含碳量低（<0.04%、B_s 高（达 2.15 T）、μ 不太大、H_c 不是最小、电阻率低、冷加工性能好	一般用于直流磁系统，10 号钢的磁性能和电工用纯铁差不多，但价格便宜
铁镍合金	1J50、1J51、1J65、1J79、1J85	μ_i、μ_m 很高，H_c 很小、B_s 不高、价格贵、磁性对机械应力敏感	高灵敏磁系统，弱磁场下工作的磁放大器
铁铝合金	1J6、1J12、1J13、1J16	电阻率高、比重小、μ 不太大、H_c 很小、硬度高、耐磨性好、抗振动冲击性能好，当含铝>10%时较脆	可以代替某些铁镍合金及硅钢片做微电机及继电器
硅钢片	热轧：D21、D22、D23、D32、D42、D43；冷轧无取向：W21、W22、W32、W33；单取向：Q3、Q4、Q5、Q6	B_s 较高、电阻率高、铁损小、导热性较差、硬度高、脆性增大	交流磁系统
铁钴合金	1J22	B_s 特别高（达 2.4 T）、居里点高（达 980℃）、电阻率不高、价格贵	适合质量轻、体积小、耐高温的航空及空间元件
软磁铁氧体（镍锌及锰锌）	R20、R60、RK1、RK4、R1K、R10K 等	为复合氧化物烧结体，电阻率很高、B_s 低、温度稳定性差	高频及较高频（几千赫兹到几百兆赫兹）用电磁元件

2）硬磁性材料——永磁材料

永磁材料具有较大的矫顽力，磁滞回线较宽，这种铁磁物质较难磁化，需在很高的外磁场作用下才能产生较高的磁感应强度。而且一旦被磁化以后，即使除去外加磁场仍能保持相当强的稳定的磁性。永磁材料用来提供一个恒定磁通的磁路，一般用来制造永久磁铁，常用的有碳钢、钴钢及铁镍铝钴合金等。

3）矩磁材料

矩磁材料具有较小的矫顽力和较大的剩磁，磁滞回线接近矩形，稳定性也良好。在计算机和控制系统中可用作记忆元件、开关元件和逻辑元件。常用的有镁锰铁氧体及 1J51 型铁镍合金。

飞机的电气元件广泛使用各种磁性材料。对于作为导磁用的软磁材料有以下主要要求：

（1）磁导率要高。在一个灵敏度比较高的磁系统中要求在很小的磁势作用下就能产生较大的磁通，因此希望材料的 μ_m 尽可能大。对于一个在弱磁场下工作的磁系统则要求 μ_i 较大。

（2）饱和磁通密度 B_s 要高。可导磁体的截面面积，减少整个磁系统的尺寸和质量。

（3）矫顽力 H_c 要小。可减小剩磁的影响，并减小磁滞损耗。

（4）使用于交流的磁系统，为了减少涡流损耗，希望电阻率要高。

（5）对于使用环境温度较高的磁系统，希望居里点要高。

第三节 电磁铁

一、电磁铁的基本组成

飞机上有许多电气设备或元件,如继电器、接触器、离合器、调压器及自控、遥控中操纵各种气阀、油阀的电磁活门等都是以吸力电磁铁,以下简称电磁铁(Electromagnet),作为基本的组成部分。

电磁铁是一种通电后对铁磁物质产生吸力,把电能转换为机械能的电气元件,它主要由线圈和铁心组成,如图 1-13 所示。铁芯分成两部分,一块是静止不动的称为静铁芯;另一块在工作过程中要产生运动而称为活动铁芯或衔铁。为了减轻运动部分——衔铁——的负担以及便于安装,线圈总是安装在静铁芯上。

在结构上,电磁铁既不同于变压器里的静止铁心,也不同于旋转电机的不变的均匀磁气隙,而是一种具有可动铁芯和可变磁气隙的电磁装置。按照通入电流的性质不同,电磁铁有直流电磁铁和交流电磁铁之分。线圈内通入直流电产生励磁的是直流电磁铁;线圈内通入交流电产生励磁的是交流电磁铁。直流电磁铁与交流电磁铁相比有许多优点,如体积小、质量轻、性能好、结构牢固、使用寿命长等,所以在飞机上普遍采用直流电磁铁作为各种电气元件的磁系统。按照产生吸力原理的不同,直流电磁铁大致可分为三大类型,即拍合式、吸入式和旋转式,如图 1-14 所示。

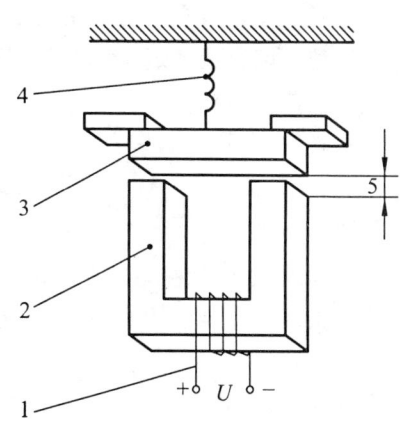

图 1-13 电磁铁结构示意图
1—线圈;2—静铁芯;3—衔铁;
4—返回弹簧;5—工作气隙

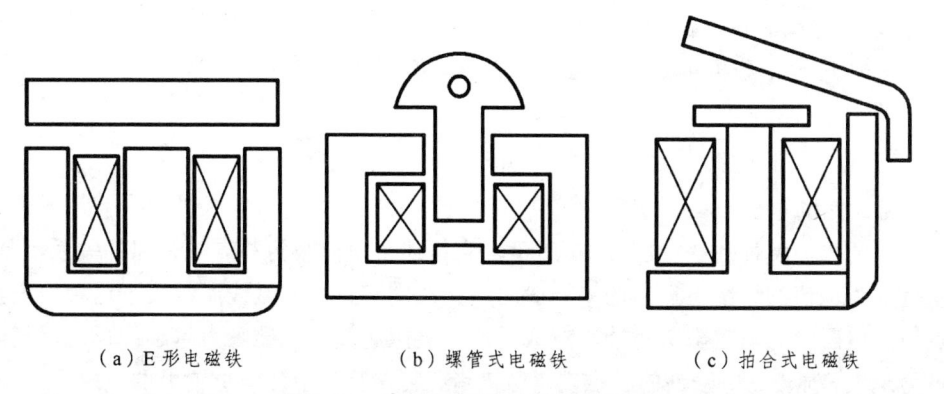

(a)E 形电磁铁　　(b)螺管式电磁铁　　(c)拍合式电磁铁

图 1-14 电磁机构的几种结构形式

凡线圈通以直流电的电磁铁都称为直流电磁铁,通常,直流电磁铁的衔铁和铁芯均由软钢或工程纯铁制成。由于飞机上均使用直流电磁铁,因此本书中对交流电磁铁不再论述。

二、电磁铁的工作原理

在直流电磁铁中采用直流电产生励磁,通过其磁路的磁通恒定,即不会随时间作周期性的变化。因此,铁芯中没有磁滞损耗和涡流损耗,也就没有铁损,也不会因为铁损产生热量。直流电磁铁中产生的热量的热源只有线圈的内阻,这种损耗称为铜损。

在电磁铁中既然有可动的衔铁,则磁路中就有相应的可变化的气隙。因为电磁铁之所以能产生响铃并做功正是由于其磁路中所存在的这个可变的气隙,这个气隙通常称为工作气隙。在磁路中铁芯的长度通常比气隙长度大得多,但是由于空气的导磁能力比铁磁材料要小得多,所以气隙的磁阻仍要比铁磁材料大得多,线圈的磁动势大部分降落在气隙上。只有当电磁铁处于闭合或接近于闭合位置时,铁磁阻才能和气隙磁阻相比,此时气隙很小,铁芯中的磁场已接近饱和。

电磁铁实质上也是一种机电能量转换装置,其转换过程如下:

电能(输入量) → 磁能 → 机械功(输出能量)

下面通过 π 形直动式直流电磁铁来说明电磁能量如何转变成机械功。如图 1-15 所示,当线圈按图示极性加上直流电压 U 以后,电磁参量就会发生如下变化:

$$U \to \frac{U}{R} \to IW \to \Phi \to \Phi_g F_x$$
$$\to \Phi_L$$

也就是说,线圈通电以后会产生激磁电流 $I = U/R$(R 为线圈的电阻),它形成了电磁系统的激磁安匝 IW(W 为线圈匝数)。因此产生磁链 ψ 或磁通 Φ,后者大部分通过气隙 δ,这部分磁通称为气隙工作磁通 Φ_δ,还有一部分磁通不经过衔铁气隙,称为漏磁通 Φ_L。前者产生电磁吸力 F_x,使衔铁运动做功;后者与衔铁无关,不能做功。

从实践中发现,在同样大小的气隙 δ 下,铁芯的激磁安匝 IW 越大,作用于衔铁的电磁吸力 F_x 就越大;或者说,在同样大小的激磁安匝 IW 下,气隙 δ 越小,作用于衔铁的电磁力 F_x 就越大。通过理论分析可知,电磁吸力 F_x 与 IW 和 δ 之间的关系为

$$F_x = 5.1 I^2 \frac{\mathrm{d}L}{\mathrm{d}\delta}$$

式中,L 为线圈的电感。

电磁铁的吸力特性曲线如图 1-16 所示,它描述了电磁吸力与气隙之间的关系,是在电磁铁的安匝数为恒值的情况下做出的。一般的串接线圈和直流并激线圈都属于这种恒安匝性质。其特点为:电磁吸力与气隙大小的平方成反比,气隙越大,电磁吸力越小;反之,气隙越小,电磁吸力越大。显然,电磁铁的激磁安匝数大者,它在行程中任一位置上的电磁吸力均较安匝数少者为大,即其吸力特性(图中曲线 1)位于安匝数少者(图中曲线 2)的上方。

由电磁铁的吸力特性可知:电磁线圈的激磁电压的升高和降低、衔铁行程的调大和调小,都将影响到电磁铁的吸力特性,从而影响到电磁铁的工作性能。

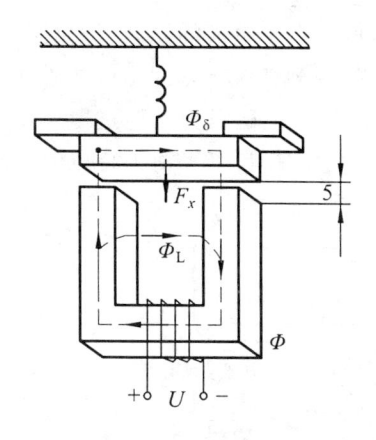

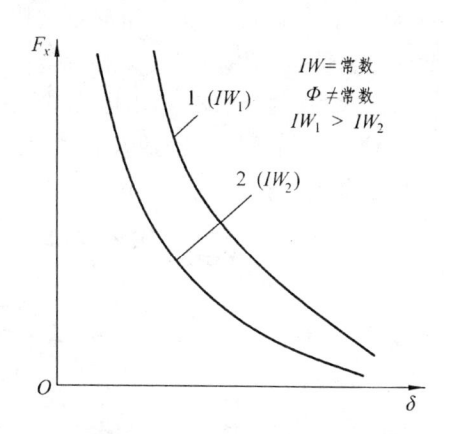

图 1-15　直流电磁铁工作原理　　图 1-16　直流电磁铁的吸力特性图

气隙中磁力线的分布规律根据磁场的特征可归纳如下：

（1）磁力线互不相交并充满整个磁极之间的气隙。

（2）磁力线处处和等磁位面（线）相正交。

（3）磁极的磁导率远大于空气的磁导率，因此空气中的磁力线总是垂直于磁极表面的，磁极表面必定是等磁位面的。

磁场的分布情况与磁极几何形状及相对位置之间有下列一些对应关系：

（1）当相对磁极的端面为平行平面，并且气隙相对于极面尺寸很小时，相对极面间的磁力线呈直线形，并且磁场是均匀的。但是在磁极的边缘和相对侧面处磁力线开始弯曲。

（2）互成夹角的平面之间的磁力线呈圆弧形，夹角越小，越接近圆弧。同一平面的两个磁极（如磁极的侧面）可以看做夹角为 180°的两个平面，其间磁力线呈半圆形。

（3）磁极的凸出处磁力线分布较密，而凹入部分磁力线分布较稀，甚至没有磁力线。必须指出，在磁极的凸出部分或尖角处磁力线比较集中，呈局部饱和，因此，磁极表面已经不再被视为磁位面了。

电磁铁是一种依靠电磁系统中产生的电磁吸力，带动衔铁做机械运动从而对外做功的电动装置，这是一种电能-磁能-机械能的转化装置。

为了适应现代飞机高空高速飞行和耐振动、抗冲击的要求，从 20 世纪 60 年代开始发展了两种新式的电磁系统，即平衡衔铁式和平衡力式电磁系统。

所谓平衡衔铁式电磁系统（Balanced Armature Type Electromagnetic System）是一种衔铁绕通过其重心的轴线做旋转运动，以闭合两个或多个磁路工作气隙的电磁系统。由于转轴两边衔铁的质量保持平衡，故有较好的抗振动、抗冲击能力。衔铁的结构有 S 形、平行平面形和菱形，目前广泛地应用于航空和航天中。

平衡力式电磁系统（Balanced Force Type Electromagnetic System）是以永久磁铁作为返回装置，且在断电状态下永久磁铁对衔铁的吸力与通电时极面对衔铁的电磁吸力大致相等的电磁系统，如图 1-17 所示。

平衡力式电磁系统取得平衡力的原理是这样的：在图示的磁路中加设一块永久磁铁，当线圈断电时，永久磁铁对可动衔铁产生吸力，衔铁的运动是由永久磁铁产生的吸力来操纵的。这是常闭触点的压力由永久磁铁产生，其值大小可以和线圈通电时，由电磁铁所产生的对常开触点所加的压力是相同的。电磁铁线圈通电时，由于电流的磁效应对可动衔铁产生电磁吸力，此时衔铁的运动由电磁力来操纵。在前述的两种情况下，即由永久磁铁产生的吸力（通过衔铁作用于常闭触点上）和由电磁铁通电时产生的电磁吸力（通过衔铁作用于常开触点上）相近。这个"相近"也就是人们所说的"平衡力"。具有平衡力特点的电磁铁的常开和常闭触点的工作能力相同——通过电流的能力和断电能力，抗冲击和抗振动能力都强。

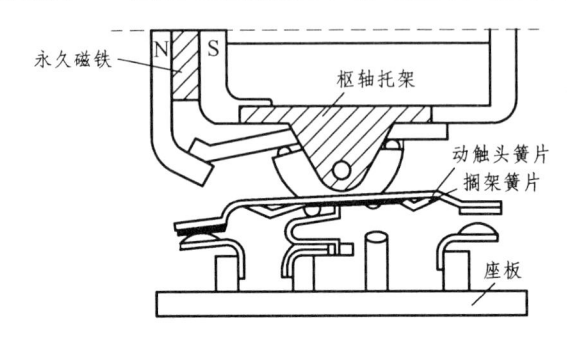

（a）结构原理图

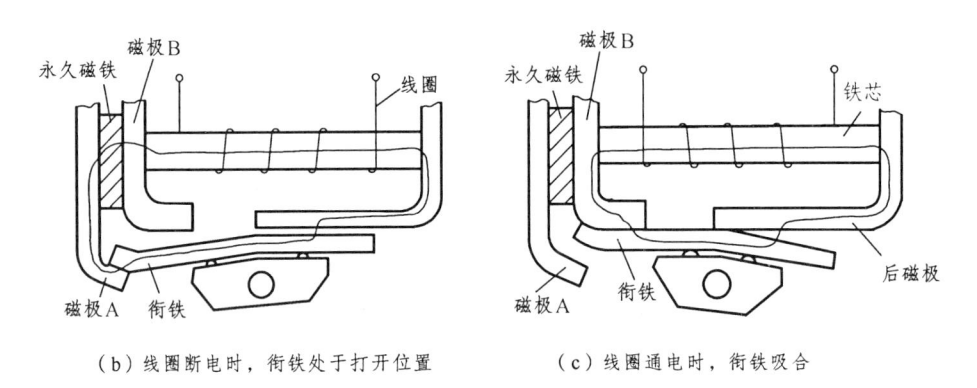

（b）线圈断电时，衔铁处于打开位置　　　（c）线圈通电时，衔铁吸合

图 1-17　平衡力式电磁系统

复习思考题

1. 动静触点接触面外形的几何形状是如何分类的？触点形状的选取原则是什么？
2. 什么是接触电阻？接触电阻的形式有哪些？
3. 影响接触电阻的因素有哪些？如何减小接触电阻？
4. 电弧产生的条件是什么？常用的熄弧措施有哪些？
5. 触点的维护、使用注意事项有哪些？
6. 磁性材料有哪些基本特性？什么是磁滞回线？
7. 简述电磁铁的基本工作原理。

第二章 电路装置

第一节 导线及其连接装置

一、飞机导线及电缆

1. 固定导线

1）电力线（Electric wire）

电缆和导线构成了配电系统的主干线，在用电设备各部分之间及在设置于飞机各区域的设备之间传输各种形式的电气参数和电能。导线（wire）是导电金属的单根实心棒或绞合金属丝，包裹在绝缘材料和保护套中，绞合线由于柔软性高，因此在飞机上普遍使用。根据工作电压的不同导线可分为高压导线和低压导线，低压导线绝缘层比较薄，高压导线绝缘层较厚，如图 2-1 所示。在飞机上一般采用铜或铝作为导线的线芯，铜的电阻率很低，适用于各种电缆，为了防止铜的氧化，铜丝可以浸锡、镀镍或镀银；铝线的横截面面积较大，且质量较轻，在低电阻和短期使用的电路中具有一定的优势，如起动机电路中。

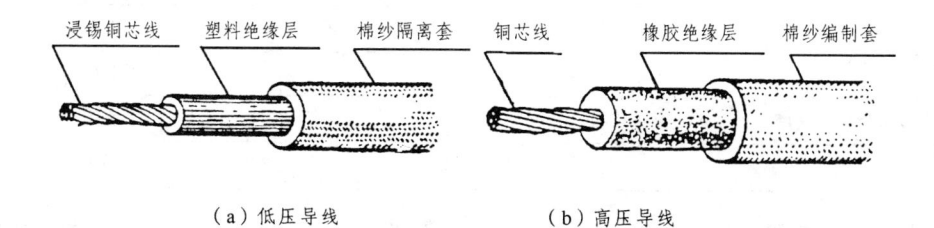

（a）低压导线　　　（b）高压导线

图 2-1　飞机导线

电缆（Eectric cable）通常由一组导线结合而成，一般比较柔软。容易产生电磁干扰的电缆外面要套防波套，有些地方还要进行防油、防水、防磨擦的保护。

为了易于查找，避免出现错误，在导线两端套有标志管，在导线上也打有标志，以确定导线所属的系统。我国规定，导线标志由汉语拼音和数字组成，各组成部分的含义如下：

（1）第一个字母表示所属系统。

（2）第二个字母表示导线所属设备。

（3）数字表示导线序号。

例如 DF42，表示直流系统中发电机的第 42 根导线；JD 代表交流电源系统。

在飞机上使用的导线常采用 AWG（American Wire Gage）规格，它使用数字标识导线的直径，数字越小线径越大，在飞机上使用的最小线号为 22 号，导线规格对照表见表 2-1（仅节选了部分）。

表 2-1　导线规格（美标）

Wire Table （导线规格）			
AWG NO. 导线标号	Diameter/Mils 直径/Mils	Ohms per 1 000 feet/kΩ 每千英尺电阻/kΩ	10Deg C rise current/A 10℃ 温升时允许电流/A
0000	460	0.049	
0	325	0.098	
8	129	0.628	40
12	81	1.59	22
20	32	10.2	7
22	25	16.1	5

*表示 1 mil 等于 0.001 英寸，因此一根导线的尺寸为 0.325 英寸时表示为 325 mil。

在对导线进行维修更换时，必须满足：负载电流不会在导线上产生过大压降，不会导致导线过热。在实际安装或更换导线时，应考虑以下因素：导线长度、额定电流、允许压降等，此外，还要考虑导线的工作状况，即导线是连续工作还是断线工作。在飞机中导线允许压降见表 2-2。

表 2-2　最大允许线路压降

系统标称电压/V	允许压降	
	连续工作制/V	断线工作制/V
14	0.5	1.0
28	1.0	2.0
115	4.0	8.0
200	7.0	14.0

为了便于查找和排除故障，在导线两端均套有热缩标志套管，导线上每隔 400～500 mm（16～20 in，有时标志间隔为 12～16 in）处打有导线标志，通过标志可以确定每根导线所属的系统及设备，电路标志如图 2-2 所示。图 2-3 是另一种标志方法，它是将导线的直径与其他信息分段标注。

2）信号传输线（Transmission line）

信号传输线有：同轴电缆（Coaxial cable）、三芯同轴电缆（Triaxial cable）、双绞线（Twisted pair）、屏蔽双绞线（Twinax）、平行线（Twin lead），如图 2-4 所示。其中同轴电缆最为常用，它承载的信号频率范围宽，其结构如图 2-4（a）所示，在中心内导体外包一定厚度的绝缘介质，在介质外是管状外导体，外导体表面再用绝缘塑料保护。它是一种非对称传输

第二章 电路装置

线，电流的去向和回向导体轴是相互重合的。

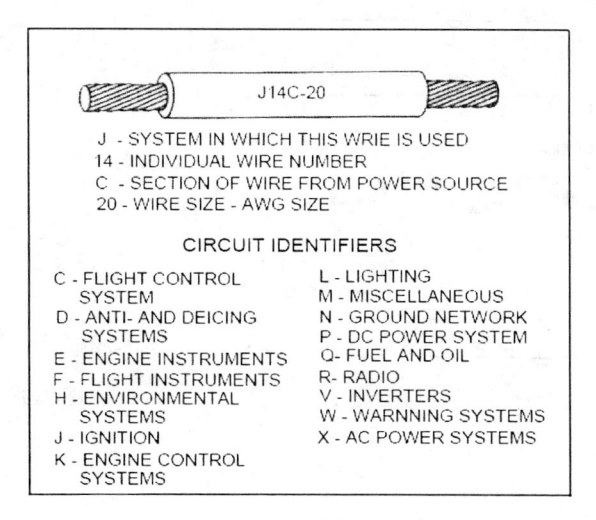

```
J14C-20
J - SYSTEM IN WHICH THIS WRIE IS USED
14 - INDIVIDUAL WIRE NUMBER
C - SECTION OF WIRE FROM POWER SOURCE
20 - WIRE SIZE - AWG SIZE

CIRCUIT IDENTIFIERS
C - FLIGHT CONTROL        L - LIGHTING
    SYSTEM                M - MISCELLANEOUS
D - ANTI- AND DEICING     N - GROUND NETWORK
    SYSTEMS               P - DC POWER SYSTEM
E - ENGINE INSTRUMENTS    Q - FUEL AND OIL
F - FLIGHT INSTRUMENTS    R - RADIO
H - ENVIRONMENTAL         V - INVERTERS
    SYSTEMS               W - WARNNING SYSTEMS
J - IGNITION              X - AC POWER SYSTEMS
K - ENGINE CONTROL
    SYSTEMS
```

图 2-2　导线标志 1

注：

① 为了避免与数字 1 和 0 混淆，不用字母 "I"、"O"。

② 字母 "N" 未规定，可以表示飞行参数记录器、音频记录仪。

为了便于识别导线属于哪个系统，飞机各系统有时可以采用不同的颜色，如蓝色用于无线电系统，白色用于直流系统，绿色用于交流系统。

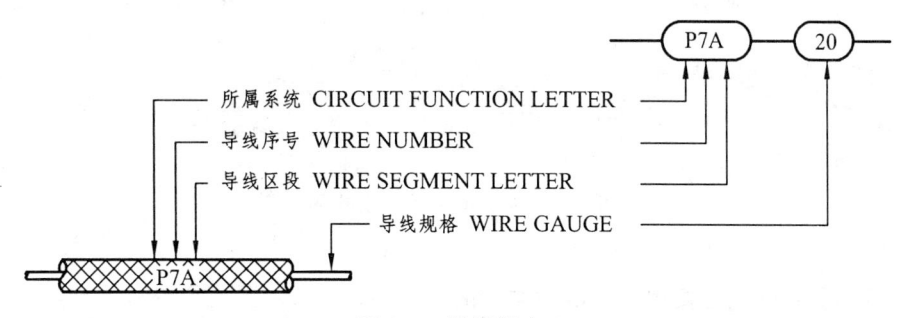

```
所属系统 CIRCUIT FUNCTION LETTER ──┐   ┌─ P7A ─ 20
导线序号 WIRE NUMBER ──────────────┤
导线区段 WIRE SEGMENT LETTER ──────┤
导线规格 WIRE GAUGE ───────────────┘
                              P7A
```

图 2-3　导线标志 2

在信号通过电缆时，所建立的电磁场是封闭的，在导体的横切面周围没有电磁场。因此，内部信号对外界基本没有影响。三芯同轴电缆的结构与同轴电缆类似，如图 2-4（b）所示，但附加了一个屏蔽层，它具备了更宽的带宽和更强的抗干扰能力。双绞线是由两根具有绝缘保护的铜导线组成的，如图 2-4（c）所示，把两根绝缘导线，按一定的密度互相绞在一起，可降低信号干扰的影响。每根导线在传输中辐射出来的电波会被另一根线上发出的电波抵消。屏蔽双绞线与双绞线相比，多了一个屏蔽层，受外信号的干扰更小，但价格较双绞线高，如图 2-4（d）所示。平行线中两根导线平行布线，有时用作天线的引入线，如图 2-4（e）所示。

为了节省空间和装配时间，有时会用到柔性电路，它是将导体印刷在薄而柔软的不导电材料上，如图 2-5 所示。连接装置的插钉插入柔性电路中预留的插孔中，与双列直插式芯片安装在印刷电路中的情形类似。

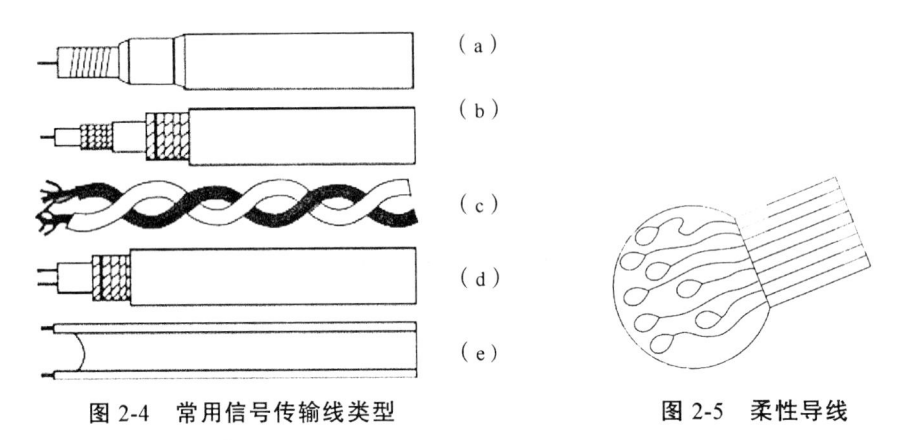

图 2-4 常用信号传输线类型

图 2-5 柔性导线

2. 运动导线

1）运动导线的维护

飞机上有些机件在工作时，连接它的导线会跟着一起运动，这种导线（或电缆）称为运动导线。例如，MD-82 飞机的前客梯电动操纵机构的导线，就随客梯收放做伸缩运动。梯子伸出和收进时导线的形状如图 2-6 所示。又如，MD-82 飞机的后梯的微动电门的导线，当后梯子放出时它是直的，而当梯子收进时则是折叠的。此外，还有手提话筒的连线、电话耳机的连线等也属于运动导线。

（a）梯子伸出时　　　　　　（b）梯子收进时

图 2-6 梯子伸缩时导线的形状

飞机上的运动导线安装、维护时一般具有以下特点：

（1）运动导线的铜芯要用韧性好的柔软的多股细铜丝线，要能经得起反复拉直弯曲的运动而不折断。

（2）运动导线的被覆材料要有一定硬度，要耐磨并防止在飞行时颤动，同时温度适应性好，防止在寒冷的环境下折断。

（3）运动导线周围的金属件或蒙皮应铺垫上柔软的毛毡，防止导线在运动中与硬物相摩擦。

（4）活动部分应有可换性，最好活动部分作为一个元件，两端带有插接件，便于更换。

飞机上的一般导线最忌活动摩擦和活动机件的刮、蹭及过分受力拉紧，同时还应避免酸碱腐蚀及油污水分的污染。一般做飞行后的检查时，要对松动的卡子进行坚固，架空线避免过松或过紧。因为飞行时产生颤动，过松易造成断股断路，易与蒙皮及其他机件摩擦；过紧则易受温度影响，在寒冷的条件下，拉伸应力增大，影响导线寿命。应清除导线表面的酸、碱、油污及水分，保持导线的清洁，增强其绝缘性能。

与运动导线相比，固定导线的维护较简单，故障也少。

运动导线的特点是活动，活动才能完成设计使命，而活动就避免不了导线与其他机件的摩擦、碰撞，屈伸转弯处就不可避免产生压力集中。往复运动会使金属线疲劳折断，摩擦会使被覆层磨损、折裂，导致露出铜芯与机体短路，从而烧毁导线。

2）运动导线的维护与修理

对运动导线的维护应该做到以下几点：

（1）掌握运动导线的分布和状况。

应了解所维护的飞机上装有哪些运动导线，以及其运动频次、摩擦程度等。

（2）飞后必检。

质量控制部门把运动导线作为飞后必检的项目，列入工程指令之中。现在的工程指令只有"检查导线的固定与安装"一句是不够的，应明确指出需检查哪部分导线，导线的固定情况、外表情况及活动弯曲处的情况。

（3）严格检查规程。

维护人员在检查运动导线时，首先应看清整根活动导线的转角处有无异常变化、弯曲度有无变化、被覆层有无磨穿和露铜现象。

其次，应及时清除活动导线周围的外来物，擦净油污水渍，使导线保持清洁，否则时间一长，导线的被覆层老化变硬，导致活动弯曲处折断。

当观察到活动导线的外表状态发生变化时，应寻找变化的原因，以便及时发现问题、解决问题。例如，当看到导线束经常与机体摩擦的地方，或在运动中经常伸缩的弯曲处的导线表面有黑色的积炭时，就应想到是否哪里的导线已被磨穿，并发生轻微的短路跳火，但由于短路电流很微弱，还不足以使断路器跳开，这种情况如不能及时发现，就会出现大的故障。

运动导线比固定导线出故障的机会多得多。因为导线是运动的，总会出现疲劳极限，被覆盖层会磨穿，造成短路的故障。导线的折断处往往在导线束的弯曲处。

常规的导线修理方法是，找一个两端空心的接线柱，将两个断头分别插入接线柱的两端，再用夹具夹，经过绝缘处理即可。但不适宜修理运动导线，因为修理后用不了多久，就会在接线柱的根部出现再次断裂，而且更难修理。最好的方法是更换整根导线。如果无法换导线，而使用连接接头时，应把接头放在不活动的地方。特别注意，不能把接头放在导线的弯曲处，也不能过量地增加绝缘层，因为导线软，接头硬，反复伸直、弯曲使应力集中在接头的根部，如果接头放在弯曲处就很容易再次折断。

二、导线连接装置

为了完成配电系统各元件之间的连接，必须提供某些连接与断开措施，按照元件需要连接或断开的频率分成两类，一类是较永久性的，一类是在维修计划规定时间内需要拆卸的。

永久性连接常采用钎焊或压接方式。钎焊连接法一般用于各用电设备内部电路的连接。压接是通过压力使接头与导体结合在一起，在飞机中使用较多，它具有如下优点：

(1) 连接容易实现，易实现自动化。
(2) 可保证良好的导电率和较低的电压降。
(3) 连接强度好。
(4) 消除了钎焊焊料溢出和焊药污染造成的短路。
(5) 消除了导线与接头可能的虚焊。

需要拆卸的电连接装置有接线片接线柱和插头插座。

1. 接线片接线柱

接线柱通过螺钉或螺栓将导线上的接线片连接到接线条、接线盒和汇流条上，也可用于电导线与金属机体的搭接。图 2-7 给出了使用接线条连接接线柱和接线条的示意图，接线条又称为配电条，由绝缘材料制成，便于对大量导线的连接管理。图 2-7（b）中可以清楚地看到接线钉两侧的绝缘限位装置，避免接线片间短路。

接线盒通常使用在发动机短舱或其他高温区域，它的外壳一般使用不锈钢或铝合金制成，在维护时应避免出现外壳凹陷，以避免外壳与内部的接线端子搭接。在打开接线盒外壳进行检修时应该将连接到该装置的电源断开，避免所使用的金属工具将相临的电路短接，如果确需通电检查时应格外小心，除了工具的正确使用外，还应除去所戴的手表或其他手饰。

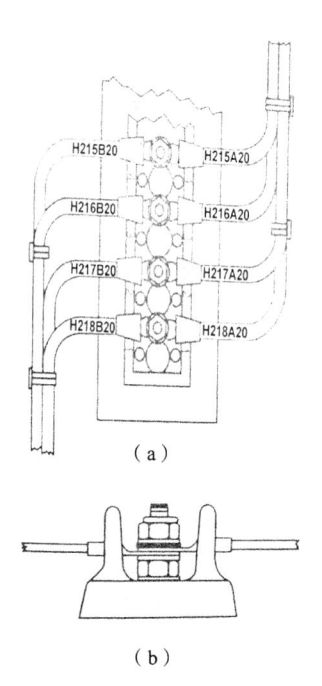

图 2-7 接线片接线柱

2. 插头插座

插头插座（Connector）常采用可更换的插钉、插孔，它们通过连接螺母组合，常见的电连接器有四种类型：圆柱形、方形、同轴形和接线片形，如图 2-8 所示。

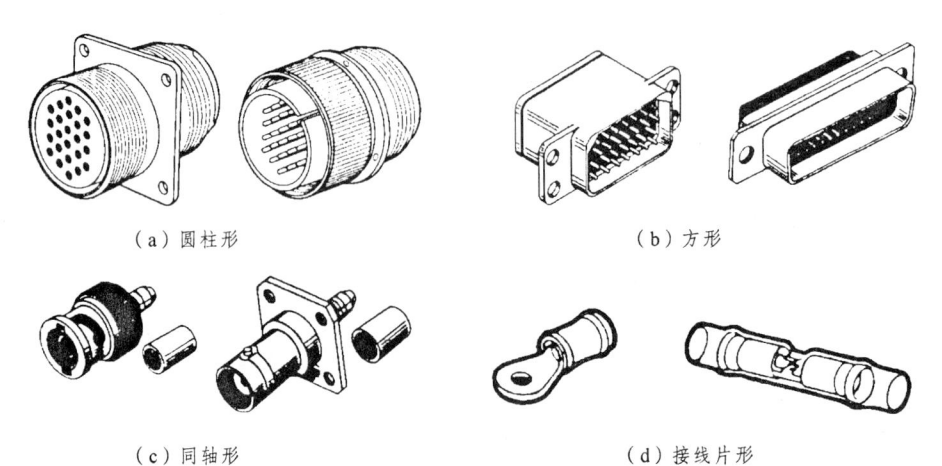

（a）圆柱形　　（b）方形

（c）同轴形　　（d）接线片形

图 2-8 电连接器类型

图 2-9 是一种常见的插头插座分解图。插头里面安装插钉,插钉对号入座地安装在胶木座内,以使插钉之间彼此绝缘。将胶木座装入金属外壳内,再用卡环加以固定。插座里面装有插孔,插头与插座结合并用中间螺帽固定后,插钉即能可靠地插入插孔之中了。

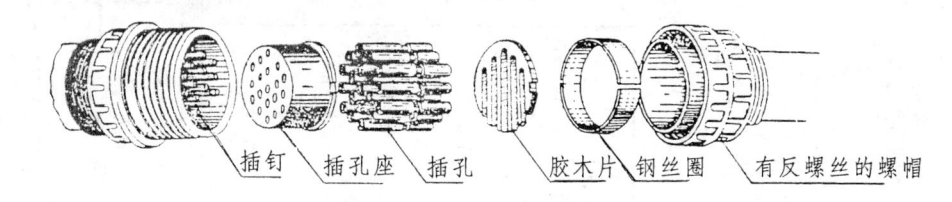

插钉　插孔座　插孔　　胶木片　钢丝圈　　有反螺丝的螺帽

图 2-9　插头插座分解图

通常将插销的插头连接到电源系统中的接地端,而插座与电源部分相连接,从而可以有效地避免在插头、插座处于分离状态时,插头接触到插销的外壳或机体的金属部分而引起短路的机会。

插头插座安装程序:
(1) 找到配对的插头和插座,并通过插销的标号以及相连接的导线号确认可以正确连接。
(2) 将插头插座上的定位销和定位槽对准。
(3) 用力轻轻地将插头插入插座,使连接环的两部分螺纹结合。
(4) 推入插头和拧紧螺帽交替进行,直到插头插座完全结合。
(5) 如果插头插座所处空间太小,无法用手使之可靠连接时,可以在用手无法拧动时使用插销钳再拧 1/8~1/6 圈。
(6) 根据插销型号,为插销打好保险或使用螺钉连接。
(7) 禁止使用蛮力安装插头插座,禁止使用榔头将插头敲入插座。

3. 汇流条

在飞机中,电源输出端与一个或几个低阻抗导体连接在一起,它们就是汇流条(Busbar,通常简写为 bus),一般是粗的金属条或棒,用于将发电机、蓄电池和各种负载连接在一起,发电机输出的电能输送到汇流条以后,再分配到各用电设备,使得电源和用电设备的布局更加合理。

在飞机上,按照用电设备重要性的不同,可以分为三类:飞行关键设备、任务关键设备和一般用电设备。仪表、飞行控制系统、仪表着陆系统和通信导航系统属于飞行关键设备,它们是确保飞机安全返航或就近降落(包括维持可操纵飞行)所必需的最低限度的用电设备。它们一旦断电,将威胁飞机和机上人员的安全,因此,只要飞机有工作的电源,就应该保证该汇流条的供电。民用旅客运输飞机上座舱增压和空调系统,战斗机上的火控系统就是一类任务关键设备,它们是顺利完成飞行任务所必需的设备。民航客机中的客舱娱乐设备、厨房设备等属于一般用电设备,它们工作与否不影响飞行安全,因此在电源系统发生局部故障而影响输出功率时可以首先切除部分或全部一般用电设备。

根据用电设备的重要程度,在飞机中,将它们分布于不同的汇流条上,如图 2-10 所示。

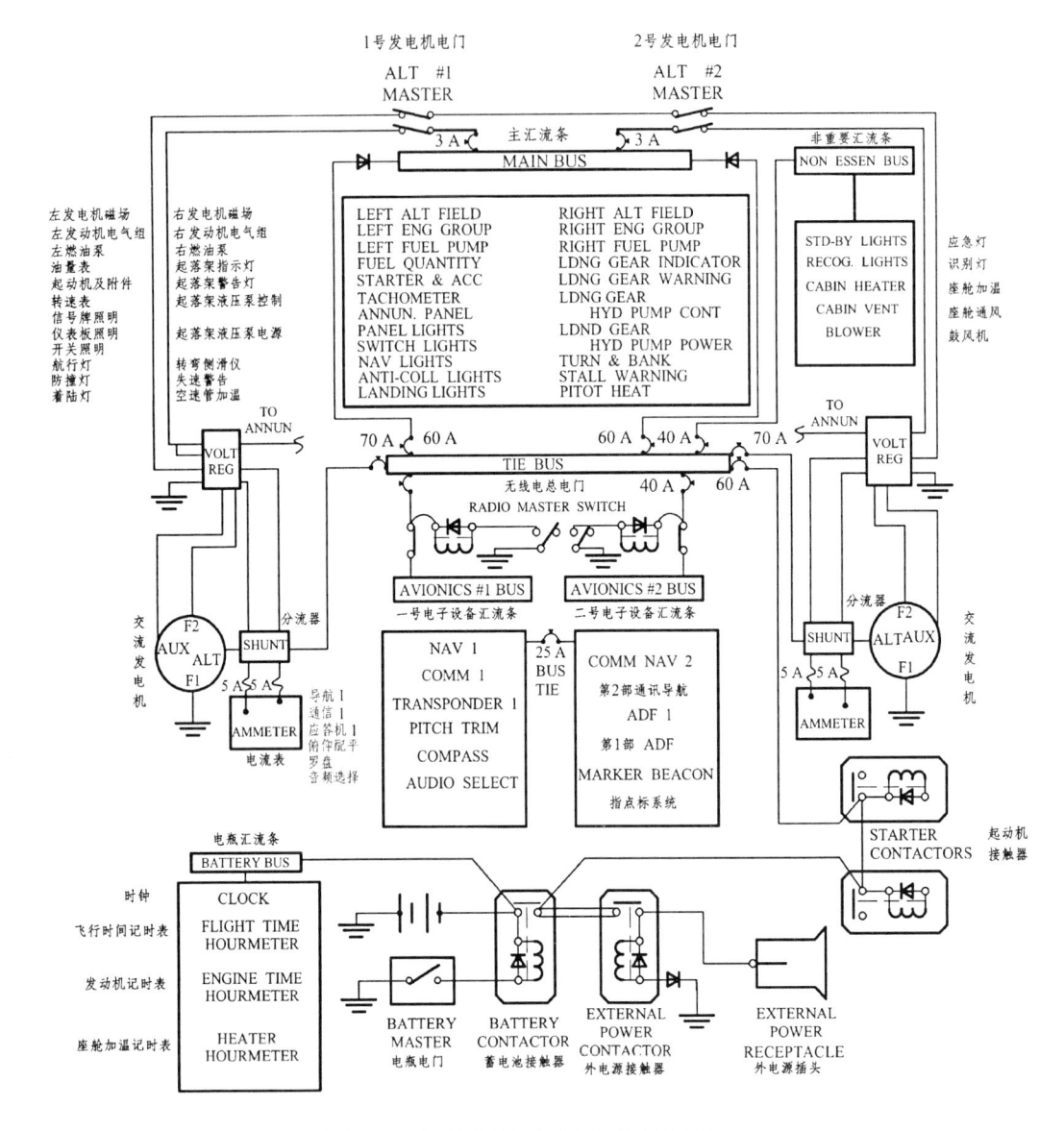

图 2-10 汇流条配置图（西门诺尔飞机）

在这个系统中共有：主汇流条、连接汇流条、#1 电子设备汇流条、#2 电子设备汇流条、非重要汇流条、蓄电池汇流条等六根汇流条。飞机上的大部分用电设备（任务关键设备）都连接到主汇流条上；次要用电设备（一般用电设备）连接在非重要汇流条上，当电源系统存在故障时，可以首先切断该汇流条上设备的电力供应；所有的无线电设备（飞行关键设备）都连接在电子设备汇流条上，同种类型的设备分别连接到两根汇流条上，可以避免在一根汇流条发生短路等故障时导致某种设备无法使用，在插上外电源和发动机起动前应断开控制电子汇流条的电门，避免产生的电压尖峰损害电子设备；蓄电池汇流条直接与蓄电池相连，中间没有控制开关，给不能断电的时钟等设备供电，在某些飞机上也称为热电瓶汇流条（Hot Battery Bus）。

第二节 电路控制装置

电路控制装置用来接通、断开或转换电路。它们最基本的组成部分是活动触点与固定触点，利用触点的闭合与断开来控制电路中电流的通断，常用的电路控制装置有开关、继电器和接触器。

一、开 关

开关（Switch）有很多种类，下面进行简单介绍。

"极（Pole）"和"投（Throw）"用来描述开关触点的状态，一个"极"是指从属于单一电路的一组触点；一"投"是指开关可以接通两个或多个位置的一个。单极单投（Single-Pole，Single-Throw，SPST）开关中有两个触点，如图 2-11（a）所示，它只有"通"、"断"两种状态；单极双投（Single-Pole，Double-Throw，SPDT）开关可以选择一个电路的两种状态，如图 2-11（b）所示，襟翼收放电动机就使用这种开关控制，用于收起或放下襟翼。

双极单投（Double-Pole，Single-Throw，DPST）可以同时控制两个电路，但也只有"接通"或"断开"两种状态，如图 2-11（c）所示，它能够同步控制两个电路，但这两个电路的电路保护装置需要分别安装，避免一个电路故障影响另一个电路的工作。例如在某些飞机上使用一个开关同时控制导航灯和仪表照明灯，但两部分电路是相对独立的。双极双投（Double-Pole，Double-Throw，DPDT）能够使两个电路工作在两种状态，开关的位置可能有两个或三个，两位开关可以使两个电路同步地接通或断开；三位开关包含一个中立位，使电路处于关断状态，如图 2-11（d）所示。

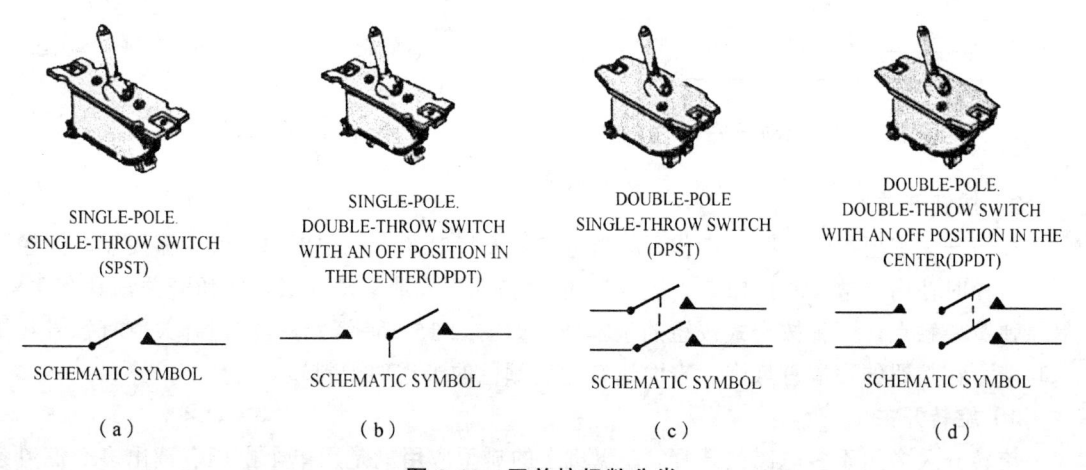

图 2-11 开关按极数分类

1. 普通开关

1）拨动开关

拨动开关又称为扳动开关，用于切换电路，图 2-12（a）是一个单位置拨动开关。在某些时候，需要若干独立电路中的开关同时动作，可以使用图 2-12（b）中所示的开关，它利用一根连杆将各个拨杆连接在一起，从而实现各开关的联动。另一种形式的开关是限动开关，如图 2-13 所示，它通过一根锁定杆来控制哪个开关可以接通，避免由于疏忽而接通不应工作的开关。为了避免误操作，有些开关还设有保护盖，如图 2-14 所示，只有在保护盖打开后才能操纵开关。

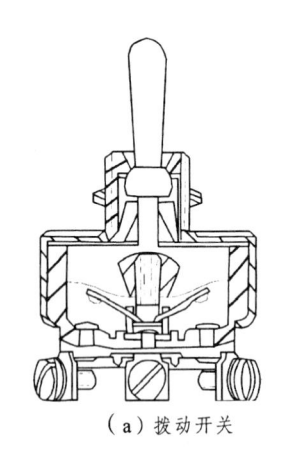

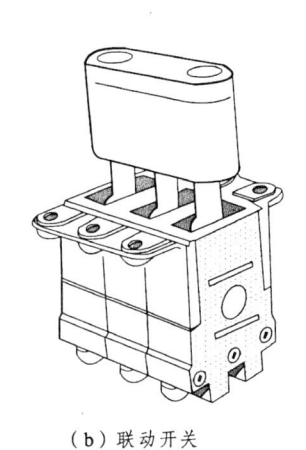

（a）拨动开关　　　　　　　　（b）联动开关

图 2-12　拨动开关

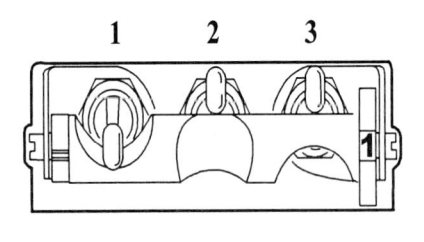

图 2-13　限动开关　　　　　　　　图 2-14　保护开关

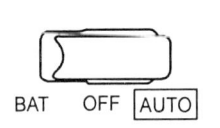

2）按钮开关

按钮开关主要用于短时间工作，即当电路需要暂时闭合或中断时，或者需要短时间经过另一路径时使用。常用的按钮有"按合"式、"按断"式或双动作式。按钮开关都具有插棒、复原弹簧、触点，一种按合式按钮的基本结构如图 2-15 所示。有些按钮开关兼有警告和指示功能，在按钮的顶端有灯泡，表面遮有适当颜色的半透明塑料罩。

3）旋转开关

旋转开关多用于多电路的选择，在飞机上的典型应用就是用单个电压表读出多个汇流条的电压，如图 2-16 所示。在某些情况下，将旋转式开关和变阻器组合在一起，用于通断电路并可以调节电流值，通常用于仪表板照明或音量控制。

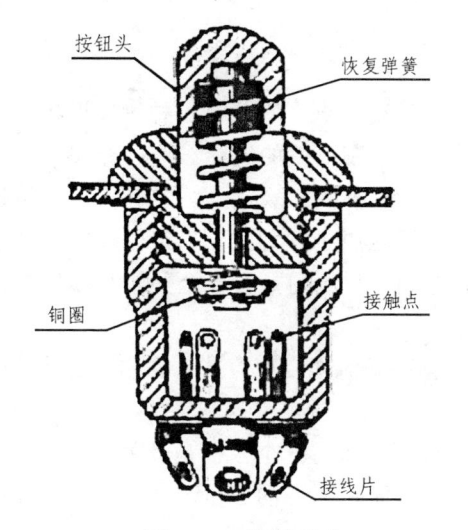

图 2-15 按钮开关

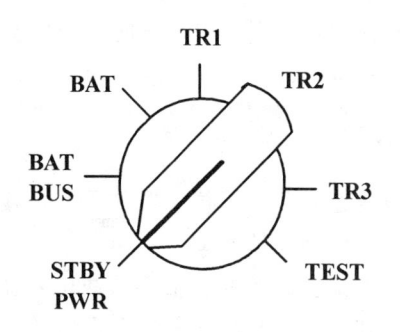

图 2-16 旋转开关

4）微动开关

微动开关是一种特殊类型的开关，在飞机电气系统中得到了广泛应用，它又称为微动电门、灵敏开关或速动开关。"微动"是指闭合与断开触点间的行程很短。微动开关的特点是：动作迅速、工作可靠、精度高、寿命长、体积小，常用于需要频繁通、断的小电流电路中。一种微动开关的结构如图 2-17 所示。

5）定时开关

定时开关用于控制用电设备在预定的时间内按一定顺序可控地工作。定时开关的工作原理是电动机或弹簧带动凸轮轴恒速旋转来控制一系列开关的接通或断开。图 2-18 是某型定时开关的工作原理图，定时开关是根据控制对象的时间特性设计的，内装的恒速电动机带动 8 个接通时间不同的凸轮，每个凸轮旁装有一个微动开关，微动开关的接通和断开控制继电器或其他附件的接通或断开。在该开关内有一快速电磁离合器，在满足一定条件时凸轮可以以十倍原速的动作返回原始位置，为下一次工作做准备。

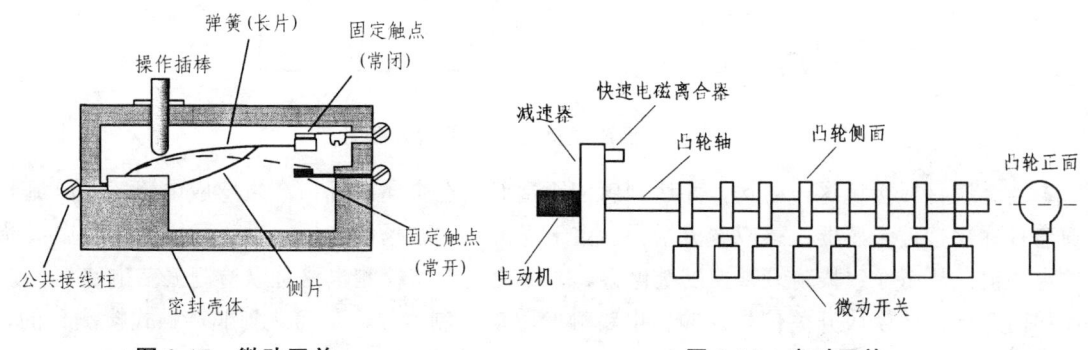

图 2-17 微动开关

图 2-18 定时开关

2. 接近开关

1) 接近开关分类

接近开关（Proximity Switch）没有固定触点和活动触点，它装有一种对接近物体有感知能力的元件，利用这种传感器对接近物体的敏感特性控制开关的通断。接近开关工作有距离要求，当物体接近到一定距离时，传感器才能感受到，开关才会动作。它具有反应迅速、定位精确、寿命长、没有机械接触等优点，目前已广泛应用于行程控制、定位控制、自动计数以及各种安全防护等方面，例如在飞机上用作客舱门、货舱门是否安全关闭和锁住的指示电路的一部分。

按照接近开关所用传感器的不同，接近开关有：涡流式、电容式、霍尔式、光电开关、红外式、多普勒式等类型。

电容式接近开关的测量头构成电容器的一个极板，而另一个极板是开关的外壳，当物体移向接近开关时，使得电容的介电常数发生变化，从而使电容的容量改变，由此可控制开关的接通或断开。

光电接近开关是利用光电效应做成开关，红外接近开关是利用热释电原理构成开关，当系统对波源的距离发生改变时接收到的波的频率会发生偏移，利用这种现象做成的开关称为多普勒接近开关。

霍尔式接近开关是利用霍尔元件做成开关，当磁性物体移近霍尔元件时，霍尔效应使开关内部电路的状态发生改变，以此可以判断出磁性物体是否接近。这种接近开关的检测对象必须是磁性物体。

涡流式接近开关，也称为电感式接近开关，它能产生电磁场。当导磁物体接近时，物体内部产生涡流，使开关内部电路的参数发生变化，由此可识别有无导磁物体移近，进而控制开关的通断。

2) 接近开关实例

涡流式接近开关由三大部分组成：振荡电路、振幅检测电路及放大输出电路，如图 2-19 所示。振荡电路中的线圈为敏感元件，它是振荡电路的组成部分，产生一个高频交变磁场。

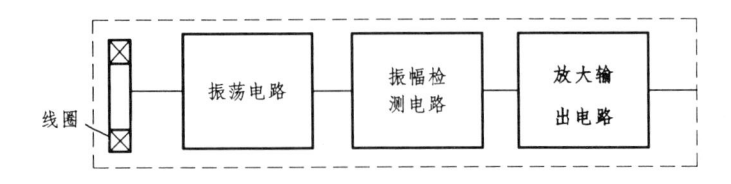

图 2-19 涡流式接近开关组成方框图

当金属目标接近这一磁场，并达到感应距离时，在金属目标内产生感应电流（涡电流），随着目标物接近传感器，感应电流增强，由于涡流对主磁场的作用，改变了振荡电路中线圈的电感值，从而导致振荡衰减，以至停振。振幅检测电路检测电路可以检测振荡电路振荡及停振的变化，转换成开关信号。输出电路触发驱动控制器件，从而达到非接触式检测目的，涡流式接近开关各组成部分工作时的波形图如图 2-20 所示。

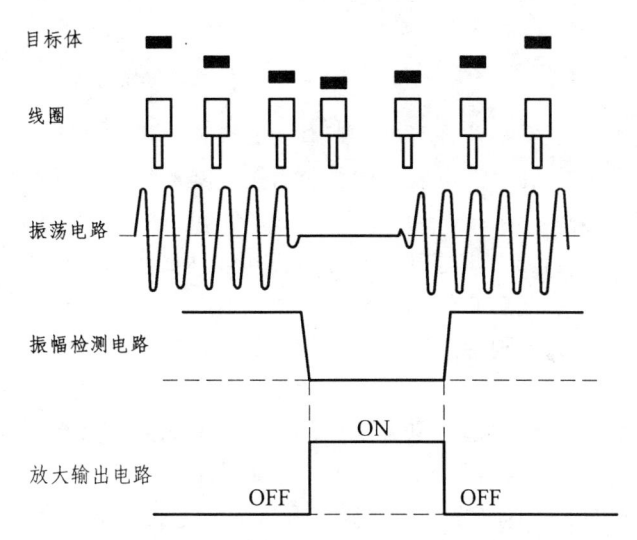

图 2-20 涡流式接近开关波形

图 2-21 所示是某型飞机上舱门控制使用的接近开关工作原理图。这种接近开关所能检测的物体必须是导电体。

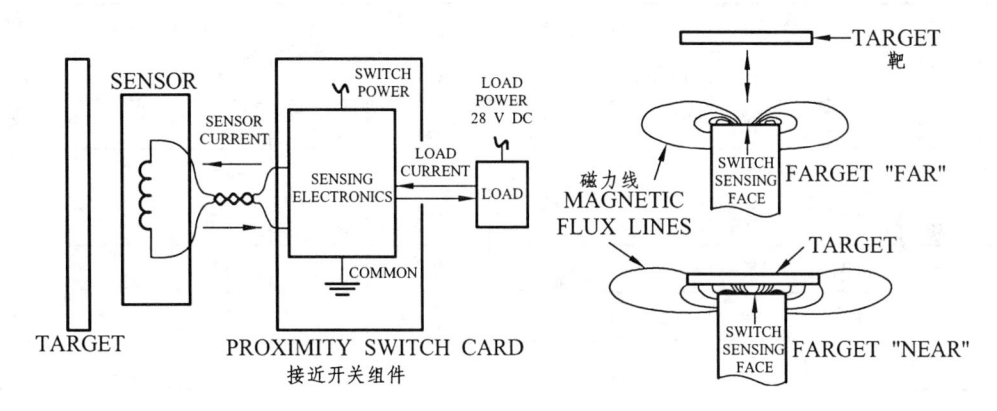

图 2-21 涡流式接近开关

3）接近开关选型

对于不同的材质的检测体和不同的检测距离，应选用不同类型的接近开关，以使其在系统中具有高的性能价格比，为此在选型中应遵循以下原则：

（1）当检测体为金属材料时，应选用高频振荡型接近开关，该类型接近开关对铁镍、A3钢类检测体检测最灵敏。对铝、黄铜和不锈钢类检测体，其检测灵敏度就低。

（2）当检测体为非金属材料时，如木材、纸张、塑料、玻璃和水等，应选用电容型接近开关。

（3）金属体和非金属要进行远距离检测和控制时，应选用光电型接近开关或超声波型接近开关。

（4）对于检测体为金属时，若检测灵敏度要求不高时，可选用价格低廉的磁性接近开关或霍尔式接近开关。

3. 开关使用

开关的额定工作电流通常标注在开关的壳体上，它表示开关连续工作状态下保证使用寿命的最大允许电流。但在飞机上用电设备的种类很多，以下几种负荷对开关触点的工作寿命影响较大：

（1）大的冲击电流。例如白炽灯开始接通电流可以达到正常工作电流的 15 倍以上，如果触点电流选择不当，会引起触点烧蚀、熔化，缩短使用寿命。

（2）电感性电路。接触器和继电器的线圈均属于感性电路，线圈能够储存电能，在触点断开时可能产生电弧或火花。

（3）电动机。直流电动机的起动电流是正常工作电流的几倍甚至十几倍，而且在控制开关断开时储存在电枢线圈和励磁线圈的电能可能引起电弧或火花。

根据开关所控制电路的不同特点，在选取开关时为了延长开关的使用寿命需要降荷使用。表 2-3 是某一厂家生产的开关在不同负荷下的工作情况。除了考虑所控制电路的性质之外，还应考虑负载工作环境（温度、高度、湿度等）、工作状态、控制电压等因素。

表 2-3 开关选取因素

Elec.Rating Code	DC28 V			DC115 V	DC250 V	AC115 V 60 400 Hz			AC230 V
	Ind.	Res.	Lamp	Res.	Res.	Ind.	Res.	Lamp	Res.
1	15	20	5	0.75	0.5	10	15	3	6
2	10	15	4	0.75	0.5	7	15	2	6
3	15	20	7	0.75	0.5	15	15	4	6
4	10	18	5	0.75	0.5	8	11	2	6
5	12	20	5	0.75	0.5	15	15	4	6
6	10	18	4	0.75	0.5	8	11	2	6

在安装开关时，具有"On-Off"的两位开关，应该把"On"位放于向上或向前操纵开关的状态；如果开关用于控制起落架或襟翼，则开关的动作方向应该与所控制装置的实际动作方向一致。为了避免出现误操作，还可以为开关安装保护罩或限动板。

二、继电器

继电器（Relay）是一种非人工直接操纵，自动和远距离操纵的开关器件，它在很早以前就在飞机上得到了应用。继电器在飞机上的用途十分广泛，电源、空调、起落架、照明、燃油、供气、防冰防雨、飞行操纵以及发动机的起动、操纵和指示等系统中都使用了继电器，它们用作控制、调节、检测、保护和指示等功用。在 B757-200 飞机上单独使用的继电器就有 390 多只，如果把机载设备中使用的继电器、接触器都计算在内，总数要超过千只。

航空用继电器的种类很多,下面将分别介绍电磁继电器、极化继电器、固态继电器、混合继电器和部分特种继电器。

1. 电磁继电器

1)基本组成及工作原理

当线圈通电时,由于磁通的作用产生吸力,吸动衔铁,带动触点,使被控制电路接通、断开或转换的继电器就叫电磁继电器。

一种具有拍合式电磁系统的继电器(通常称为摇臂式继电器)的基本结构如图 2-22 所示。其电磁铁的活动部分是一块可以转动的平板衔铁,衔铁的支点在支架上。电磁铁的线圈未通电时,恢复弹簧的弹力使活动触点与常通触点接通,并使弹性导电片变形,以给触点提供一定的接触压力。线圈通电后,当电压达到其动作电压值时,电磁吸力便大于弹簧弹力,衔铁就绕支点转动,使活动触点离开常通触点,而与常断触点接通。线圈断电时,在恢复弹簧的作用下,衔铁与活动触点都回到原来的位置。

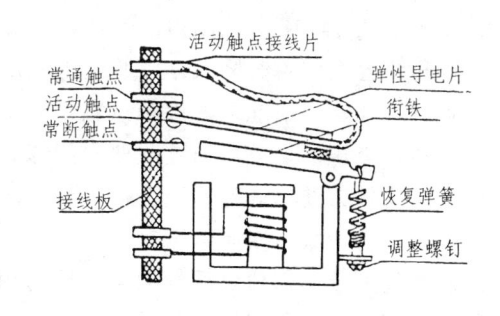

图 2-22 摇臂式继电器

飞机上使用的电磁继电器多为直流继电器,即线圈中通的直流电。电磁继电器触点切换的负载电流一般限制在 25 A 以内。

2)继电器的主要技术指标

(1)额定电源电压。指使电磁继电器长时间正常工作的电压。

(2)接通电压。在常温条件下,继电器线圈通电后,由衔铁带动触点可靠动作所需要的最小电压值。

(3)断开电压。继电器吸合工作状态下,降低电磁工作线圈电压到使衔铁刚要返回原位时的电压值,即使触点能够断开时的最高电压值。

(4)额定负载。继电器控制触点允许通过的额定电流值。

(5)触点压降。一对触点在通过额定负载电流时,在触点两端产生的电压差。

(6)接点压力。触点接通时,两触点相互之间的压力。

(7)动作时间。指从继电器工作线圈开始通电的瞬间至衔铁带动触点完成工作所需的时间。

(8)线圈工作电流。继电器线圈在额定电压作用下,长时间稳定工作状态下通入线圈的电流。它产生的电磁吸力是衔铁保持工作的需要,它通过线圈电阻产生的热量是线圈发热的来源。

(9)寿命。指触点保持正常转换电路的能力,常用继电器的动作次数表示。

3)电磁继电器主要参数的调整

电磁继电器需要调整的主要参数是接通电压、断开电压和接点压力。下面以 JKA 系列为例(见图 2-22)说明调整原理和方法,对其他类型电磁继电器可按结构特点类似进行调整。

(1)接通电压的调整。

决定接通电压大小的主要因素是返回弹簧在衔铁处于打开位置时的反力(称为返回弹簧

的初始反力)和铁芯与衔铁之间工作气隙(磁间隙)的大小。弹簧的初始反力愈大或磁间隙愈大,则需要较大的电磁力才能使衔铁吸合,因而接通电压高;反之,需要的接通电压低。

接通电压的高低影响继电器工作的可靠性,一般要求接通电压比电网电压低十几伏,飞机上常选在 14~18 V 范围内。接通电压太高,工作可靠性就差,因为电网突然加上大负载时,其电压将会突然瞬时降低;接通电压太低工作也不可靠,因为这时返回弹簧弹力太小,在飞机振动、加速等情况下,接触点容易产生跳动等错误动作。

接通电压的调整可通过改变磁间隙和返回弹簧的初始反力来达到,一般以调整返回弹簧的反力比较方便。调整的方法是:顺时针方向拧动返回弹簧的调整螺钉,弹簧被拉紧,弹簧的初始反力增大,接通电压提高;反时针方向拧则使弹簧反力减小,接通电压降低。调整磁间隙比较麻烦,需要移动骨架与座板的相对位置,底板上有四个椭圆形孔可用于调整间隙,但这种调整方法不属于机务维修范围,一般只用于生产工厂调整。

(2)断开电压的调整。

继电器吸合工作,决定断开电压大小的主要因素是返回弹簧的最终反力(处于吸合位置时的弹簧力)和剩余磁间隙(吸合状态时衔铁与铁芯之间的气隙)的大小,也与触点接通后弹簧片之间的压力有关。在常温下,继电器断开电压一般不高于 5 V。

继电器断开电压的高低同样关系到它工作的可靠性。若断开电压太高,则当有大负载接入使电网电压下降时,可能使继电器错误跳开;若断开电压太低,则触点压力太小,接触不可靠。

断开电压的调整是通过改变弹簧的最终反力或触点弹片的变形而达到的。调整方法如下:向上轻微弯曲固定的常开接触片,可使断开电压提高;反之,则断开电压降低。或者顺时针方向拧返回弹簧的调整螺钉,弹簧最终反力增大,继电器容易跳开,即断开电压提高;反之,则可降低断开电压。但是,这时弹簧反力的改变将影响接通电压,所以,一般在两者都需要调整时使用,或者是在调整完一个参数后再校验另一个参数,使之均符合要求。调整剩余磁间隙的方法一般不用。

(3)接点压力的调整。

触点接触压力的大小影响触点接触的可靠性及触点断开时的速度。常闭触点的压力可通过改变返回弹簧的初始反力及常闭接触片的位置来调整,拧紧返回弹簧或者向下轻微弯曲常闭接触片,则常闭触点压力加大;反之,压力减小。常开接点的压力可通过改变返回弹簧的最终反力或常开接触片的位置来调整,拧松返回弹簧或者向上弯曲常开接触片,则常开触点的压力增大;反之,常开触点之间的压力减小。

2. 极化继电器

极化继电器(Polarized Relay)是电磁继电器的一种特殊形式,它能反映输入信号的极性。随着工作线圈中所通电流的方向不同,衔铁动作方向也不同。

极化继电器则具有两个显著特点:其一是能反映输入信号的极性;其二是具有很高的灵敏度,即其所需动作电流或电压值很小。极化继电器与普通电磁继电器的主要不同点是其磁路里同时作用着两个磁通,一个是永久磁铁产生的极化磁通,另一个是由电磁铁工作线圈产生的工作磁通,工作磁通的大小和方向决定于输入信号的大小和方向。

极化继电器的工作原理如图 2-23 所示。衔铁是一块永久磁铁，铁芯由高导磁材料制成，平时它偏置于一侧，处于图 2-23（a）所示的静止状态。当对线圈施加一个直流电压时，铁芯就变成了电磁铁的铁芯。在铁芯中建立的磁通与永磁衔铁产生的磁通方向相反，而且数量上更大，则铁芯的极面上产生了如图 2-23（b）所示的极性。由于衔铁极和铁芯极表面极性相同，衔铁就被排斥，逆时针方向转动，到达 2-23（c）所示位置，此时衔铁极和铁芯极表面处于相反的极性，强大的吸力使衔铁和触点保持在这个位置，如果线圈断电，永久磁铁的磁通仍可使衔铁保持在该位置。如果外加电压的极性变化，衔铁的位置如图 2-23（d）所示。

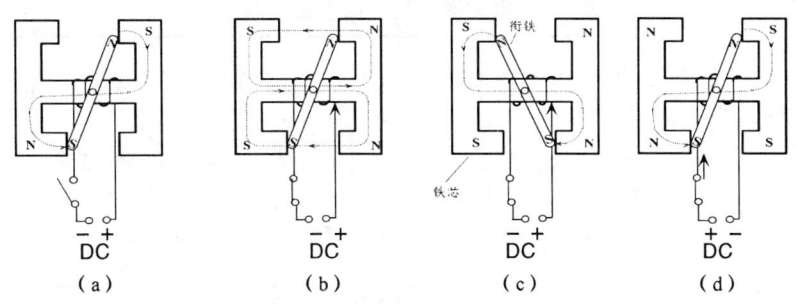

图 2-23　极化继电器工作原理

根据极化继电器衔铁的停留位置，极化继电器还可以调整为双位置偏式及三位置式。如果把左右触点调整到中线两侧，如图 2-24（a）所示，则衔铁从一侧移向另一侧所需的吸合电流值相同。在工作线圈中无电流时，衔铁倒向前次动作过后的那一侧，当输入线圈中的输入信号与前次信号极性相反时，衔铁就将倒向另一侧，这种继电器称为双位置中性式极化继电器。双位置偏式的两个静触点调整在中线的同一侧，如图 2-24（b）所示，当工作线圈中无电流时，衔铁总是倒向远离中线的位置，使动触点与远离中线的那个静触点接触。只有当工作线圈通以某一方向的电流时，衔铁才会倒向另一侧，使动触点与靠近中线的那个静触点接触。三位置式极化继电器的两个静触点调整在中线的两侧，其衔铁张挂在簧片上或用两个反力弹簧把它拉紧，如图 2-24（c）所示，当工作线圈无电流时，衔铁受簧片或反力弹簧的作用总是稳定地保持在中间位置，当线圈通电达到某一值时，衔铁才倒向一侧。

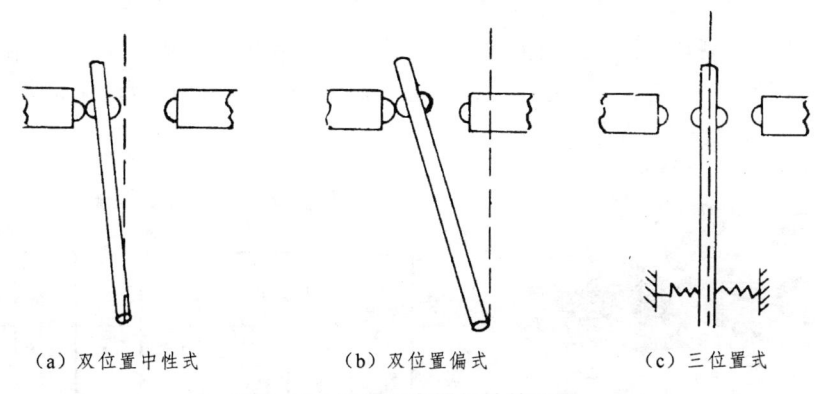

（a）双位置中性式　　（b）双位置偏式　　（c）三位置式

图 2-24　极化继电器衔铁的位置

极化继电器具有方向性，灵敏度高，动作迅速，它的主要缺点是触点的切换容量小，体积较大。

3. 固态继电器

固态继电器（Solidstate Relay，SSR）是一种由固态电子组件组成的新型无触点开关，利用电子组件（如开关三极管、双向可控硅等半导体组件）的开关特性，达到无触点、无火花而能像电磁继电器一样在输入信号的控制下执行控制电路的功能，达到接通和断开电路的目的，因此又被称为"无触点开关"。表 2-4 将固态继电器与电磁继电器进行了对比。

表 2-4 电磁继电器与固态继电器比较

项 目	类 型	
	固态继电器（SSR）	电磁继电器（EMR）
灵敏度	固态继电器输入电压范围宽，驱动功率低，可以和逻辑集成电路兼容且不需要加缓冲器或驱动器，具有灵敏度高、控制功率小的特点，驱动功率<30 mW	控制电压范围较窄，需加驱动电路。灵敏度差，驱动功率一般在几百毫瓦
寿命与可靠性	无机械运动零部件，可在冲击振动环境工作，由固态器件完成触点功能。具有寿命长，可靠性好等特点	不易在冲击、振动环境中工作，触点寿命较短、可靠性较差
切换速度	切除速度快，仅几毫秒	切换速度大于 20 ms
电磁干扰	因绝大多数交流输出固态继电器，输出是一个零电压，开关射频干扰较小	因本身线圈以及触点控制会有较大的电磁干扰
导通压降	导通管压降大，断开有漏电流	导通压降小、接触电阻小，断开无漏电流
控制触点通用性	固态继电器一般为单刀单掷形式对外控制，如需多组转换控制较难。交直流通用性差	如对外进行多组控制较易，可交直流通用在开关控制过程中，常伴有几个 ms 到几十 ms 的抖动
体积质量	体积大，质量大	体积小，质量轻

图 2-25 是一种典型的光电耦合固态继电器的实物图和原理方框图。它是一种四端器件，其中两端为输入控制端，另外两端为输出受控端，中间有光电隔离环节。当有输入信号时触发电路工作，光电二极管发光，经光敏三极管接收并控制固态转换器件（如大功率三极管、MOS FET 等），进行开关状态的转换。

（a）实物图　　　　　　　　（b）原理方框图

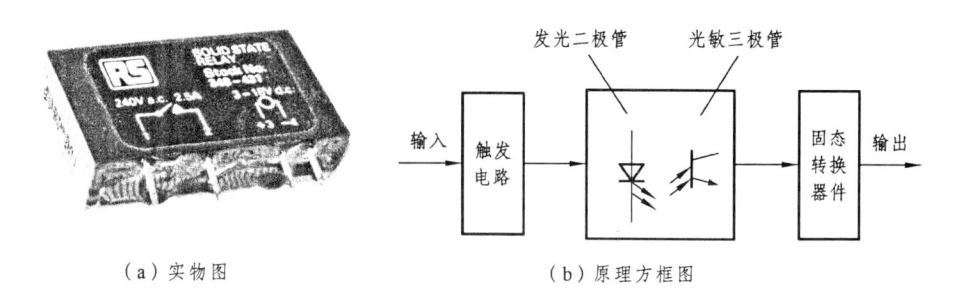

图 2-25 光电耦合固态继电器

在选择 SSR 的最高输出（最大负载）电压时，需注意如果负载为电感性负载时（如电磁铁、马达、变压器），负载电压范围必须大于两倍电源电压值，而且所选产品的阻断（击穿）电压应高于负载电源电压峰值的两倍。例如在电源电压为交流 220 V、一般的小功率非阻性负载的情况下，建议选用负载电压范围为 400～600 V 的 SSR 产品；但对于频繁起动的单相或三相电机负载，建议选用额定电压为 660～800 V 的 SSR 产品。在确定最大负载电流时，需要特别注意 SSR 的最大负载电流对温度的反应非常敏感，若环境温度上升，SSR 所能承受的最大负载电流会明显下降，因此应用时需注意 SSR 工作温度的范围与降温散热的问题。

固态继电器灵敏度高，能够与 TTL、CMOS 等集成电路兼容；可以实现小型化；SSR 没有任何可动的机械零件，工作中也没有任何机械动作，无触点，工作可靠性高，使用寿命长（SSR 的开关次数可达 10^8～10^9 次，比一般 EMR 的 10^6 高出百倍）、无动作噪声、耐震、耐机械冲击、具有良好的防潮防霉防腐特性。因此它在某些领域可以取代电磁继电器，但它也存在输入和输出隔离困难，通态电阻大，易受温度和辐射的影响，抗瞬变过电压能力差等缺点。

4. 混合继电器

电磁继电器所需的驱动信号大，无法用集成电路的电平控制，必须增加放大环节，而固态继电器由于存在饱和压降，在大电流电路中功耗大，但二者也各有所长，于是接合两者的优点构成了混合式继电器（Hybrid Relay），它以固态器件作为反应机构，可以充分发挥固态电路灵敏度高，能反应非常微弱信号的特点；以电磁继电器作为执行机构，充分发挥电磁继电器的通态压降小和断态绝缘电阻大的特点。混合继电器的方框图如图 2-26 所示。

混合继电器将固态电路和电磁继电器的某些优点结合进去的同时，也包含二者的缺点，例如，混合继电器既具有固态电路易受温度和辐射影响的缺点，同时又存在电磁继电器所固有的触点弹跳、触点污染、动作慢等缺陷。

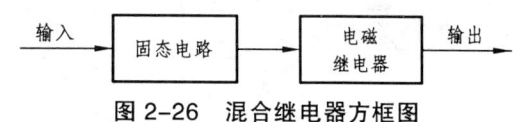

图 2-26 混合继电器方框图

5. 特种继电器

飞机自动控制系统中还应用有一些特种继电器，下面分别介绍它们中的舌簧继电器和热敏继电器。

1）舌簧继电器

舌簧继电器（Reed Relay）主要由舌簧管及线圈等部分组成，它的原理结构如图 2-27 所示。它与普通电磁继电器相比，具有以下特点：结构简单轻巧，舌簧管尺寸常以其直径与长度表示，最小可做到 $\phi 1.5 \times 8$ mm；触点密封于充有惰性气体的玻璃管中，可以有效地防止污染与腐蚀，增加触点工作的可靠性；触点可动部分质量小，吸合与释放动作时间很快，小型舌簧的动作时间可小于 1 ms；灵敏度高，吸合功率小，易用半导体器件驱动。但是，它的接点容易出现冷焊与粘连现象；触点距离小，转换容量小，耐压能力低；簧片为悬臂梁，断开瞬间易出现颤抖现象。

在舌簧继电器中干式舌簧继电器（简称干簧继电器）应用最多，它的核心部分是干式舌簧管（简称干簧管）。常开的舌簧片是分别固定在玻璃管两端的，它们在电磁线圈或者永久磁铁磁场作用下，其自由端所产生的磁场极性正好相反，靠磁性的"异性相吸"而使触点闭合。

常闭的舌簧片则固定在玻璃管的同一端，它的两个簧片在电磁线圈或永久磁铁作用下，自由端产生相同极性的磁性，靠"异性相吸"产生的吸引力而使触点闭合。干簧管触点的通断不仅可以用线圈的通电、断电控制，也可以使用永久磁铁进行控制，如图 2-28 所示。

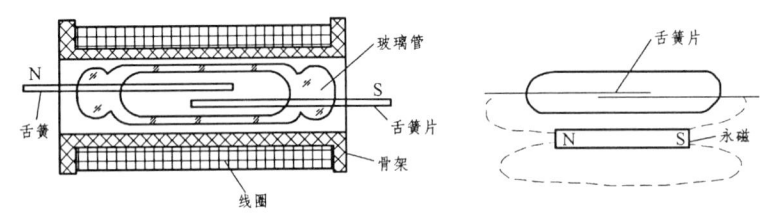

图 2-27 舌簧继电器结构　　图 2-28 永磁型干簧继电器

舌簧管是舌簧继电器的主要部分，舌簧片由导磁性良好的坡莫合金制成，舌簧片本身具有一定的弹力，起恢复弹簧的作用。玻璃管密封，管内充入氮等惰性气体。

图 2-29 是一个将干簧管继电器用于检测负载工作情况的实例。在将负载控制开关扳到接通位后，开关的 1、2 触点接通，电能由汇流条通过开关的 1、2 触点，通过干簧管继电器的线圈向负载供电，由于负载工作正常，而形成了稳定的电流，使得干簧管继电器接通，将负载"故障"指示灯短路，无故障信号发出。而且如果故障不工作或故障，干簧管继电器线圈与一个 470 Ω 的电阻串联，此时电路中的电流远小于原负载电流，干簧管继电器断开，"故障"指示灯串入电路中而燃亮，表明负载发生了故障，470 Ω 欧姆电阻此时起到限流作用。

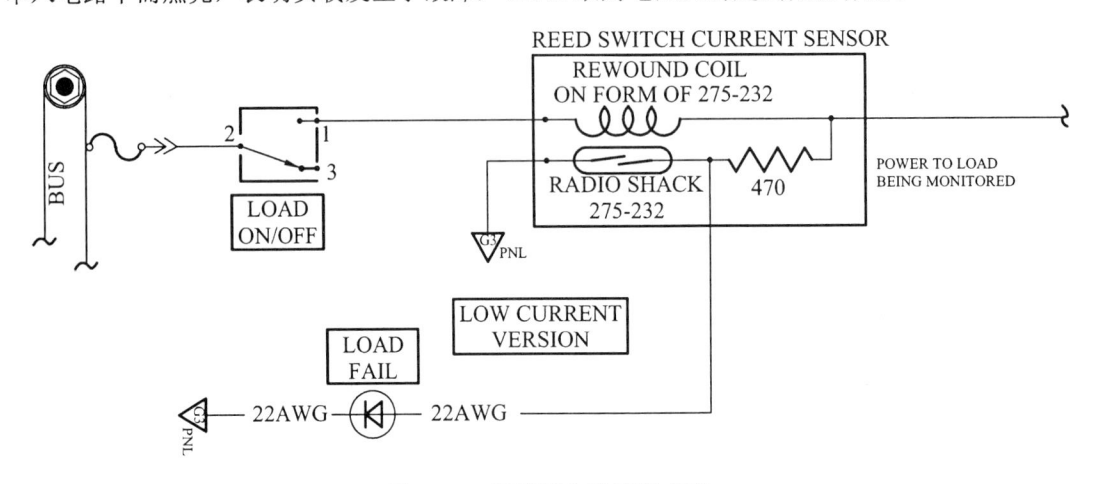

图 2-29 舌簧继电器控制电路

2）热敏继电器

热敏继电器（Thermal Relay）就是温度继电器，感受温度的变化，并在温度达到一定数值时而控制电路的通断，它有两种类型，一种是双金属式，另一种是半导体热敏电阻混合式，这里介绍简单的双金属片热敏继电器，如图 2-30 所示。

因为不同材料的热膨胀系数不同，把不同膨

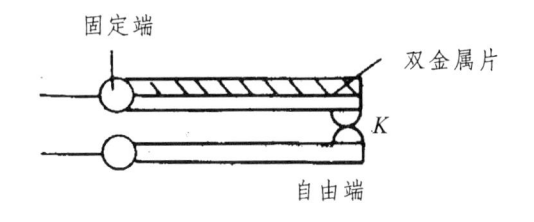

图 2-30 双金属片热敏继电器

胀系数的两种金属焊合在一起，就构成了感受温度的双金属片，利用它将温度的变化转换为双金属片的位移。如图中双金属片上层用膨胀系数小的钢材制成，下层用膨胀系数大的铜合金制成，假定在常温下双金属片热敏继电器触点是闭合的，当感受到较高温度时，将使双金属片自由端向上弯曲，由触点 K 将电路断开，当温度降低后，触点自动闭合。双金属片热敏继电器常用作加温元件的控制器或用作高温信号敏感器件。

在使用过程中，热敏继电器可能会发生以下故障，在维护过程中可以根据故障现象进行排除。

（1）如果热敏继电器在接入后其主电路不通，则产生原因可能是：热元件烧断、进出线脱头、接线螺钉未拧紧。故障原因确定后可以采取相应措施：更换继电器、对导线进行焊接、拧紧接线螺钉。

（2）如果在负载工作正常情况下，热敏继电器动作频繁，则产生原因可能是：负载本身故障，例如电动机损坏；热敏继电器的额定电流与电动机的额定电流不符；继电器久未检验，接触电阻增大。

双金属片热敏继电器感受温度有一定范围，准确性较差，不宜用来控制保护频率操作的电动机以及重载起动的电动机。

三、接触器

接触器（Contactor）是一种用于远距离频繁地接通和断开交直流主电路或大容量控制电路的电磁控制装置。在飞机上通常作为机载电源系统发电机连接和汇流条连接开关。它可以安装在飞机的任何地方，飞行员通过驾驶舱内的手动开关实现远距离控制电路通、断的目的。

接触器的基本工作原理与前面提及的电磁继电器相似，但具体结构不同，接触器控制的容量较大，一般都是几百安培，有些达到 1 000 A 以上。通常人们把操纵电流小于 25 A 的称为继电器，大于 25 A 的称为接触器。

接触器的种类很多，按照其触点所控制电路性质的不同，可分为直流和交流两种（飞机上的交流接触器，其电磁线圈也是通直流电的）；按照触点的类型不同，可有单极单投，单极双投，双极单投，双极双投，三极单投，三极双投等多种；按照接触器本身的结构原理则可分为单绕组、双绕组、机械闭锁式、磁闭锁式接触器等。

1. 单绕组接触器

单绕组接触器的原理图如图 2-31 所示。从图中可以看出，当线圈没有通电时，电磁铁的电磁力等于零，活动铁芯在返回弹簧弹力的作用下被推向上方，使触点分离。线圈通电后，电磁铁所产生的电磁力大于返回弹簧的弹力时，返回弹簧被压缩，活动铁芯向固定铁芯一边运动，活动触点与固定触点接通，从而使外电路接通；线圈断电后，由于返回弹簧的作用力，活动铁芯带动活动触点恢复原位，将外电路断开。

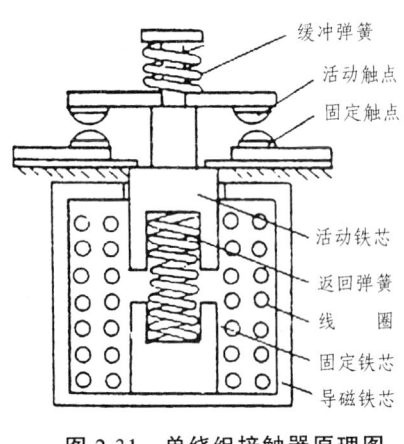

图 2-31 单绕组接触器原理图　　图 2-32 双绕组接触器

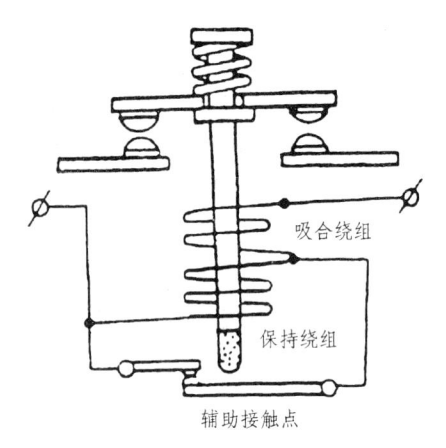

2. 双绕组接触器

双绕组接触器的结构与单绕组接触器基本相同，其主要不同点是双绕组接触器采用两个电磁线圈，一个称为吸合绕组，另一个称为保持绕组，如图 2-32 所示。吸合绕组的导线直径大，但匝数很少；而保持绕组的导线直径较细，匝数较多。当线圈接上电源时，由于保持绕组被辅助触点短接，电源电压只加在吸合绕组上。由于吸合绕组导线粗，电阻小，电流就比较大，所以能产生较大的电磁力，将主触点接通，从而接通外电路。在主触点接通的同时，连杆的末端（系用绝缘胶木制成）即将辅助接触点顶开，这时，保持绕组与吸合绕组串联，电路中的电阻增大，接触器就以较小的线圈电流维持主触点在接通状态。

3. 机械闭锁式接触器

机械闭锁式（又称机械自锁型）接触器是以机械方法使主触点在电磁线圈断电后仍能自行保持其工作位置的接触器，这种接触器的结构比较复杂，其原理示意图如图 2-33 所示。它有两个电磁铁：吸合电磁铁和脱扣电磁铁。吸合电磁铁的工作线圈称为吸合线圈，脱扣电磁铁的工作线圈称为脱扣线圈。吸合线圈通电后，吸合电磁铁的活动铁芯被吸下并被脱扣电磁铁的活动铁芯锁住。此时，三对主触点接通被控制的电路，活动铁芯下端的辅助触点转换：吸合线圈电路断开；脱扣线圈电路接通，为脱扣线圈通电做准备。当需要接触器断开被控制的电路时，只需要给脱扣线圈通电即可。

脱扣线圈通电后，机械闭锁机构脱钩，活动铁芯在返回弹簧的作用下恢复原位，主触点跳开。由于机械闭锁接触器具有可靠性高，长时间工作不消耗电能等优点，因此，在飞机上得到广泛使用。

4. 磁保持接触器

图 2-34 是磁保持接触器的原理电路图，有三对主触点用于控制三相交流电路。在线圈

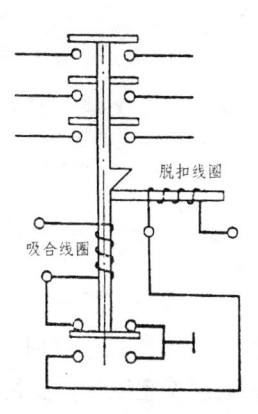

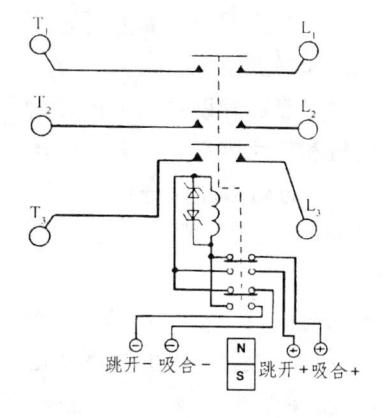

图 2-33　机械闭锁式接触器　　　图 2-34　磁保持接触器

未通电工作时，活动铁芯与静铁芯之间的气隙较大，也就具有较大的磁阻，永久磁铁的磁通只有很小的部分通过活动铁芯，不会产生动作吸力，磁保持接触器不会动作。

在线圈的"吸合+"与"吸合-"之间加上相应极性的输入信号，此时线圈产生的磁通方向与永久磁铁的磁通方向相同，线圈磁通产生足够大的吸力克服弹簧的反力，活动铁芯向静铁芯移动，在触点闭合后，辅助触点断开了线圈的吸合电路，使跳开线圈处于预位状态。由于永久磁铁的磁通通过活动铁芯、静铁芯构成的磁路磁阻较小，在它产生的吸力的作用下使接触器保持在吸合位置。

如果在线圈的"跳开+"与"跳开-"端加上输入信号，线圈在铁芯内产生的磁通大于永久磁铁的磁通，并且方向相反，抵消了永久磁铁的吸力，使活动铁芯在弹簧反力作用下回到释放状态，带动主触点断开，并使辅助触点发生转换，断开跳开线圈电路，同时接通闭合线圈电路，为下一次接通做准备。

线圈两端并联的稳压二极管可以减小线圈电路在通断时产生的自感电动势。

5. 航空接触器的检修

航空接触器通过专业技术人员按照生产制造厂家提供的部件翻修手册修理后是可以重复使用的，不同类型的接触器翻修程序和要求不同，但检修的基本方法和基本要求大致相同。

（1）维护人员在检查和修理接触器时，必须严格按照制造商提供的部件翻修手册中规定的程序和规范要求进行更换或修理，不得随意变更。

（2）在检修过程中，首先要对外观进行目视观察，检查：

①金属零件是否有毛刺、划痕、裂纹、锈蚀和损坏的涂层；螺钉是否滑牙、断裂；铆钉是否松动；活动的零件是否磨损等。

②接线板是否有过热的痕迹，接线柱是否松动、脱落；导线有否烧糊折断，绝缘层是否有破损等。

③接触器的触点（包括主触点和辅助触点）的磨损情况。根据触点磨损情况判定继续使用还是需要更换。

（3）按照规范要求的仪器和设备对下列接触器的参数进行测量和调整：

① 触点压力、触点间隙和备用行程。
② 吸合电压和释放电压。
③ 触点（主触点和辅助触点）的接触压降。
④ 绝缘电阻和绝缘强度。
（4）对接触器的动态过程进行测试和调整，参数包括：
① 吸合时间。
② 释放时间。
③ 触点抖动时间（包括吸合抖动和释放抖动）。
④ 对于磁保持接触器，在更换永久磁铁后或永久磁铁的磁路做过变动时，则必须要对永久磁铁重新充磁。对并联的两块永久磁铁充磁时，当一块磁铁充完磁后，要用一根软铁棒将它的上、下两磁极短路，以免对另一磁铁充磁时将它退磁。永久磁铁充磁后要对其进行拉拔力测试。如果拉拔力不符合规范要求，则需要检查磁路中有关部件是否对称；永久磁铁与上下磁板的接触面是否平整；永久磁铁的磁极表面上是否有外来物等。

第三节 电路保护装置

飞机上用电设备很多，导线比较长，多数飞机又是以金属机体作公共负线或"地"线。如果对飞机电气设备使用不当或者由于摩擦、振动等原因，很可能使用电设备和输电导线受到损伤，绝缘层遭到破坏，造成短路。另外，如果用电设备工作不正常，还可能出现电流长时间过载（超过额定值）的情况。短路和长时间过载不仅会烧坏导线和用电设备，造成供电中断，还可能引起火灾导致严重事故。为了避免这种情况的产生，飞机输电线路中设置了保险装置，它与所保护的电路是串联的，当电路发生短路或长时间过载时，保险装置自动将短路（或较大过载）的部分立即从电路中切除，从而保证电源的正常供电和其他电气设备的正常工作。

飞机电路保护装置（又称电网保护器）有保险丝和断路器两种。

一、对电路保护装置的要求

飞机的电路保护装置的功用是，使电气系统在使用过程中所发生的短路或过载不致引起更严重的后果和破坏正常的工作状态。也就是说，电路保护装置只能起保护作用，不能防止短路或过载的发生。

航空电子电气设备在设计时都要求具备一定的过载能力，即使在过载情况下，它们也应该具备在一定时间内保持正常工作的能力而不导致损坏或功能降低。例如，直流电动机的起动过程，就是一个过载过程，起动电流可以达到额定电流的2.8~8倍，但由于起动时间不长，故而电机不会损坏。电气设备的过载能力可以用安秒特性来表示。所谓安秒是指电气设备的工作温度达到其绝缘材料所允许的最高温度时所需要的时间与负载电流之间的关系，如图 2-35 所示。

由图可知，当电气设备的电流为额定值时，达到允许的最高温度的时间为无限长，这说明电气设备能长时间工作而不会发生过热。其安秒特性为一条平行于时间轴的直线。

当电气设备的工作电流超过其额定值时，即为过载。过载电流越大，达到允许最高温度的时间就越短，说明电气设备允许过载的时间也就越短。

图 2-35 中电气设备安秒特性曲线右上方斜线部分是电气设备不允许的过载危险区，无论是过载电流还是过载时间进入到这一区域内，就会使电气设备烧毁。该特性曲线与额定电流直线之间的区域是允许过载的安全区。

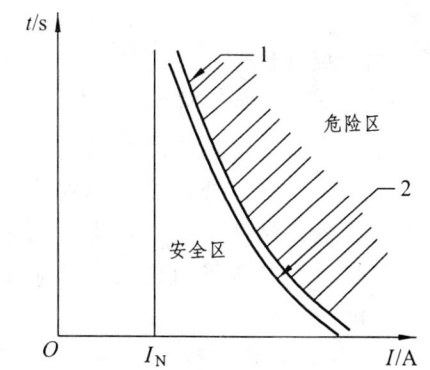

图 2-35 电气设备和保护装置的安秒特性曲线
1—用电设备安秒特性；2—保护装置安秒特性

保护装置要保证电气设备既能充分发挥其允许的过载能力，又不被烧坏。因此，保护装置元件在过载电流和过载时间未超过安全区范围时不应该动作；而在过载电流和过载时间接近危险区域时，应该立即动作，将电路切断。由此可见，保护装置必须具备适当的惯性。即在发生过载时不是马上动作，而是经过一定时间后才动作。这一动作时间的延迟应与电气设备允许的过载时间相接近。从安秒特性曲线上来说，要求保护装置的安秒特性曲线稍低于但又接近于电气设备的安秒特性曲线。

除此之外，还要求电路保护装置的工作必须十分可靠，即在应该动作时必须能够迅速地、可靠地切断电路，使故障点与电源隔离；在不应该动作的时候又要能不受干扰地正常接通电路。

对于电路的电流保护主要有两种方式：过载延时保护和短路瞬时保护。过载一般是指 10 倍额定电流以下的电流。短路则是指特大的（超过 10 倍额定电流以上）的电流。在发生过载时需要采取反延时保护，短路时则瞬时保护（无延时）；过载动作的物理过程主要是热熔化过程，而短路主要是电弧的熄灭过程。

二、保险丝

保险丝（Fuse）又称熔断器，它的主要构成元件是金属熔丝或熔片，串接在被保护的电路中。当被保护的电路出现短路或长时间过载时，电路中的电流超过额定值，熔丝就会发热到熔化温度而熔断，从而切断电路，起到保护电路的作用。保险丝虽存在不能反复使用的缺点，但结构简单，成本低廉，具有分断很大短路电流的能力，因此在航空上得到了广泛应用。国际标准化组织（ISO）选定的飞机用精密保险丝有 101 种规格，美国明确用于飞机上的保险丝有 6 个系列，近年来为了对小电流电子线路进行保护，保险丝的额定电流可以到 25 mA。飞机保险丝可分为易熔、难熔、惯性三种。

1. 常用保险丝

1）易熔保险丝

易熔保险丝的熔丝常用铜、银、锌、铅、锡等材料制成。飞机上的易熔保险丝是将熔丝装在玻璃管内，玻璃管两头有金属插脚（或套管）插入专用的保险丝座内。这种保险丝的主要特点是熔丝惯性比较小，主要用来保护电路免遭短路的危害。因此，在过载能力比较小的用电设备电路中，常采用这类保险丝。

飞机上常用管状保险丝，有的还带有插脚，如图 2-36 所示。易熔保险丝的额定电流一般为 0.15～50 A。为适应电子计算机、微型电子设备等现代化科学技术发展的需要，微电流时可使用保险电阻。

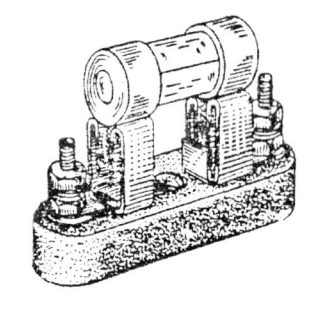

图 2-36 插脚式保险丝

2）难熔保险丝

难熔保险丝是采用难熔金属铜作熔断片，在铜片上挂上薄层锡。这样，在熔断片发热至锡的熔点时，便有一部分锡熔化并渗入到铜片中去，形成类似锡铜合金，其熔点比铜要低一些。在熔断片周围包有石棉水泥，它能吸收熔断片的一部分热量，增大熔断器的热惯性，使熔断片断开时产生的电弧迅速地熄灭。难熔保险丝对小电流不敏感，但在发生大电流短路时有明显的限流作用，主要用于飞机电源系统的短路保护。飞机上常用的难熔保险丝外形如图 2-37 所示，其额定电流一般为 200～900 A。

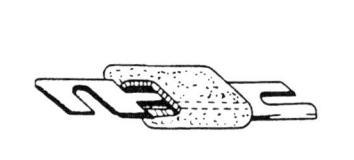

图 2-37 难熔保险丝　　图 2-38 惯性保险丝

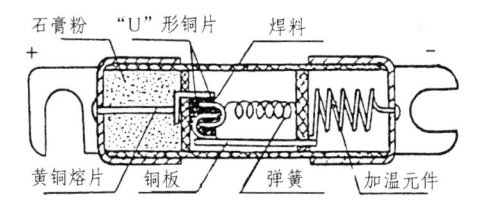

3）惯性保险丝

某些用电设备（如电动机）允许短时过载运行。在这些用电设备的电路中，采用上述保险丝将不能满足电路保护的要求，因为它们的热惯性较小，如果采用额定电流同电动机的额定电流相等的熔断器，则熔丝在电动机起动过程中将会因起动电流大大超过其额定值而迅速熔断，中止电动机的起动；如果用额定电流大于电动机额定电流的普通熔断器，又不能保护电动机免受长时间过载的危害。因此，要保护容许有较大的短时过载的电路，就需要热惯性较大的保险装置。它在过载时，需较长时间才熔断；而在短路时，又能很快熔断。惯性保险丝就是适应这种需要制作的。

这种保险丝在结构上包括两大部分，即短路保护部分和过载保护部分，如图 2-38 所示。短路保护部分的熔化材料是黄铜熔片，它只有在短路汇流条过载电流很大时才能熔断；过载保护部分的熔化材料是低熔点焊料，它将两个 U 形铜片焊接在一起，过载后要持续一段时间它才会熔断。

当有电流通过时，加温元件和黄铜熔片都同时发热。在过载电流不很大时，黄铜熔片由于熔化电流比过载电流大，不会熔断；而易熔焊料在经过一段时间后就会被熔化，弹簧把U形铜片拉开，电路被切断。由于焊料同热惯性较大的铜板焊在一起，到达熔点需要一定的时间，在发生短路时在较短时间内不会熔断，而黄铜熔片则迅速熔断。

在惯性保险丝安装时应该把"+"端接在电网的正极（靠近汇流条），"-"端连接设备。如果极性连接不正确，在电路发生过载或短路时就不能在规定的时间内切断电路，起不到保护作用。

飞机上常用的惯性保险丝保护的额定电流一般为 5～250 A，主要用于电机和具有起动特性要求的电路。

2. 指示型保险丝

为了便于识别保险丝的工作状态，判断保险丝是否已经熔断，有时还用到指示型保险丝，它有机械式和电子式两种。图 2-39（a）所示为机械式指示保险丝，在玻璃管内有一根金属熔丝和一个弹簧，在正常情况下熔丝将熔断指示器保持在图 2-39（a）所示状态，弹簧被压缩；当熔丝熔断后，弹簧被释放，指示器被弹出，指示保险丝已经熔断，需要更换。图 2-39（b）和（c）所示均为电子式指示保险丝，它们的不同仅在于管脚座，图 2-39（b）为插入式，图 2-39（c）为卡簧式。在管脚座上安装了一个指示灯，它与保险丝并联，正常情况下灯泡被短路，不会燃亮；当保险丝熔断后，灯泡被串入了电路中，有电流流过而燃亮，表明保险丝已经熔断。

图 2-39 指示型保险丝

3. 保险丝检修

可以使用欧姆表或电压表检测保险丝的好坏。取下保险丝，使用最低量程挡测量它的电阻，如果为零，则表明是好的；如果阻值较大，则表明性能已经变差，应该更换新的保险丝；如果电阻为无穷大，则表明保险丝已经熔断。如果不从电路中取下保险丝，在熔丝断开后，测量得到的是保险丝两端并联电阻的值，有时会给人一种保险丝是完好的假象。也可以使用电压表在线测量，在电路正常工作时，保险丝两端的电压降应该为零。

在保险丝熔断后，应该在排除故障后更换为同型号的保险丝；更换保险丝时电路必须断电，以免发生短路或触电事故。禁止更换为大于原有设计容量的保险丝。

三、断路器

断路器（Circuit Breaker）又叫自动保护开关或自动保险电门，它利用双金属片发热变形的原理，在短路或长时间过载时自动操纵电门的触点使之断开以保护电路。它不仅将电路保护和开关合而为一，而且可以多次使用，可以避免保险丝的更换问题，而且由于双金属元件和解扣机构间的连动装置可以调节，故容差很严格的解扣时间特性可以实现，因此断路器在飞机上被大量采用以取代保险丝。飞机上使用的自动保护装置的开关有扳动式和按钮式两种。欧美飞机较多采用按钮式电路保护装置。

1. 按钮式断路器

断路器的设计和结构有所区别，但一般来说它们都具有三个主要的组成部分：双金属热元件、开关装置和机械闩锁机构。此外还有一个手柄或按钮用于脱扣后进行人工复位，以及在需要时人工切断所保护系统的电源。

某种类型的断路器如图 2-40 所示。图 2-40（a）所示为断路器的正常工作位置，被保护电路的电流全部通过开关装置的触点和热元件。在正常电流值时，热元件中产生的热很快地辐射掉，因而温度在最初升高之后，温度便保持恒定。如果发生短路，电流超过正常值，元件的温度开始升高，由于组成热元件的金属有不同的膨胀系统，就会发生图 2-40（b）所示的变形。变形达到一定程度后就会释放闩锁机构，并在控制弹簧的作用下使触点断开，从而使负载与电源隔离。与此同时，按钮弹出，按钮上的白色标志带露出，为脱扣提供目视指示，如图 2-41（a）所示。

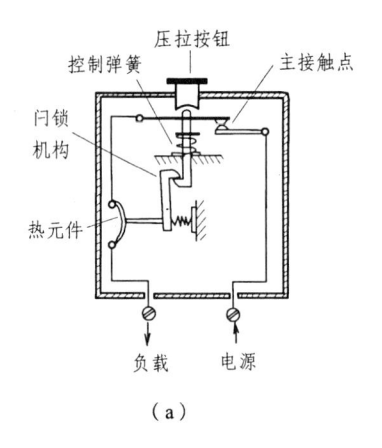

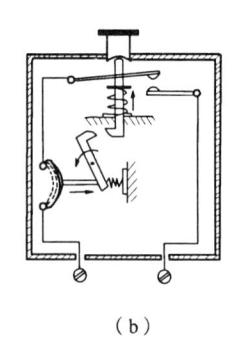

图 2-40 按钮式断路器

断路器脱扣后，畸变的元件便开始冷却并恢复原状，闩锁机构回到正常位置，一旦引起脱扣的故障被清除，通过按压断路器的按钮（或扳动手柄）使电路重新接通，机械闩锁机构使触点保持在闭合位置。在需要人工断开所要保护电路时，可以通过拉出按钮断开被控制电路的断路器称为压拉断路器。有一种按钮只能压下接通电路而不能拉出断开电路的则称为压通断路器。还有一种断路器设置了两个按钮：闭合按钮和脱扣按钮，此种断路器多用于需要经常接通与断开的小功率电路中，即主要起开关的作用，这种断路器习惯上又称为跳开关，如图2-41（b）所示。

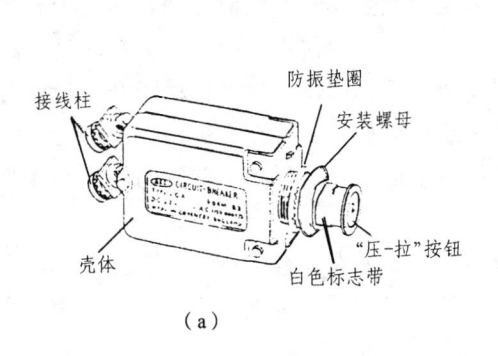

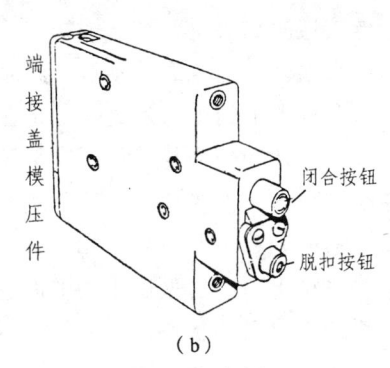

图 2-41 断路器外形

在三相交流电路中，采用了三极断路器，它只有一个按钮（或手柄）用于操作，只要有一相电路发生过载或短路，就能使保护机构动作，三相电路同时断开。

2. 扳动式断路器（自动保险电门）

飞机上采用的自动保险电门有非自由脱扣型（如国产 ZKC 型）和自由脱扣型（如国产 ZKP 型）两种，它们也同样具有开关和过流保护的双重作用。

ZKC 型自动保险电门如图 2-42 所示，将手柄向左扳，活动触点与固定触点闭合，同时，手柄上的三角形拨板带动胶木滑块向右移动，压缩复位弹簧，当胶木滑块下的卡销滑过双金属片上的挡板后，即被挡板卡住。此时自动保险电门处于接通状态，以后再扳动手柄时，就只能控制接触点的接通与断开，胶木滑块不能返回原位而停留在右侧，自动保险电门就起到了普通开关的作用。

在保险电门接通时如果电路过载或短路，双金属片发热变形向下弯曲。当双金属片弯曲到一定程度时，挡板脱离胶木滑块上的卡销，在复位弹簧的作用下胶木滑块迅速左移，推动手柄使触点断开，自动保险电门就起到了过流保护的作用。

ZKC 型自动保险电门在自动切断所保护的电路后可按压手柄使电路强制接通，对电动油泵这类易发生火灾危险的电路是不适宜的，在此种

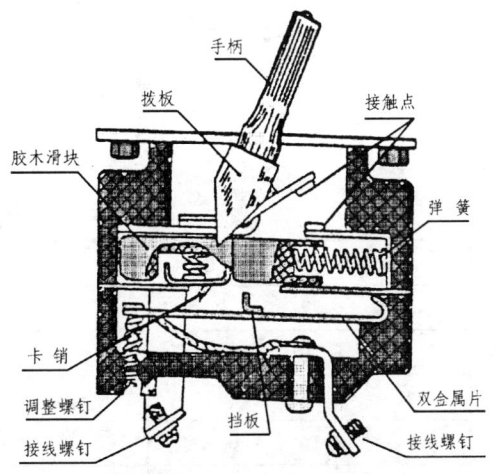

图 2-42 ZKC 型自动保险电门的结构

情况下可以采用 ZKP 型自动保险电门，其内部结构如图 2-43 所示。当向左扳动手柄时，传动板右端由于被支架顶住而不能转动，压簧被压缩，当手柄移过中立位置后，压簧则产生向

左的弹力，迫使活动触点向左移动而与固定触点接通，并使恢复弹簧拉长。接通以后的情形如图 2-43（b）所示。当向右扳动手柄时，则在手柄超过中立位置后，恢复弹簧的拉力将使触点断开。

在触点接通时如果电路过载或短路，双金属片发热变形右端向上翘，顶动调整螺钉，使支架顺时针方向转动而脱离传动板。此时传动板在压簧的作用下顺时针方向转动，压簧本身放松，作用在触点上的压力消失，于是在恢复弹簧的作用下，触点自动断开。触点自动断开以后由于双金属片尚未冷却复原，支架无法顶住传动板，压簧没有受到向左的力，即使强行按压手柄触点也不可能接通。此种不能手动强迫接通的自动保险电门称为自由脱扣型，而能用手强迫接通的则称为非自由脱扣型。

在某些飞机上断路器采用不同的颜色进行区分，如在空客飞机上，黑色的断路器为标准断路器，系统不对它的状态进行监控；绿色断路器处于系统的监控之下，它带有辅助触点，向监控系统提供断路器的状态信号，当断路器弹出时间超过 1 min 时，将触发 ECAM 上"C/B TRIPPED"警告。而飞机仅靠蓄电池供电飞行时，带有黄色环的断路器（C/B）必须拔出。

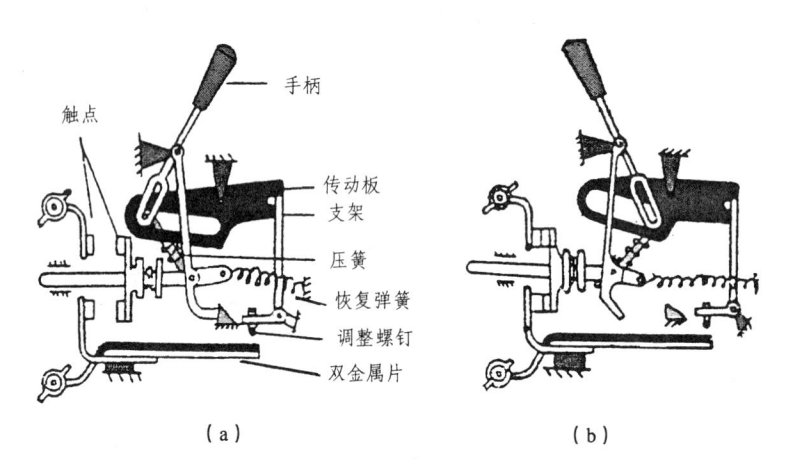

（a） （b）

图 2-43 ZKP 型自动保险电门的结构

为了对工作线路进行可靠地保护，表 2-5 给出了在导线选定后保险丝和断路器的选取原则。

表 2-5 保险丝和断路器的选取

Wire AN gauge copper	Circuit breaker amp.	Fuse amp.
22	5	5
20	7.5	5
18	10	10
16	15	10
14	20	15
12	30	20
10	40	30
8	50	50

6	80	70
4	100	70
2	125	100
1		150
0		150

Basis of chart:

(1) Wire bundies in 135°°F.ambient and altitudes up to 30.000feet.

(2) Wire bundles of 15 of more wires, with wires carrying no more than 20 percent of the total current carrying capacity of the. bundle as given in specificatoin MIL—W—5088（ASG）.

(3) protectors in 75 to 85°F.ambient.

(4) copper wire Specification MILL—W5088.

(5) Circuit breakers to Specification MIL—C—5809 or equivalent.

(6) Fuses to Specification MILF—15160 oy equivalent.

复习思考题

1. 按照 AWG 标准，导线是如何定义的？
2. 什么是汇流条？它的功用是什么？
3. 接近开关与传统意义上的开关有什么不同？
4. 在航空上常用的继电器有哪些？试说明它们的工作特点。
5. 在航空上常用的接触器有哪些？试说明它们的工作特点。
6. 常用的保险丝有哪些种类？如何检修？
7. 简述断路器的组成和基本工作原理。

第三章 航空电机

第一节 概 述

电机是一种电磁机械,它利用电磁感应原理来实现电能与机械能之间的相互转换,在现代高性能飞机上被广泛的使用。

一、航空电机的分类

航空电机的分类方法有很多种。按照能量转换的形式可分为发电机和电动机。其中,将机械能转换成电能的电机称为发电机;相反地,将电能转换成机械能的电机称为电动机。按产生或使用电能的性质可分为直流电机和交流电机两大类。对交流电机而言,其转速和频率有一定关系。若电机的转速与同步转速相等,则为同步电机;否则为异步电机。另外,人们常把实现电能与电能之间相互转换的机械,也归纳在电机的范畴。如将一种电压的交流电变换成另一种电压的交流电称为变压器;将直流电能变换成交流电能的称为变流机。此外,还有专作电量或机械量转换和控制的电机,称为控制电机。总之,电机的种类繁多,应用十分广泛,电机的发展和应用直接与各行各业的电气化和现代化水平相关。

航空电机是和飞机工业同时兴起和发展起来的。航空航天工业也广泛的应用着各种电机。一架大型飞机上用电装置总功率达数百千瓦,目前已经超过了一兆瓦,各种电机有五十多种类型,多达几百台。

按照电机在飞机上的用途不同,航空电机又可分为以下几类:

1. 电源发电机

电源发电机是构成飞机电源系统的主要部件,是飞机上绝大部分电能的主要来源,它分为直流发电机和交流发电机两种。

2. 驱动电动机

驱动电动机主要用于飞机操纵机构、电动活门、调整片、舵机以及增压泵等,它也分为直流电动机和交流电动机两种。

3. 变压器

变压器有三相变压器、单相变压器和自耦变压器等，主要用于变换交流电压，作为飞机的二次电源。

4. 变流机

变流机在直流电源系统中用作辅助的交流电源，以供雷达、无线电、陀螺设备应用。

5. 控制电机

控制电机包括交/直流伺服电动机、交/直流测速发电机、旋转变压器和自整角机等，主要用于飞机控制系统和导航系统、航空仪表、解算装置等设备中作伺服控制及转换信号用。

二、航空电机的工作条件

航空电机虽然从组成原理上跟民用电机是一样的，但是它处于飞行器中工作，它首先要适应飞行器的特殊环境和要求。它具有体积小、质量轻、工作可靠等特点；它还必须满足在不同的高度、地区、气象、季节等环境下工作的要求；还能承受各种飞行条件下的机械冲击和温度等的考验。

1. 环境温度

温度以及温度的变化对电机中各种材料的物理性质和电机的性能都是有影响的。如低温可能使绝缘材料开裂、润滑油脂黏度增加、橡胶制品硬化；高温可能使绝缘材料老化、导电材料电阻率增加、润滑油流出或挥发；温度的大幅度变化则会导致结构材料变形、镶嵌件松动、密封件损坏、零件配合不正常等。

飞机的飞行范围广阔，各地温差较大。就我国而言，最冷的地方可达-51.5 ℃、最热的地方达+75 ℃。同时，大气温度随高度变化而变化，高空11～30 km同温层的气温为-56 ℃。因此，在设计制造时必须考虑到这些影响。

2. 大气成分和性质

大气成分和性质会随不同地区和飞行高度而变化。靠近江河湖海的地区大气湿度高，在夏季、雨季就更高；在亚热带、温带地区，温湿并存；大气中还存在许多霉菌；高空空气中臭氧成分增多；海上大气中的盐雾、沙漠大气中的沙尘；还有不同高度下的大气压力和空气质量密度的变化。大气成分和性质的变化，对电机性能的影响是多方面的。高湿度及盐雾使绝缘性能变坏，空气的介电强度降低，容易引起绝缘击穿、电晕和电弧放电现象。空气稀薄不利于电机散热，并使电刷磨损加剧，直流电机换向恶化。水汽、盐雾、霉菌及沙尘则会直接造成零部件腐蚀，甚至引起机械故障。

3. 机械过载

航空电机的工作条件还必须考虑到工作中可能受到发动机振动和气动力颤振引起的机械振动、冲击。作为振源，发动机的振动频率可达 $2\sim4\,000$ Hz、振动加速度可达 $20\,g\sim80\,g$。飞机在飞行过程中产生的冲击现象很多，例如，飞机着陆时常出现颠簸冲击，其冲击加速度可达 $4g\sim10g$。剧烈的振动或冲击可能会造成电机零部件相对位移、工作气隙变化、接触压力不稳定、零部件变形、紧固件松动、导磁材料性能降低、永磁材料去磁、焊点脱落、绝缘损坏等一系列不良后果。

总之，以上这些飞机的环境工作条件，是制定航空电机技术要求的依据，是在设计制造时必须考虑的，同时也是在使用和故障维护时必须经常重视的因素。

三、航空电机的特点

由于机载设备的通用要求，航空电机对体积质量的限制是很严格的。所以，航空电机相对于民用电机来讲，具有体积小、质量轻、工作可靠等优点。例如，型号为 JF-30A 的航空交流同步发电机，额定容量为 30 kV·A，质量为 28 kg；而相同容量的民用交流同步发电机，型号为 TZT-74-24，其质量为 360 kg，是 JF-30A 的 12.8 倍。事实上，随着新技术的应用，更轻更小的航空电机在越来越多的飞机上安装使用。航空电机之所以能具备这些优点，主要是采取了以下措施：

1. 增大电磁负荷与转速

根据电机设计的基本原理，电机的基本尺寸与电枢绕组的电流密度、气隙磁感应强度 B、电枢表面单位圆周长度内的电流数（也称线负荷）A 及转速大小有关。通常以 A 和 B 的大小来标志电机的电磁负荷的大小。显然，电磁负荷大（即电流大、磁场强）、转速高，那么电机单位体积所能转换的功率就大，同等功率下的电机的体积质量就小。另外，为了提高转速、减小体积质量，航空交流电机的交流电频率采用 400 Hz，而不采用工频 50 Hz 或 60 Hz。

2. 缩短使用期限

增大电磁负荷与转速势必引起电机的温度升高，绝缘材料的使用寿命缩短。同时，由于航空电机恶劣的工作条件,为了保证其可靠工作,使用寿命不可能很长。目前,航空电机的工作期限以几千小时计,并用平均故障间隔时间来代替使用寿命这一指标,而地面民用电机的一般寿命可达 20 年。

3. 采用良好的冷却方式

航空电源发电机的功率很大,单位体积的损耗也大,必须提高其冷却效果。早期采用风冷方式,先是自带风叶自通风冷却,后来又采用引入飞机迎面气流强迫通风冷却的方式。当飞机飞行速度提高以及发电机功率加大后,就发展了油冷方式。油冷方式在发展过程中又分为循油冷却和喷油冷却两种方式。循油冷却是冷却油循一定的油路经定子和转子,带走热量冷却电机。而喷油冷却是在电机内腔将油喷成雾状,直接与发热的电机导体和铁芯接触,冷却电机。油冷方式中,冷却油在循环过程中还对轴承起到了冷却和润滑作用。随着先进的冷却方式不断采用,航空电机的体积重量不断减小,使用期限和性能也在不断提高。

4. 选用优质材料

飞机上使用了大量的优质材料,它保证了航空电机在电、磁、热以及机械等方面的高强度和高可靠性。

第二节 直流电机的基本结构和工作原理

直流电机可分为直流发电机和直流电动机两大类。二者在结构和原理上有一定的相似性和可逆性。从基本结构上看,二者没有多大差别,都具有定子磁极、电枢转子、换向器和电刷等组成部分。从工作原理上看,直流电机就是利用电磁定律实现电能和机械能的相互转换,二者只是在能量转换的方向上不同。直流发电机是由原动机带动,利用电磁感应定律将机械能转换成电能输出;而直流电动机是从直流电源处获得电能,利用电磁力定律,将电能转换成机械能输出。由于其可逆性,有些飞机上用一台直流电机来实现发电机和电动机的功能。比如,运 7-100 上的起动发电机,在飞机开车起动时作为电动机驱动发动机加速旋转。当发动机起动完成后,反过来由发动机驱动,转为发电机状态。

一、直流电机的基本结构

如图 3-1 所示,电机的基本结构由两部分组成,一部分静止不动,称为定子;另一部分可绕转轴旋转，称为转子。定子由机壳、主磁极、换向极、电刷组件等组成，其作用是产生磁场，并支撑整个电机。转子由电枢铁芯、电枢绕组、换向器、转轴等组成。电枢铁芯和电枢绕组统称为电枢，电机能量的转换就直接在上面实现。

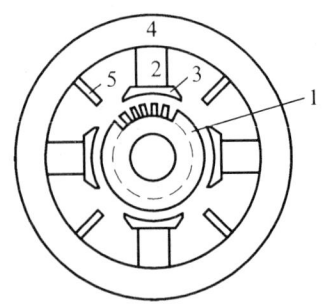

图 3-1 直流电机截面图

1-电枢铁芯；2-主极铁芯；3-极靴；4-机座；5-换向极铁芯

1. 定子部分

1）机　壳

直流电机的机壳由圆柱形的壳体和端盖构成，具有导磁和机械支撑两方面的作用。它是主磁路的一部分，又称为定子磁轭，一般由导磁性能良好的电工钢制成，磁极和换向极就安装在磁轭上面。许多航空直流电机采用悬挂固定的形式，比如将直流发电机的一端通过法兰盘安装在飞机发动机传动机匣上。有些航空直流发电机的机壳采用轻金属材料单独制造，磁轭压装在机壳中，此时机壳只起固定零部件作用。

2）主磁极

主磁极由主磁极铁芯（Magnetic Core）和励磁绕组（Magnetic Field Winding）构成，用来产生主磁通。励磁绕组流过直流电流，在气隙中产生极性为 N 极与 S 极交替排列的主磁场，磁场总是成对出现。

为了减小铁芯损耗，主极铁芯一般用电工钢片冲压叠成一个整体，用螺钉固定在机壳上。铁芯下面扩大部分称为极靴（或极掌），极靴表面做成一定形状，使得磁极下气隙中的磁场接近于均匀分布，如图 3-2 所示。功率较大的直流电机，为了防止换向器表面产生环火，在极靴表面开槽，槽中嵌放补偿绕组。

励磁绕组用绝缘铜线绕成，缠绕在主极铁芯上。励磁绕组通过较小的励磁电流，产生较小的励磁磁场，励磁磁场对铁芯磁化，从而形成一个很强的磁场。

3）电刷组件

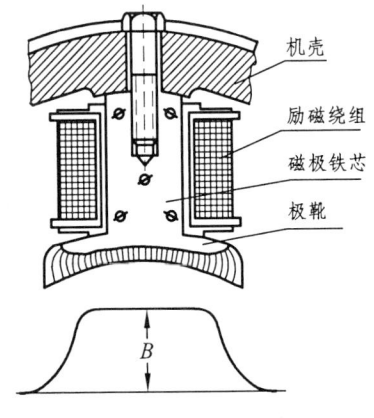

图 3-2 直流电机主极截面图

电刷（Brush）是用来连接电枢绕组和外电路的。电刷放在电刷架的刷握内，电刷架经绝缘后固定在机壳或端盖上。弹簧压紧电刷，起保证电刷和换向器之间有良好的滑动接触的作用。航空电机一般采用铜-石墨电刷，以适应大电流和复杂的高空工作条件，如图 3-3 所示。

4）换向极

当直流电机的容量超过 1 kW 时，在相邻两主磁极间常装有换向极，用于改善直流电机的换向。换向极铁芯通常用整块钢制成，固定在两主极之间的对称线上，这一位置又叫几何中性线。换向极绕组采用扁铜导线绕成，套在换向极铁芯上。换向极绕组与电枢绕组串联工作，换向极下的气隙比主极要大，如图 3-4 所示。

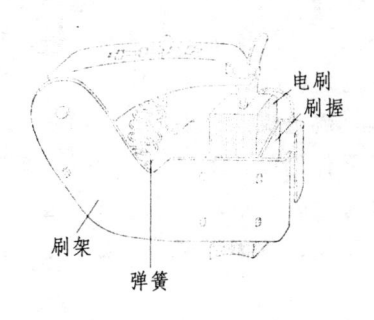

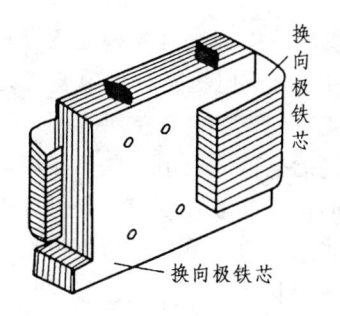

图 3-3 电刷组件图　　　　图 3-4 换向极结构图

2. 转子部分

转子由电枢铁芯、电枢绕组、换向器、转轴等组成，如图 3-5 所示。

1）电枢铁芯

为了减小涡流和磁滞损耗，电枢铁芯一般用 0.2~0.5 mm 厚的硅钢片冲压叠成。冲压片互相绝缘，外缘均匀地冲有齿和槽，如图 3-6 所示，以便在槽内嵌放电枢绕组。

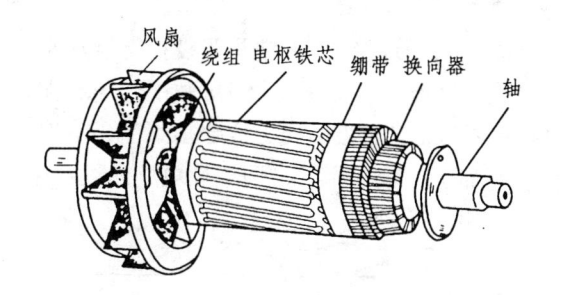

图 3-5 直流电机转子结构图　　　　图 3-6 转子冲片图

2）电枢绕组

电枢绕组（Armature Coil）用来产生电动势和通过电流，实现电能和机械能的相互转换。小功率航空直流电机的电枢绕组，一般由绝缘导线绕制的多匝线圈构成元件，元件之间再按一定规律连接并焊接到换向器上。功率较大的航空直流电机则用矩形截面的扁铜线制成元件，再将元件嵌放在半开口的矩形铁芯槽中（见图 3-7）。导线与铁芯之间、槽内上下层导线之间都相互绝缘。铁芯槽口还插有非金属的槽楔，防止导线从槽口甩出。

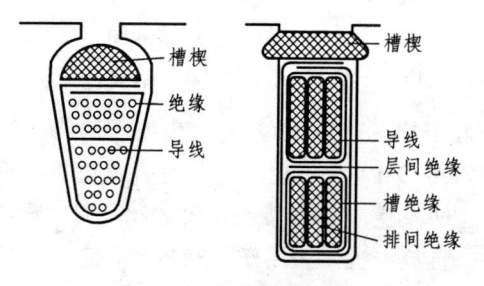

图 3-7 电枢槽截面图

直流电机的电枢绕组有多种连接方式：单叠绕组、复叠绕组、单波绕组、复波绕组和混合绕组等。航空直流电机常采用单叠绕组和单波绕组。它们的区别仅仅是绕组内部连接顺序的不同，在此我们仅以单叠绕组为例，简单介绍直流电机的电枢绕组连接形式。

直流电机的电枢绕组由一些形状相同的绕组元件构成。绕组元件是指两端分别连接到两个换向片上的单匝或多匝线圈。现代直流电机多为双层绕组，元件的一个边放在某一槽的上层，称为上层边，它的第二个边则放在另一槽的下层，称为下层边，如图3-8所示。单叠绕组是指元件依次相连，元件的出线端接到相邻的换向片上。

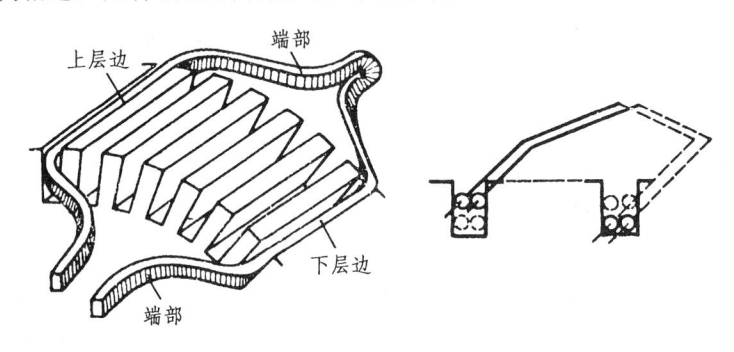

图3-8 绕组在槽内的安放

工程上一般采用绕组展开图来表示电枢绕组的连接关系，它是假设把电枢从某一部位沿轴向剪开后展开成一平面而成的绕组图，如图3-9所示。图中磁极之间相距一个极距τ，磁极宽度相等，绕组在磁极下面，N极的磁力线穿入纸面，S极的磁力线穿出纸面，电枢导体向左运动，各导体感应电动势如图中箭头所示，相邻电刷极性相反，同极性电刷通过并联引出。

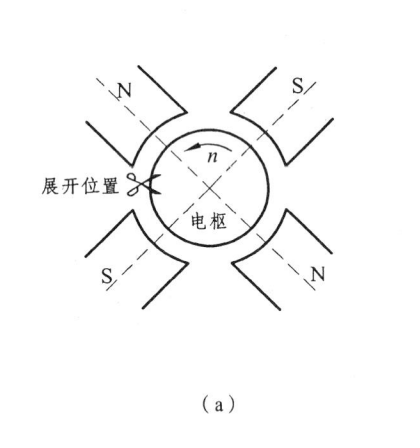

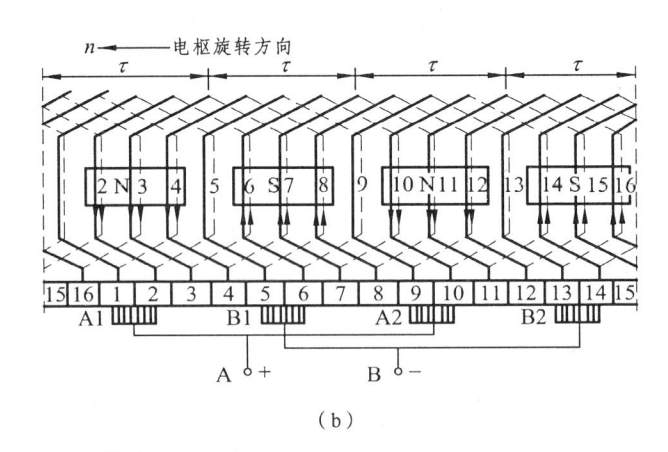

图3-9 单叠绕组展开图

3）换向器

换向器（Commutator）俗称"整流子"，它与电刷一起将电枢绕组内的交流电整流成电刷两端的直流电。其结构如图3-10（a）所示。航空直流电机的换向片用耐磨、强度高、导电好的镉铜制造。换向片之间及换向片与其他金属之间，用云母隔开绝缘。换向器与电枢铁芯共同压装在转轴上。小型直流电机常采用塑料换向器，它是将换向片组合后用绝缘塑料热压成整体，这样既简化工艺又节省材料，如图3-10（b）所示。

(a)　　　　　　　　　　　　(b)

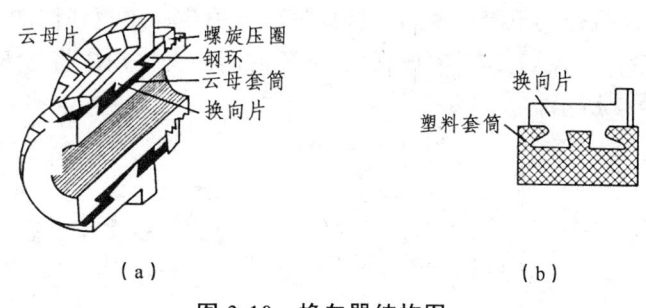

图 3-10　换向器结构图

二、直流电机的基本原理

从工作原理上看，直流电机就是利用电磁定律实现电能和机械能的相互转换，二者只是在能量转换的方向上不同。直流发电机是由原动机带动，利用电磁感应定律将机械能转换成电能输出；而直流电动机是从直流电源处获得电能，利用电磁力定律，将电能转换成机械能输出。

1. 直流发电机的工作原理

直流发电机的原理模型如图 3-11 所示。定子上对称地装设主磁极 N、S；电枢线圈 abcd 嵌放在转子铁芯上；线圈出线端分别接在相互绝缘的换向片 1、2 上；静止的电刷 A、B 与换向器滑动接触，将电枢线圈 abcd 与外电路接通。

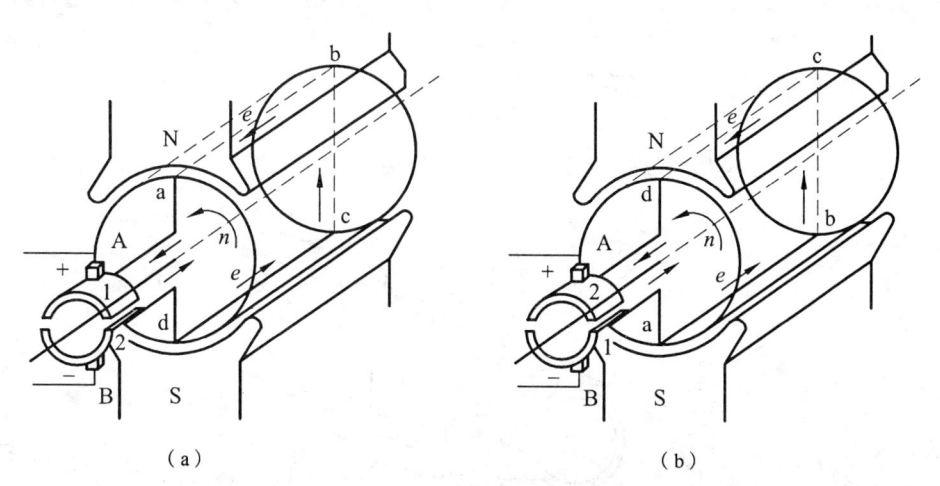

(a)　　　　　　　　　　　　(b)

图 3-11　直流发电机原理模型

当原动机拖动发电机转轴，使电枢以转速 n 旋转时，根据电磁感应定律，电枢线圈的两个边 ab 和 cd 在磁场中运动，切割磁力线，每边两端将产生感应电动势 $e = B_x l v$，式中 B_x 为导体所在位置的磁感应强度，l 为 ab、cd 边的长度，v 为导体旋转的线速度。感应电动势 e 的方向与导体所处位置的磁场极性以及导体的运动方向有关，可由右手定则决定。

假定电机在原动机带动下匀速旋转，则线速度 v 恒定；电枢线圈的 ab 和 cd 边长度 l 也不可能变；因此，感应电动势 e 与 B_x 成正比，e 随时间的变化规律将与 B_x 在气隙空间的分布规律相同，如图 3-12 所示。

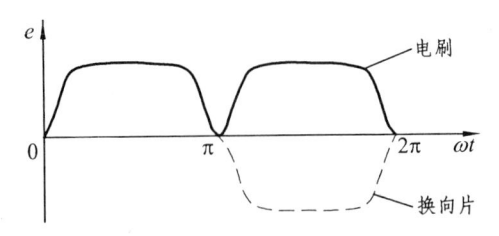

图 3-12 感应电动势波形图

根据右手定则，在如图 3-11（a）所示瞬间，线圈电动势方向为 d→c→b→a；当电枢旋转半周后如图 3-11（b）所示，线圈电动势方向为 a→b→c→d。可见，电枢线圈中的感应电动势是一个交流电动势。

但是由于电刷 A 通过换向器总是与 N 极下的导体相连接，电刷 B 通过换向器总是与 S 极下的导体相连接，因此，电刷 A 始终为"＋"极性，电刷 B 始终为"－"极性。于是，在电刷 A、B 之间获得直流电动势，如图 3-12 中实线所示。此时，换向器和电刷起着整流的作用，因此，俗称"整流子"。

只有一个线圈时，电刷 A、B 之间获得直流电动势较小，而且脉动很大。实际上直流发电机的电枢铁芯表面均匀分布了许多线圈，而每个线圈的出线端分别连接两个换向片，这样在电刷 A、B 之间就可获得较大且平稳直流电动势。该电动势称为电枢电动势，以 E_a 表示，有

$$E_a = C_e n \Phi$$

式中，n 为发电机的工作转速；Φ 为有效磁通，它主要由励磁电流 I_f 决定；C_e 为电机结构常数。

2. 直流电动机的工作原理

直流电动机的物理模型与发电机类似，只需将外接负载改为外接电源即可，如图 3-13 所示。

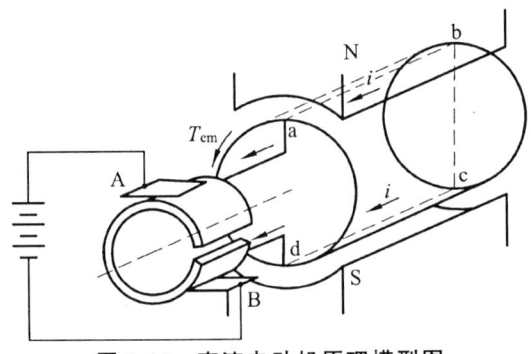

图 3-13 直流电动机原理模型图

当电刷 A、B 外接直流电源后，线圈中将有流向为 a→b→c→d 的电流。根据电磁力定律，导体 ab、cd 将受到电磁力 $f = B_x l i$ 作用，其方向由左手定则确定。导体 ab、cd 所受的电磁力将对电机转轴形成逆时针方向的电磁转矩使电枢转动。一旦导体 cd 进入 N 极区、ab 进入 S

极区，由于换向器和电刷的作用，线圈电流方向变为 d→c→b→a，导体 ab、cd 受力所形成的电磁转矩仍为逆时针方向，于是电机将持续旋转下去。但是，一个线圈产生的电磁转矩是小而脉动的。实际直流电动机的电枢上也有很多个线圈，减小了脉动程度，从而在电动机轴上获得满意的"恒定"转矩。直流电动机的电磁转矩 T_{em} 的大小为

$$T_{em} = C_T \Phi I_a$$

式中，C_T 为电机结构常数；Φ 为有效磁通；I_a 为发电机的电枢电流。

3. 直流电机的可逆性

从工作原理上看，直流电机就是利用电磁定律实现电能和机械能的相互转换，二者只是在能量转换的方向上不同。直流发电机是由原动机带动，利用电磁感应定律将机械能转换成电能输出；而直流电动机是从直流电源处获得电能，利用电磁力定律，将电能转换成机械能输出。由于其可逆性，有些飞机上用一台直流电机来实现发电机和电动机的功能。比如，运 7-100 上的起动发电机，在飞机开车起动时作为电动机驱动发动机加速旋转。当发动机起动完成后，反过来由发动机驱动，转为发电机状态。

第三节 直流电机的电枢反应和换向

一、电枢反应

直流电机空载时，气隙中只存在励磁磁场，即主磁场如图 3-14（a）所示。当直流电机负载时，电枢绕组中流过电枢电流，它也会产生磁场，称为电枢磁场。电枢磁场会跟励磁磁场相互作用，共同在电机气隙中形成合成磁场。合成磁场的分布和它在每极下的磁通量都将有别于空载时的主磁场。电枢磁场对主磁场的影响，称做电枢反应（Armature Reaction）。

1. 交轴电枢反应

负载时，电枢线圈内流过电枢电流，产生电枢磁动势 F_a，在电机内激励起电枢磁场。电枢线圈是按一定规律均匀分布的，电刷是其支路电流的分界点。因此，电枢磁动势沿电枢表面的分布与电刷位置、各元件边中电流的大小及方向有关。我们先分析电刷放在几何中性线的情况。

如图 3-14（b）所示，电枢电流以电刷为分界线，电刷上方的电枢电流均垂直于纸面向外流出，电刷下方的电枢电流均垂直于纸面向内流入。根据电枢电流方向，用右手定则画出电枢磁场图，磁场轴线即为几何中性线。由于电刷是固定不动的，所以电枢旋转不会影响每

极下的电枢电流,因此,电枢磁场也不会受电枢旋转的影响。

由上述分析可见,空载磁动势的轴线与主极轴线重合;而当电刷位于几何中性线时,电枢磁动势的轴线与主极轴线正交,故称其为交轴电枢磁势,用 F_{aq} 表示。交轴电枢磁动势产生交轴电枢磁场,它对主磁场的影响就是交轴电枢反应。

交轴电枢反应的情况与磁路的饱和程度有关。当磁路不饱和时,磁路是线性的,主磁场和电枢磁场的合成磁场可用叠加法求得如图 3-14(c)所示。图中假定电机工作在发电机状态时是逆时针旋转的,工作在电动机状态时是顺时针旋转的。

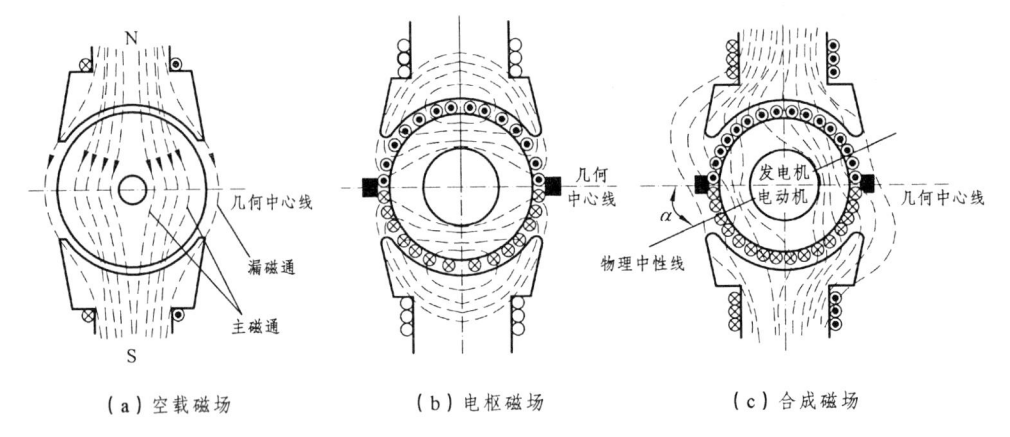

（a）空载磁场　　（b）电枢磁场　　（c）合成磁场

图 3-14　直流电机交轴电枢反应

从图中磁场的分布情况可以看出,交轴电枢反应的影响为:

（1）合成磁场不再对称于主极轴线。发电机状态时,主极的前极尖(即电枢进入端)去磁,磁场被削弱,后极尖(即电枢转出端)助磁,磁场增强;电动机状态时正好相反,前极尖磁场增强,后极尖磁场被削弱。

（2）气隙磁场的物理中性线(磁感应强度为零的位置线)偏离几何中性线。对发电机而言,物理中性线顺着旋转方向前移 α 角;对于电动机,物理中性线逆着旋转方向后移 α 角。

（3）由于磁路不饱和,一个极尖磁场的削弱与另一个极尖磁场的增强程度相同,因此每个磁极下的有效磁通保持不变。所以,交轴电枢反应对发电机的感应电动势或电动机的电磁转矩的大小没有影响。

当磁路饱和时,磁路是非线性的。极尖磁场的削弱和增强程度不一样,削弱量大于增强量,结果每个磁极下的有效磁通减小。对发电机而言,感应电动势将减小;对电动机而言的电磁转矩将减小。

2. 直轴电枢反应

在实际电机中,往往由于装配误差或为了改善换向等原因,电刷会偏离几何中性线(见图 3-15)。相应地,电枢磁动势 F_a 也会保持与电刷轴线方向一致。由图可见,可将电枢磁动

势 F_a 沿主极轴线和几何中性线分解成 F_{ad} 和 F_{aq} 两个分量。其中，F_{aq} 对应于 2β 角以外靠近主极下的电枢电流产生的磁动势。它与前述的交轴电枢磁势作用相同，仍然产生交轴电枢反应。F_{ad} 对应于 2β 角以内的电枢电流产生的磁动势。它与主极轴线重合，称为直轴电枢磁势。直轴电枢磁势对主磁场的影响，称为直轴电枢反应。

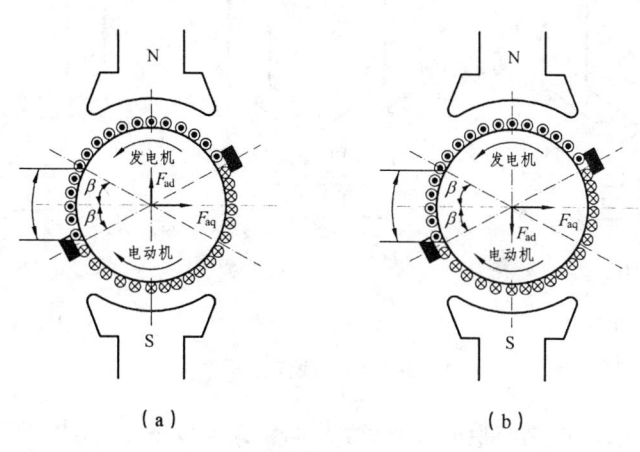

图 3-15 直流电机直轴电枢反应

直轴电枢磁势与主极轴线重合，它将直接影响主极下磁通量的大小。对发电机而言，当电刷顺着电枢转向偏离几何中性线 β 角时，直轴电枢磁势 F_{ad} 与主极磁动势相反，直轴电枢反应起去磁作用；当电刷逆着电枢转向偏离几何中性线 β 角时，直轴电枢磁势 F_{ad} 与主极磁动势相同，直轴电枢反应起助磁作用。

对电动机而言，其结果正好相反。当电刷顺着电枢转向偏离几何中性线 β 角时，直轴电枢反应起助磁作用；当电刷逆着电枢转向偏离几何中性线 β 角时，直轴电枢反应起去磁作用。

电刷不在几何中性线时的电枢反应可用表 3-1 说明。

表 3-1 电刷位置与电枢反应关系

转动方向 工作状态	电刷顺转向偏移	电刷逆转向偏移
发电机	交轴和直轴去磁	交轴和直轴助磁
电动机	交轴和直轴助磁	交轴和直轴去磁

二、直流电机的换向

1. 换向过程

所谓换向是指旋转的电枢绕组元件，从一个支路经过电刷进入另一支路时，其中电流方向的变化过程。现以图 3-16 为例说明某元件里电流的换向过程。

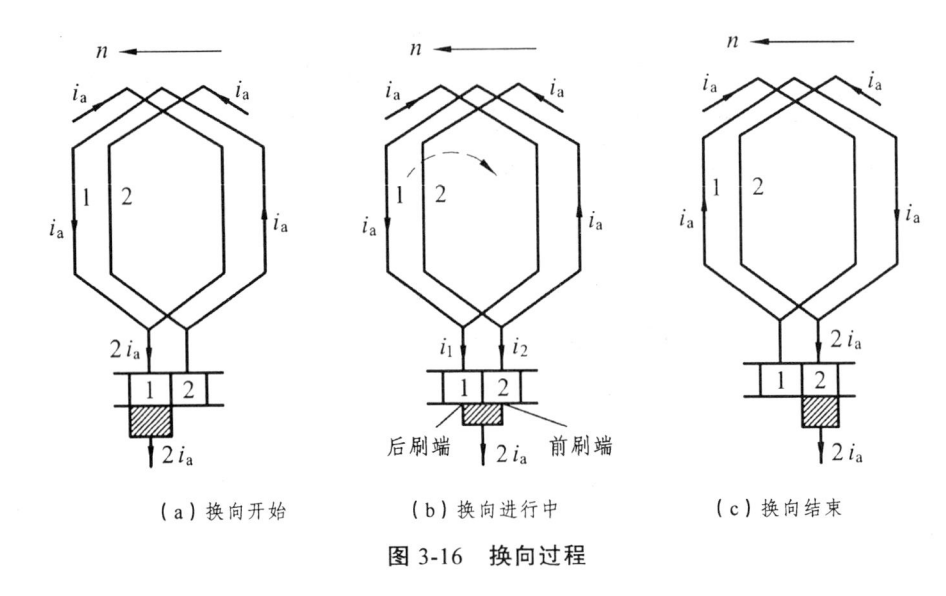

(a) 换向开始　　　　(b) 换向进行中　　　　(c) 换向结束

图 3-16　换向过程

为了简化，图中假设电刷与换向片等宽，片间绝缘厚度不计，电枢以转速 n 转动。图 3-16 (a) 为换向元件 1 开始换向的瞬间（$t=0$），此时元件 1 属右侧支路，流过电流 $+i_a$；图 3-16 (b) 表示换向进行中，即随电枢转动电刷逐渐短结换向片 1、2，同时元件 1 被短路，其电流处在变化中，设为 i；图 3-16 (c) 表示电刷与换向片 1 脱离瞬间（$t=T_k$，T_k 称为换向周期），换向元件 1 属左侧支路，电流变为 $-i_a$，同时元件 2 进入开始换向状态。可见，在换向过程中，换向元件 1 的电流从 $+i_a$ 变为 $-i_a$。换向周期 T_k 通常只有千分之几秒。直流电机运行时，电枢绕组的每个元件在经过电刷时，都要经历上述换向过程。

元件从开始换向到换向终了所经历的时间，称为换向周期。换向周期通常只有千分之几秒。直流电机在运行中，电枢绕组每个元件在经过电刷时都要经历换向过程。

换向过程十分复杂，不仅仅是单一的电磁变化过程，同时还有机械、电化学和电热等现象，并且彼此互相影响。航空电机的线负荷大、转速高且变化范围大、环境条件恶劣、振动大，这些都对换向不利，高空换向尤为复杂。换向不良的直接后果，就是在电刷和换向片之间产生火花。当火花超过一定限度时，会使电刷和换向器损坏，以致电机不能正常工作。

严重的电枢反应会使气隙磁场发生扭曲，增大换向片之间的电位差，导致正、负电刷间形成电弧，使换向器整个圆周表面发生"环火"现象。环火会烧坏电刷和换向器表面，并使电枢绕组受到损伤。

防止环火产生的有效方法是在主极极靴表面的槽内装设补偿绕组，把电枢反应补偿掉，使负载时电机的气隙磁场基本上不发生畸变。

2. 改善换向的方法

换向不良会在电机的电刷和换向器之间产生火花。对直流电机而言，微弱的火花是允许的。但是火花超过一定程度时，就会影响电机的正常工作。国家标准 GB 755—65 将直流电机换向火花分为五级，见表 3-2。

表 3-2　换向火花标准

火花等级	电刷下的火花程度	换向器及电刷的状态
1	无火花	
$1\frac{1}{4}$	电刷边缘仅小部分有微弱的点状火花，或者非放电性的红色小火	换向器上没有黑痕及电刷上没有灼痕
$1\frac{1}{2}$	电刷边缘大部分或全部有微弱的火花	换向器上有黑痕出现，但不发展，用汽油擦其表面即能除去，同时在电刷上有轻微的灼痕
2	电刷边缘全部或大部分有较强的火花	换向器上有黑痕出现，用汽油不能擦除，同时在电刷上有灼痕。如短时出现这一等级火花，换向器上不出现灼痕，电刷不被烧焦或损坏
3	电刷的整个边缘有强烈的火花，同时有火花溅出	换向器上黑痕相当严重，用汽油不能擦除，同时在电刷上有灼痕。如在这一火花等级下短时运行，则换向器上将出现灼痕，同时电刷将被烧焦或损坏

航空标准规定连续工作制的航空直流电机换向火花不应超过 $1\frac{1}{2}$ 级，短时或断续周期工作制直流电机不应超过 2 级。

改善换向应该从产生火花的原因着手，减少换向元件的电动势和电枢反应电动势，就可以改善换向。目前最有效的方法就是安装换向磁极，在安装时要注意：

（1）换向极应安装在几何中线处。

（2）换向极的极性应使所产生磁通的方向与电枢反应磁动势的方向相反。

（3）换向绕组必须与电枢绕组串联，且换向磁极不饱和。

一般容量在 1 kW 以上的直流电机都安装有换向磁极。

除了安装换向极之外，还可以通过选择合适的电刷，增加换向片与电刷之间的接触电阻改善换向。对于大型直流电机可以在主磁极极靴内安装补偿绕组，补偿绕组与电枢绕组串联，其产生的磁动势抵消电枢反应磁动势。

第四节　直流发电机运行特性

航空直流发电机（DC generator）由飞机发动机拖动，将机械能转换成电能，为飞机提供直流电功率。目前，航空直流发电机主要用作飞机直流供电系统中的主要电源。

一、直流发电机的励磁方式

直流电机的主磁极由励磁绕组和磁极铁芯组成。励磁绕组通过励磁电流，产生励磁磁场，然后将磁极铁芯磁化,从而获得较强的主极电磁场。直流电机的励磁方式可分为他励和自励两种,如图 3-17 所示。他励电机的励磁电流是由其他直流电源提供,自励电机是用自己产生的电功率的一部分来励磁的。根据励磁电路与电枢电路的连接方式,又可分为并励、串励和复励。直流电机的性能与它的励磁方式有着密切的联系,我们需要注意区分。目前,航空直流发电机多采用并励方式。

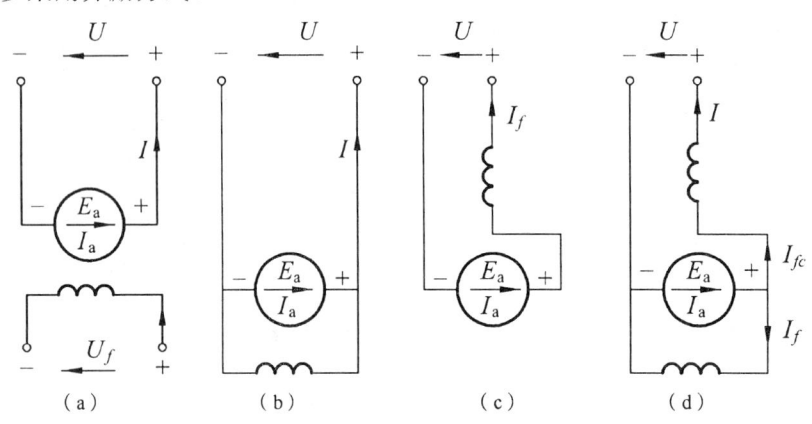

图 3-17 直流电机的励磁方式

二、直流发电机的基本电磁关系

如图 3-18 所示为直流发电机原理接线图。根据电磁感应定律有

$$E_a = C_e \Phi n$$

式中,E_a 为发电机电枢绕组两端的感应电动势;n 为发电机的工作转速;Φ 为有效磁通,它主要由励磁电流 I_f 决定;C_e 为电机结构常数。

电磁转矩 T_{em} 为

$$T_{em} = C_T \Phi I_a$$

式中,C_T 为电机结构常数;I_a 为发电机的电枢电流。

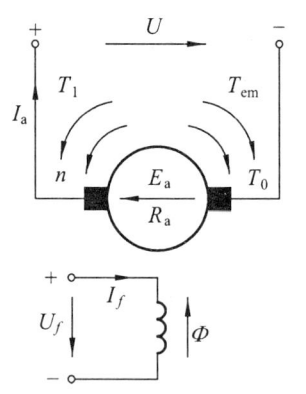

图 3-18 直流发电机原理接线图

1. 电压平衡方程式

以并励为例,可得发电机稳态运行时电枢电路电压平衡方程式为

$$U = E_a - I_a R_a \tag{3—1}$$

式中,R_a 为电枢电路总电阻,它包括电枢电路各绕组电阻以及电刷与换向器的接触电阻;U 为发电机输出端电压。该平衡方程式说明了发电机电枢电路各电压之间的关系,以及发电机输出电压与电枢电路各电量之间的关系。它是分析发电机运行特性的理论依据。其他励磁方

式下的电压平衡方程式大家可自行推导。

2. 功率平衡方程式

发电机电源电动势 E_a 乘以电枢电流 I_a，即为直流发电机产生的电磁功率 P_{em}。将式（3—1）两端同乘以电枢电流 I_a，则有

$$\begin{aligned} P_{em} &= E_a I_a = UI_a + R_a I_a^2 \\ &= U(I+I_f) + R_a I_a^2 \\ &= UI + UI_f + R_a I_a^2 \\ &= P_2 + P_{cu} \end{aligned} \qquad (3—2)$$

式中，$P_2 = UI$，是直流发电机的输出功率；$P_{CU} = UI_f + R_a I_a^2$，是电枢电路以及励磁电路的总铜损。

电磁功率 P_{em} 的物理含义为

$$P_{em} = E_a I_a = \frac{pN}{60a}\Phi n I_a = \frac{pN}{2\pi a}\Phi I_a \frac{2\pi a}{60} = T_{em}\Omega$$

上式表明，电磁功率 P_{em} 既表示电枢绕组具有的电功率，还表示发电机转子被发动机拖动时，克服电磁转矩（制动转矩）T_{em} 所需的机械功率 $T_{em}\Omega$。

事实上，发动机在拖动发电机转子以转速 n 运行时，还应克服机械摩擦、风阻等空载损耗 P_0。设发电机的输入功率为 P_1，则

$$P_1 = P_{em} + P_0 \qquad (3—3)$$

将式（3—2）代入，得功率平衡方程式为

$$P_1 = P_2 + P_{cu} + P_0$$

上式表明了发电机的功率传递关系：输入发电机的功率 P_1 扣除转子转动的空载损耗 P_0 后，转变为电枢绕组的电磁功率 P_{em}，再扣除励磁电路和电枢电路的铜损 P_{cu}，剩下的功率才是发电机的输出功率 P_2，如图 3-19 所示。

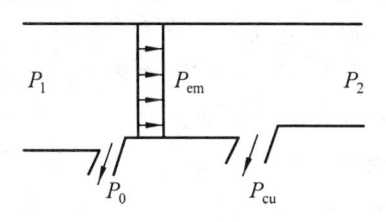

图 3-19 并励直流发电机功率流向

3. 转矩平衡方程式

将等式（3—3）两端同除以电枢角速度 Ω，得转矩平衡方程式为

$$T_1 = T_{em} + T_0$$

式中，T_1 为发动机输入的驱动转矩；T_{em} 为电磁转矩；T_0 为空载转矩。

上式表明，发电机稳定运行过程中，加在转轴上的转矩有：发动机加在发电机上的拖动转矩，即发电机的输入转矩 T_1；电枢电流在磁场中的电磁转矩 T_{em}；电机空载运行时的空载转矩 T_0。其中，电磁转矩 T_{em} 的方向与输入转矩 T_1 相反，是阻力转矩。空载转矩是空载损耗所对应的阻力转矩。

三、直流发电机的运行特性

直流发电机的运行特性,主要是指端电压 U、输出电流(负载电流)I、励磁电流 I_f 以及转速 n 这四个物理量之间的相互关系。其中转速 n 是由发动机决定的,一般不太容易调节。因此,直流发电机的运行特性通常是指空载特性、外特性和调节特性。直流发电机的运行特性曲线都是可以通过实验测定的。

空载特性是指发电机空载($I=0$)时,发电机端电压与励磁电流之间的关系,即 $U=f(I_f)|_{I=0}$(见图 3-20)。空载时,电枢电流 $I_a=0$,则有

$$U=E_a=C_e\Phi n。$$

因此,一定转速下发电机的空载特性曲线 $U=f(I_f)|_{I=0}$ 与电机的磁化曲线 $\Phi=f(I_f)$ 有相同的形状。空载特性本质上反映了发电机磁路的磁化特性。当 I_f 较小时,空载特性近似一直线,在额定电压 U_N 附近开始弯曲,进一步增加 I_f,磁路越来越接近饱和,曲线就越来越平坦。

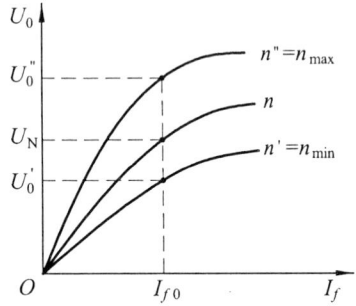

图 3-20 直流发电机的空载特性

发电机的外特性是指:在一定转速下,当励磁电流 I_f 为常数时,发电机端电压 U 与负载电流 I 之间的关系,即:$U=f(I_f)|_{I_f=c}$(见图 3-21)。根据电压平衡方程式 $U=E_a-I_aR_a$,随着负载电流 I 的增加,电枢压降和电枢反应去磁作用增加,端电压 U 将减小。并励发电机还须考虑励磁电流随端电压减小而减小,并反作用于端电压,使得其电压调整率大于他励发电机。

根据电压平衡方程式,直流发电机的端电压会随负载电流的变化而变化,但是用电设备总是希望电压稳定,这是可以通过调节励磁电流来实现的。直流发电机的调节特性是指:在一定转速下,当发电机端电压 U 为常数时,励磁电流 I_f 和负载电流 I 之间的关系,即 $I_f=f(I)|_{U=c}$,如图 3-22 所示。

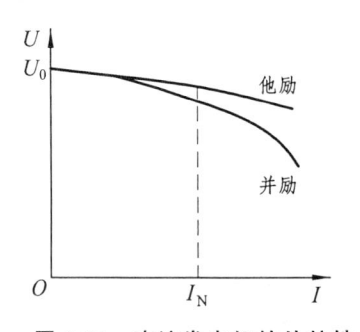

图 3-21 直流发电机的外特性

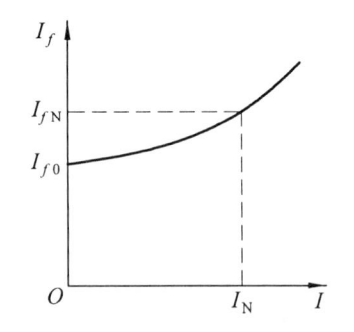

图 3-22 直流发电机的调节特性

从图中可以看出,负载电流增加时,要维持端电压不变,必须相应增加励磁电流,以补偿电枢压降和电枢反应的去磁作用,因此调节特性曲线向上翘。

第五节 直流电动机

直流电动机（DC motor）具有良好的起动性能和调速特性，因此在航空中得到广泛的应用。在飞机上，主要用于各种电力传动系统中。如飞机发动机的起动、驱动燃油泵、着陆灯的收放以及各种风门、活门、调整片的控制等。

同直流发电机一样，直流电动机按励磁方式也分为他励、并励、串励和复励四大类型。

一、直流电动机的基本电磁关系

从前面直流电机的原理分析可以看出，直流发电机和直流电动机二者具有可逆性，其能量传递的方向是相反的。因此，我们可以从直流发电机的基本电磁关系得出直流电动机的基本电磁关系，如图 3-23 所示。

电压平衡方程式：
$$U = E_a + I_a R_a \quad (3—4)$$

式中，$E_a = C_e \Phi n$ 为反电动势。

功率平衡方程式
$$P_1 = P_2 + P_{cu} + P_0$$

式中，$P_1 = UI$ 为电动机的输入电功率；P_2 为输出机械功率。

转矩平衡方程式
$$T_2 = T_{em} - T_0$$

式中，电磁转矩 $T_{em} = C_T \Phi I_a$ 为驱动转矩；T_2 为输出转矩。

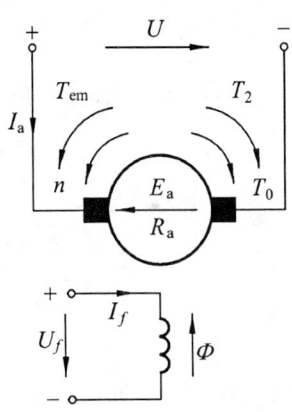

图 3-23 直流电动机接线图

二、直流电动机的运行特性

直流电动机的运行特性是指电源电压 U 不变时，转速 n、电枢电流 I_a 和电磁转矩 T_{em} 之间的相互关系。

1. 机械特性 $n = f(T_{em})$

机械特性是指在电源电压一定的情况下，直流电动机的转速 n 与电磁转矩 T_{em} 之间的关系。直流电动机的机械特性与励磁方式关系很大，需分析研究。

由式（3—4）可得
$$E_a = C_a \Phi n = U - I_a R_a$$

所以
$$n = \frac{U - I_a R_a}{C_e \Phi}$$

将 $T_{em} = C_T \Phi I_a$ 代入，得
$$n = \frac{U}{C_e \Phi} - \frac{R_a}{C_e C_T \Phi^2} T_{em}$$

对于并励电动机，U、R_a 为常数，磁通 Φ 基本不变，上式可改写为
$$n = n_0' - \beta T_{em}$$

式中，$\beta = \frac{R_a}{C_e C_T \Phi^2}$ 为特性的斜率；$n_0' = \frac{U}{C_e \Phi}$ 为理想空载转速。

因此，并励电动机的机械特性 $n = f(T_{em})$ 为一倾斜向下的直线，如图 3-24 所示。由图可见，转矩增大，转速下降较小，称之为"硬特性"。

对于串励电动机，励磁绕组和电枢绕组串联，$I = I_f$，因此串励电动机的磁通 Φ 随 I_a 变化而变化，也即随负载而变化。这是串励电动机的主要特点。对于串励电动机，同样有

$$n = \frac{U - I_a(R_a + R_f)}{C_e \Phi} \tag{3—5}$$

当磁路不饱和时，可认为 $\Phi = K I_a$，K 为比例系数，则
$$T_{em} = C_T \Phi I_a = K C_T I_a^2 \tag{3—6}$$

把 I_a 代入式（3—5）可得
$$n = \frac{\sqrt{C_T}}{C_e \sqrt{K}} \frac{U}{\sqrt{T_{em}}} - \frac{R_a + R_f}{C_e K}$$

上式所表示的 $n = f(T_{em})$ 特性为一双曲线，如图 3-25 所示。电磁转矩增大时，转速下降很快，称之为"软特性"。从式（3—5）可以看出，磁通是影响转速的主要因素。当电磁转矩较小时，磁通一般也较小，转速很大。当 $T_{em} = 0$ 时，理想空载转速为无穷大，电动机将会出现"飞车"现象，则可能导致转子在机械方面的损坏和换向困难，因此，串励电动机不允许空载或在很轻负载下运行。同时，串励电动机一般通过齿轮减速器与传动机构连接，不允许采用皮带、链条、钢索等传动。

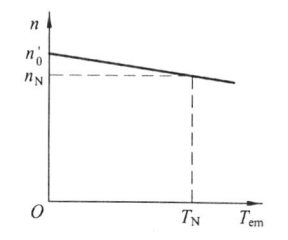

图 3-24 并励直流电动机的机械特性 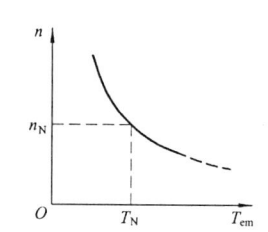　　图 3-25 串励直流电动机的机械特性

复励电动机的机械特性介于并励和串励之间，比并励"软"，但是比串励"硬"。

2. 转矩特性 $T_{em} = f(I_a)$

电动机的转矩特性是指在电源电压一定的情况下，直流电动机的电磁转矩 T_{em} 与电枢电流 I_a 的关系。

对并励电动机而言，电源电压一定时，磁通基本不变，于是

$$T_{em} = C_T \Phi I_a$$

它表示并励电动机的转矩特性 $T_{em} = f(I_a)$ 是一条直线，如图 3-26 所示。

当假定磁路不饱和时，由式（3—6）可以看出，串励电动机的转矩特性 $T_{em} = f(I_a)$ 为一抛物线，如图 3-27 所示。这是因为，一方面由于电枢电流 I_a 增大直接使电磁转矩 T_{em} 增大；另一方面，串励电动机的磁通 Φ 也会随电枢电流 I_a 的增大而增大。结果，电磁转矩 T_{em} 随电枢电流 I_a 的增加而很快增加。

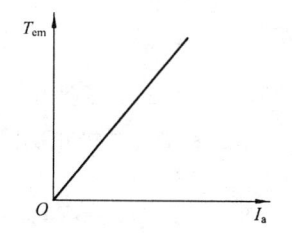

图 3-26 并励直流电动机的转矩特性　　图 3-27 串励直流电动机的转矩特性

第六节　三相同步交流发电机

一、旋转磁场

直流电动机的工作原理是通过一种静止的磁场，与通入电枢绕组的电流相互作用产生一种恒定方向的电磁转矩来实现拖动作用的。而三相异步电动机的工作原理是通过一个旋转磁场与有这个旋转磁场借感应作用在转子绕组内所产生的感应电流相互作用，产生电磁转矩来实现拖动的。可见，三相异步电动机转动的前提是在电机内部产生旋转磁场（Rotating Magnetic Field）。

1. 旋转磁场的产生

三相异步电动机定子铁芯中嵌放有对称的三相绕组 AX、BY、CZ。设将三相绕组联接成星形，接在三相电源上，绕组中便通入三相对称电流，即

$$i_A = I_m \sin \omega t$$
$$i_B = I_m \sin(\omega t - 120°)$$
$$i_C = I_m \sin(\omega t + 120°)$$

其波形如图 3-28 所示。取绕组始端到末端的方向作为电流的参考方向。在电流的正半周时，其值为正，实际方向与参考方向一致；在负半周时为负，实际方向与参考方向相反。

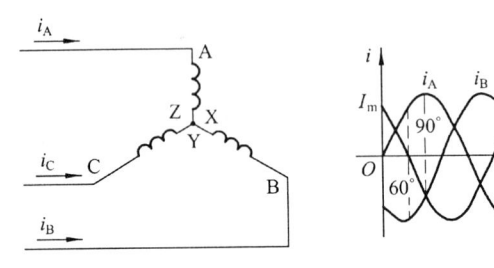

图 3-28 三相对称电流

在 $\omega t = 0$ 的瞬时，定子绕组中的电流方向如图 3-29（a）所示。这时 $i_A = 0$；i_B 为负值，其方向与参考方向相反，即由 Y 到 B；i_C 为正值，方向由 C 到 Z。将每相电流产生的磁场叠加，便得出三相电流的合成磁场，其轴线方向是自上而下。

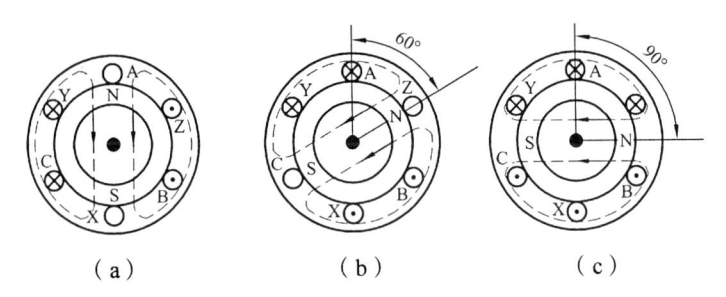

图 3-29 三相电流产生的旋转磁场（$p = 1$）

图 3-29（b）所示的是 $\omega t = 60°$ 时定子绕组中电流的方向和三相电流的合成磁场的方向。很明显，这时的合成磁场已在空间转过了 60°。

同理可得在 $\omega t = 90°$ 时的三相电流的合成磁场，它比 $\omega t = 60°$ 时的合成磁场在空间上又转过了 30°，如图 3-29（c）所示。依此类推，当电流变化一个周期（即 360°）时，合成磁场在空间旋转一圈。

由此可见，当定子绕组中通入三相电流后，它们共同产生的合成磁场是随电流的交变而在空间不断旋转着，这就是旋转磁场。

2. 旋转磁场的极对数

电机中磁极是成对出现的，旋转磁场的磁极数目和三相绕组的安排有关。在图 3-29 所示情况下，每相绕组只有一个线圈，绕组始端之间相差 120°空间角度，则产生的旋转磁场具有一对磁极，即 $p = 1$（p 是磁极对数）。如将定子绕组安排得如图 3-30 那样，即每相绕组有两个线圈串联,绕组的始端之间相差 60°空间角度,则产生的旋转磁场具有两对极,即 $p = 2$。

同理,如果要产生三对磁极的旋转磁场,则每相绕组必须有均匀安排在空间的串联的三个线圈,绕组的始端之间相差 40°（$120°/p$）空间角度。

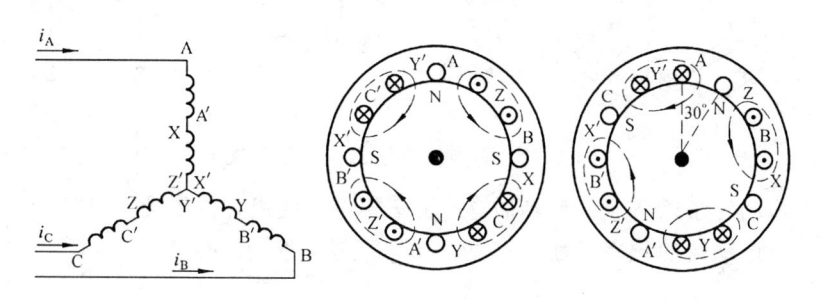

图 3-30　三相电流产生的旋转磁场（$p = 2$）

3. 旋转磁场的转速和转向

根据以上的分析,当电流变化一个周期,在磁极对数 $p = 1$ 的情况下,磁场恰好旋转一圈,设电流的频率为 f_1,则电流每分钟交变 $60f_1$ 次,相应的旋转磁场的转速为 $n_0 = 60f_1$,单位为转每分（r/min 或 rpm）;在磁极对数 $p = 2$ 的情况下,电流变化一个周期,磁场恰好旋转半圈,相应的旋转磁场的转速为 $n_0 = \dfrac{60f_1}{2}$;同理,在磁极对数 $p = 3$ 的情况下,旋转磁场的转速为 $n_0 = \dfrac{60f_1}{3}$。依此类推,当旋转磁场具有 p 对极时,旋转磁场的转速为

$$n_0 = \frac{60f_1}{p}$$

因此,旋转磁场的转速 n_0 决定于三相定子电流频率 f_1 和磁极对数 p,而磁极对数又决定于三相定子绕组的连接情况。

在前面的分析中很容易发现,旋转磁场的转向跟三相定子电流的方向一致,因此,只要改变通入三相定子绕组的三相电流的相序（任意调换两相的连接线）,即可改变旋转磁场的转向。

根据交流电机转速与同步转速的关系,可把交流电机分为同步电机与异步电机两种。所谓同步电机,就是指电机的转子转速与旋转磁场的同步转速相同。同步电机多作为发电机应用。异步电机多作为电动机应用,它的转速略小于同步转速。

二、同步发电机的基本工作原理

同步发电机（Synchronous Generator）原理结构如图 3-31 所示:定子铁芯上嵌放三相对称绕组 AX、BY、CZ,称为电枢;转子上是直流励磁形成的恒定主磁场。

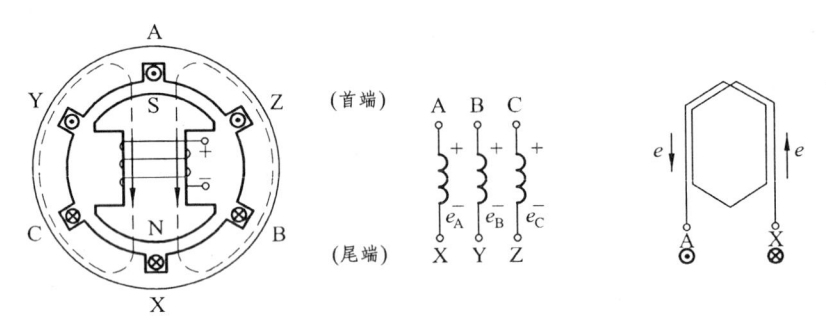

图 3-31 同步发电机结构原理简图

当原动机拖动转子以转速 n 旋转时，定子三相电枢绕组切割磁场分别感应出对称的三相感应电动势。该电动势的频率 f 为

$$f = \frac{pn}{60}$$

式中，p 为转子磁场的磁极对数。

若发电机接上对称三相负载，则三相定子绕组内流过对称的三相电流。根据旋转磁场的产生原理，发电机内部会产生旋转磁场，其转速

$$n_0 = \frac{60f}{p} = \frac{60}{p} \frac{pn}{60} = n$$

可见，转子磁场与定子电枢磁场"同步"。

三、同步发电机的基本结构分类

旋转电机的基本结构都是由定子、转子及气隙等部分组成。从同步发电机的原理可知，感应电动势的产生是由于电枢导体与磁场发生相对运动。从结构上来讲，在同步发电机的定子和转子中，有一个是磁极，而另一个就是电枢。于是，按旋转部件的不同，可将同步发电机分为旋转磁极式和旋转电枢式两类，如图 3-32 所示。航空同步发电机主要采用旋转磁极式。

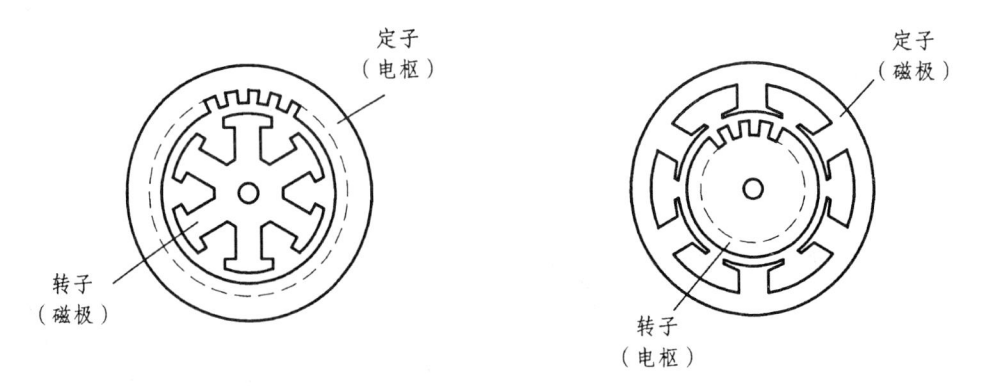

图 3-32 旋转磁极式和旋转电枢式

旋转磁极式同步发电机按磁极结构特点又可分为凸极式和隐极式两种。图 3-33 为这两种结构的截面示意图。凸极式有着明显的磁极外形，其极弧表面下气隙小，两极之间气隙大。隐极式转子整体呈圆柱体，无明显的磁极外形，其气隙是基本均匀的。航空同步发电机基本上采用凸极式磁极转子。而隐极式转子结构承受离心力的能力强，主要用于大型和高速的汽轮发电机中。

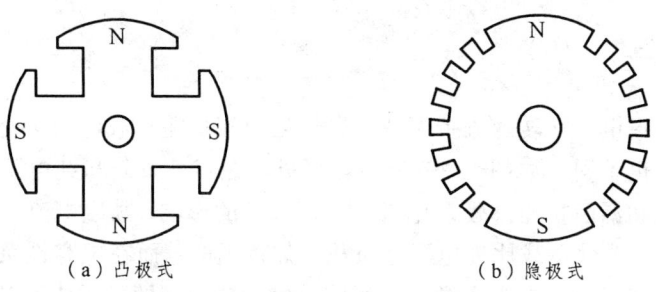

（a）凸极式　　　　　（b）隐极式

图 3-33　同步交流发电机的转子结构

四、同步发电机的特性

1. 空载特性 $U = f(I_f)\big|_{I=0}$

同步发电机的空载特性是指在一定转速条件下，空载端电压 U_0（空载时即相感应电动势 E_0）随励磁电流变化的关系，即 $E_0 = f(I_f)$，如图 3-34 所示。一定转速下发电机的空载特性曲线 $U = f(I_f)\big|_{I=0}$ 与电机的磁化曲线 $\Phi = f(I_f)$ 有相同的形状。空载特性本质上反映了发电机磁路的磁化特性。当 I_f 较小时，空载特性近似一直线，在额定电压 U_N 附近开始弯曲，进一步增加 I_f，磁路越来越接近饱和，曲线就越来越平坦。

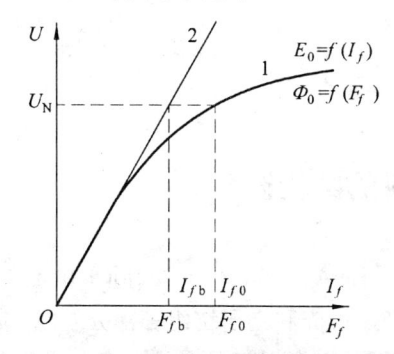

图 3-34　同步发电机的磁化曲线和空载曲线

2. 外特性 $U = f(I)$

发电机的外特性是指发电机在一定转速和励磁电流条件下，端电压随负载电流变化的规律。同步发电机的外特性与负载电路的性质（不同功率因数）有关，如图 3-35 所示。对于电阻性和电感性负载，由于电枢磁场的直轴分量的去磁作用以及绕组的漏阻抗压降，端电压会随着电流的增加而下降；对于电容性负载，由于直轴电枢反应的增磁作用，端电压会随着电流的增加而升高。

3. 调节特性 $I_f = f(I)$

调节特性就是指电压和转速维持不变时，励磁电流 i_f 随负载电流 i 变化的关系。负载性质不同，调节特性也不同，如图 3-36 所示。可见，在感性负载和纯电阻性负载时，为弥补电枢反应去磁作用和漏阻抗压降使发电机端电压降低的影响，励磁电流应随负载电流的增大而增大。相对而言，感性负载比纯电阻性负载增加得更多；而在电容性负载时，为了抑制电枢反应的增磁作用使发电机端电压升高的影响，励磁电流应随负载电流的增大而减小。

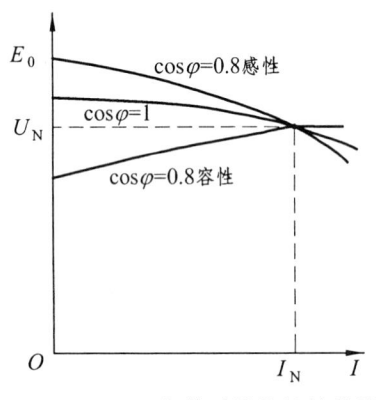

图 3-35　不同负载时的外特性曲线

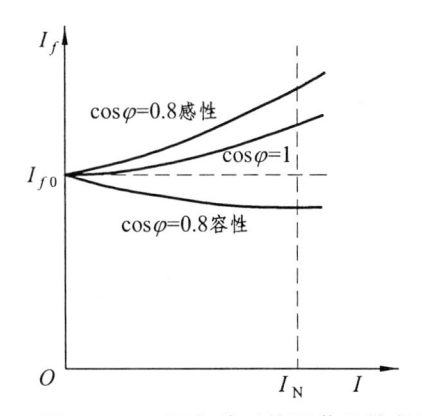

图 3-36　不同负载时的调节特性曲线

第七节　三相异步电动机

一、三相异步电动机的结构简介

三相异步电动机（Three-phase Asynchronous Motor）由定子、转子和气隙等组成。定子部分跟同步电机相同，由定子铁芯、机壳和定子绕组等部分组成。定子铁芯是电机磁路的一部分，由 0.35 mm 或 0.55 mm 厚的优质电工钢片冲压叠成，各片之间相互绝缘，以减少涡流损耗。

异步电动机定子、转子之间的气隙大小直接影响到电机的性能，它一般较其他类型电机要小。航空三相异步电动机的气隙一般为 0.15 mm～0.3 mm。

异步电动机的转子由转子铁芯、转子绕组、转轴及风扇组成。转子铁芯也是磁路的一部分，也由 0.35 mm 或 0.55 mm 厚的优质电工钢片冲压叠成。异步电动机的转子绕组有笼型和绕线型两种结构。

笼型转子绕组的材料有铜和铝两种。如图 3-37 所示，铜条转子是在转子铁芯槽中插入铜条（导条），槽口外两端用铜环（端环）将全部铜条焊接起来，形成圆柱状的"笼子"，因此，笼型转子绕组自行闭合。铸铝转子是将熔化的铝水注入转子槽内，两端同时铸上端环和风扇，使导条与端环构成笼型的闭合绕组。

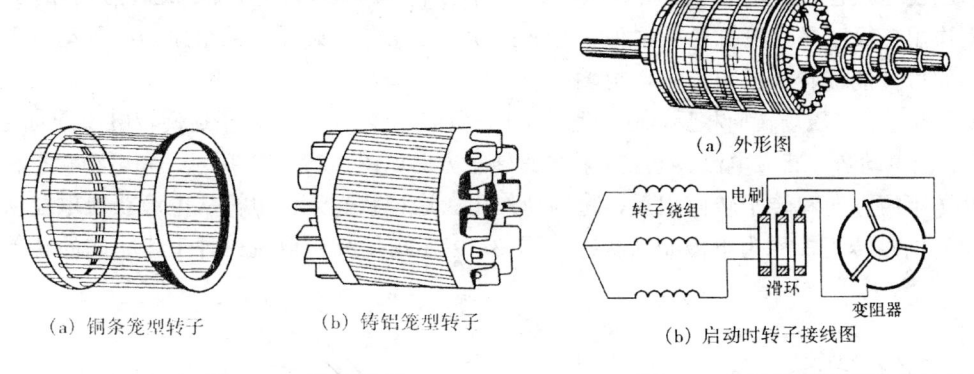

(a) 铜条笼型转子　　(b) 铸铝笼型转子

(a) 外形图

(b) 启动时转子接线图

图 3-37　笼型转子　　　　图 3-38　绕线型转子及其接线图

绕线型转子如图 3-38 所示。铁芯槽内嵌放三相对称绕组，绕组末端连接在一起构成 Y 型，首端分别接在转轴上的三个滑环上，通过电刷引出。绕线型转子绕组可外接可变电阻构成回路，可以通过适当改变电阻的阻值，来改善电动机的起动和调速性能。与笼型转子相比，其结构较复杂，维护性较差。

二、异步电机的工作原理及工作状态

图 3-39（b）给出了异步电动机的原理示意图。定子三相绕组通入三相交流电流建立起旋转磁场。当旋转磁场以同步转速 n_0 逆时针旋转时（逆时针），转子导体（图中小圆圈表示）与磁场相切割，导体两端产生感应电动势。根据右手定则，N 极下导体的电动势垂直于纸面向里，S 极下导体的电动势垂直于纸面向外。由于转子绕组是闭合的，于是在导体内就有跟电动势方向相同的感应电流。根据电磁力定律，各转子导体会受到电磁力的作用，电磁力的方向根据左手定则确定：N 极下导体所受电磁力向左，S 极下导体所受电磁力向右。于是，在转子上形成逆时针的电磁转矩。若电磁转矩的大小足以克服转轴上的阻力转矩，那么转子将在电磁转矩的驱动下转动起来。随着转速的上升，电磁转矩逐渐减小，直到与阻力转矩平衡，电机就以转速 n 稳定运行。

异步电动机的转速 n 一般是略小于同步转速 n_0。在分析异步电动机的定子、转子间的电磁关系时，更多时候用转差率 s 来表示转子转速的大小，有

$$s = \frac{n_0 - n}{n_0}$$

利用转差率 s 可以更方便的判别异步电机的工作状态。

当异步电机与旋转磁场转向相同，转速在 $0<n<n_0$ 范围内时，转差率 $1>s>0$。这时，电机处于电动状态，电源把电能输入给定子，再通过磁场传递给转子，最后转换成机械能输出给负载。

当异步电机与旋转磁场转向相同，转速 $n>n_0$ 时，$s<0$。这时，电机处于发电状态，如图 3-39（a）所示。由于转子转速大于同步转速，导体切割磁场的方向发生变化，感应电动势和感应电流相应变化，电磁转矩也跟着变成顺时针方向。此时，电磁转矩与转子旋转方向相反，起阻力转矩作用。很明显，电机要在这种状态下持续稳定工作，必须有某个原动机驱动。于是，原动机的机械能被转换成电能由电枢输出。

当异步电机与旋转磁场转向相反，则转速 $n<0$ 为负值，$s>1$。由于转子逆旋转磁场方向旋转，转子中感应电动势、感应电流、电磁力和电磁转矩方向如图 3-39（c）所示，和电动状态相同。但电磁转矩的方向和转子转向相反，起制动作用。这种状态下，电机从电源获得电能从而产生制动的电磁转矩，称为电磁制动状态。图 3-39 示出了异步电机三种工作状态的转差率范围。

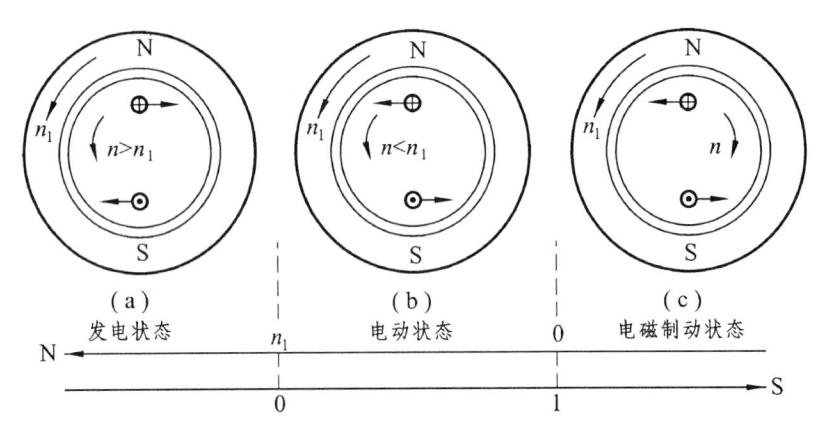

图 3-39 异步电机的三种工作状态

三、三相异步电动机的机械特性

三相异步电动机的转子转速 n 与电磁转矩 T_{em} 的关系 $n=f(T_{em})$ 称为机械特性，如图 3-40 所示。图中 T_{st} 为起动转矩，T_{max} 为最大转矩。从同步点（n_0）到最大转矩点之间的曲线斜率为负 $\left(\dfrac{dT}{dN}<0\right)$，为稳定工作区；从最大转矩点到起动点（$T_{st}$）之间的曲线斜率为正 $\left(\dfrac{dT}{dN}>0\right)$，为不稳定工作区，图中用虚线画出。

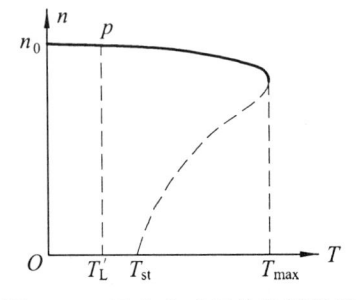

图 3-40 异步电动机的机械特性

三相异步电动机正常工作时，转子电路电阻较小，在稳定工作区内具有比较硬的机械特性，起动转矩较小。

四、三相异步电动机的起动及调速

1. 起 动

三相异步电动机起动时，同样会出现起动电流很大的问题。因此，需要采取措施来限制电动机起动时的电流。对于小功率笼型电动机一般采用直接起动；而大功率的笼型电动机，常采用降低电源电压起动。常用的降压起动方式有三种：自耦变压器起动、星形-三角形（Y-△）换接起动以及在定子电路中串联电阻或电抗起动，如图 3-41 所示。对于绕线型电动机，由于其转子电路的特点，一般在起动时增大转子电路外接电阻来限制起动电流，如图 3-41（b）所示。

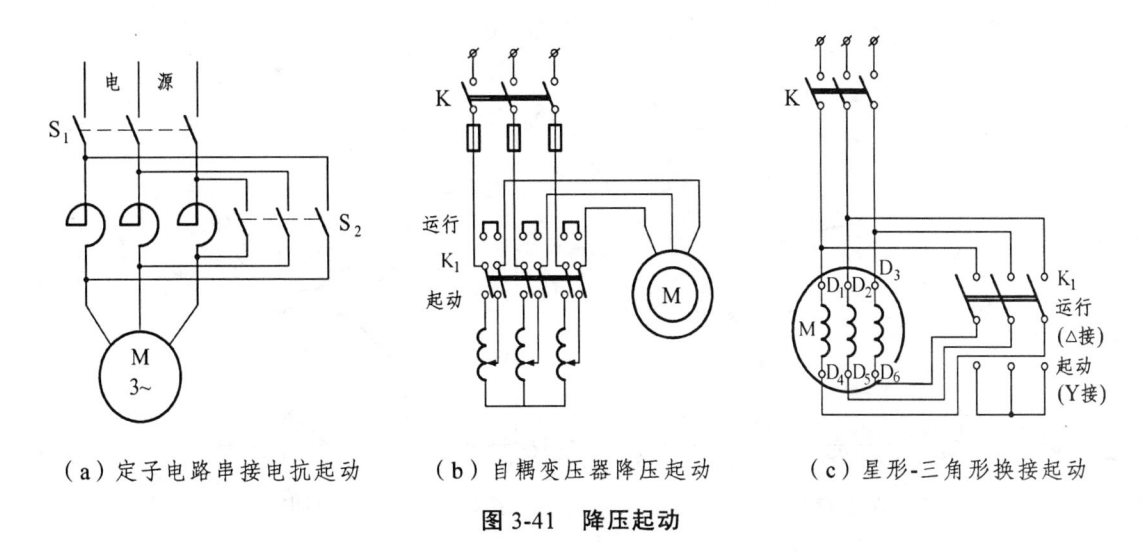

（a）定子电路串接电抗起动　　（b）自耦变压器降压起动　　（c）星形-三角形换接起动

图 3-41　降压起动

2. 调 速

电动机的调速是指在负载转矩一定的情况下，按需要人为地调节转子转速。根据异步电动机的转速公式

$$n = (1-s)n_0 = (1-s)\frac{60f_1}{p}$$

可知，可从改变旋转磁场磁极对数 p、电源频率 f_1 和转差率 s 入手来对异步电动机进行调速。相应的就有变极调速、变频调速和变转差率调速三种调速方式，如图 3-42～图 3-44 所示。

笼型电动机一般采用变极调速和变频调速。其中变极调速为有级调速，只能在有限的几个频率中调节，而变频调速可在大范围内平滑无级调速。绕线型电动机常采用变转差率调速。它是通过调节转子电路的外加电阻或外加电动势，从而改变转差率调整电动机转速。它同样可在大范围内平滑无级调速。

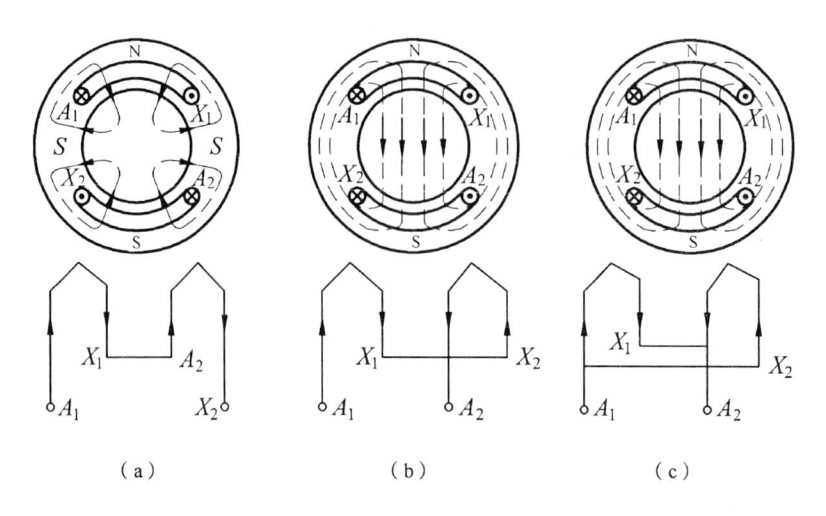

图 3-42 变极调速

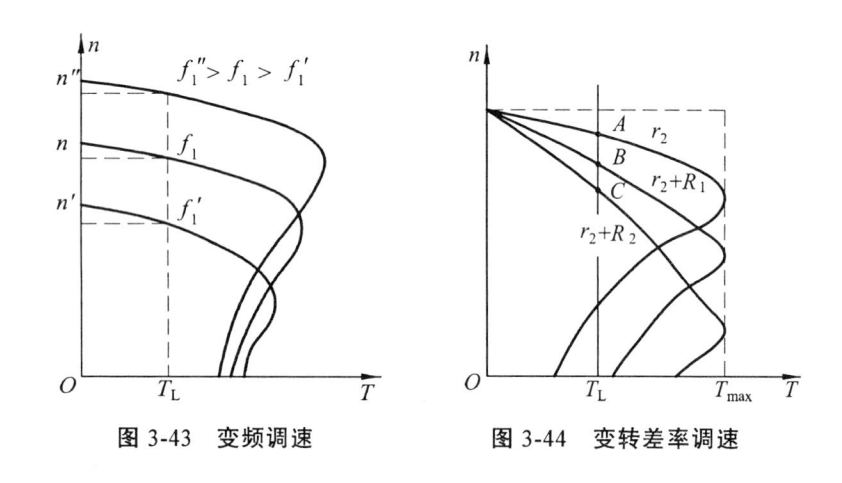

图 3-43 变频调速

图 3-44 变转差率调速

第八节　单相异步电动机

单相异步电动机由单相电源供电，它广泛应用于家用电器和医疗器械上，如电风扇、电冰箱、洗衣机、空调设备和医疗器械中都使用单相异步电动机作为原动机，在飞机交流供电系统中，小功率电动机也使用单相异步电动机。

从结构上看，单相异步电动机与三相笼型异步电动机相似，其转子也为笼型，只是定子绕组为单相工作绕组，单相交流电通入单一的电动机定子绕组，在定子气隙中就产生一个脉动磁场，该脉动磁场轴线在空间固定不变，大小随时间按正弦规律变化。在这样的磁场作用下转子不能产生起动转矩而起动。应使其产生一个象三相异步电动机那样的旋转磁场，使其自行起动。常用的方法有分相式和罩极法两种，容量较大或要求起动转矩较高的单相感应电动机常采用分相法。

一、单相异步电动机的工作原理

为了使单相异步电动机能够产生起动转矩,关键是如何在起动时在电动机内部形成一个旋转磁场。根据获得旋转磁场方式的不同,单相异步电动机可分为分相电动机和罩极电动机两大类。

1. 分相电动机

在分析交流绕组磁动势时曾得出一个结论,只要在空间不同相的绕组中通入时间上不同相的电流,就能产生一旋转磁场,分相电动机就是根据这一原理设计的。

分相式电动机的定子上有两个绕组,一个是工作绕组,另一个是起动绕组,两个绕组的轴线在空间上相差 90°电角度,电动机起动时,工作绕组和起动绕组接到同一个单相交流电源上,为了使两个绕组中的电流在时间上有一定的相位差(即分相),需在起动绕组中串入电容器或电阻器,也可以使起动绕组本身的电阻远大于工作绕组的电阻,因此,分相式电动机又可分为电阻分相电动机和电容分相电动机两种类型。

电容分相式电动机的起动绕组串联一个电容器后再与工作绕组并联,接到单相交流电源,如图 3-45 所示。电容器的大小最好能使起动绕组中的电流较工作绕组中的电流超前 90°电角度,以便获得较大的起动转矩。如果起动绕组是按短时运行方式设计的,长时间通电就会因过热而损坏。由此,当转速达到同步转速的 70%~80%时,利用离心开关将起动绕组断开。这种电机叫做电容起动电动机。如果起动绕组是按持续工作设计的,就可以在起动结束后继续接在电路中与工作绕组并联工作,这种电机叫做电容运转电动机或电容电动机,从供电电源看,它是单相异步电动机,但从两个绕组中电流的相位看也可以说它是两相异步电动机。

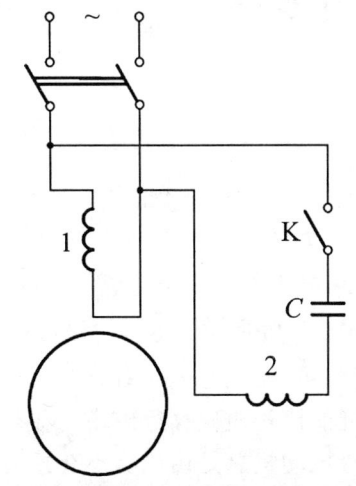

图 3-45 电容分相式单相异步电动机原理图
1—工作绕组;2—起动绕组;K—离心式开关;C—电容器

单相异步电动机的旋转方向决定于起动时两个绕组合成磁动势的旋转方向,改变合成磁动势的旋转方向就可以改变单相异步电动机的旋转方向。为此,可以将起动绕组(或工作绕组)的两个出线端子的接线对调。

单相电容分相式电动机的起动性能和运行性能都比其他型式的单相异步电动机要好,起动转矩、过载能力和功率因数都比较高。

如果不用电容器,而在起动绕组电路中串联电阻器,或用电阻较大的导线绕制起动绕组,也可以达到分相的目的,但这时两绕组中电流的相位差达不到 90°电角度;因此,这种电机中除了正向旋转磁动势以外,还存在着一定的反向旋转磁动势,所以电机的电磁转矩较小、起动电流较大,性能较差,但价格比较便宜。

2. 罩极式电动机

罩极式电动机的转子也是笼型的,定子大多数做成凸极式的,由硅钢片叠压而成。定子磁极极身套装有集中的工作绕组,在磁极极靴表面一侧约占 1/3 的部分开一个凹槽,凹槽将磁极分成大小两部分,在较小的部分套装一个短路铜环,如图 3-46 所示。

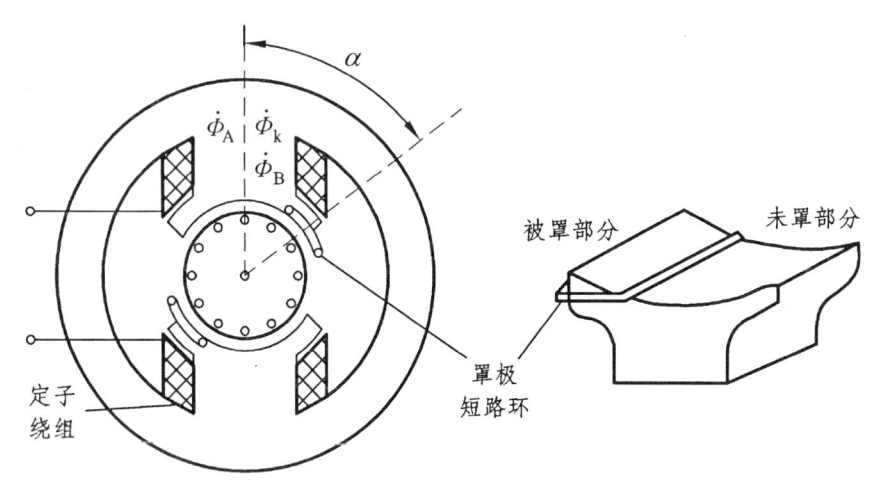

图 3-46 罩极式电动机

罩极式电动机的工作绕组接通单相交流电源以后,产生的脉动磁通分为两部分,其中,$\dot{\Phi}_A$ 不穿过短路环直接进入气隙,$\dot{\Phi}_B$ 穿过短路环进入气隙。当 $\dot{\Phi}_B$ 在短路环中脉振时,短路环中就会产生感应电动势,短路环电流 $\dot{I}_k$ 产生磁通 $\dot{\Phi}_k$,因而穿过罩极部分的磁通 $\dot{\Phi}'_B$ 为 $\dot{\Phi}_B$ 和 $\dot{\Phi}_k$ 所合成,即 $\dot{\Phi}'_B = \dot{\Phi}_B + \dot{\Phi}_k$,如图 3-46 所示。这样,磁通 $\dot{\Phi}_A$ 与 $\dot{\Phi}_B$ 不仅在空间的位置不同,而且在时间上也有一定的相位差,$\dot{\Phi}_A$ 超前于 $\dot{\Phi}'_B$,看起来就像磁场从没有短路环的部分向着有短路环的部分连续移动,这样的磁场叫做移行磁场。移行磁场与旋转磁场的作用相似,能够使转子产生起动转矩。罩极电动机总是由磁极没有短路环的部分向着有短路环的部分旋转,没有短路环部分的磁通比有短路环部分的磁通领先。

这种罩极式电机的起动转矩小、效率较低,但它结构简单、工作可靠、维护方便、价格低廉,故多用于小型电风扇等日用电器中。

第九节 控制电机

控制电机在自动控制系统中是必不可少的，广泛应用于雷达的自动定位、飞机的自动驾驶以及各种控制装置的自动记录、检测等。控制电机的主要任务是转换和传递控制信号，能量的转换是次要的。

控制电机的类型很多，本节只讨论常用的伺服电机、步进电机和自整角机。

一、伺服电机

在自动控制系统中，伺服电机用来驱动控制对象，它的转矩和转速受信号电压控制。当信号电压的大小和极性（或相位）发生变化时，电动机的转速和转动方向将非常灵敏和准确的跟着变化。伺服电机有直流和交流两种。

1. 直流伺服电机

1）结构特点

直流伺服电机的基本结构与普通直流电动机相同。由于伺服电机要求惯量小、换向性能好，其电枢结构通常采用不带铁芯的盘形和杯形结构。

盘形电枢的直流伺服电机如图 3-47 所示，利用印刷电路来构成电枢绕组。磁极为永磁体端面磁极，分布在机壳兼端盖内的一侧或两侧，形成轴向磁场。电枢上面的径向载流导体在磁场作用下产生转矩。由于电刷直接与印刷绕组接触，无需另加换向器。

杯形电枢的直流伺服电机如图 3-48 所示，电枢绕组采用特殊工艺制成空心杯圆筒形电枢，一端用非磁性材料支架固定在转轴上形成转子。定子有内、外定子，内定子上有永久磁极与外定子形成磁回路。

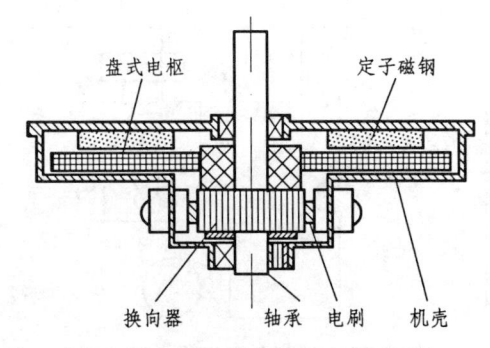

图 3-47　盘形电枢直流伺服电动机 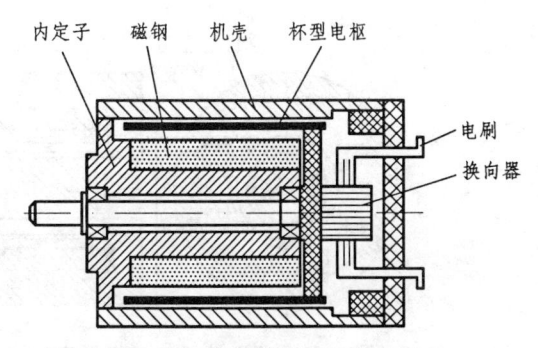　　图 3-48　空心杯电枢直流伺服电动机

2）原理特性

直流伺服电机的工作原理与普通直流电动机相同。它的控制电压通常加在电枢两端，称为电枢控制。如图 3-49 所示，U 为控制电压，由于永久磁极励磁，可以认为磁通 Φ 不变。

直流伺服电机的磁路一般不饱和，电枢反应很小，根据直流电机的机械特性有

$$n = \frac{U}{C_e\Phi} - \frac{R_a}{C_e C_T \Phi^2} T_{em}$$

当控制电压 U 一定时，上式表示为直流伺服电机的机械特性 $n = f(T_{em})$。改变 U 可得一簇平行的直线，如图 3-50 所示。

若电磁转矩 T_{em} 一定时，上式也可表示为直流伺服电机的控制特性 $n = f(U)$。这也是一簇直线，如图 3-51 所示。从图中可见，一定负载，就有一对应的始动电压。例如转矩为 T_{em1}，那么当 $U<U_{s1}$ 时，电机将不能运转，因此存在失灵区。负载转矩越大，始动电压和失灵区就越大。另外，电刷和换向器之间的接触压降，也是造成失灵区的一个因素。

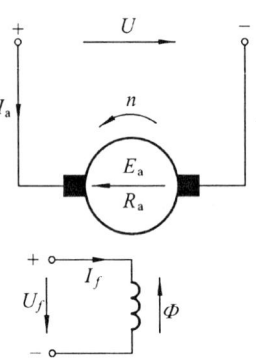

图 3-49 直流伺服电机电路图

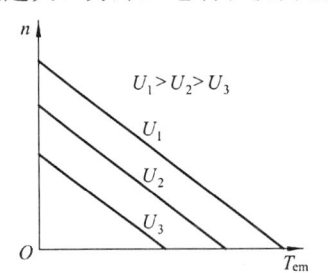

图 3-50 直流伺服电机机械特性

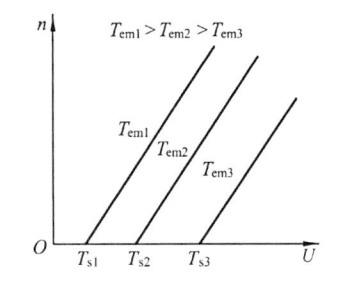

图 3-51 直流伺服电机控制特性

2. 交流伺服电机

交流伺服电机是一种两相异步电动机，与直流伺服电动机相同，在自动控制系统中广泛用作执行元件。其输入信号是交流电压，输出信号是电动机轴上的转速或角位移，用输入电压信号控制输出的机械运动。

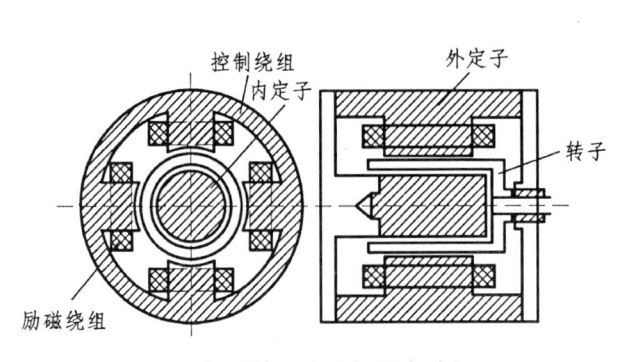

图 3-52 杯型转子交流伺服电动机

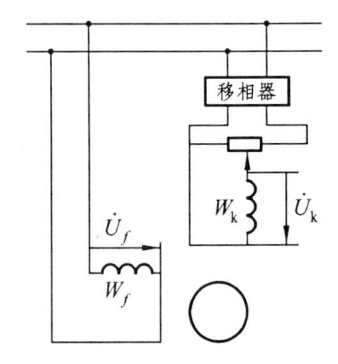

图 3-53 交流伺服电动机原理电路

交流伺服电动机的结构和电路如图 3-52 和图 3-53 所示,其定子上装有两个绕组,一个是励磁绕组,另一个是控制绕组,它们在空间相隔 90°。伺服电动机的转子转速将由控制电压的大小和相位来控制。

交流伺服电动机的转子主要有笼型和空心杯型两种。笼型转子和三相笼型电动机的转子结构相似,只是为了减小转动惯量而做得细长一些。笼型结构电动机的体积小、机械强度好、励磁电流较小,所以采用较多。空心杯型转子的杯体通常采用铜或铝合金制成,杯壁很薄一般为 0.2~0.8 mm。空心圆柱形杯壁可看成由许多根导条紧密排列而成,故与笼型转子的导条起同样的作用,在旋转磁场的作用下感应电动势并有电流,从而产生电磁转矩。空心杯型转子转动惯量小、又无齿槽,故运行平稳、噪音小;其缺点是电机气隙大,消耗励磁电流大,同时加工困难,制造成本高。

交流伺服电动机的控制方式有幅值控制、相位控制和幅相控制三种。幅值控制是指控制电压与励磁电压的相位差保持 90°不变,而以控制电压的幅值大小作为控制量。相位控制则是保持控制电压的幅值不变,而调节控制电压的相位作为控制量。同时调节控制电压的幅值和相位即为幅相控制。总的来说,在不同的控制电压条件下,产生不同椭圆度的旋转磁场,从而使转子带动负载具有不同的工作转速。

为了避免当控制信号消失时,伺服电机出现"自转"现象,就需从设计上特殊考虑使转子电阻足够大,比如转子导条或杯子采用电阻率较高的铜或铝合金做成,这对减小系统误差是有利的。

交流伺服电动机与直流伺服电动机各有优缺点,其特点比较见表 3-3。

表 3-3 交流伺服电动机与直流伺服电动机比较

种 类	优 点	缺 点
交流伺服电动机	1. 转子惯量小,响应快,始动电压低,灵敏度高。 2. 结构简单,维护方便,成本低。 3. 机械强度高,可靠性高。 4. 寿命长。 5. 不会产生无限电波干扰。 6. 适合于小功率随动系统。 7. 使用交流伺服放大器无"零点漂移"现象,结构简单,体积小	1. 机械特性线性度差。 2. 单位体积输出功率小。 3. 可能会出现"自转"。 4. 不适合于大功率随动系统
直流伺服电动机	1. 机械特性线性度好。 2. 单位体积输出功率大。 3. 无"自转"现象。 4. 适合于小功率随动系统	1. 始动电压高,灵敏度低。 2. 结构复杂,维护麻烦,成本高。 3. 机械强度低,可靠性差。 4. 寿命短。 5. 会产生无限电波干扰。 6. 使用直流伺服放大器有"零点漂移"现象,结构复杂,体积大

二、步进电机

步进电机是由脉冲控制运行的特殊同步电动机。对应每一个供电脉冲，都产生一个恒定量的步进线位移或角位移。也就是说，电机运动的步数与脉冲数相等，或者一定频率连续脉冲供电时可以得到恒定的转速。因此，步进电机可以实现信号转换，是自动控制系统和数字控制系统中广泛应用的执行元件。典型的步进电机系统如图 3-54 所示。

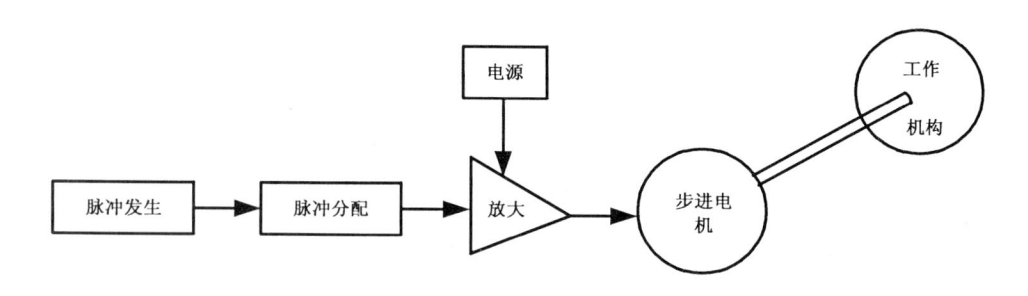

图 3-54 步进电机系统

步进电机种类较多，其中反应式、永磁式及永磁感应式应用较广。本节主要以三相反应式步进电机为例简要介绍步进电机的结构原理。

1. 基本结构

三相反应式步进电机的基本结构如图 3-55 所示。它的定子具有均匀分布的 6 个磁极，磁极上有绕组。两个相对的磁极构成一相，转子为无磁性的齿槽结构。

2. 基本原理

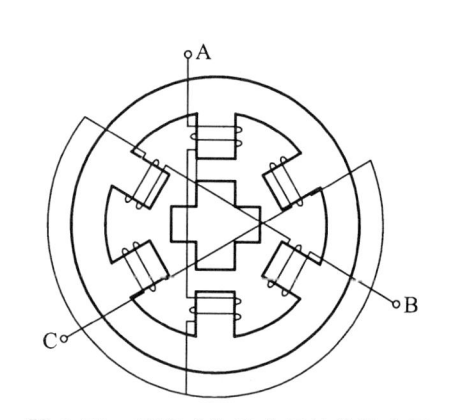

图 3-55 反应式步进电机结构示意图

步进电机的供电方式将会决定电机的工作方式。下面简要介绍单三拍、六拍及双三拍工作方式的基本原理。

单三拍方式下电机的 A、B、C 三相分别依次通电，电机将以一定的方向按照每步 30° 的角速度旋转。如图 3-56 所示，假设 A 相首先通电（B、C 相断电），于是产生 A-X 轴线方向的磁通，并通过转子形成闭合磁路。在磁场作用下，转子总是力图转到磁阻最小的位置，即图 3-56（a）A-X 中轴线位置。接着 B 相通电（A、C 相断电），在磁场作用下转子将顺时针转过 30°，与 B-Y 轴线重合。随后 C 相通电（A、B 相断电），转子又将顺时针转过 30°，与 C-Z 轴线重合。依次下去，转子将会以步距角 30°的角速度旋转。另外，转子的转向与定子绕组供电的相序有关，改变相序即可改变转子转向。

第三章 航空电机

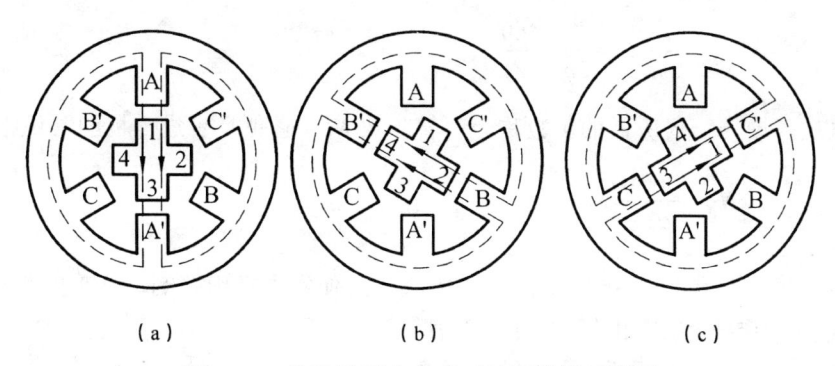

（a） （b） （c）

图 3-56 单三拍通电方式时转子位置示意图

六拍方式就是三相绕组按照 A→AB→B→BC→C→CA→A…顺序通电，于是步进电机将按照 15°的步距角步进，如图 3-57 所示。

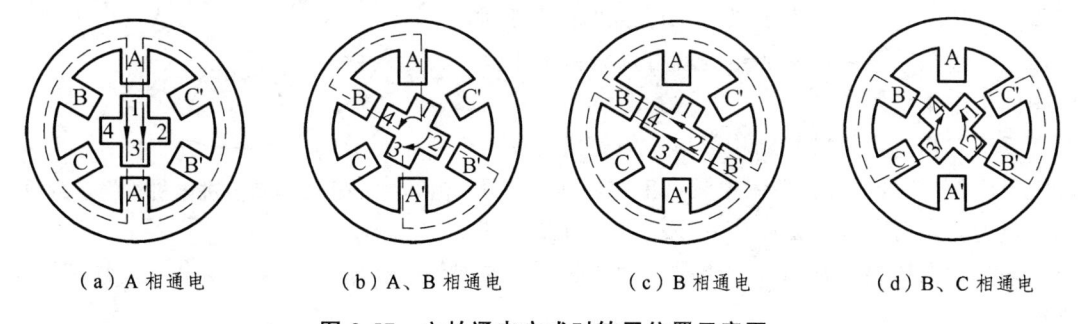

（a）A 相通电　（b）A、B 相通电　（c）B 相通电　（d）B、C 相通电

图 3-57 六拍通电方式时转子位置示意图

双三拍方式就是三相绕组每次都有两相通电，及按照 AB→BC→CA→AB…顺序通电，步距角为 30°，如图 3-57（b）、（d）所示。

3. 步距角 α_p 与齿距角 α_r

步距角 α_p 与齿距角 α_r 是步进电机的常用指标。齿距角 α_r 为转子齿间的夹角，定子绕组顺序轮流通电一周，转子将转过一个齿距角。它可表示为

$$\alpha_r = \frac{360°}{Z_r}$$

式中，Z_r 为转子齿数。

步距角每一个通电脉冲步进电机转动的角度，它跟定子绕组的相数和通电方式有关。一般情况下，具有 m 相定子绕组的步进电机有 m 拍和 $2m$ 拍两种工作方式。

在 m 拍工作方式下，步距角可由下式得

$$\alpha_p = \frac{1}{m}\alpha_r = \frac{1}{m} \cdot \frac{360°}{Z_r}$$

在 $2m$ 拍工作方式下，步距角可由下式得

$$\alpha_p = \frac{1}{2m}\alpha_r = \frac{1}{2m}\cdot\frac{360°}{Z_r}$$

步进电机每旋转一周所需的步数称为每转步数 N_p，它也是步进电机的常用指标。即

$$N_p = \frac{360°}{\alpha_p}$$

大多数情况下希望步进电机的 α_p 小、N_p 大，以便实现精确控制。常见的步距角有 3°、1.5°等。虽然增加定子绕组相数和转子齿数都能减小 α_p、增大 N_p。但是从使用看，相数不宜过多，常用的相数为三、四、五、六等几种。因此，增加转子齿数是设计小步距角步进电机的有效途径，如图 3-58 所示。由图可见，转子齿数增加后，为避免定子相数增加，将定子改为齿极，即每极上也开有同样齿距的齿槽。采用这样的结构就可以获得更小步距角的步进电机。

反应式步进电机转子结构简单，但是仅靠反应转矩工作，转矩小，而且当无电流供电时转子无"自锁"能力。永磁式和永磁感应式步进电机就是在转子上增加永久磁极，从而加大电磁转矩，且无信号时转子在永久磁极的作用下具有"自锁"功能。

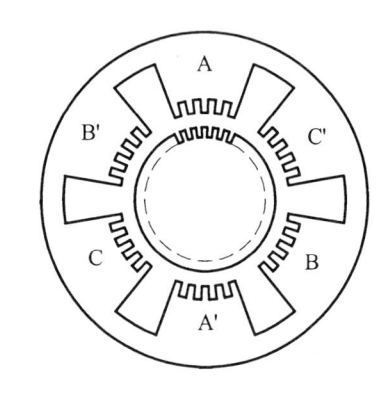

图 3-58 小步距角步进电机结构示意图

三、自整角机

自整角机是一种感应式的交流控制电机。在自动控制系统中通常是两个或两个以上组合使用。其功用是将转子的角信号变换为电信号，或将电信号变换为转子的转角信号，实现角度信号的变换、发送、传输和接收。自整角机按照功能和使用要求不同分为力矩式自整角机和控制式自整角机两大类。在航空上自整角机广泛应用于远距离指示装置和伺服系统中，如舵机的远距离指示、雷达搜索的显示，火炮的自动瞄准以及飞机的导航等。

自整角机的结构与一般小型的同步电机类似。接触式自整角机的结构和电路分别如图 3-59 和 3-60 所示。在定子上放置三相星形连接绕组，称为整步绕组；转子为凸极式或隐极式，放置单相绕组，按功用有时称为励磁绕组，有时称为输出绕组。转子绕组通过滑环和电刷与电路相接，故称接触式。用作力矩式自整角机的转子上有时还嵌放阻尼绕组，以改善动态特性，提高性能指标。用作自整角变压器的转子多采用隐极式和单相分布的输出绕组，以获得均匀的气隙磁阻并提高精度。接触式自整角机的结构比较简单，性能较好，使用比较广泛。在航空上也使用无接触式自整角机，常见的有外磁路式和环形变压器式。

图 3-59 接触式自整角机结构图

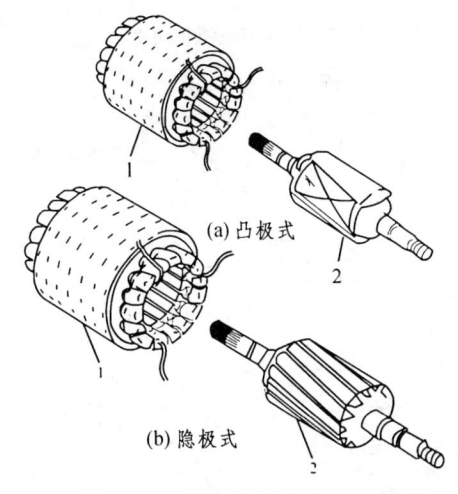

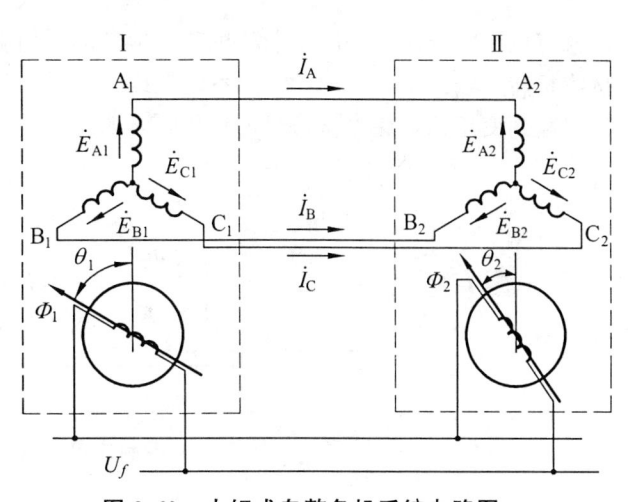

图 3-60 力矩式自整角机系统电路图

1. 力矩式自整角机

直接利用自整角机本身产生的电磁转矩实现同步角位移的系统为力矩式自整角机系统。其特点是将机械角度变换为力矩输出，但无力矩放大作用，接收误差稍大，负载能力较差，常用于一些精度要求不高，只需驱动指针、刻度盘等轻载场合。

力矩式自整角机系统如图 3-60 所示，虚框 I 为发送机，虚框 II 为接收机。通常发送机和接收机的结构和各项数据全部相同，各整步绕组对应连接；单相励磁绕组对应接同一正弦交流电源。设励磁绕组轴线与 A 相整步绕组轴线的夹角分别为 θ_1 和 θ_2。当 θ_1 不等于 θ_2 时称为失调状态，则定义失调角 θ 为

$$\theta = \theta_1 - \theta_2$$

由于两机的励磁绕组接同一交流电源，故建立同相位的脉振磁场 Φ_1 和 Φ_2。于是在各自整步绕组中感应出同相位的电动势，以 A 相为例，分别感应出电动势 $\dot{E}_{A1}$ 和 $\dot{E}_{A2}$。当失调角 θ 为零时，两机各对应的整步绕组电动势的大小和相位都对应相同，各相电动势处于平衡，整个系统处于协调状态，不产生电磁转矩。

当失调角 θ 不为零时，两机各对应相整步绕组的电动势不平衡，从而在各相整步绕组间形成整步电流 $\dot{I}_A$、$\dot{I}_B$ 和 $\dot{I}_C$，系统中产生电磁转矩。在该转矩的作用下，失调角 θ 减小，使得系统趋于协调同步，故该转矩也称为整步转矩。系统中，发送机是机械信号给定装置，当其转子偏转一个角度时，接收机在整步转矩的作用下带动转子旋转相应的角度，以实现同步角度传递。

2. 控制式自整角机

在精度要求高和负载转矩大的同步角位移系统中，多采用控制式自整角系统，其原理电路如图 3-61 所示。与力矩式系统不同的是，其接收机励磁绕组从电源处断开，成为输出电压信号的输出绕组，与放大器相连，然后控制两相伺服电动机。只要系统有失调角，输出绕

组就有电压信号输出,伺服电动机就相应转动。伺服电动机在驱动机械负载转动时,也带动接收机转子输出绕组转动,因此系统最终必处于协调状态。由于控制式自整角系统中接收机仅仅起到变压器传递电压信号的作用,故常称之为自整角变压器。

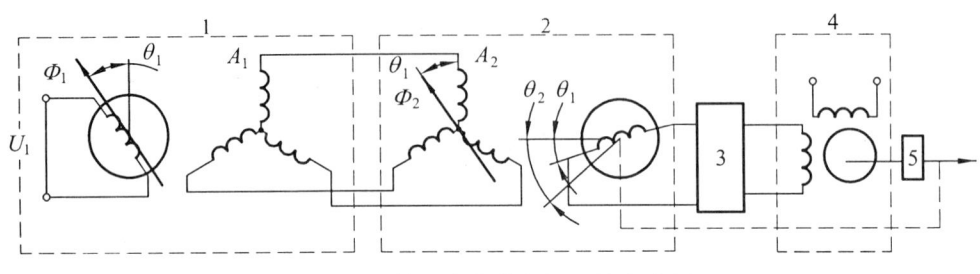

图 3-61 控制式自整角机系统电路图

第十节 变 压 器

变压器(Transformer)是根据电磁感应原理制成的一种静止的电能转换设备,具有变换电压、变换电流和变换阻抗的作用。

变压器按相数分,有单相、三相或多相变压器;根据作用分,有升压变压器、降压变压器、接地变压器;按用途分,有用于电力系统的电力变压器、调节电压用的自耦变压器、测量用的仪用互感器、电加工用的电焊变压器;根据绕组数量分,有自耦变压器、两绕组变压器、三绕组变压器;根据冷却方式分,有自冷干式变压器、风冷干式变压器、自冷油浸式变压器、风冷油浸式变压器、水冷油浸式变压器等各种名称的变压器,以及一些有专门用途的特种变压器。电力变压器是输电和配电系统中不可缺少的重要设备。

一、变压器的结构与工作原理

1. 变压器的结构

尽管变压器的种类很多,而且用途、电压等级和容量又各不相同,但其基本结构是相同的。变压器主要是由两个或两个以上绕组(线圈)绕在一个公共铁芯柱上,铁芯和绕组组合成变压器的主体。变压器基本上是由两部分组成,一是电路部分,即一次绕组和二次绕组;二是磁路部分,由硅钢片叠成的铁芯柱。此外还有油箱、绝缘套管、油位计、温度计和储油柜等,其结构如图 3-62 所示。

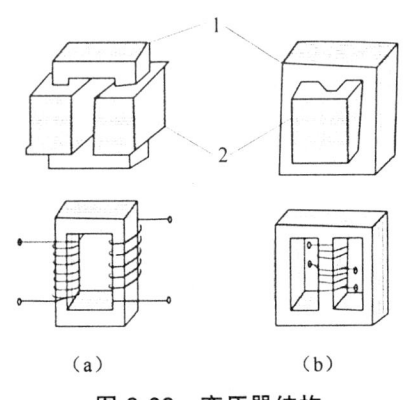

图 3-62 变压器结构

图 3-62（a）是芯式变压器，绕组装在铁芯的两个铁芯柱上。单相变压器的结构比较简单，有较大的绝缘空间，用于功率大、电压高的变压器，以减少用铁量，电力变压器大部分采用芯式变压器；图 3-62（b）是壳式变压器，铁芯包围着绕组的上下和两侧，这种变压器机械强度较好，铁芯散热条件好，但工艺复杂，用钢量大，用于功率较小的干式变压器。

1）变压器铁芯

变压器铁芯的作用是构成磁路，支撑绕组。铁芯是由垂直的铁芯柱和水平的铁轭两部分组成。为减小涡流损耗，铁芯用 0.35 mm 厚的硅钢片交错叠装而成，硅钢片表面涂有绝缘漆并经氧化处理形成绝缘层。

2）变压器的绕组（线圈）

变压器的绕组（线圈）是变压器的电路部分，它的作用是构成交流电的通路，通以励磁电流建立磁场。小功率的单相变压器的绕组多用高强度漆包线绕制；大功率的三相变压器的绕组可用扁铜线或铝线绕制。绕组的形状多为圆筒形。低压绕组靠近铁芯，高压绕组同心地套在低压绕组的外面。

变压器接电源一边的绕组，称为一次绕组；接负载一边的绕组称为二次绕组。变压器的铁芯、一次绕组和二次绕组之间是彼此绝缘的。

2. 工作原理

如图 3-63 所示，变压器的一次绕组与交流电源接通后，经绕组流过交变电流，铁芯中便有交变磁通，即一次绕组从电源吸取电能转变为磁能，在铁芯中同时交（换）链一次、二次绕组，由于电磁感应作用，分别在一次、二次绕组上产生频率相同的感应电动势，根据电磁感应定律，绕组的感应电动势正比于它的匝数。如果此时二次绕组接通负载，在二次绕组感应电动势作用下，便有电流输出给负载，铁芯中的磁能又转换为电能。这就是变压器利用电磁感应原理将电源的电能传递到负载中的工作原理。

（a）变压器结构示意图　　（b）变压器的电路符号

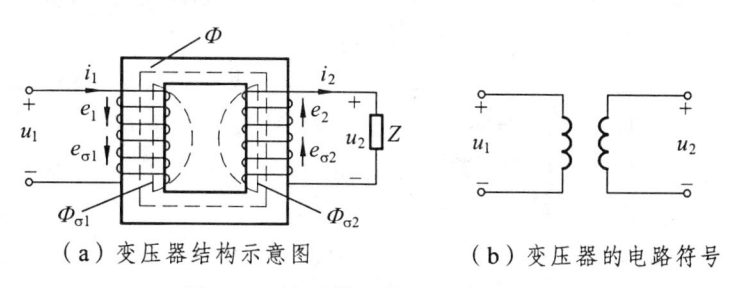

图 3-63　变压器工作原理与符号

1）变压器的空载运行与电压变换

变压器一次绕组接交流电源、二次绕组未接负载的工作状态，称为空载运行状态。变压器空载运行时，其二次绕组开路，$I_2 = 0$，此时一次绕组中的电流称为空载电流或励磁电流。由于 $I_2 = 0$，二次绕组对一次绕组的工作状态没有任何影响，因此空载运行的变压器与交流铁芯绕组电路的基本关系相同。变压器在传递电能的过程中，铁芯的交变磁通，在一次、二次绕组中的每一匝线圈中都产生相同的感应电动势，感应电动势的有效值为次绕

组 $E_1 = 4.44 fN_1\Phi_m$。如果忽略较小的一次阻抗压降,主磁通不仅穿过一次绕组,同时也穿过二次绕组,并产生感应电动势。所以空载运行时有

$$\frac{E_1}{E_2} = \frac{N_1}{N_2}$$

式中,E_1 ── 一次绕组产生的感应电动势(kV);

E_2 ── 二次绕组产生的感应电动势(kV);

N_1 ── 一次绕组匝数;

N_2 ── 二次绕组匝数。

变压器空载时,一次绕组电阻及电抗的电压降甚小,故略而不计,二次绕组端电压与感应电动势相等,即

$$\frac{U_1}{U_2} = \frac{N_1}{N_2} = K$$

式中,U_1 ── 一次绕组端电压(kV);

U_2 ── 二次绕组端电压(kV);

K ── 变压器的电压比。

变压器的电压比近似等于一次、二次绕组的匝数之比。因此,只要适当改变变压器一次、二次绕组的匝数,就可达到改变电压的目的。可见变压器具有变换电压的功能。

电压比 $K > 1$ 时为降压变压器;$K < 1$ 时,为升压变压器。

2)变压器的负载运行与电流变换

变压器一次绕组加上电源电压 U_1;二次绕组接上负载 Z_L 的工作状态称为变压器的负载运行状态,如图 3-48 所示。

变压器在负载运行状态下,由于二次线圈电动势 E_2 的作用,二次绕组中就有电流 I_2 通过,二次绕组的磁动势 I_2N_2 产生磁通,其中大部分通过铁芯而闭合(Φ_{S1} 和 Φ_{S2} 分别是一次、二次绕组的漏磁通)。此时,铁芯中的主磁通 Φ_M 是一个由一次、二次绕组的磁动势共同产生的合成磁通。在电源电压 U_1 和频率 f 不变的情况下,铁芯中主磁通的幅值在变压器空载或有负载时是差不多恒定的。因此,有负载时产生主磁通的一次、二次绕组的合成磁动势应该和空载时产生主磁通的一次绕组的磁动势差不多相等,由于铁芯的磁导率高,励磁电流是很小的,有

$$I_1 N_1 = -I_2 N_2$$

式中,I_1 ── 一次绕组的电流(A);

I_2 ── 二次绕组的电流(A);

N_1 ── 一次绕组匝数;

N_2 ── 二次绕组匝数。

上式表明:

(1)一次、二次绕组的磁动势在相位上近似反相,即二次绕组的磁动势对一次绕组的磁动势有去磁作用。变压器由空载到负载运行时它的一次电流增大,以抵偿二次绕组磁动势对

一次绕组磁动势的去磁作用，从而维持主磁通恒定不变。

（2）一次、二次绕组的电流关系为

$$\frac{I_1}{I_2} = \frac{N_2}{N_1} = \frac{1}{K}$$

即一次、二次绕组中电流之比等于其电压比 K 的倒数，这就是变压器变换电流的功能。运行中的变压器，其一次、二次电流是由负载大小决定的，不过它们变化的比率是差不多不变的，所以当负载增加时，I_2 随之增大，而 I_1 也必须相应增大。

3）变压器的阻抗变换

把阻抗为 Z_L 的负载接到变压器的二次绕组时，如图 3-64（a）所示；对电源来讲，其输入端子的右侧部分可以等效成一个二端网络，如图 3-64（b）所示，它的等效阻抗则为

$$|Z_L'| = K^2 |Z_L|$$

式中，Z_L'——负载阻抗 Z_L 折算到一次侧的等效阻抗，它等于实际负载阻抗的 K^2 倍。

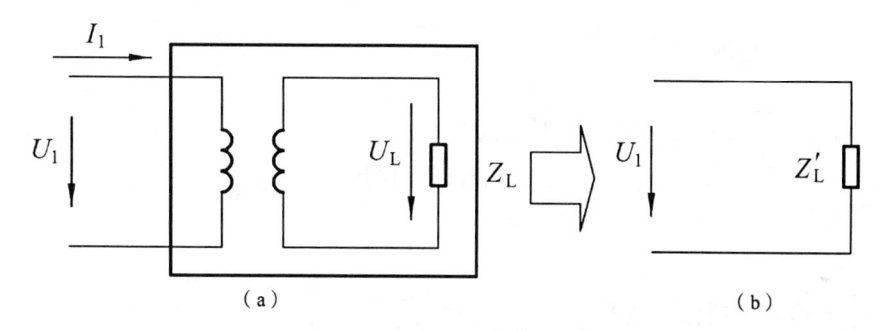

图 3-64 变压器的阻抗变换

实际的负载阻抗并没有改变，而是通过变压器改变了从一次侧看进去的等效阻抗，这就是变压器的阻抗变换功能。

由于变压器具有变换电压、变换电流和变换阻抗的三种功能，因而它在电力工程和电子技术中得到广泛应用。

二、变压器的运行特性

1. 变压器的外特性

对用电设备来说，变压器就是（相当于）电源；对变压器来说，用电设备就是负载。变压器一次、二次绕组既有电阻又有电抗，当有电流通过时，必然产生电压降，从而使二次电压随负载的增减而变化。当变压器电源电压 U_1 和负载功率因数 $\cos\varphi$ 不变时，I_2 变化引起的输出端电压 U_2 的变化的特性曲线 $U_2 = f(I_2)$，称为变压器的外特性，如图 3-65 所示。

从图 3-65 中可以看出，当 $I_2 = 0$ 时，二次电压 $U_2 = U_{2N}$，变压器二次绕组空载电压 $U_{20} = U_{2N}$，U_{2N} 称为二次绕组的额定电压。

当负载为电阻时，$\cos\varphi$ 减小；当负载为感性时，$\cos\varphi$ 也减小；当负载为容性时，$\cos\varphi$ 增大，变压器二次输出电压将增大，其原因是无功电流超前，对变压器磁路中的主磁通的助磁作用较强，而使变压器二次绕组的感应电动势 E_2 增加。

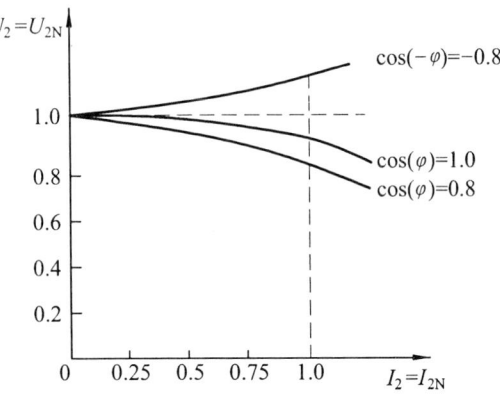

图 3-65 变压器外特性曲线

2. 变压器的电压调整率

一般情况下，外特性曲线近似一条略向下倾斜的直线，且倾斜的程度与负载电流 (I_2/I_{2N}) 成比例，二次电压变化的数值与空载电压的比值称为电压调整率，即

$$\Delta U\% = \frac{U_{20} - U_2}{U_{20}} \times 100\%$$

式中，U_{20}——变压器的二次空载电压（kV）；

U_2——变压器的二次输出额定电流时的端电压（kV）。

电力变压器的电压调整率一般约为 2%~3%。

3. 变压器的损耗和效率

变压器运转时是有损耗的，损耗主要来源于铜损耗和铁损耗两部分。

（1）铜损耗 P_{Cu}——铜损耗是指变压器在负载运行时，一次、二次绕组电流（I_1、I_2）在各自绕组的电阻（R_1、R_2）上所消耗的有功功率，即

$$P_{cu} = I_1 R_1 + I_2 R_2$$

（2）铁损耗 P_{Fe}——铁损耗是由磁滞损耗及涡流损耗两部分构成的。

① 磁滞损耗——变压器铁芯中的磁通是交变的，在交变励磁的情况下，磁通的变化滞后于电流的变化，这种现象称为磁滞现象。磁滞现象的存在造成铁芯发热，即有能量损耗，该能量由电源供给，这种损耗称为磁滞损耗，用 P_h 表示。

② 涡流损耗——涡流损耗为铁芯内部，交变磁通产生的感应电动势引起的电流，这种电流在铁芯内形成环流，称为涡流。涡流使铁芯发热而消耗的能量，称为涡流损耗，用 P_e 表示。

综上所述，则变压器的铁损耗为

$$P_{Fe} = P_h + P_e$$

（3）变压器的效率。

变压器在运行时，其输入的有功功率 P_1 为输出有功功率 P_2 与铜损耗 P_{Cu} 和铁损耗 P_{Fe}

之和，即

$$P_1 = P_2 + P_{Cu} + P_{Fe}$$

变压器输出有功功率与输入有功功率的比值称为变压器效率，即

$$\eta = \frac{P_2}{P_1} \times 100\% = \frac{P_2}{P_2 + P_{Cu} + P_{Fe}} \times 100\%$$

当电源电压 U_1 及其频率 f 不变时，变压器的铁损耗 P_{Fe} 为常数，它与负载的大小无关，所以铁损耗又称不变损耗。而铜损耗 P_{Cu} 与负载的大小有关（与负载电流的二次方成正比），所以铜损耗又称可变损耗。变压器的损耗很小，所以效率很高，通常在95%以上。在一般变压器中，当负载为额定负载的 50%～58% 时，效率达到最大值。

三、特殊变压器

1. 自耦变压器

自耦变压器是实验室和车间常用的一种交流调压设备，分可调和固定抽头两种形式。图 3-66 所示是可调式自耦变压器的外形和原理电路。从图中看出，这种变压器只有一个绕组，二次绕组 N_2 是一次绕组 N_1 的一部分。因此它的工作特点是一次、二次绕组不仅有磁的联系，而且有电的联系（也称联通）。

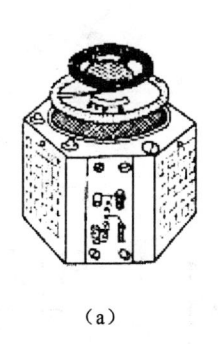

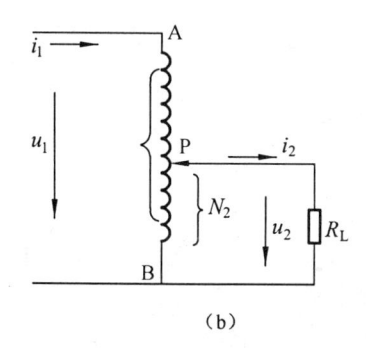

(a)　　　　　　　　(b)

图 3-66　自耦变压器外形和原理电路

自耦变压器的工作原理与双绕组变压器相同，原理电路如图 3-66（b）所示，接触臂 P 可借助手柄操纵自由滑动，从而可以平滑地调节二次电压，所以这种变压器又称自耦调压器。

自耦变压器中电压和电流之间的关系与普通变压器相同，而且在使用时它不仅可以降压，还可以升压。在使用自耦变压器时，要把一次、二次绕组的公共端接零。

2. 电流互感器

电流互感器也是根据变压器的原理制成的，主要用来扩大测量交流电流的量程，同时可

以使测量仪表与高压电路隔开，以保证人身及设备的安全。电流互感器的接线图如图 3-67 所示。原绕组的匝数很少（只有一匝或几匝），它串联在被测电路中；副绕组的匝数较多，它与电流表相连接。在使用电流互感器时，副绕组电路不允许断开。为了安全起见，电流互感器的铁芯及副绕组的一端应该接地。

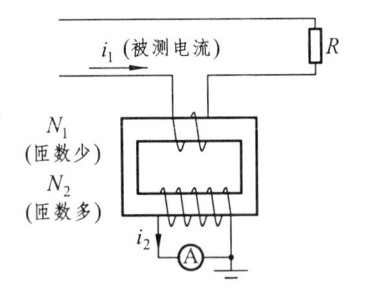

图 3-67　电流互感器原理

3. 电焊变压器

电焊变压器是为焊接金属工件而设计的特殊变压器。为了适应焊接工艺需要，电焊变压器必须满足如下基本要求：空载时应有足够的电弧引燃电压（一般为 55~80 V），以便引燃电弧；电弧产生后，电压应迅速下降，在额定焊接电流时，电压为 30~40 V；在短路时（焊条与工件接触），短路电流不能超过额定电流的 1.5 倍；具有良好的调节特性，能在大范围内调节焊接电流的大小，以适应不同规格的焊条和不同焊接工艺要求。

为满足上述要求，电焊变压器必须具有陡降的外特性，如图 3-68 所示。为获得陡降外特性和保证电弧稳定燃烧，电焊变压器内应具有较大的电抗。

串联电抗器式电焊变压器如图 3-69 所示，一台普通单相变压器在二次绕组上串联一个电抗器便构成了串联电抗器式电焊变压器。电抗器的绕组与变压器的二次绕组串联，通过手轮可使其铁芯移动，以改变电抗器磁路中空气隙的大小，从而改变电抗器的电抗值。

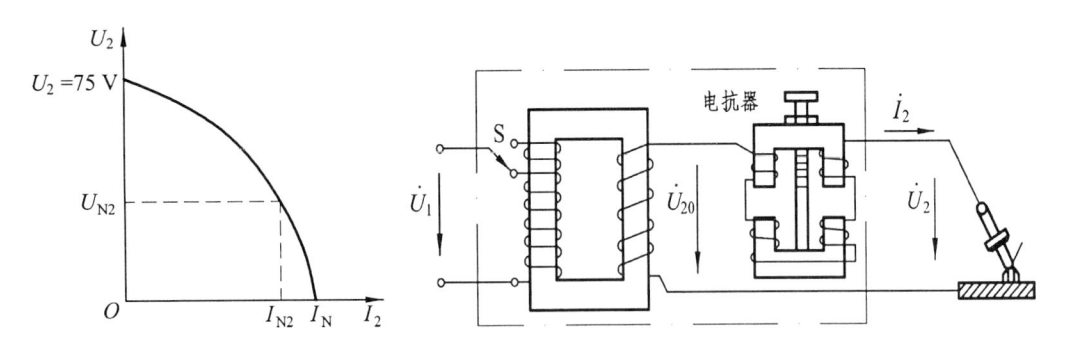

图 3-68　电焊变压器外特性曲线　　图 3-69　电焊变压器原理图

焊接时，变压器二次统组的一端通过焊钳接到焊条上，另一端经过电抗器接到工件上。

空载时，由于焊接电流 $I_2 = 0$，电抗器上没有压降，所以引燃电压等于变压器二次绕组开路电压。当引燃后，I_2 不为零，电抗器产生很大的电抗压降，焊接电压可保持在 30~40 V。当焊条接触工件（短路）时，由于电抗器的作用，可使短路电流限制在 I_{N2} 的 1.5 倍以内。

当由于工件情况和选用焊条规格需要调节焊接电流时，可以通过手轮转动螺杆，使电抗器铁芯移动，从而改变空气隙；气隙越大，电抗器的电抗越小，焊接电流增大。

复习思考题

1. 航空电机是如何分类的？与普通电机相比有何特点？
2. 直流发电机主要由哪几部分组成？各组成部分的功用是什么？
3. 简述直流发电机的工作原理。
4. 什么是直流电机的电枢反应？交轴电枢反应对主磁场有哪些影响？直轴电枢反应是如何产生的？
5. 什么是换向？改善换向的措施有哪些？
6. 说明直流电机的电动势和转矩的表达形式。
7. 说明并励和串励直流电动机的机械特性的特点。
8. 三相交流的旋转磁场是如何产生的，说明旋转磁场的转速与频率之间的关系。
9. 什么是转差率？当异步电动机工作在不同状态时，转差率是如何变化的。
10. 单相异步电动机在工作上有何特点？
11. 常见的控制电机有哪些？在工作上各有什么特点？
12. 简述步进电机的工作原理。
13. 变压器的作用是什么？简述变压器的工作原理。

第四章 飞机蓄电池

蓄电池（Storage Battery）是一种化学电源，是化学能与电能相互转换的装置：充电时，它把电能转为化学能贮存起来；放电时，它又把化学能转为电能向飞机用电设备供电。航空蓄电池有飞机蓄电池和地面蓄电池两种。飞机蓄电池是飞机上的应急电源和辅助电源，其在飞机发电机不能供电时向维持飞行所必需的飞行关键设备供电；必要时也可作为起动飞机发动机的起动电源。飞机蓄电池按电解质的性质不同，又分为酸性蓄电池和碱性蓄电池两类。常用的酸性蓄电池为铅蓄电池，其电解质是硫酸；常用的碱性蓄电池有镉镍蓄电池和锌银蓄电池，其电解质是氢氧化钾。在航空界，电瓶是蓄电池的通俗叫法，在本书中使用蓄电池这种标准称谓。

第一节 飞机铅酸蓄电池

铅蓄电池也称为铅酸蓄电池（Lead-Acid Battery），在螺旋桨飞机中广泛使用，这是因为铅的资源丰富、价格低，工艺成熟、适用范围广、具有良好的可逆性，维护使用简单，在含水电池中只有它的单体电池电压超过了 2 V。在飞机上，富液式铅蓄电池和阀控密封电池都有应用，富液式铅蓄电池的内部有流动的电解液，在使用过程需要加水甚至补酸，充放电时析出的酸雾会造成污染和腐蚀。阀控式铅酸蓄电池的英文名称为 Valve Regulated Lead-Acid Battery（简称 VRLA 电池），其基本特点是使用期间不用加酸加水维护，电池为密封结构，不会漏酸也不会排酸雾，电池盖子上设有单向排气阀（也叫安全阀），该阀的作用是当电池内部气压升高到一定值时，排气阀自动打开，排出气体，然后自动关闭，防止水分蒸发。阀控式铅酸蓄电池内没有流动的电解液，即使外壳破裂，电池也能正常工作。本书在介绍铅蓄电池特性时主要以富液蓄电池为例。

一、铅蓄电池的基本工作原理

铅蓄电池的正极板为二氧化铅板（PbO_2），负极板为海绵状铅（Pb），正负极板间隔板为木质或其他能通过离子的物质构成，极板放于装有稀硫酸的容器中。把正负极板浸入稀硫酸（$PbSO_4+H_2O$）中，就组成一个单体蓄电池，由于化学作用，两板之间会有电位差（即电动势）产生。实际测量说明：二氧化铅板的电位高，称为正极板；铅板的电位低，称为负极板。正、负极板之间的电位差约为 2.1 V。

放电时，把蓄电池的正、负极通过负载连接起来，在电动势的作用下，电路中就会有电流流过，如图 4-1 所示。在外电路中，电子流不断地从负极流向正极；在电解液中，则有正、负离子分别流向负、正电极，构成了离子电流。由于电流的流通，在正负极板上引起一定的化学反应：正负极板上的活性物质（二氧化铅和铅）都要转化为硫酸铅，而电解液中的硫酸则要转化生成水，硫酸的浓度不断降低。

充电时，充电电源的正极要与蓄电池正极相接，负极要和负极相接，而且，电源电压要大于蓄电池的电动势。此时，电流的方向和放电时相反，如图 4-2 所示。结果，在正负极板上引起的化学反应正好和放电时相反，硫酸铅和水转变为硫酸和氧化铅，硫酸浓度不断升高。

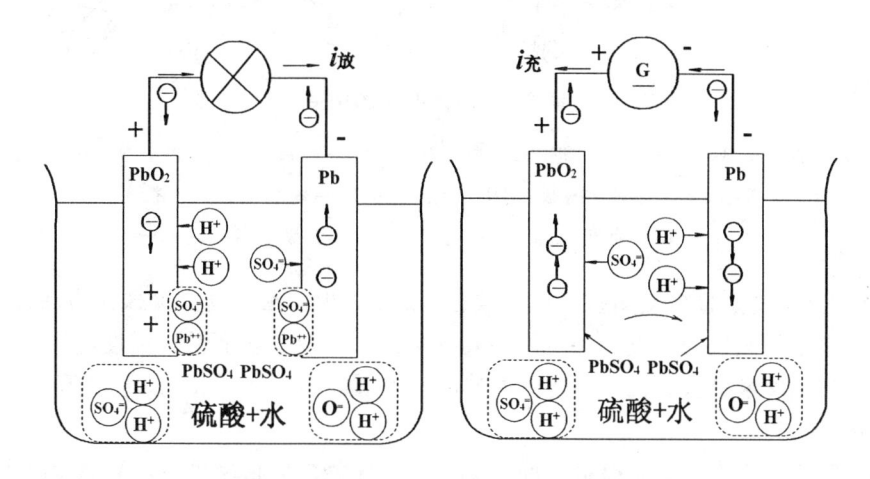

图 4-1　铅蓄电池的放电　　图 4-2　铅蓄电池的充电

充放电时的化学反应方程可写成如下的综合形式，即

$$PbO_2 + 2H_2SO_4 + Pb \underset{充电}{\overset{放电}{\rightleftharpoons}} PbSO_4 + 2H_2O + PbSO_4 + 电能$$
（正极）（电解液）（负极）　　　　　（正极）（电解液）（负极）

二、铅蓄电池的构造

各型铅蓄电池的构造大体相同，现以 12HK-28 型飞机蓄电池为例加以说明。

12HK-28 型飞机蓄电池由 12 个单体电池串联而成。每个单体电池由极板组、隔板和电解液等主要部分组成。单体电池的结构如图 4-3 所示。

1. 极板组和隔板

5 块棕红色正极板焊在一个极柱上，组成正极板组；6 块灰色负极板焊在另一个极柱上，

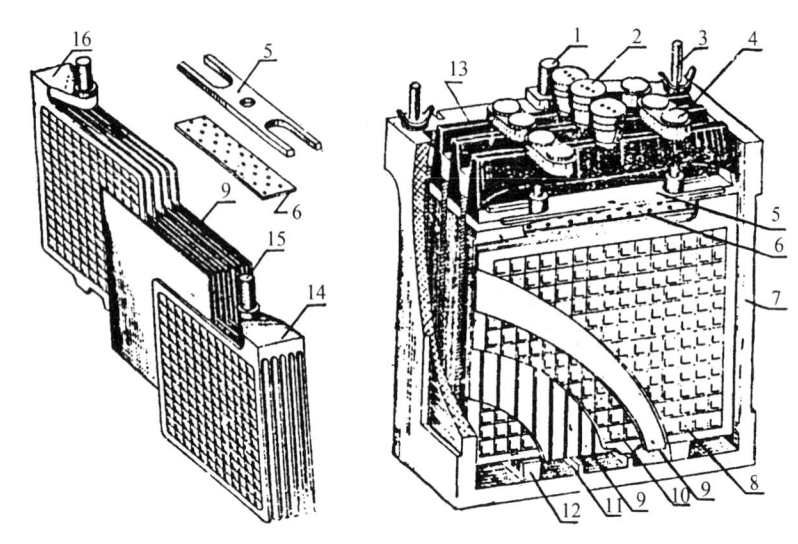

图 4-3 单体电池的构造

1—接线柱；2—工作螺塞；3—上盖固定螺杆；4—连接条；5—护水盖；6—网状胶片；
7—外壳；8—负极板；9—隔板；10—正极板；11—棱形条；12—托架；13—三孔盖；
14—负极板组；15—极柱；16—正极板组

组成负极板组。正、负极板交错重叠地安放在一起。极板的活性物质涂抹在铅锑合金栅架上。栅架主要用来增加极板的强度，并可改善其导电性。极板片多而薄，活性物质疏松而多孔，增大了极板与电解液的接触面积，使更多的活性物质能参加化学反应，以提高最大允许放电电流和容量。

多孔性的隔板夹在正、负极板之间，既防止正、负极板相碰短路，又能让离子通过。隔板有槽的一面对着正极板，以保持正极板周围有充足的电解液。这是因为正极板要求有较多的硫酸参加化学反应。

极板顶部有网状胶片，用以防止碰坏极板。网状胶片上部有护水盖，既可防止电解液溅出，又便于检查电解液的高度。

2. 电解液

电解液用纯硫酸和蒸馏水配制而成，配制电解液时，切不可把水往硫酸中倒，以防硫酸飞溅伤人。电解液密度的大小，一要考虑蓄电池电动势的大小，二要考虑电解液对极板和隔板的腐蚀作用。一般充足电的蓄电池，电解液的密度为 1.285 g/cm^3。液面高度距网状胶片 6~8 mm。

3. 外 壳

外壳用硬橡胶压制而成，有 12 个小格，每个小格装一单体电池。小格底部有棱形条，它和托架一起支撑极板组，并使脱落的活性物质得以离开极板下沉，以保障蓄电池的性能。

单体电池顶部装有三孔盖，它与外壳之间的间隙用沥青密封。正、负极板组的极柱分别从三孔盖两端的圆孔穿出，中间的圆孔拧有带橡皮垫圈的通气螺塞。通气螺塞如图 4-4 所示。

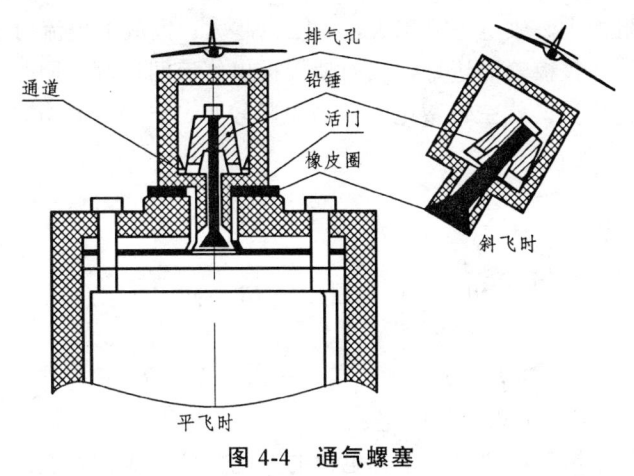

图 4-4 通气螺塞

飞机平飞时，铅锤使活门打开，使蓄电池工作过程中产生的气体顺利排出；飞机倾斜或俯仰时，铅锤偏倒，活门堵塞，防止电解液流出。

三、铅蓄电池的主要电气特性

1. 电动势

铅蓄电池的电动势 E 与电解液的密度 d 有关。当温度为 15°C，电解液密度在 1.05～1.30 g/cm³ 范围内变化时，单体电池的电动势 E 可用下列经验公式表示为

$$E = 0.84 + d$$

式中，d 为 15°C 时的电解液密度。若 15°C 时 $d = 1.25$ g/cm³，则 $E = 0.84 + 1.25 = 2.09$ V，电动势受温度影响不大，可以忽略。铅蓄电池电动势的温度系数很小，可以认为它的电动势高度与电解液温度无关。

充足电的单体铅蓄电池电压为 2.13～2.17 V。电动势不能作为准确判断蓄电池放电程度的依据。

2. 内电阻

蓄电池的内电阻是衡量电池特性的一个重要参量，它主要包括电解液电阻和电解液与电极间的过渡电阻。电解液电阻在电解液密度为 1.20 g/cm³ 时最低，浓度增加，流动性差，电阻大；浓度减小，电离的分子少，电阻也大。电解液与电极间的过渡电阻决定于它们间的接触情况，因此铅电池内阻与其结构及使用状态有关。增加极板面积和片数，采用薄的隔板以减小两极板间距离，用多孔隔板，可减小电池内阻。

在充放电过程中，电池电阻不断变化。放电时间越长，电解液越稀，电液电阻加大，同时，硫酸铅不断增多，硫酸铅本身不导电且密度小，逐渐堵死了极板内的微孔，阻止离子进入极板内部，使内阻加大。放电电流越大，内阻也越大。大放电电流时电解液来不及进入极板内部，化学反应仅在极板表面进行，从而使极板电解液间过渡电阻加大。低温时，电解液的黏度加大，内阻也增大。航空铅蓄电池的内电阻较小，一般为百分之几到千分之几欧姆。

3. 端电压

蓄电池电压 U 与电动势 E 相差一内电阻压降 IR，即

在电池充电时： $U = E + IR$

在放电时： $U = E - IR$

式中，I 为充电或放电时电池内流过的电流，R 为电池内阻。

图 4-5 所示为某型铅蓄电池一个单体电池的充电特性曲线，放电电流为额定电流。图 4-6 中曲线为铅蓄电池的充电特性曲线。两条曲线给出了铅蓄电池在充放电过程中端电压的变化情况。单体铅蓄电池的额定电压为 2 V。

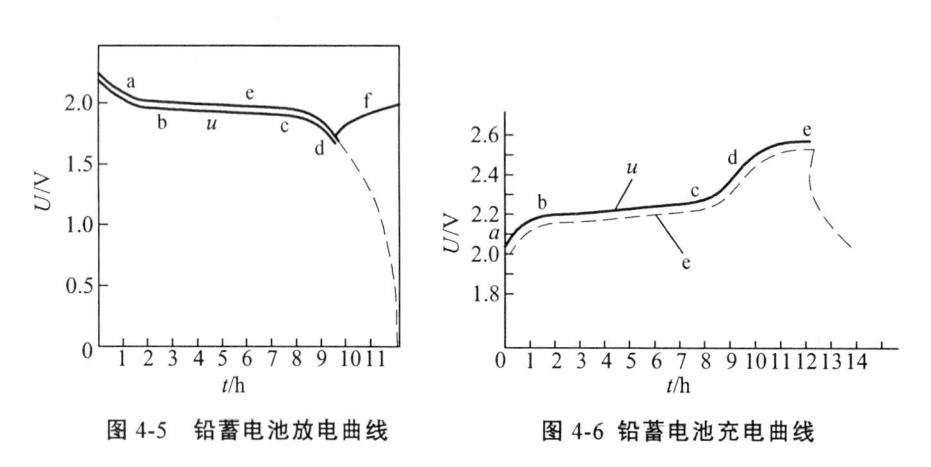

图 4-5 铅蓄电池放电曲线　　图 4-6 铅蓄电池充电曲线

4. 容　量

蓄电池的容量有实际容量与额定容量之分。实际容量是指电池在一定工作条件下放电到终止电压所输出的电量。

蓄电池的额定容量是指充足电的蓄电池在 15 ℃时以 10 h 放电电流放电，放电到终止电压时电池放出的总电量。容量的大小用放电电流与放电时间的乘积来表示，单位为安培小时，简称安时（A·h）。

蓄电池的容量与活性物质的数量、极板的厚度和表面积、电解液的温度与密度等因素有关；对于成型的蓄电池，它的实际容量与放电温度、放电电流有关。

放置不用的蓄电池的容量会随存放时间的增长而降低，这是由于自放电造成的。电解液或极板上有金属杂质或电池表面有污垢都会使自放电增加。

按规定，实有容量小于额定容量 80% 的蓄电池不准装在飞机上使用（在某些电池手册中规定为 75%），应及时予以充电或更换。

5. 循环寿命

循环寿命是衡量蓄电池性能的重要参数。它是在一定的充放电条件下，容量下降到规定值前电池所经受的充、放电循环次数，循环寿命又简称为寿命或周期。温度每升高 10°C，电池寿命会缩短一半。

循环寿命与蓄电池类型、环境温度、充电方式、充放电之间的间隔有关，对于使用中的电池影响其寿命的一个重要因素就是放电程度，在放电电流相同的情况下，深度放电将缩短蓄电池的使用寿命，图 4-7 所示是蓄电池寿命与放电深度的关系曲线。

(Test condition)
Discharge: 0.25 CA corresponding resistance
Cut-off voltage: Discharge depth 100% only 1.75V/cell
Charge: 14.7 V constant-voltage control
Maximun current: 0.4 CA
6 hours
Temperature: 25°C

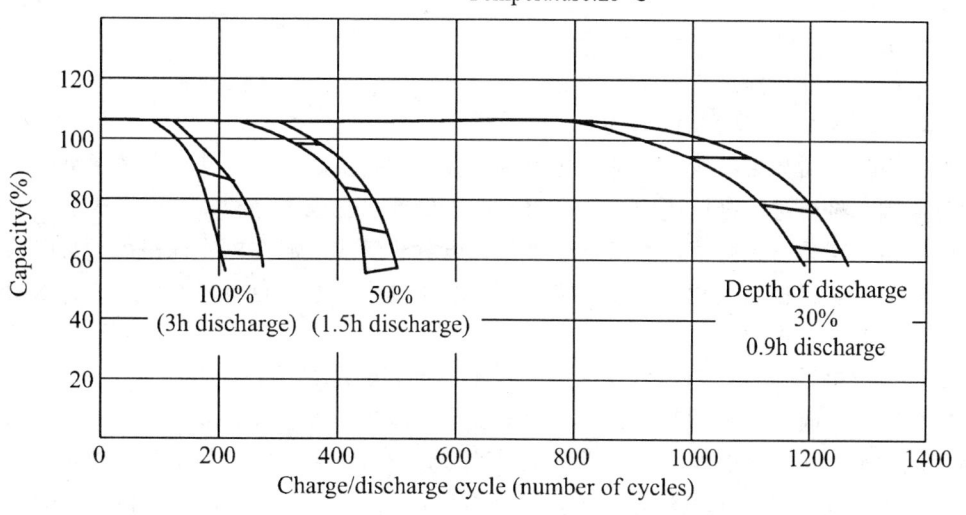

图 4-7　循环寿命与放电深度关系曲线

四、铅蓄电池的充放电

在图 4-5 所示放电曲线中，在刚放电时电动势 E 下降较快，其后在相当长的时间内电势下降速度很慢且保持不变。放电临近结束时电势下降速度又加快，如果此时切断放电电路，则电动势又有少许回升。放电初期，极板附近及孔隙中的电解液浓度迅速下降，导致电动势迅速下降。当极板孔隙中的硫酸浓度与极板外的浓度达到一定值后，硫酸的扩散作用也随浓度差的加大而加大，于是与一定放电电流对应的硫酸消耗速度与扩散速度达到动态平衡。电动势的下降速度决定于容器中电解液的平均消耗速度，故下降缓慢了。放电快结束时，硫酸铅将极板孔隙堵死，孔隙内硫酸迅速下降，导致电池电动势也迅速下降。断电后，扩散作用使极板孔隙内的硫酸浓度逐渐与外面的一致，故电动势有所回升。放电过程中，电池内阻也随放电量的加大而加大，故电池端电压的变化比电动势变化量大。

终止电压（End of Discharge Voltage）是指电池放电完毕时允许达到的最低电压，在蓄电池正常使用时放电电压不应该超过终止电压，超过终止电压继续放电称为过量放电，过放电会在电池极板表面生成难以恢复的结晶层，久而久之会造成极板硫酸化，降低极板活性物质的孔率，电池的使用寿命将明显降低。

在图 4-6 所示充电曲线中，充电特性中电动势的初始和中间变化情况与放电过程中变化类似，但它随时间的增长而增加。充电快结束时极板上的活性物质几乎都还原了，若继续充电，则因电池电压大于 2.3 V 而导致水的电解，负极上析出氢，正极上析出氧。它们附着于电极上，使电极电位升高，故电动势很快升高。在水进入电解反应后，电动势不再增加了。停止充电后，氢气逸出，电极电势下降，电解液渐趋均匀，电动势回落到某一稳定值。随着充电时间的增长，电池内阻降低，故电压增加速度比电动势增长速度慢。但水电解时，端电压很快增长到 2.6 V，并保持不变。

充电终止的特征是：

（1）充电电压持续两小时不再升高。

（2）电解液密度达到规定值不再增加。

（3）电解液大量而连续地冒出气泡。

电池在充满电后如果继续大电流充电称为过量充电，实践证明，过充电是影响电池寿命的最主要原因。将会对正极板造成损伤，由于电流电解水生成了氢和氧，正极板上的活性物质被气泡冲击，容易引起脱落，并随气泡上升，电解液变成了泥红色或棕褐色，其中的部分细小颗粒还会在负极板上沉积，造成短路。持续的大电流充电还会引起电池过热和水的大量损失，应该及时停止充电。

在蓄电池放电后对其补充电后电池的容量不能达到额定容量的状态称为欠充电，如果蓄电池长期欠充电，硫酸铅长时间存在，会逐渐变硬。硫酸铅没有被有效转化的时间越长，被转化的可能性就越小。新电池中在正常充电时硫酸铅很容易转换为松软的活性物质，当它变硬后则需要长时间过量充电来消除。欠充电造成电池长期"吃不饱"，发生极板硫酸化，使硫酸铅逐渐积累，会使电池失去部分容量，缩短电池的使用寿命。

蓄电池电压与放电电流大小有关，大电流放电时，为使电解液的渗透作用与电解液消耗速度相等，极板孔隙处电解液与容器中电解液的浓度差加大，使电动势下降较多。同时放电反应在极板表面进行，反应区域大大缩小，内电阻比小电流放电时大，故大电流放电电压较低，如图 4-8 所示，在这个曲线中的另一个特点是放电电流越大，允许的放电终止电压也越低。

电池的放电特性和温度有密切关系。温度低时电解液黏度增加，扩散能力降低。同样的放电电流，由于低温时电解液浓度差增大，使电池电动势下降，同时，电池内阻加大，放电电压下降，图 4-9 所示是电解液在不同温度时的放电特性。

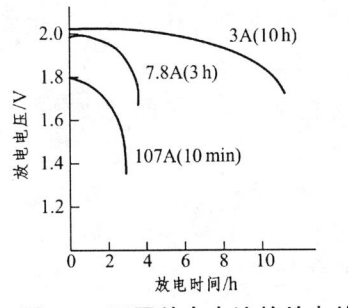

图 4-8 不同放电电流的放电特性

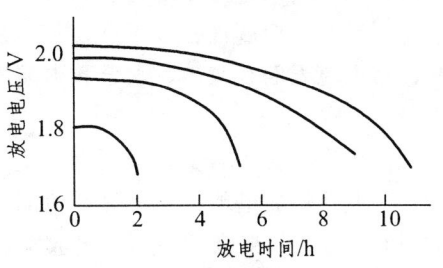

图 4-9 温度对放电特性的影响

五、蓄电池安装

根据飞机中飞行关键设备在应急条件下对用电量的需求，可以设置一个或几个蓄电池。它们安装在专门设计和设置的隔舱中，以保持良好的散热和排气，保护飞机的结构不受腐蚀物影响，通常安装并夹紧在固定于飞机结构上的一个托盘中，如图 4-10 所示。托盘可以作为在蓄电池中有酸溢出时的收集容器，一般采用耐酸、没有吸收能力且抗冲击的材料制成，许多加强的塑料都适用，如果使用金属做托盘，表面需要喷涂防腐材料。蓄电池的安装必须牢固，避免在迫降或重着陆时撞击开裂。

蓄电池通常使用橡皮或抗腐蚀的管路作为排气管，排气管的端口连接到飞机蒙皮的小孔处。飞行期间由于两孔间形成了正、负压差将电池中产生的烟雾和气体抽出。而飞机停留在地面时则不存在压差，在空气入口处安装有一个止回阀，防止烟雾和气体的进入。在连接管路中还安装有一个沉淀池用来储存溢出的硫酸，防止酸雾喷出腐蚀飞机蒙皮。

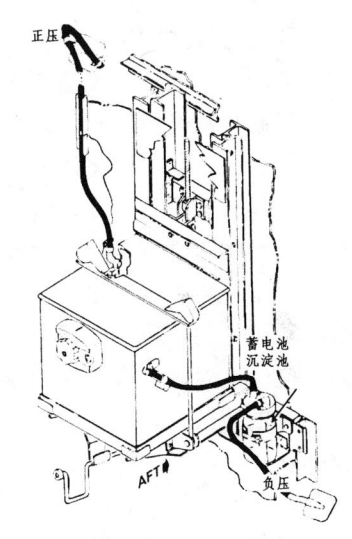

图 4-10 蓄电池安装图

六、铅蓄电池的主要故障

1. 自放电

放置不用的蓄电池，其容量和电压自动下降的现象叫自放电。

引起自放电的主要原因是极板上或电解液中存在杂质。例如，当极板上有铜（Cu）的微粒时，铜与铅在电解液中便形成一个短路状态的微电池。在电解液中，铜的电位比铅高，因此短路电流由铜流向铅，再经电解液到铜。结果铅与电解液进行化学反应，生成硫酸铅和氢气，活性物质减少，电解液密度下降，使电压降低，容量减小。

其次，蓄电池表面有灰尘、水分和电解液存在，使正、负极之间形成导电通路，也会造成自放电。

绝对纯净的东西是没有的，极板上和电解液中，总会有一些杂质存在，电池表面也不会绝对干净。因此，自放电现象是不可避免的。在正常情况下，每昼夜自放电损失的电量为额定容量的 1%左右。如果维护不当，自放电加剧，即形成故障。自放电故障严重的蓄电池，可以使容量在几小时内放完。

为了防止自放电加剧，在维护中首先要防止杂质进入蓄电池，如配制电解液，一定要用纯硫酸和蒸馏水，并防止尘土进入。其次，要保持蓄电池表面清洁。

2. 极板硬化

一般情况下，铅蓄电池放电时生成的硫酸铅是小颗粒结晶体，并与活性物质相混杂，在充电时容易还原成相应的活性物质。但是，在一定的条件下，这种小颗粒的硫酸铅会变成大颗粒的硫酸铅结晶体，覆盖在极板表面，充电时难以还原，这就叫作极板硬化。

极板硬化程度较轻时，只有一些局部区域覆盖着大颗粒硫酸铅结晶体，显出一些微白色的斑点。这种轻度的硬化，对蓄电池的性能影响较小。硬化严重时，极板表面覆盖着大片白色的大颗粒硫酸铅结晶体，堵塞极板的许多孔隙，严重地影响电解液的扩散。放电时，不仅自身不能参加化学反应，还使极板深处的许多活性物质不能参加化学反应。因此，容量显著减小，放电电压下降也快。

极板硬化的过程，实质上就是硫酸铅的再结晶过程，硫酸铅在电解液中的溶解度是比较小的，但温度对溶解度的影响较大，温度越高，溶解度越大。当温度变化剧烈时，原来在高温下溶解的硫酸铅，就以极板上原有的小颗粒硫酸铅结晶体为核心而再结晶，形成较大颗粒的结晶体。它既不易溶解，充电时也不易还原，而且随着再结晶的多次反复，颗粒越来越大，逐渐连成一片，覆盖在极板表面，造成严重的极板硬化。可见，凡是加速硫酸铅再结晶或使结晶得以持续反复进行的条件，都是造成极板硬化的原因。例如：电解液温度剧烈变化，放电后不及时充电或充电不足，极板外露等。

消除极板硬化的方法是进行过量充电，即在进行正常充电后，再以较小的电流继续充电，为了防止温度过高，可作 3~5 次的间断充电，使硬化的硫酸铅慢慢还原为活性质。但是要彻底消除极板硬化是十分困难的，许多蓄电池提前到达寿命期，往往是极板硬化所致，因此，要正确使用和维护蓄电池，防止极板硬化故障的发生。

3. 活性物质脱落

电解液温度过高，经常以大电流充、放电，以及蓄电池受到猛烈的撞击和震动等，都会造成极板上的活性物质脱落，使蓄电池的容量减少。如果活性物质脱落太多，沉积到壳体的底部以后，会造成正、负极板的短路故障。

七、铅蓄电池的主要技术数据及其检查方法

蓄电池能否装到飞机上使用,主要是通过检查电压、电解液密度和高度等数据是否符合规定,从而判断其放电程度来决定的。

1. 放电程度及其检查方法

蓄电池的放电程度是指已放出的电量 Q_f 占额定容量 Q_e 的百分比,即

$$放电程度 = \frac{Q_f}{Q_e} \times 100\%$$

放电程度越大,表示已放出的电量越多,剩余的容量越少。

充电足的蓄电池,随着放电程度的加大,硫酸的消耗量增多。通过计算可知:铅蓄电池每输出 1 A·h 的电量,消耗硫酸 3.66 g。因此,在放电电流和温度一定的条件下,放电程度与放电电压、电解液密度之间,存在着确定的对应关系。根据这种关系,我们可以通过测量放电电压或电解液密度的方法,来判断蓄电池的放电程度。

在维护工作中,为了判断蓄电池的放电程度,最简便的方法是:在给蓄电池加双倍负荷的条件下,测量其放电电压。例如,12HK-28 型飞机蓄电池加 5.6 A 负荷时,若电压低于 24 V,说明其放电程度已超过 25%,不能继续装在飞机上使用,应及时充电。

2. 电解液密度的测量

用测量电解液密度的方法来判断铅蓄电池的充、放电程度比较准确。

电解液的密度用比重计来测量。密度和比重虽然概念不同,但它们的数值相差甚微,并且单位是一致的,测出比重,也就得知密度。

测量的方法如图 4-11 所示。先用手握紧比重计的橡皮球,挤出比重计内的部分空气,再将吸液管插到网状胶片上,然后缓慢地松开橡皮球,吸入电解液,当浮子式比重计浮起时,液面在比重计上所对应的刻度就是电解液密度的数值。在不同温度下,硫酸的电解液密度会发生变化,影响测量精度,因此可以参照图4-12进行修正。

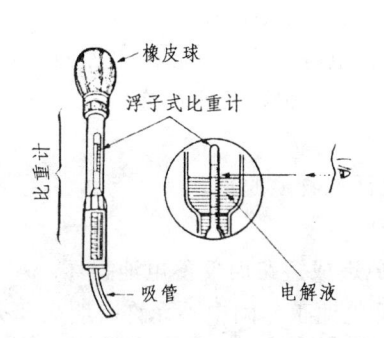

图 4-11 测量电解液密度的方法

图 4-12 硫酸温度校正表

必须指出：不能以一个单体电池的电解液密度来代替整个蓄电池电解液的密度，应该逐个测量，而且都要符合技术条件规定。

3. 电解液高度的测量

电解液的高度是指液面到网状胶片的高度。测量电解液高度的方法是：将内径不小于 4 mm 的玻璃管插入蓄电池的网状胶片上，然后用食指堵住玻璃管的上端口，再取出玻璃管，量出管中液柱的高度 H，即为电解液的高度，如图 4-13 所示。

需要注意的是，飞机由高空下降着陆后，蓄电池电解液高度开始是比较低的，有的甚至看不到电解液。这是由于高空气压低，原来溶解在电解液里的气体会析出，同时极板孔隙中的气泡会膨胀，有的气泡还会逸出；飞机由高空下降着陆后，气压迅速升高，气泡被压缩，液面高度降低。经 2~4 h 后，重新溶解到电解液中的气体增加较多，液面又回升至应有的高度。因此，飞机着陆后若发现电解液高度低，不要马上添加电解液，待 4 h 后如果仍然低，应送充电站处理。

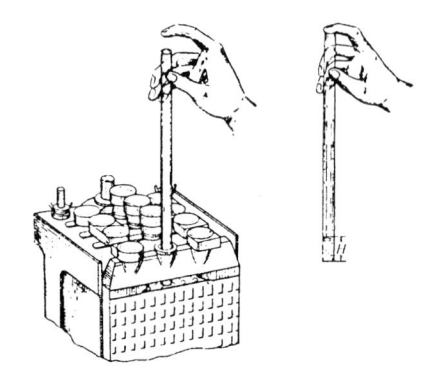

图 4-13 测量电解液液面高度的方法

八、铅蓄电池的使用维护规则及注意事项

（1）装到飞机上的蓄电池，其容量不得小于 80%，要定期对蓄电池进行放电检查，以判断其实有容量。

（2）放电程度超过 20% 的蓄电池，不得继续使用，必须在 8 h 内充电，以减轻极板硬化。

（3）无论使用与否，铅蓄电池必须每月充电一次，以弥补自放电造成的容量损失，并可减轻极板的硬化。

（4）不准过量放电，防止极板严重硬化。

（5）蓄电池的电压、电解液的密度和高度应符合规定。

（6）保持蓄电池的清洁，通气孔畅通，接线柱和壳体没有被腐蚀。

（7）不得将蓄电池置于烈日下曝晒，以免沥青软化，电解液蒸发，自放电加剧。大气温度低于 -15°C 时，飞行后应将飞机蓄电池拆下送室内保管，并采取防寒措施。

（8）安装时注意蓄电池的极性，极性不能装反。

（9）搬运蓄电池时，应防止撞击和剧烈震动，以免活性物质脱落。

（10）保持接线柱和连接片可靠连接，避免接线松动。

（11）不可将工具或其他金属物放在蓄电池上，以免造成短路而使蓄电池损坏。

（12）在充电期间蓄电池会产生氢气和氧气，因此蓄电池工作间中不允许有明火和火花，并采取足够的通风措施。

（13）禁止使用锤子敲击接线柱的方法拆卸接线端子。

（14）发现接线柱腐蚀时，可以使用硬鬃刷子轻轻刷掉，在接线柱和接线片表面余凡士林防止进一步生锈。

（15）当蓄电池水的损失过快时应该检查充电电流，检查单体电池是否有损坏。

（16）在飞机上拆装蓄电池时，要防止硫酸泼溅，否则将对飞机造成腐蚀。

（17）在对蓄电池进行操作时，如果硫酸沾到了皮肤上，要立即使用苏打水清洗，如果没有苏打水，应该使用大量的清水冲洗。

第二节　VRLA 蓄电池

目前，免维护铅酸蓄电池已得到广泛应用，并且应用到了航空领域。其所以能免维护，主要是在蓄电池的使用过程中，水的耗损极少而不需添加水。

阀控式铅酸蓄电池分为 AGM 和 GEL（胶体）电池两种，AGM 采用吸附式玻璃纤维棉（Absorbed Glass Mat）作隔膜，电解液吸附在极板和隔膜中，贫电液设计，电池内无流动的电解液，电池可以立放工作，也可以卧放工作；胶体（GEL）SiO_2 作凝固剂，电解液吸附在极板和胶体内，一般立放工作。目前的 VRLA 电池除非特别指明，皆指 AGM 电池。

VRLA 电池与富液式电池相比较，VRLA 电池具有以下特点：
（1）在使用过程中，不需要添加水、调整酸的比例。
（2）不漏液，无酸雾，无环境污染。
（3）自放电小。
（4）结构紧凑，密封良好，抗震，能量比高。
（5）不存在记忆效应。
（6）使用不当时易产生热失控。

一、VRLA 电池的工作原理

阀控式铅酸蓄电池的电化学反应原理与富液式蓄电池基本相同，但充电过程中存在水分解反应，当正极充电到 70%时，开始析出氧气，负极充电到 90%时开始析出氢气，由于氢氧气的析出，如果反应产生的气体不能重新复合加以利用，电池就会失水干涸；对于早期的传统式铅酸蓄电池，由于氢氧气的析出及从电池内部逸出，不能进行气体的再复合，是需经常加酸加水维护的重要原因；而阀控式铅酸蓄电池能在电池内部对氧气再复合利用，同时抑制氢气的析出，克服了传统式铅酸蓄电池的主要缺点。

阀控式铅酸蓄电池采用负极活性物质过量设计，AGM 或 GEL 电解液吸附系统，正极在充电后期产生的氧气通过 AGM 或 GEL 空隙扩散到负极，与负极海绵状铅发生反应变成水，使负极处于去极化状态或充电不足状态,达不到析氢过电位,所以负极不会由于充电而析出氢气,电池失水量很小,故使用期间不需加酸加水维护。阀控式铅酸蓄电池氧循环关系为:

$$\text{正极} \quad PbSO_4 + H_2O \longrightarrow PbO_2 + O_2$$

$$\text{负极} \quad \begin{array}{c} \rightarrow PbSO_4 \xrightarrow{\text{充电}} Pb \quad O_2 \leftarrow \\ \rightarrow H_2O \longrightarrow H_2SO_4 + PbO \end{array}$$

可以看出,在阀控式铅酸蓄电池中,负极起着双重作用,即在充电末期或过充电时,一方面极板中的海绵状铅与正极产生的 O_2 反应而被氧化成一氧化铅,另一方面是极板中的硫酸铅又要接受外电路传输来的电子进行还原反应,由硫酸铅反应成海绵状铅。

在电池内部,若要使氧的复合反应能够进行,必须使氧气从正极扩散到负极。氧的移动过程越容易,氧循环就越容易建立。

在阀控式蓄电池内部,氧以两种方式传输:一是溶解在电解液中的方式,即通过在液相中的扩散,到达负极表面;二是以气相的形式扩散到负极表面。传统富液式电池中,氧的传输只能依赖于氧在正极区 H_2SO_4 溶液中溶解,然后依靠在液相中扩散到负极。如果氧呈气相,并在电极间直接通过开放的通道移动,那么氧的迁移速率就比单靠液相中扩散大得多。充电末期正极析出氧气,在正极附近有轻微的过压,而负极化合了氧,产生一轻微的真空,于是正、负间的压差将推动气相氧经过电极间的气体通道向负极移动。阀控式铅蓄电池的设计提供了这种通道,从而使阀控式电池在浮充所要求的电压范围下工作,而不损失水。

对于氧循环反应效率,AGM 电池具有良好的密封反应效率,在贫液状态下氧复合效率可达 99%以上;胶体电池氧再复合效率相对小些,在干裂状态下,可达 70%~90%;富液式电池几乎不建立氧再化合反应,其密封反应效率几乎为零。

每种电池都在说明书中给出相应的环境温度范围,在此温度范围内使用可以发挥出最佳效率。同容量系列的电池,以相同的放电速率,在一定的环境温度范围内放电时,使用容量随温度升高而增加,随温度降低而减少。在环境温度 10~45 ℃ 范围内,铅酸蓄电池容量随温度升高而增加,如阀控式密封铅酸蓄电池在 40 ℃ 下放电电量,比在 25 ℃ 下放电电量大 10%左右,但是,超过一定温度范围,则相反。如,在环境温度 45~50 ℃ 条件下放电,则电池容量明显减小。温度低于 5 ℃ 时,电池容量随温度降低而减小,电解液温度降低时,其黏度增大,离子运动受到较大阻力,扩散能力降低;在底温下电解液的电阻也增大,电化学的反应阻力增强,结果导致蓄电池的容量下降。其次低温还会导致负极性活性物质利用率下降,影响蓄电池的容量,如电池在-10 ℃ 的环境温度下放电时,负极板容量仅能达到 35%的额定容量。

二、VRLA 电池的基本构造

VRLA 蓄电池与前面所讲的富液式电池基本相同,除了正负极板、电解液、隔板、电池盒等几个主要组成部分之外,还有一个单向阀门。

1. 极板

正极板上活性物质为二氧化铅,负极板上为海绵状金属铅,对于阀控铅酸蓄电池,考虑到氧再化合的需要,负极活性物质设计过量,一般宜为 1:1.0～1.2。设计电池时采用"紧装配"结构,使正极析出的氧不容易直接到达极群上部空间,加之采用 AGM 隔板和"贫液式"设计,使正极析出的氧很方便地到达负极,被新生成的负极活性物质铅 Pb 吸收,同时让负极有多余的容量,即比正极多出 10%的容量。充电后期正极释放的氧气与负极接触,发生反应,重新生成水,即

$$O_2 + 2Pb \longrightarrow 2PbO$$
$$PbO + H_2SO_4 \longrightarrow H_2O + PbSO_4$$

使负极由于氧气的作用处于欠充电状态,因而不产生氢气。而正极产生的氧气被负极金属铅吸收。负极活性物质铅 Pb 由于跟氧起反应,那么使其析氢反应就推迟出现。再加上将负极活性物质过量设计,并采用降低电池充电电压的措施,可使电池的析氢速度降到极小,从而达到电池密封的目的。

用铅或铅基合金制成的栅栏片状物为载体,使活性物质固定在其中,这种物体称之为板栅。它的作用是支撑活性物质并传输电流。阀控电池板栅合金一般采用高纯度 Pb-Ca-Sn-Al 无锑板栅合金。

2. 隔板

为了让正极释放的氧气尽快流通到负极,必须采用和普通铅酸蓄电池所采用的微孔橡胶隔板不同的新超细玻璃纤维隔板。其孔隙率由橡胶隔板的 50%提高到 90%以上,从而使氧气易于流通到负极再化合。另外,超细玻璃纤维板具有吸附硫酸电解液的功能,因此阀控式密封铅酸蓄电池采用贫液式设计,即使电池倾倒,也无电解液溢出。

阀控铅酸蓄电池中隔膜采用的是玻璃纤维棉,应该具有如下特征:
(1) 优良的耐酸性能和抗氧化能力。
(2) 厚度均匀一致,外观无针孔、无机械杂质。
(3) 孔径小且孔率大。
(4) 优良的吸收和保留电解液能力。
(5) 电阻小。
(6) 具有一定的机械强度,以保证工艺操作要求。
(7) 杂质含量低,尤其是铁、铜的含量应特别低。

3. 电解液

阀控电池电解液同样是稀硫酸,比重比富液式电池大,一般为 1.30 g/ml 左右,此时约

含 40%的硫酸（重量比），体积比约为 29%，冰点约为-70 ℃，而传统电池电解液约在-25 ℃ 时结冰。采取定量灌酸，使玻璃棉隔板在吸收电解液以后，仍有 5%～10%的孔隙率未被电解液充满，因此 VRLA 电池又称为贫液式电池。采用 AGM 隔板吸收电解液，使电池内部没有流动的电解液。

4. 安全阀

安全阀是阀控电池的一个关键部件，安全阀质量的好坏直接影响电池使用寿命、均匀性和安全性。根据有关标准和阀控电池的使用情况，安全阀应满足如下技术条件：

（1）单向开阀。
（2）单向密封，可防止空气进入电池内部。
（3）同一组电池各安全阀之间的开闭压力之差不应超过平均值的 20%。
（4）寿命不应低于 15 年。
（5）滤酸，可防止酸和酸雾从安全阀排气口排出。
（6）隔爆，电池外部遇明火时电池内部不应引爆。
（7）抗震，在运输和使用期间，安全阀不会因震动和多次开闭而松动失效。
（8）耐酸。
（9）耐高、低温。

三、VRLA 蓄电池的使用与维护

在特定条件下，VRLA 电池的有效寿命期限称为蓄电池的使用寿命。VRLA 电池内部干涸或发生内部短路、损坏而不能使用，以及容量达不到额定要求时蓄电池使用失效，这时电池的使用寿命终止。VRLA 电池与传统富液式铅蓄电池失效模式不尽相同。由于 VRLA 电池是紧装配，正极活性物质不宜脱落，电解液分层现象大为减轻。正常情况下，VRLA 电池寿命终止有 4 点主要原因：

（1）电解液干涸。电解液作为参加化学反应的物质，是 VRLA 电池中容量的主要控制因素。电解液干涸将造成电池失效。失水的原因有：气体再化合的效率降低；从电池壳体中渗出水；板栅腐蚀消耗水；自放电损失水。

（2）热失控。热失控可使蓄电池外壳鼓胀，装配压力减小，水分散失，造成电池容量下降，最终造成电池寿命终止。为防止热失控的发生，在正常维护中应采取相应的措施：准确设置浮充电压和充电限流值，充电设备应有温度补偿功能和限流功能；采取相应的措施保证环境温度符合要求，蓄电池要设置在通风良好的位置，严格控制安全阀质量，以使电池内部气体正常排出，排列不能过于紧密。

（3）电池容量逐渐下降。引起容量衰退的因素有：活性物质晶型改变，表面积收缩，活性物质膨胀、脱落、极板腐蚀等。

（4）内部短路。由于隔膜物质的降解老化而穿孔，活性物质脱落、膨胀使两极连接，或充电过程中生成枝晶穿透隔膜等引起的内部短路。

为了延长 VRLA 蓄电池的使用寿命，在使用维护过程中应注意以下几点：

(1) 不能将容量、性能和新旧程度不同的电池连在一起使用。

(2) 连接螺丝必须拧紧，脏污和松散的连接会引起电池打火爆炸，因此要仔细检查。

(3) 安装末端连接线和导通电池系统前，应再次检查系统的总电压和极性连接，以保证正确接线。

(4) 由于电池组电压较高，存在着电击的危险，因此装卸、连接时应使用绝缘工具与防护，防止短路。

(5) 电池应有良好的通风散热。

(6) 电池要远离热源和易产生火花的地方；要避免阳光直射。

(7) 对于阀控蓄电池不能打开阀门泄压，也不能添加水或电解质。

第三节 飞机碱性蓄电池

镍镉蓄电池（Nickel-Cadmium Battery，Ni-Cad）按照我国化学工业标准应该称为镉镍蓄电池，由于镍镉蓄电池在航空领域已经约定俗成，成为习惯叫法，本书中也保留了这种习惯称呼。航空镍镉蓄电池具有能重高、短时大电流放电能力强、自放电少、使用寿命长、维护简便等优点，目前正逐步取代历史悠久的铅酸蓄电池及锌银蓄电池，广泛应用于民航大中型运输飞机上，在小型飞机上也有应用，但数量相对较少。

一、镍镉蓄电池的基本工作原理

镍镉蓄电池的镉负极为镉粉（Cd），另加入约 15%的铁粉，后者用于防止镉粉结块减小容量；正极板上的活性物质为碱式氧化镍[NiO（OH）]，并加入少量的石墨以改善极板的导电性能，石墨并不参加化学反应。电解液是氢氧化钾（KOH）的水溶液，储存在由涂镍钢板或塑料制成的方形容器中，使用时必须密封，避免使电解液与空气发生接触产生化学反应，而降低电池的容量。它在充电和放电时的化学反应方程可写成如下的综合表达式（实际的电化学反应较为复杂，可以参见相关专业书籍）为

$$2NiO(OH) + 2H_2O + Cd \underset{充电}{\overset{放电}{\rightleftharpoons}} 2Ni(OH)_2 + Cd(OH)_2$$
$$(正极) \quad\quad (负极) \quad\quad\quad\quad\quad (正极) \quad (负极)$$

可见，放电时，蓄电池把化学能转化为电能输出，正极板的氢氧化镍转化为氢氧化亚镍，负极板的镉转化为氢氧化镉。而电解液中的氢氧化钾并无消耗，这是因为负极附近消耗的氢氧化钾，恰好由正极附近生成的氢氧化钾所补偿。充电时的变化则正好相反。镉镍蓄电池在

充放电过程中，电解液中的氢氧化钾并无增减，故电解液的密度和液面高度几乎不变，这是它和铅蓄电池的重要区别之一，因此也不能通过检查密度的方法检测蓄电池的剩余容量。蓄电池在充放电过程中不消耗电解液，但电极有吸收或释放水的特性，充电时释放出水使电解液面升高，放电时吸收水，使液面下降。

镍镉蓄电池在生产过程中易产生镉污染，目前趋向于用镍氢电池取而代之，同样体积的镍氢电池额定容量比镍镉电池大 30%左右。

二、镍镉蓄电池的特性

1. 电动势

单体镍镉蓄电池的电动势一般稳定在 1.34~1.36 V，基本不受电解液密度和温度的影响，这是因为镍镉蓄电池在充、放电过程中，电解液的密度基本不变，而且极板孔隙较大，对电解液的扩散速度影响很小。

2. 内电阻

镍镉蓄电池放电时，正、负极板上分别生成导电性能很差的氢氧化亚镍和氢氧化镉，它们一方面使极板电阻增大，一方面又使极板与电解液接触的有效面积减小，接触电阻增大，因此内电阻随放电程度的增大而增大，充电时则相反。

电解液的电阻则与充、放电程度无关。它除了随温度的升高而减小外，还受密度的影响。当温度为 15°C、密度在 1.23～1.26 g/cm^3 时，电解液的电阻值最小。因此，电解液的密度一般都选择在这个范围附近。

3. 电 压

1）放电电压

单体电池的放电电压随时间的变化情形如图 4-15 所示。

刚充足电的镍镉蓄电池，在正极板上除了有三价氢氧化镍外，还有少量的高价氢氧化镍[Ni（OH）$_4$]，它能使正极的电极电位升高 0.12 V 左右；在负极板上，除了镉以外，还有铁，它会使负极的电极电位降低。因此，刚充足电的单体电池的开路电压可达 1.48 V，相当于图 4-15 中 a 点。放电初期，少量的高价氢氧化镍很快就被消耗掉，铁也逐渐生成氢氧化亚铁，因此电压迅速下降到 1.3 V 左右，如图 4-15 中 ab 段所示。高价氢氧化镍是一种极不稳定的化合物，倘若蓄电池充电后没有立即放电，它也要分解，转变成氢氧化镍，正极电位降低，使电压自动下降到 a'点。再进行放电时，电压沿 a'b 段曲线下降，到达 b 点以后，由于正、负极生成的物质不会像铅蓄电池那样堵塞孔隙而影响电解液扩散，所以 bc 段的电动势基本不变，电压仅随内电阻缓慢增加使内压降缓慢增大而稍有下降。c 点以后，正、负极板生成的氢氧化亚镍和氢氧化镉几乎把极板全部覆盖，剩下的活性物质越来越少，电压将迅速下降。单体电池以 10 h 率放电时，终止电压一般选择在 1.1 V，相当于图中 4-15 中 d 点。

2）充电电压

充电时，单体电池端电压随时间的变化情形如图 4-16 所示。

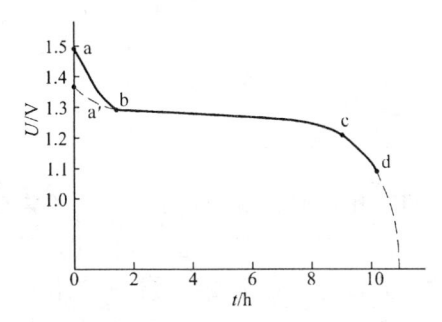

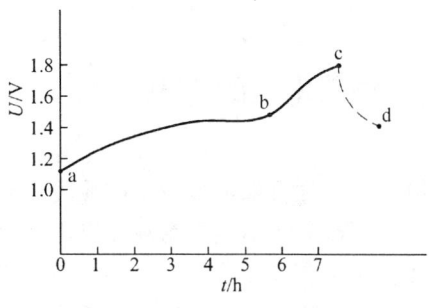

图 4-15　单体镍镉蓄电池放电电压特性　　图 4-16　单体镍镉蓄电池充电电压特性

镍镉蓄电池的充电电压曲线也具有明显的阶段性。在第一阶段，对应于图 4-16 中 ab 段，主要是使正、负极板上的活性物质分别氧化、还原为氢氧化镍和镉。开始电压上升较快，以后便稳定在 1.5 V 左右，直到 b 点。b 点以后，电压又会迅速上升，直到 1.8 V 左右才不再上升，相当于图 4-16 中的 c 点，到此充电即告结束。这一阶段电压迅速上升的原因是：正极板生成少量的高价氢氧化镍，正极电位升高，负极板的氢氧化亚铁还原为铁，负极电位降低；电解水，产生较大的附加气体电极电位。当切断充电电源时，附加气体电极电位迅速消失，电动势很快下降到 1.48 V，相当于图 4-16 中的 d 点。

3）充、放电电流对电压的影响

镍镉蓄电池与其他蓄电池一样，放电电压也随放电电流的增大而降低。大电流放电时，单体电池的终了电压可以低一些，例如额定放电电流规定为 8 h 率放电，终止电压为 1.1 V；用 1 h 率放电，则终止电压为 0.5 V。

镍镉蓄电池充电时，有以下规定：正常充电电流为额定容量数值的 1/4，充电时间为 7 h；快速充电电流为额定容量数值的 1/2，充电时间为 4 h；过充电是在正常充电的基础上，继续用同样的电流充电 2 h。

4. 记忆效应

记忆效应是电池在长时期经受特定的工作循环后主动保持这一特定电性能的倾向。发生的原因是由于电池重复的部分充电与放电不完全所致，它会使电池暂时性的容量减小，导致实际容量减小。

5. 热失控

热失控是指在恒压充电情况下对镍镉蓄电池过量充电而出现的温度上升、充电电流增大,在过充情况下形成恶性循环,可能导致火灾或电池爆炸。如果单体电池短路、温度过高或储存电量过低,就会:① 过大的电流;② 温度上升;③ 电池内阻下降;从而导致电流和温度进一步上升。为了避免这种情况出现,必须在充电温度达到 160 ℃(71 ℃)前停止充电。NiCad 蓄电池一般采用恒流充电,因为它具有负的温度系数,在采用恒压充电时易发生过量充电,导致热失控,使电池损坏,危及飞机安全。

三、镍镉蓄电池的充电

由蓄电池的特性可知,铅酸蓄电池可以与飞机低压电网很好地协调工作,不需要专门的充电器,而镍镉蓄电池不能采用浮充充电,需要专门的充电器保证充电电流可以控制。充电器常设计成具有两种工作模式,一种是充电工作模式,另一种是变压整流器工作模式,两种模式间可以互相转换。

1. 充电特性

镍镉蓄电池与铅酸蓄电池不同,不能采用恒压充电,因此常采用专用的充电器,以使其在有限的寿命中获得最长的使用时间。镍镉蓄电池的充电特性曲线如图 4-17 所示。

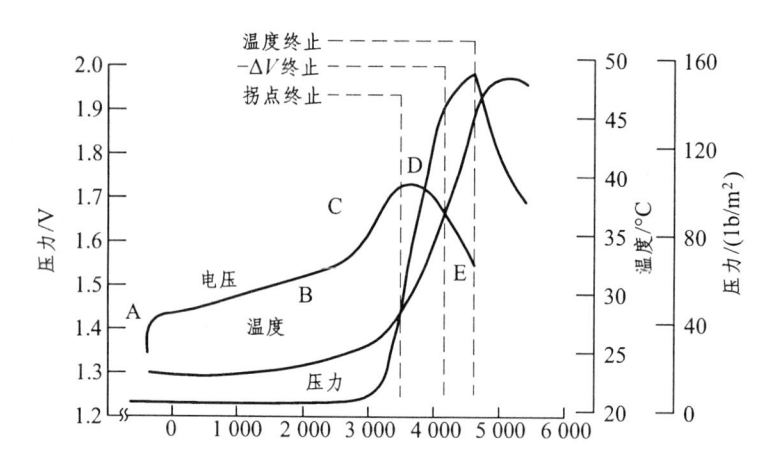

图 4-17 蓄电池充电曲线

刚开始充电的短时间内电压上升较快,随着电化学反应的深入,蓄电池电压平稳上升,温度和压力变化不大;在接近充足时电压上升较快,温度也明显上升;当充电电压达到最大值时,蓄电池充足电,如果继续充电则为过度充电,电压将迅速下降,蓄电池内部温度和压力急剧上升,这不但使蓄电池的容量减少,而且还会导致电池负极分子结构的改变,使其严重腐蚀并析出大量的污染物,因此必须加以控制。

从图 4-17 所示镍镉蓄电池的充电特性曲线可以看出,如果充足电后不及时停充,蓄电池电压会迅速下降,而温度和内部压力会迅速上升,造成蓄电池内阻增加,容量降低。温度对镍镉蓄电池的化学性能影响很大，温度过高会引起容量衰减甚至热失控。而随着温度升高，镉会向负极板外侧迁移，形成的晶体颗粒增大，而且会促使镍基板腐蚀和尼龙隔膜氧化，所以对蓄电池的最高充电温度必须加以限制。因此必须对充电终止时间进行控制，实现既保证蓄电池充足电又不过充的目的。

为了避免热失控对镍镉蓄电池造成损伤，温度是最为基本的监测指标。如在 MA-60 上，在每个蓄电池内装有两组独立的温度传感器（一个热敏电阻、一个热动开关）。每组热敏电阻和热动开关分别固定在蓄电池的单体电池连接片上。一个显示传感器（热敏电阻）提供温度输出到有关指示器驱动电路，指示温度刻度范围是 15～80 ℃(59～176 ℉)。其中 15～50 ℃(59～122 ℉) 为绿色显示，50～65 ℃（122～149 ℉）为黄色显示，65～80 ℃（149～176 ℉）为红色显示，相应地表示正常区域、警告区域和危险工作区域。

过热警告信号有两路，一路信号来自于热敏电阻，另一路来自过热温度传感器（热动开关），任何一路的感受温度超过相当于 65 ℃（149 ℉）时，发出过热警告，过热警告灯亮。提供信号到过热警告电路。此时应断开充电电路。

2. 充电器的组成

图 4-18 所示是 B-757 型飞机蓄电池充电器的原理方框图。它由输入滤波器、输入整流电路、电流互感器、变流器、输出变压整流电路、输出滤波器和控制保护电路等组成。三相交流电经输入整流电路变换成直流电，再由变流器变换成交流电，然后再由输出变压整流电路变换成蓄电池所需的直流电。电流互感器用来检测蓄电池内部电流的大小，并送到控制保护电路。控制保护电路的作用是控制蓄电池充电器的工作方式，并在蓄电池充电器交流输入电压高于 134 V 或低于 94 V、内部电流过大或者端电压过低、温度过高等工作不正常的情况下起保护作用。为了使蓄电池充电器的输出电压平滑，在充电的输出端接有输出滤波器。另外，为了减小充电器对电源电压的影响，也在充电器的输入端接有输入滤波器。

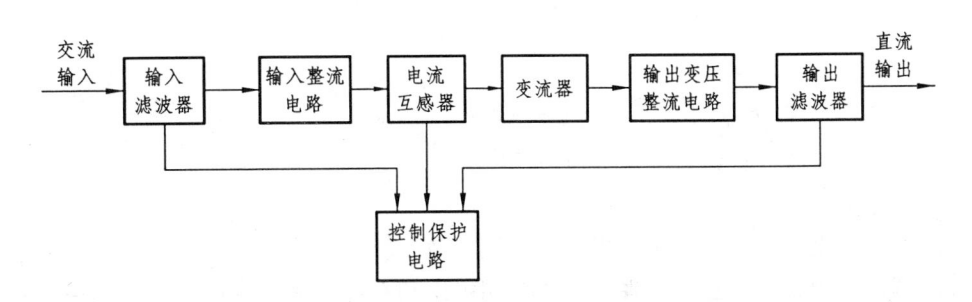

图 4-18　B757 型飞机蓄电池充电器原理方框图

三、充电器的工作方式

恒流式充电器有两种工作方式：恒流充电模式和变压整流模式（此处仅介绍充电模式）。

当充电器工作在充电模式时，蓄电池端电压的变化情况如图 4-19 所示。其变化情况可以分为恒流充电和恒压充电两个阶段。当充电器检测到蓄电池端电压低于 23 V（但高于 4 V，只有在蓄电池端电压高于 4 V 时充电器才能起动）时，就开始恒流充电，充电电流保持 (38 ± 2) A 不变，随着时间的增长，电压不断升高，在基本充电时间的后期，电池已接近充满电，充电电压急剧升高，一直上升到温度补偿电压转折点，电压大于 31 V，充电转入过充工作阶段，此时充电电压进一步升高，此段时间较短，然后转入恒压工作阶段，充电电压保持为 27.75 V，这样可以补充蓄电池的能量消耗，保持蓄电池容量充足。正常过充电时间等于基本充电时间的 5%。

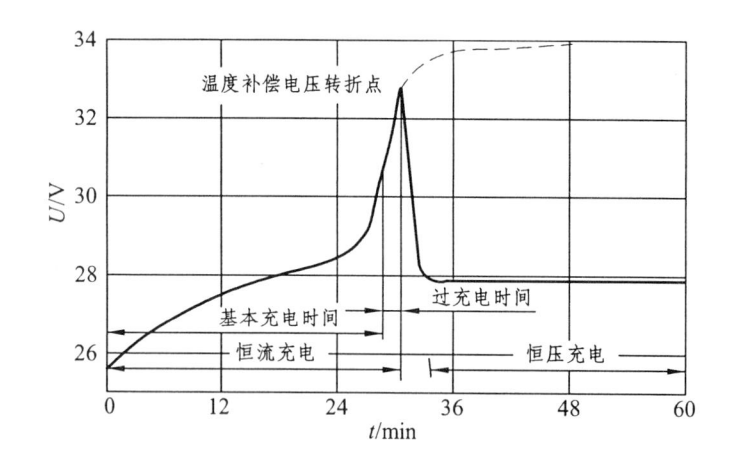

图 4-19 充电器充电模式时的电压变化曲线

在充电器刚通电或在任何工作模式下蓄电池断电时间超过 0.5 s 而又重新通电时，充电器也会开始恒流充电，与蓄电池的端电压无关。

四、镍镉蓄电池特点

与铅蓄电池相比，镍镉蓄电池具有以下特点：
（1）工作寿命长，可以反复充电使用。
（2）适合大电流放电，由于其内阻小，适合做起动电源。
（3）端电压平稳，不宜于特性充电时检测电压和蓄电池剩余容量。
（4）低温性能好，在-40°C 环境下仍能工作。
（5）允许快速充电。
（6）自放电小，容量受放电电流影响小。
（7）储存寿命长。
（8）存在记忆效应和热生效现象。
表 4-1 对几种常用飞机蓄电池进行了比较。

表 4-1　几种蓄电池性能比较

电池种类	电动势/V	平均工作电压/V	终止电压/V	电解液性质	比能量/(W·h/kg)	容量输出效率/%	荷电湿搁置性能
铅酸电池	2.1~2.2	2.0	1.7	酸性	10~50	80~90	1个月，容量降30%
镍镉电池	1.35	1.2	1.1	碱性	15~40	75~85	6个月，容量降25%~40%
锌银电池	1.6~1.8	1.4	1.3	碱性	60~160	>95	6个月，容量降15%~25%

五、镍镉蓄电池常见故障

爬碱是碱性蓄电池的特有现象，也是这类电池的最常发故障。在镉镍蓄电池的电解液中含有氢氧化钾（KOH）、氢氧化锂（LiOH）等碱，在电解液溢出后在连接片及外壳上结成白色的碱霜俗称爬碱。

爬碱严重影响电池的性能，它的危害包括以下几个方面：

（1）造成电路金属腐蚀。爬碱腐蚀蓄电池间的连接片、导线，产生锈斑，增加接触电阻。

（2）爬碱降低了蓄电池正极侧端子对负极侧端子间的绝缘电阻，增大了蓄电池组的自放电损失。还会造成蓄电池组浮充电不足，导致其容量下降。

（3）爬碱降低了直流系统对地的绝缘电阻，严重时，甚至会引起直流系统直接接地。这类接地故障隐蔽性强，不易查找。

爬碱主要是由于电解液外溢引起，引起电解液外溢的原因有：

（1）添加电解液或蒸馏水的方法不正确。若在蓄电池处于放电状态即液面下降时，添加电解液或蒸馏水，一旦蓄电池经充电容量恢复，会引起电解液外溢。

（2）浮充电流大于蓄电池组的自放电电流，就会形成过充电，于是电解液产生大量气泡，出现沸腾现象，导致电解液外溢。

（3）蓄电池组在进行主充或均衡充电时，没有及时揩擦掉外溢的电解液。

出现爬碱时应及时处理，若用清水擦洗难以见效时，可用3%~5%的硼酸溶液清洗。爬碱严重时，应将蓄电池组退出运行，用3%~5%的硼酸溶液彻底清洗其外壳及连接片。洗掉后，连接片连接处和引出端线线头处涂凡士林，上好螺母，连接牢固后，方可投入运行。

通过对镍镉蓄电池爬碱和温度过高两种故障的分析给出了故障排除思路，如图 4-20 和 4-21 所示。

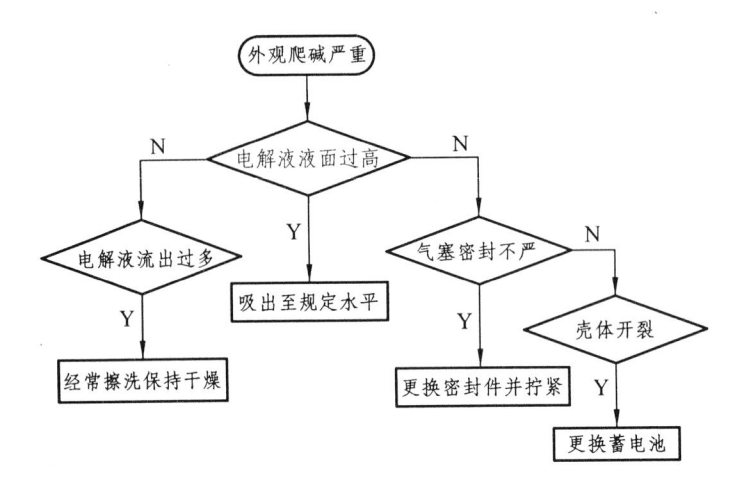

图 4-20 外观爬碱处理时的维护

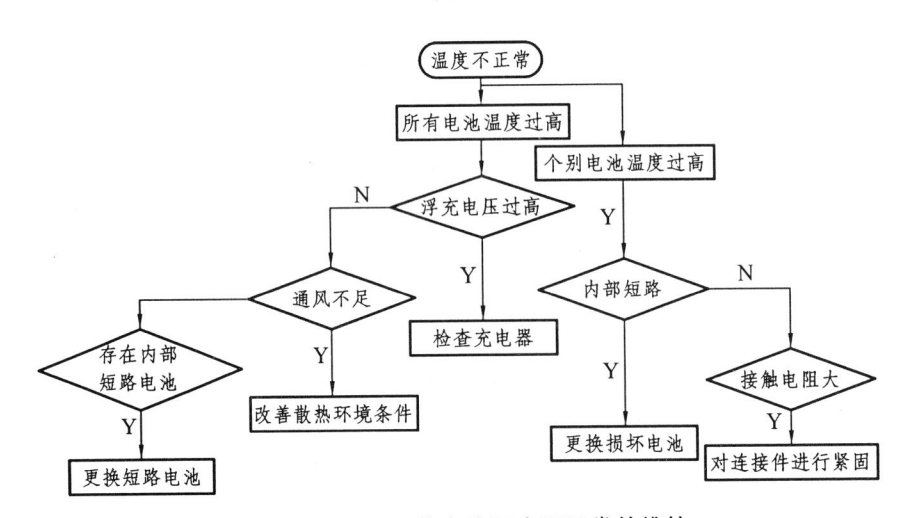

图 4-21 蓄电池温度不正常的维护

六、镍镉蓄电池的使用与维护

镍镉蓄电池在寿命后期，也会出现内部短路故障。造成短路的常见原因一是隔板在长期使用中，因强度降低而损坏，造成短路；二是负极板上镉的小颗粒结晶在长期充、放电循环中，逐渐变大，最后形成镉枝，穿透隔板，造成短路。

（1）新的或经长期存放的蓄电池，使用前应注入电解液至液面高出极板 5~12 mm，静置 1~2 h，然后用过量充电的方法进行充电，充足后即可使用。如遇蓄电池过放电及小电流放电时，必须用过量充电的方法进行充电。

（2）每次充电前，对单体电池应补加蒸馏水，使液面稍高于极板。每使用 1~15 个循环，应检查并调整电解液的密度。

（3）每经一年左右或 50~100 个循环，应在放电状态下更换电解液，以防止因碳酸盐含量增高而降低蓄电池的容量。倒出电解液时，应摇动蓄电池，将内部沉淀物洗出。必要时可用蒸馏水洗 1~2 次，并及时注入新电解液。

（4）不能使电极与壳体短接，防止短路。

（5）为了能及时投入使用而保存的蓄电池，在充电后应拧紧气塞，并在 25 ℃ 以下的温度保存。较长时间储备的蓄电池，最好在充电后带着电解液存放，以便在需要时易于充电和恢复正常容量。

（6）长途运输时为安全起见，最好将蓄电池放电后并倒出电解液，以免发生短路或漏出电解液。

（7）禁止过度放电，终止电压一般不低于 1 V。

（8）当蓄电池的极柱和气塞密封不严、电解液液面过高、电流过大及温度过高等时电解液会溢出，而极柱周围和槽盖上出现白色结晶粉末（即爬碱）。爬碱会导致接触电阻增加、自放电增强、绝缘强度降低，因此需使用尼龙或其他非金属刷清除。在爬碱严重时应对蓄电池的液面进行检查、调整。

（9）镍镉蓄电池使用的工具、仪表等不能与酸性电池的共用。

警告： 蓄电池电解液是氢氧化钾有腐蚀性的强碱溶液，它对维护人员是有危害的。应避免与皮肤和眼睛接触，如果接触到皮肤，应尽快用大量的清水浸泡和清洗受影响的部位并用硼酸溶液或醋进行中和。如果接触到眼睛，应立即用清水冲洗和医疗护理。

复习思考题

1. 飞机蓄电池的功用是什么？在飞机上常用的蓄电池有哪些？
2. 铅酸蓄电池的活性物质是什么？单体电池的额定电压是多少？
3. 蓄电池的额定容量是怎样定义的？
4. 简述铅酸蓄电池在充放电过程中电压变化规律，影响铅酸蓄电池放电容量的因素有哪些？
5. 铅酸蓄电池充电终止的特征是什么？过量充电有什么危害？
6. 简述铅酸蓄电池的容量和液面高度检查方法。
7. 简述铅酸蓄电池的使用注意事项。
8. VRLA 电池与富液式电池相比较有什么特点？
9. 与富液式电池相比 VRLA 电池的工作原理有何不同？
10. 镍镉蓄电池活性物质是什么？单体电池的额定电压是多少？
11. 什么是爬碱，产生的原因有哪些？
12. 镍镉蓄电池的使用注意事项有哪些？如何进行正确的维护和排故？

第五章 飞机直流供电系统

第一节 直流发电机的电压调节

一、概　述

　　飞机上的用电设备都要求电源有一个基本恒定的电压,但如果不做适当调节,当发电机的转速或负载变化时也会引起电压相应的变化。飞机发电机是由航空发动机带动的,其转速取决于飞机的飞行状态,通常在 4 000～9 000 rpm 范围内变化。飞机直流发电机的额定电压为 28.5 V,如果不加以调节,当发动机工作于高转速,发电机空载运行时,且端电压可高达 80～90 V,为了满足用电设备的需要,必须调节端电压稳定在一定范围之内。当发电机的转速或负载变化时,若能改变励磁电流使发电机的磁通相应变化,以补偿转速或负载变化对发电机电压的影响,就可以保持发电机端电压基本恒定。在一定条件下自动保持发电机端电压基本恒定的装置叫做电压调节器(Voltage Regulator),简称调压器。

　　早期的飞机直流发电机额定容量在 1 500 W 以下,采用振动式电压调节器,由于受到触点容量的限制,只能用于小容量发电机,且触点容易损坏。

　　炭片式电压调节器(Carbon Pile Voltage Regulator)可用于中大功率飞机发电机,励磁电流可达 10～15 A,但炭柱损耗大,炭片易磨损,抗冲击与振动的能力差,调压精度低,动态响应慢。

　　现代飞机直流发电机采用的晶体管电压调节器,具有体积小、质量轻、损耗小、调压精度高和动态响应快等优点。

二、炭片调压器

1. 工作原理

一种炭片式电压调节器的外形如图 5-1 所示。

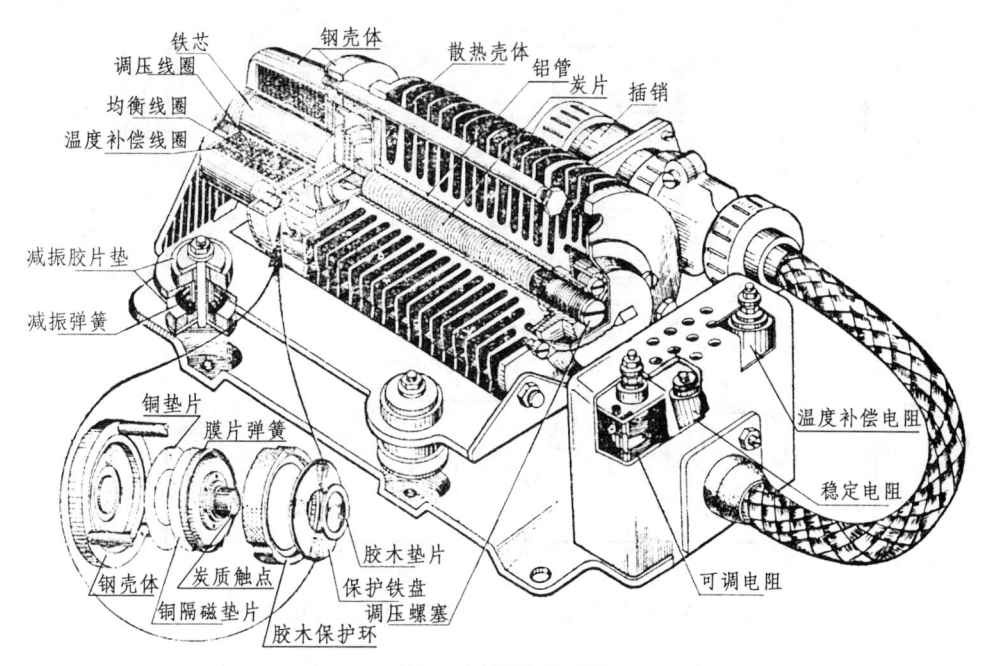

图 5-1 炭片调压器

炭片调压器由炭柱、电磁铁和固定在电磁铁上的六角弹簧（或膜片弹簧）三个基本部分组成，基本工作原理电路如图 5-3 所示。

炭柱由几个炭片叠成，一端与衔铁上的炭质接触点接触，另一端由调整螺钉顶住。它作为一个可变电阻与发电机的励磁线圈串联。炭片电阻主要由炭片之间的接触电阻构成，当作用在炭柱上的压力变动时，炭柱电阻的阻值可在几十欧到零点几欧范围内均匀地改变。

固定在衔铁上的弹簧给炭柱提供压力，在调压器装配、调整好后，弹簧就处于变形状态，就有弹簧力的存在，使衔铁压缩炭柱。从图 5-2 可以看出，炭柱所受的形变压力等于弹簧的弹力与炭片间的变形力之差（电磁铁未通电），即

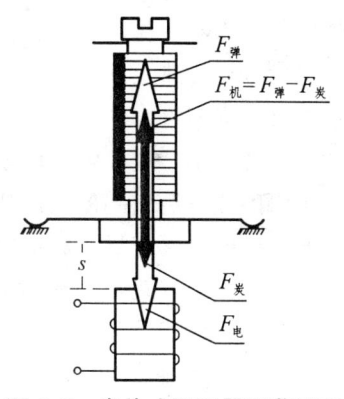

图 5-2 炭片式调压器调节原理

$$F_{机} = F_{弹} - F_{炭}$$

电磁铁的线圈连接在发电机正负极两端，感受发电机电压的变化，产生电磁力吸引衔铁，改变加在炭柱上的压力，使炭柱电阻随着发电机端电压的变化而改变，此时炭柱所受的形变压力将变成

$$F_{机} = F_{弹} - F_{炭} - F_{电}$$

炭片式电压调节器自动调压的原理图如图 5-3 所示。当发电机未转动时，作用在衔铁上的电磁力为零（$F_{电}=0$），衔铁在弹簧力的作用下，将炭柱压得最紧，炭柱上承受的压力最大，因而炭柱电阻最小。当发电机转动发电后，就有电磁力作用在衔铁上，使衔铁向铁芯方向移动，炭柱的外加压力便减小，因而炭柱电阻变大。

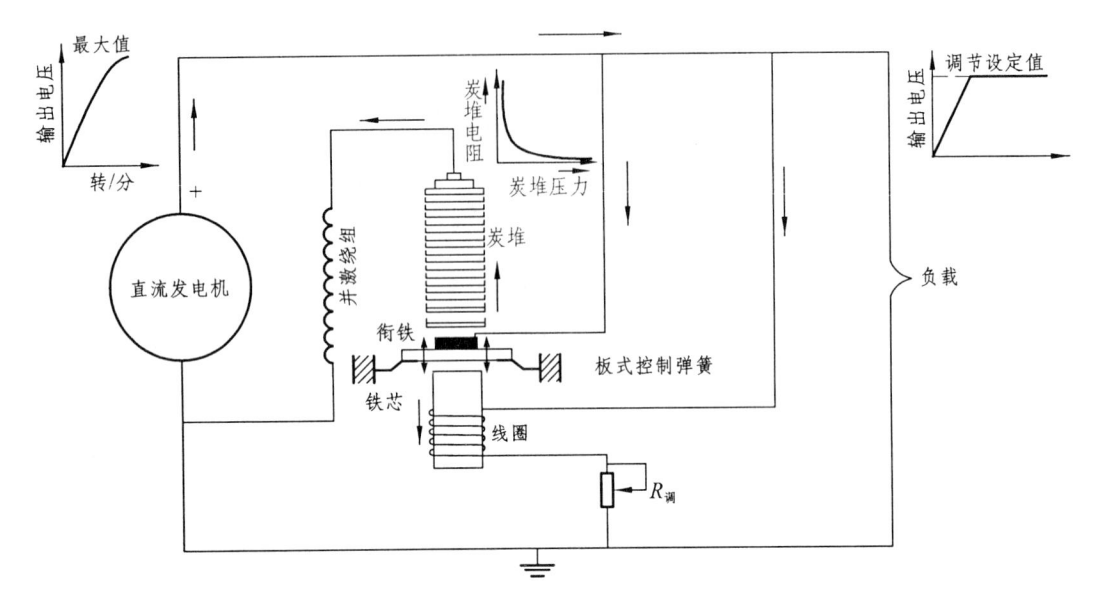

图 5-3 炭片调压器与发电机连接的原理电路

当发电机的输出电压为额定值时，作用在衔铁上的炭柱压力、弹簧力和电磁力三个力互相平衡，调压器处于相对静止状态。这时衔铁停在某一位置，炭柱电阻、发电机励磁电流和磁通的大小均不变化，调压器使发电机电压保持在额定值。

当发电机转速上升或负载减小时，发电机电压会升高而超过其额定值。此时电磁铁线圈中的电流会立即增大，作用在衔铁上的电磁力会随之增大，衔铁向电磁铁方向移动，炭片之间的压力便减小，炭柱电阻逐渐增大，发电机励磁电流逐渐减小，发电机电压逐渐下降。当炭柱电阻的改变所引起的电压变化量，恰好抵消了由于转速和负载改变所引起的电压变化量时，发电机电压就恢复至额定值。经过这一变化后，作用在衔铁上的三个力又重新平衡，衔铁停在新的平衡位置，调压器又处于新的平衡状态。

当发电机转速下降或负载增加时，电压调节器的工作过程与上述相反。此时，电磁力会减小，衔铁向炭柱方向移动，使炭片之间压紧，炭柱电阻减小至一定值时，发电机电压又可回升至额定值。

由此可见，随着发电机转速和负载的变化，衔铁会相应地改变其平衡位置，使炭柱电阻相应地变化。对应一定的转速和负载，衔铁即停在相应的位置，炭柱电阻便有一个相应的数值。转速越高，负载越小，衔铁的位置越靠近电磁铁，炭柱电阻就越大；反之，炭柱电阻就越小。

在炭片调压器的电磁铁线圈电路中，还串接有用康铜制成的调压电阻 $R_{调}$（又叫调压变阻器），如图 5-3 所示。调压电阻是用来人工调整调压器调出的电压数值的。这是由于调压器在使用一段时间以后，调出电压值会因炭片磨损或衔铁弹簧产生永久变形等情况而发生变化。这时只有人工调整 $R_{调}$ 才能使调压器调节出来的电压符合规定值。顺时针方向拧动调压变阻器的调整螺钉或转轮时，其电阻值会增大，使电磁铁线圈中的电流减小，电磁力减小，炭柱被压紧，炭柱电阻减小，发电机的励磁电流增加。这样就可使发电机的电压升高，当发电机电压升高到额定值时，应立即停止调整。反时针方向拧动 $R_{调}$ 时，则其电阻值减小，即可使发电机电压下降。

2. 使用与维护

1）使用注意事项

在炭片式电压调节器使用过程中需要注意两点：第一，炭片调压器只能相对地使发电机电压恒定，而不能绝对地将电压保持在某一数值。直流发电机电压一般为 28.5 V，实际上，只要炭片调压器将发电机电压保持在 27.5～29.5 V 范围内就认为是正常的；第二，上述调节过程只有当发电机转速在正常工作范围内和发电机的负载不超过额定值时才能发生。例如，发电机转速在其最低转速以下时，虽然炭片之间压得很紧，但发电机仍不能产生足够的电动势，这时，发电机电压将随其转速的下降而降低。又如，当发电机的负载电流超过一定值时，炭柱电阻已达最小值，此后，若负载再增大，励磁电流已不可能再增加了，发电机电压也不可能维持在额定值，而是按发电机的自然外特性变化。

此外，有的炭片调压器为了提高调压精度，最大限度地消除温度变化对调压器工作的影响，往往采用温度补偿电阻和温度补偿线圈；为了提高调压系统工作的稳定性，一般还采用稳定电阻或稳定变压器电路等，它们的作用原理，这里就不一一叙述了；其中的均衡线圈和均衡电路将在后面介绍。

2）技术指标

现以 TY-9 型电压调节器为例说明炭片式电压调节器的技术数据：

(1) 额定电压　　　　　　28.5 V
(2) 炭片最大功耗　　　　180 W
(3) 工作状态　　　　　　连续
(4) 调压范围　　　　　　26.3～29.7 V

（发电机转速从 5 500～7 200 rpm 变化，负载从零变化到额定值，人工调节电阻固定不变的条件下；地面环境温度为（20±10）℃ 时）

(5) 人工调节电阻的调压变化量　　　±1.5 V

3）故障及排除方法（见表 5-1）

在使用过程中应经常检查电压调节器所保持的电压，即发电机的输出电压，并定期用压缩空气吹出灰尘，检查其安装位置。

在长期使用后，调压器可能出现炭片发生磨损、性能改变、工作不稳定等情况，使用中应经常检查调压器的调节电压。但不允许在飞机上调整电压调节器的调节电压，对电压调节器的调节，只能在有试验设备的修理厂进行。

表 5-1　炭片式电压调节器的故障及排除方法

故障表现	可能原因	排除方法
电压低于额定值	1. 炭片性能改变。 2. 稳压二极管击穿	1. 使用人工调节电阻进行调整，当不能调整到额定值时，应更换调压器。 2. 更换调压器

续表 5-1

故障表现	可能原因	排除方法
电压过高（无法调整）	1．调节器工作线圈断路。 2．炭片烧伤	更换调压器
电压高于额定值	1．炭片有磨损。 2．线圈间短路或线圈电路连接处接触不良	1．使用人工调节电阻进行调整，当不能调整到额定值时，应更换调压器。 2．更换调压器
无电压	1．调节器炭柱电路断路。 2．发电机励磁线圈断路	1．在不分解调压器故障无法排除时，应更换调压器。 2．如发电机内部励磁线圈断路时，应更换发电机
电压波动	1．调压器处在"拍合"区工作。 2．衔铁活动阻滞。 3．调压器中弹簧卡阻，炭片在衬筒中卡住。 4．稳压线圈失效。 5．工作点选择不当。 6．插头接触不良	1．更换调压器。 2．清洁并装好插头

三、晶体管电压调节器

炭片电压调节器是通过平滑改变炭柱电阻来调节发电机励磁电流的，晶体管电压调节器的末级晶体管工作于开关状态，通过改变导通比来调节发电机励磁电流，因此损耗更小。

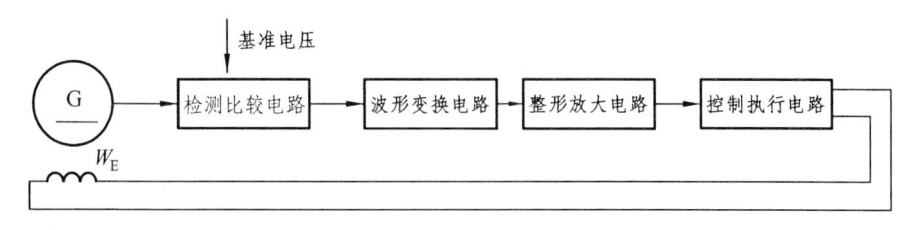

图 5-4　晶体管调压器调压原理方框图

晶体管电压调节器由电压检测电路、基准电压电路、电压比较与波形变换电路和放大与执行电路等构成，如图 5-4 所示。电压检测电路检测调节点电压的大小，基准电压电路提供基准电压，电压比较电路比较检测到的电压和基准电压，并输出两电压差信号，通过变换电路将它变成脉冲宽度信号，以使末级或其前置级晶体管工作在脉冲调宽的开关状态，通过改变脉冲宽度来调节发电机励磁电流，使调节点电压保持在规定的范围内。有关晶体管调压器的主要内容将在第七章中详细介绍。

第二节 直流电源的并联供电

一、概 述

在飞机上，对于多台发电机供电系统，每台发电机可以单独向各自的用电设备供电，也可以并联起来共同向用电设备供电。在单独供电的情况下，如果某台发电机有故障并从电网上切除后，原来由故障发电机供电的负载，要转由正常发电机供电，这就需要一定的转换时间，造成暂时中断供电。在并联供电的情况下，个别发电机有故障并从电网上切除后，电网上的负载仍可不中断地获得电能供应，这就提高了供电的可靠性。此外，并联供电时由于电网总容量增大，可满足大的起动电流和尖峰负载的要求，在负载突变时，可以减小电网电压的波动，这就改善了供电质量。由于并联供电存在着上述优点，在低压直流供电系统中，广泛采用并联供电的方式。

在装有两台发动机的中小型飞机上，通常采用两台同型号的直流发电机并联供电。在这种情况下，就有一个负载分配均衡性的问题，也就是两台发电机分担的负载是否平均的问题。如果两台发电机输出电流相等，各为总负载电流的一半，则负载的分配就是均衡的；如果两台发电机输出电流不相等，负载分配就是不均衡的，输出的电流相差越大，负载分配就越不均衡。

供电系统要求两台发电机的负载分配，在总负载接近两台发电机额定负载之和时，能够接近于均衡状态。否则，两台发电机输出电流相差过大，一台发电机输出电流超过了它的额定值，严重时甚至可能被烧坏；而另一台发电机输出电流太小，又未能充分发挥它的供电能力。然而，由于许多因素的影响，实际上负载的分配往往是不均衡的。下面首先讨论负载均衡分配的条件，然后叙述提高负载分配均衡性的措施。

二、并联供电负载均衡分配的条件

直流电源投入电网的条件是：电源极性和电网相同；电源电压和电网电压相同。如图 5-5 所示是两台直流发电机并联原理图，A 和 B 为调节点，U_1、U_2 为 A、B 点电压，U_n 为并联汇流条电压，R_{+1}、R_{+2} 为电源到汇流条间正接线电阻，I_1、I_2 是 G_1 和 G_2 的输出电流。

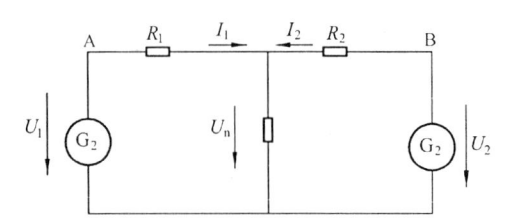

图 5-5　两台直流发电机并联原理图

由图 5-5 可得到如下两个方程式即

$$\begin{cases} U = U_1 - I_1 R_{+1} = U_2 - I_2 R_{+2} \\ I = I_1 + I_2 \end{cases}$$

由此可得 I_1 和 I_2 的表达式为

$$I_1 = \frac{U_1 - U_2}{R_{+1} + R_{+2}} + \frac{R_{+2}}{R_{+1} + R_{+2}} \cdot I$$

$$I_2 = -\frac{U_1 - U_2}{R_{+1} + R_{+2}} + \frac{R_{+1}}{R_{+1} + R_{+2}} \cdot I$$

两台发电机负载分配均衡程度，可用两台发电机的电流差表示为

$$\Delta I = I_1 - I_2 = \frac{2(U_1 - U_2)}{R_{+1} + R_{+2}} + \frac{R_{+2} - R_{+1}}{R_{+1} + R_{+2}} \cdot I$$

由上式可以看出，在同时满足下面两个条件以后两台发电机的输出电流可以相等：

（1）两个调压器所保持的电压相等，即 $U_1 = U_2$。

（2）两台发电机的正线电阻相等，即 $R_{+1} = R_{+2}$。

满足了上述两个条件，负载分配就是均衡的。这时，两台发电机的输出电流 I_1 和 I_2 都等于负载电流 I 的一半（即 $I_1 = I_2 = I/2$），当负载电流 I 增加时，电流 I_1 和 I_2 都按同样的比例增大，电流差 ΔI 恒等于零。

三、提高负载分配均衡性的措施

要使负载均衡分配的两个条件同时具备，实际上是很难做到的。例如，两个调压器的调压准确性不可能完全一致，两台发电机的转速不可能完全相同，这都会引起 U_1 与 U_2 不可能完全相等；各导线连接处的拧紧程度及清洁状况不可能完全相同，发电机输出电路中接触器触点的接触电阻很可能有差异，这就会引起正线电阻不等。因此，不采取一定措施，要使两台发电机的负载均衡分配是不可能的。

由于各供电系统采用的调压器的型式不同，均衡方式也存在差异。

1. 炭片调压器采用均衡线圈提高负载分配的均衡性

带炭片调压器的并联供电系统，通过调压器铁芯上的均衡线圈 W_{eq} 与接在发电机负极的

负极电阻 R_- 构成均衡电路,如图 5-6 所示。

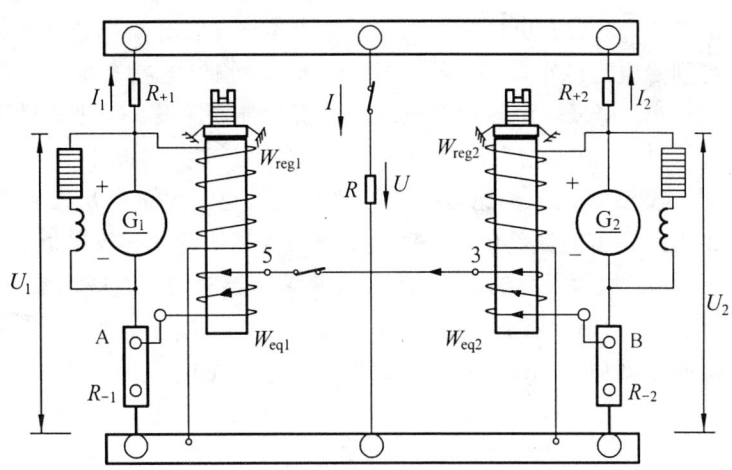

图 5-6 炭片调压器的均衡电路

负极电阻是由电阻温度系数很小的镍铬合金制成,阻值很小,而且两个负极电阻要求阻值相等 $R_{-1} = R_{-2}$,两个均衡线圈的匝数相等 $W_{eq1} = W_{eq2}$,阻值也相等。

如果负载分配不均衡,设 $I_1>I_2$,则 A、B 两点电位不相等,$V_A<V_B$,于是有电流自 B 点经过 W_{eq2} 和 W_{eq1} 流向 A 点,产生相应的磁势。在输出电流大的发电机调压器中,均衡线圈磁势与工作线圈磁势方向相同,使调压器铁芯合成磁势增强,调节点电压 U_1 降低;输出电流小的发电机调压器,均衡线圈磁势与工作线圈磁势方向相反,使铁芯合成磁势减弱,调节点电压 U_2 升高。结果原来输出电流大的发电机电流 I_1 减小,输出电流小的发电机电流 I_2 增大,使负载趋于均衡。

可见,均衡线圈减小电流差的实质是将与电流差有关的信号反馈到调压器的检测电路,借以改变调节点的电压,从而提高负载分配的均衡性。

2. 晶体管调压器采用均衡电阻提高负载分配的均衡性

晶体管调压器的均衡电路如图 5-7 所示,其中 R_{24} 为均衡电阻。两个均衡电阻的一端接于发电机负端 A、B 两点,为了取出电流差信号,发电机负端是通过负极电阻 R_- 接地的。

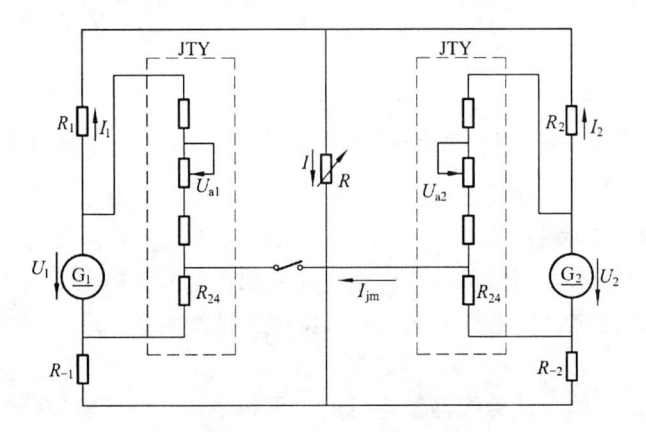

图 5-7 晶体管调压器的均衡电路

设由于某种原因造成发电机负载不均衡且 $I_1>I_2$，此时 $V_A<V_B$，若均衡电路接通，均衡电阻上的压降 $I_{eq}R_{24}$ 使得第一台发电机的调压器敏感点电压 U_{a1} 升高，励磁控制电路晶体管的导通比减小，平均励磁电流减小，发电机电压 U_1 降低，输出电流 I_1 减小；第二台发电机的调压器敏感点的电压 U_{a2} 降低，励磁控制电路晶体管的导通比增大，平均励磁电流增大，发电机电压 U_2 升高，输出电流 I_2 增大，最终使得电流差 $\Delta I = I_1 - I_2$ 减小。

可见均衡电阻均衡负载的基本原理是：将敏感到的电流差信号反馈到调压器的检测电路，借以改变检比电路输出的偏差信号，使功率管的导通比改变，发电机调节点电压改变，从而使电流差减小，达到均衡负载的目的。这与炭片调压器中均衡线圈均衡负载的原理相似。

由于多种参数和因素直接或间接地影响着负载分配，所以很难使并联供电的发电机负载均衡，但在采取均衡措施后，电流差值常可限制在规定范围内。

四、发电机与蓄电池的并联运行（铅酸蓄电池）

发电机投入已有蓄电池的飞机直流电网时需要满足两个条件，一是发电机极性必须与电网极性相同；二是发电机电压应稍高于电网电压。若电机电压低于电网电压时投入，则一投入就有反流，使电机断开，断开后又投入，又因反流断开，导致主干线接触器处于振荡状态，可能损坏发电机和蓄电池。

图 5-8 所示是发电机与蓄电池并联运行原理电路图，图中 R_{+1} 是发电机主馈电线电阻，R_{b1} 是包含电池内电阻和外接线电阻，发电机与电池并联时的负载分配决定于发电机与蓄电池本身的特性和馈电线电阻。图 5-9 所示是发电机与蓄电池电流分配示意图，图中曲线 1 是发电机的外特性曲线，曲线 2 是蓄电池的正常充电曲线，曲线 3 是未充足电的蓄电池的充电曲线。

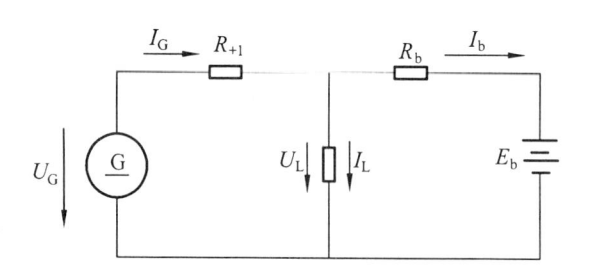

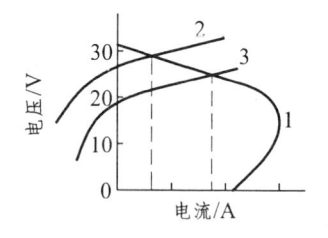

图 5-8 发电机蓄电池并联运行原理电路图   图 5-9 发电机与蓄电池电流分配图

如果电网中没有负载，则发电机仅对蓄电池充电，电池的充电电流等于发电机的输出电流，即 $I_b = I_G$；如果接有负载，则有 $I_b = I_G - I_L$，电池充电电流减小，汇流条电压也有所降低。如果负载电流进一步增大，则汇流条电压进一步降低，电池充电电流减小，在某一负载情况下，电池的充电电流为零，发电机的输出电流全部提供给负载，进一步增大负载蓄电池将转入放电状态。

发电机与蓄电池间的负载分配与发电机的电压调定值、调压器的调节误差、发电机主干线电阻、电池的充放电程度及其连接电阻等因素有关。蓄电池只有在充足电后才能装上飞机，否则会导致汇流条电压过低，电池充电电流过大，如图 5-10 中的曲线 1、3，且不能在应急时保证供电。

第三节　直流电源的控制与保护

飞机低压直流电源系统的控制主要是指主电源、应急电源、地面电源以及起动发电机的控制。低压直流电源系统的保护项目主要有发电机反流保护、过电压与过励磁保护、发电机反极性保护、过载保护和短路保护等，本节主要介绍电源的控制、反流保护和过压保护。

一、直流发电机的控制和反流保护

在电气系统中，电流应该由电源到配电汇流条，最后输送到用电设备，在连接线路中还包含有电压调节器、控制装置等自动器件和人工控制开关。但是，在发动机起动或停车过程中，发电机转速很低，或者由于发电机或调压器发生故障，都可能使发电机电压低于汇流条电压，使电流由蓄电池流入发电机。两台或两台以上发电机并联供电时也会出现这种情况，电流会从电压高的发电机流入电压低的发电机。这种流入发电机的电流叫做反流（Reverse Current）。反流不仅白白地消耗蓄电池或发电机的电能，而且过大的反流还会烧坏蓄电池或发电机。

1. 电磁式反流保护装置

要避免反流的危害，必须适时地接通和断开发电机输出电路。即在发电机电压高于汇流条电压时才将发电机电路接通，这时不会产生反流；当发电机电压低于汇流条电压而出现反流时，要在反流不很大的情况下就将发电机输出电路断开，切断反流。发电机输出电路的接通和断开是由自动控制装置来完成的。

既然发电机的自动控制装置和反流保护装置都是在发电机电压低于汇流条电压时将发电机输出电路断开，所以，通常都是把这两种装置的电路结合在一起，它既可以起到自动控制发电机输出电路的作用，又可起到反流保护的作用。这种发电机自动控制和反流保护装置简称反流保护器，常用的两种是切断继电器和反流割断器。本节只介绍较为简单的反流切断继电器。

图 5-10 所示是一个用于直流发电系统的反流切断继电器，继电器具有两个绕在铁芯上的线圈、一个弹簧控制的衔铁和触点组件。与发电机并联的绕组匝数较多，而与发电机输出电路串联的绕组匝数少，由于需要通过发电机的输出电流，因此导线较粗。反流切断继电器中的触点在静态情况下借助于弹簧的弹力保持在断开位置。

在发电机机正常发电，且发电机总门闭合后，切断继电器的并联绕组在铁芯中产生足够大的磁通吸引衔铁，使其触点闭合，从而把发电机连接到了汇流条上，发电机就通过切断

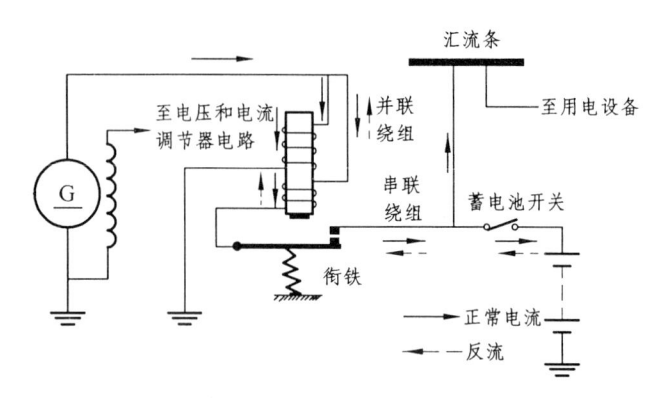

图 5-10 反流切断继电器工作原理简图

继电器的串联线圈、切断继电器触点向汇流条供电，此电流产生的磁场加强铁磁装置的磁场，从而使断路器更牢固地保持在闭合位置。

如果发电机输出电压低于蓄电池电压而产生反流时，反流在切断继电器的串联线圈中产生一个与并联线圈方向相反的磁场，抵消了一部分并联线圈的磁场，从而减小了铁芯的磁通，当反流达到一定值时，电磁力不足以克服弹簧力，切断继电器触点断开，使发电机处于"离线"状态，可以避免造成发电机损坏。

2. 晶体管式反流保护装置

现代以低压直流电为主电源的飞机上常采用在发电机的输出端串联二极管的方法来限制反向电流，减轻了系统质量，如图 5-11 所示。

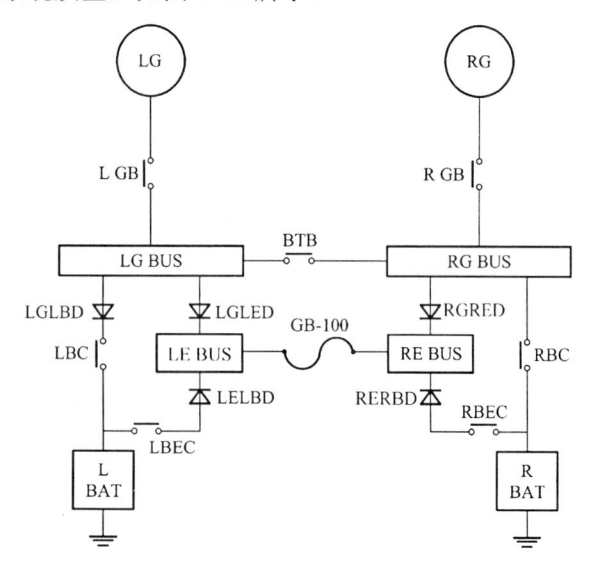

图 5-11 串联二极管限制反流供电图

图 5-11 中的两台发电机并联供电时，在左右应急汇流条（LE BUS）的电源入口处有二极管，可以防止应急汇流条以外电网的故障导致应急汇流条的故障，例如，在右发电机汇流

第五章 飞机直流供电系统

条（RG BUS）短路时，由于二极管（RGRED）的作用，可以避免 RE BUS 短路，从而提高了应急汇流条供电的可靠性。而且在 GB-100 熔断前，任一应急汇流条都由三个方向供电，可以保证足够的供电裕度。左发电机汇流条与左蓄电池之间的二极管 LGLBD 可以防止左蓄电池向左发电机汇流条供电产生反流，左蓄电池只能向左应急汇流条供电。而右蓄电池电路中没有此二极管，故可用于起动主发动机或 APU。

二、过电压故障的保护

发电机励磁电路或调压器故障使电源电压超过规定的稳态电压极限值，称为过电压（Over-Voltage），简称过压。过压对用电设备造成严重危害。

由发电机励磁电路或调压器故障而造成的过压，持续时间很长，称为持续过压。发电机产生持续过压时，其危险极大，不但许多用电设备容易损坏，而且还会将蓄电池充爆，发电机也会因过载发热而烧坏。过电压越大，破坏性就越强。为了防止过压造成的这种严重后果，在现代飞机上广泛采用发电机过压保护装置。过压保护装置的作用是，当发电机出现过压时，迅速地将过压发电机的励磁磁场消除（或者减小到安全程度），同时把该发电机的输出电路断开。另外，电源系统在调压过程中，也会出现过高的电压（即超调量）。不过，这种过高的电压与持续过压不同，它是在极短的时间（毫秒级）内出现的电压尖锋和电压波动，通常称之为瞬时过压（Transient Over-Voltage）。瞬时过压是在调压过程中不可避免的正常现象，而且对一般用电设备不会造成危害。所以，在出现瞬时过压时，过压保护装置不应动作，否则，就会破坏电源系统的正常工作。因此，电源系统要求过压保护装置在出现过压时不应立即动作，而是在过压延续一段时间以后再动作。且过压值越高，延迟时间应越短，即具有反延时特性。

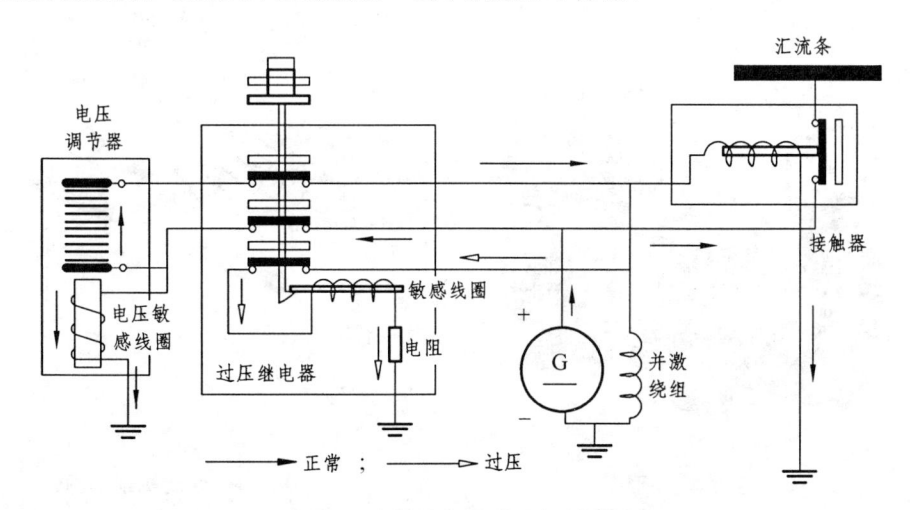

图 5-12 过压继电器过压保护电路图

对飞机电源系统进行过电压保护的方法有很多种，其中采用过压继电器是一种简单的方案，图 5-12 给出了过压继电器进行过压保护的电路图。过压继电器由敏感线圈、敏感电阻、衔铁组件和触点组成，其中敏感电阻是一个非线性电阻，它的阻值随着流过电流的增加而减小；衔铁组件采用机械闩锁式，只有在故障排除后，才能人工复位。

当因为电压调节器敏感电路断开或其他原因引起发电机过电压时，发电机的励磁电流增加，由于敏感电阻具有反特性，而使敏感线圈中的电流进一步增加，线圈中建立的电磁场使闩锁机构脱扣，其触点在弹簧的作用释放，由于主接触器线圈断电，其触点跳开，把发电机从电源系统中断开；另外，由于发电机的励磁电流减小（为零），从而消除过压。

在过压继电器动作后，自锁机构使它的触点保持在断开状态，必须在查明原因，排除故障后，方可按压恢复按钮使其恢复正常状态。

第四节　旋转变流机及静止变流器

一、旋转变流机

旋转变流机（Rotary Inverter）是将直流电变换为交流电的电动机-发电机组，用于低压直流电源系统中作二次电源，给交流用电设备供电。有单相变流机和三相变流机两大类。

单相变流机可将飞机上的低压直流电转变为 115 V 400 Hz 单相交流电，给无线电和雷达等设备供电。它们通常由一个并励式（或复励式）直流电动机和一个旋转电枢式单相交流发电机组成，如图 5-13 所示。当变流机接通直流电源时，电动机便转动起来，并带动交流发电机的电枢旋转，产生 115 V 400 Hz 单相交流电，经过滑环和电刷向外输出。

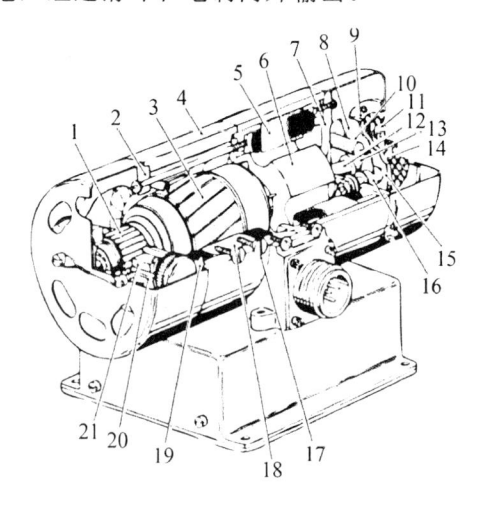

图 5-13　变流机外形　　　　　图 5-14　变流机剖面图

1—换向器；2、7—轴承架；3—电枢；4—机壳；5—定子铁芯；6—转子；8—滑环；9—绝缘片；
10—电容器；11—轴；12—轴套；13—调速器；14—电刷；15—刷握；16—螺钉；17—极靴；
18—励磁线圈；19—换向器刷握；20—换向器电刷

三相变流机可将飞机上的低压直流电变换成 36 V400 Hz（或 500 Hz）三相交流电，给陀螺仪表及雷达、自动驾驶仪等设备供电。它通常由一个直流复励式电动机和一个具有永磁转子的三相交流发电机组成，如图 5-14 所示。

由于变流机体积大、质量大、噪音大、质量功率比大、可靠性较差，因此正逐步为静止变流器所取代。

二、静止变流器

静止变流器（Static Inverter）将飞机上的直流电转变为 400 Hz 的单相或三相交流电。

现代飞机用静止变流器主要由两部分构成：直流变换器和直交逆变器。前者用于将低压直流电转变为高压直流电并实现电气隔离，后者将高压直流电转变为 400 Hz 正弦交流电，经滤波后输出。

直流变换器由输入滤波器、输出滤波器、变换器和控制保护电路构成。输入滤波器用于减少变换器工作时对电网的影响；输出滤波器用于滤除交流分量，平滑输出电压；控制电路用于在电源电压变化和负载变化时保持输出电压不变；变换器通过电力电子器件的开关作用，将直流变换成矩形波。

逆变器是静止变流器的核心部件，它将直流电转变为一定频率的交流电。按照输出交流电相数的不同可以分为单相逆变器和三相逆变器。在飞机使用较多的单相逆变器有矩形波逆变器、正弦脉宽调制逆变器、阶梯波合成逆变器。

1. 矩形波逆变器

逆变器多采用桥式逆变器，它的主电路与工作波形如图 5-15 所示。通过改变大功率晶体管基极电压的波形就可以在 e_2 端得到不同频率的准矩形波，再通过输出滤波器滤除其中的各高次谐波电压就可以获得比较理想的正弦交流电。此种电路多用于直流变换器，在输出正弦交流电时，由于效率低，波形失真大而较少采用。为了减小逆变器输出电压中的高次谐波，有两种方法，一种是阶梯波合成法，另一种是正弦脉宽调制法。

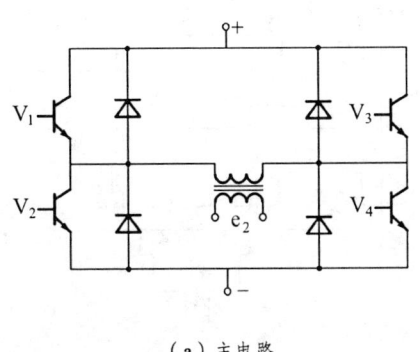

（a）主电路 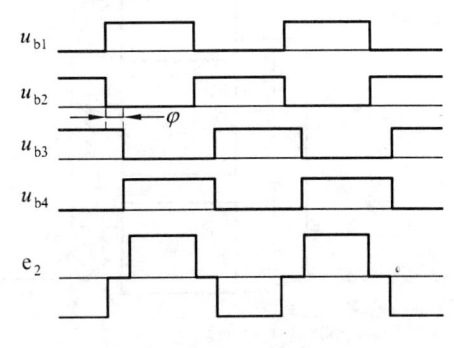　　　　　　　　　　（b）工作波形

图 5-15　桥式逆变器

2. 正弦脉宽调制（SPWM）逆变器

SPWM 是利用三角载波与正弦信号叠加生成正弦脉宽信号，如图 5-16 所示。SPWM 技术可以有效的改善逆变器输出电压波形。正弦交流电压在半个周期中，中间电压高，两边电压低，SPWM 技术正是按照此规律设置脉宽调制波的宽度，使中间脉宽宽，两侧脉宽窄，从而有效地降低了谐波含量。

图 5-16（a）是借助三角波信号与正弦调制波信号的交点获得晶体管正弦脉宽开关信号的波形，其中 V_1 和 V_2 的控制信号由交点产生，V_3 和 V_4 信号由调制波产生，如图 5-16（b）所示。图 5-16（c）是逆变器输出电压和电流的波形。

改变正弦调制波的频率和幅值，即可调节逆变器输出电压的频率与幅值。若正弦调制波的幅值为零，则逆变器输出电压也为零。调制波电压小于三角波电压峰值时，输出电压随调制波电压的升高线性增长。正弦波的幅值大于三角波峰值后，输出电压增长变慢，并最终达到一稳定值。

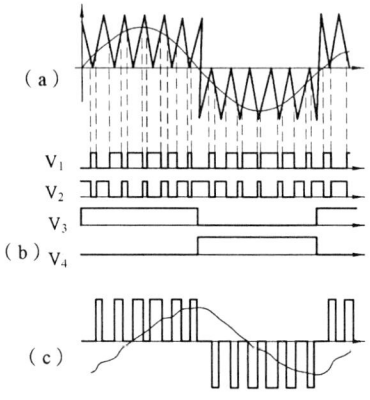

图 5-16 正弦脉宽调制逆变器

3. 阶梯波合成逆变器

阶梯波合成逆变器由振荡器、分相电路、矩形波逆变器和综合变压器等组成，如图 5-17 所示。图中 UVW 三个单相逆变器分别输出 $180°-\alpha$ 宽的方波交流电压，三个电压间相位互差 45°，电压幅值均为 U_d。输出的电压波形为 12 阶梯波，它的 3、5、11 和 13 等次谐波为零。当移相角 α 减小时，输出电压基波分量加大。由于低次谐波为 7 次和 9 次，故可用较小的输出滤波器即可保证输出电压中总谐波含量小于 5%。

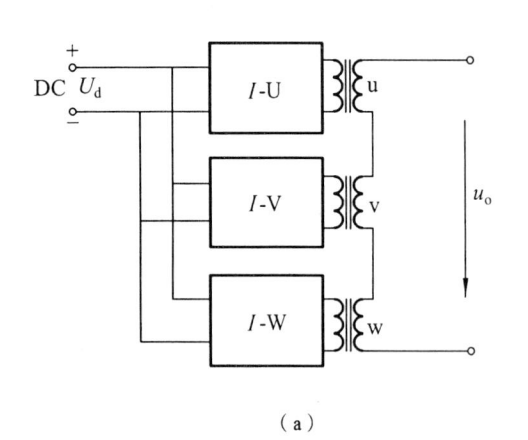

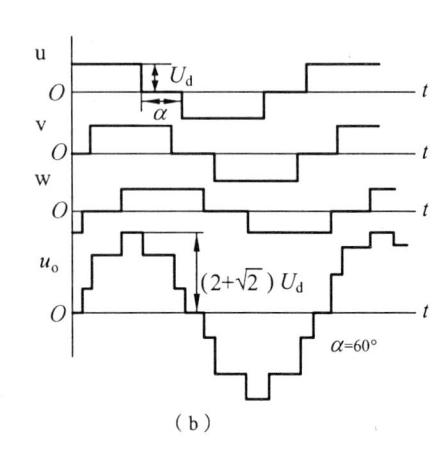

（a）

（b）

图 5-17 阶梯波合成逆变器

第五节 直流发电机在飞机上的使用

在新舟-60、运五等飞机上安装有直流发电机，本节主要介绍航空直流发电机在飞机上的使用问题。

一、直流发电机的自励原理及条件

前面提到，自励发电机是用自己产生的电功率的一部分来励磁的。但是根据电磁感应定律，导体在磁场中运动，切割磁力线，则在导体两端会产生感应电动势。当自励发电机未发电时，其励磁磁场是建立不起来的。没有磁场，发电机就不能产生电能。那自励发电机到底是怎样自励发电的呢？我们以并励发电机为例，分析自励发电机的自励建压过程。

如图 5-18 所示，在空载时，电枢电流 $I_a = I_f$，该值很小，它产生的电枢反应与压降可以忽略不计。因此，U_0 与 I_f 应同时满足两方面的关系：对电枢电路，二者关系为空载特性 $U_0 = f(I_f)$（曲线 1）；对励磁电路，二者关系为 $U_0 = (r_f + r_j)I_f$（直线 2）。其中，直线 2 为励磁电路的电阻线，称为场阻线。

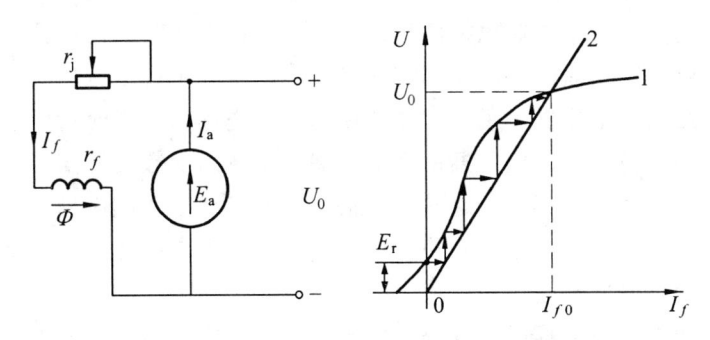

图 5-18 并励直流发电机电压的建立

直流发电机的磁极铁芯都是用具有高导磁性的磁性材料做成。磁性材料一经磁化，即使励磁磁场去除，它仍然具有一定的磁性，这就是剩磁 B_r。剩磁是自励发电机自励发电的先决条件。当发电机由发动机驱动旋转时，电枢绕组切割剩磁磁场，于是就有剩磁电动势 E_r 产生。电动势 E_r 加在励磁电路两端，产生较小的初始励磁电流。初始励磁电流将会在磁极铁芯中建立起一个较小的初始磁场。若初始励磁磁场与剩余磁场方向一致，则电机主磁场增强，相应地电动势 E_a 进一步增大，进而使励磁电流增大，形成正反馈，直至磁路饱和，发电机电压就建立起来。若初始励磁磁场与剩余磁场方向不一致，则发电机电压不能建立。因此，必须保证在确定的转向下，励磁绕组的接线极性正确。

发电机电压和励磁电流的递增过程与励磁电路的电阻是密切相关的。很明显，励磁电路电阻过大，建压过程将会很长，甚至于根本不能建压。因此，自励发电机的励磁电路电阻不能超过其临界电阻。而且,临界电阻值还与转速有关。转速越低,临界电阻值应取得越小。当然。转速过低,初始剩磁电动势将会很小,发电机电压也是很难建立起来的。

综上所述,并励直流发电机自励发电的条件:

(1)电机必须有剩磁。必要时,可用其他电源对其激励一次,以获得剩磁。有的发电机是在其定子铁芯片中嵌放永久磁铁片,以增加剩磁。

(2)励磁绕组连接极性正确,即励磁磁势与剩磁方向一致。

(3)励磁电路电阻不能过大,必须小于该转速下的临界电阻。

(4)转速不能过低。

二、冷却方式

电机工作时,输出功率 P_2 总是小于它的输入功率 P_1,其中 P_1-P_2 的那部分功率为损耗功率,它包括电机的铜损、铁损、机械损耗和杂散损耗。损耗的存在,一方面降低了电机的效率,另一方面损耗变成热能,使电机发热,温度升高。温度过高时,将影响电机的绝缘寿命,妨碍电机的安全运行。至于温度升高的程度,取决于损耗的大小和电机的冷却效果。

一般航空电机有三种工作制。连续工作制的电机可在额定数据下连续长期工作。在工作期间,电机可达稳定温升,但不超过规定的极限温度。飞机主电源发电机和油泵用电动机均属连续工作制。短时工作制电机的工作时间短,在工作时间内以额定状态运行,温度达不到稳定值,停止工作后,能够冷却到周围环境温度。飞机上应急及调整用的电动机都属于这一类。断续周期工作制电机的工作和休息交替进行。工作时温度达不到稳定值,休息时也不能冷却到环境温度,但是温度会随着周期循环的次数而升高。飞机上的起动电动机和操纵机构用的电动机,都属于这一类。很明显,连续工作制电机以额定状态作短时间或断续周期性工作时,温度不会达到稳定值。因此,这类电机允许在一定范围内短时过载工作,但过载程度以温度不超过允许值为限。

电机的容量和寿命很大程度上取决于电机的工作温度。因此,改善冷却条件,是提高电机容量、减轻重量和延长寿命的重要手段。

目前,航空直流电机的冷却方式有三种:自然冷却、自通风冷却、强迫通风冷却。

自然冷却依靠电机转动时引起的空气搅动,以及电机表面的空气因膨胀而形成的自然对流和辐射,将电机产生的热量带走。其冷却效果差。自然冷却方式适用于功率小、发热量不大以及安装位置散热面积较大的电机和场合。

自通风冷却是依靠安装在电机转轴上的风扇使空气流动,散发电机的热量进行冷却。自通风冷却的效果随飞行高度和速度的增加而急剧下降,因此它只在功率较小的发电机和连续工作的电动机上采用。

强迫通风冷却是利用飞机在飞行中产生的动压,将迎面气流经过通风管引入电机进行冷却。航空直流发电机几乎都采用这种冷却方式。飞机在起飞和着陆时无法引入迎面气流,这时靠发电机风扇进行自通风冷却。

三、直流发电机故障分析

当直流发电机不能正常向汇流条和用电设备供电时,应从发电机不供电和发电机无法输出电能两个方面进行考虑。

1. 发电机不发电

(1) 发电机连接励磁线圈的"B"接线柱松动,有时拆装发电机时不慎将导线碰断。
(2) 发电机剩磁消失或反磁。
(3) 过压保护器工作,断开了发电机励磁电路。
(4) 调压器损坏,断路。
(5) 发电机的炭刷与整流子经常跳火花,使整流子积炭过多,造成炭刷与整流子接触不良。
(6) 发电机励磁保护器跳开或熔断。
(7) 励磁控制继电器触点接触不良,或烧坏。
(8) 轴承损坏,发电机轴折断、电枢转子卡阻、炭刷高度太低、发电机因潮湿严重漏电等原因。

2. 发电机不输出

(1) 反流割断器或二极管故障开路。
(2) 发电机输出接触器接触不良。
(3) 输出电路的电路保护器跳开或熔断。
(4) 发电机输出线路接触不良,接触电阻过大。

3. 发电机失磁

并励式直流发电机必须有足够大的剩磁感应强度才能自激发电,如某型发电机在 3 500 rpm 时,发电机正负极之间的剩磁电压应为 0.5~2 V,如果没有或过低,发电机不能正常自激,则表明剩磁消失。

发电机剩磁消失的原因可能有:发电机放置时间过长,受过强烈的震动或敲击,受高温影响。

当发电机安装在飞机上时,可将毫安表(或毫伏表)接在发电机的正负接线柱上,然后用手扳动螺旋桨,如毫安表(或毫伏表)上有一定指示,则说明有剩磁,无指示说明剩磁消失,反指说明反磁。

发电机的剩磁消失或反磁时可以进行充磁,充磁时,将发电机励磁线圈与外电路断开,将蓄电池的正极接励磁线圈的正极(B柱),负极接在负接线柱上,短时间通断 2~3 次即可。对于起动发电机也可以通过起动发动机恢复剩磁。

第六节　飞机直流电网

飞机供电系统由电源系统和输配电系统构成，后者用于实现电能到用电设备的输送、分配和控制保护。输配电系统或称配电系统，又叫飞机电网，由导线或电缆，配电装置、保护装置及检测仪表等构成。

飞机直流电网可分为供电网和配电网两部分。供电网是从飞机电源、电源汇流条到用电设备汇流条间的部分。配电网是从用电设备汇流条到用电设备间的部分。

电网的配电方式有三种：集中配电、混合配电和独立配电。

集中配电的原理图如图 5-19 所示，两台发电机（或蓄电池、地面电源）都接在中央电源汇流条上，然后由它直接将电能输送到用电设备。图 5-20 是混合配电原理图，图中除有多根电源汇流条外，还有多个用电设备汇流条。图 5-21 构成的配电系统称为独立配电，在正常情况下，各供电通道之间互不接通，仅在一组电源故障后，其负载转由另一组电源供电。

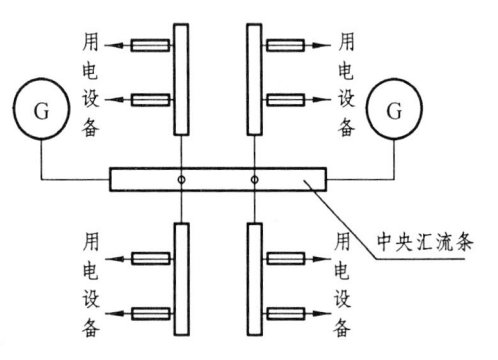

图 5-19　集中配电原理图

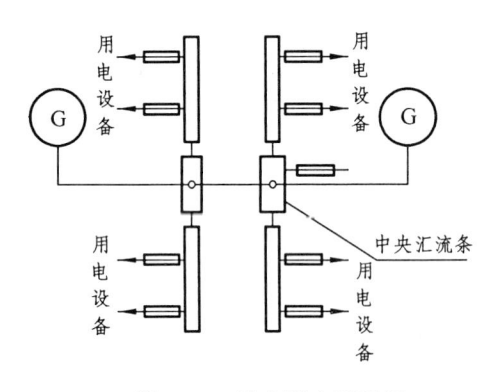

图 5-21　独立配电原理图　　图 5-20　混合配电原理图

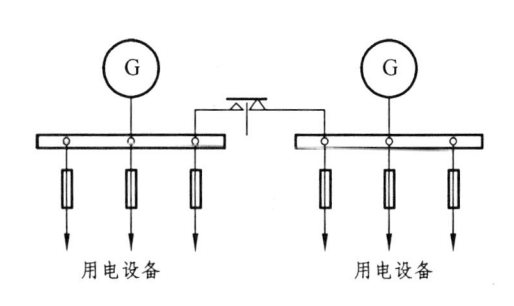

集中配电系统中，电源和用电设备的控制和保护都设在有电源汇流条的中央配电盘内，配电盘位于空勤人员附近。这种配电方式的线路压降仅决定于设备本身消耗的电流，设备电压较稳定，电网简单，易于检查和排除故障，但一旦电网发生短路故障，所有用电设备都可能失去电力供应，而且由于所有的馈电线都集中到中央配电盘，导线长，重量大，中央配电盘复杂，体积大，故这种配电方式仅适用于用电量不大的小型飞机。

混合配电系统有多个配电盘，结构简单，功能分散，易于检查维修，电网质量轻，但用电设备端电压随用电设备个数和负载大小而异，适合于中型或中大型飞机。

独立配电系统中即使发生短路故障，只对发生故障的电网产生影响，提高了工作的可靠性。但如果每个独立系统发电容量不够大,在起动大负载时会导致本系统电压显著波动;在一组电源发生故障后,其用电设备转换到正常通道时需要一定的转换时间,会导致供电中断,影响计算机设备的使用。

供电网有开式（辐射式）、闭式（环形）两种。开式电网电能仅从一个方向传送到用电设备汇流条,如图 5-19 所示。闭式电网的配电汇流条由两个或两个以上方向供电,可靠性高,图 5-22 所示即是一种闭式电网。开式电网结构简单,电网质量轻;闭式电网可靠性高,生命力强。

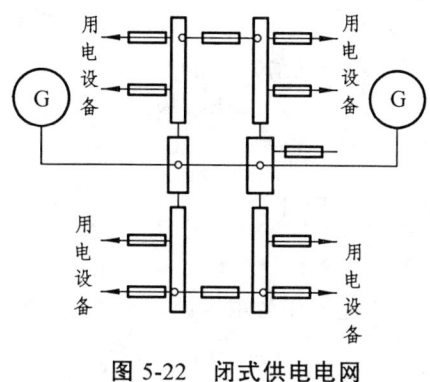

图 5-22　闭式供电电网

对于全金属结构的飞机,飞机直流电网多用单线制,利用飞机机体作为负回路。在飞机的复合材料部分则采用双线制。

单线制的优点是:仅正线为导线,电网质量轻;金属机体为负回路,因它的电阻小,故电压损失小,使用电设备端的电压变化小;减少了连接次数,便于安装、使用和维护,消除了导线与金属机体间静电感应。单线制的缺点是易发生接地短路故障。

复习思考题

1. 并励式直流发电机自激发电的条件是什么?
2. 直流发电机不能发电的可能原因有哪些?
3. 炭片式电压调节器主要由哪几部分组成?试说明它的工作原理。
4. 负载均衡需要满足哪些条件?试简述负载均衡电路的工作原理。
5. 什么是反流?简述反流切断继电器的工作原理。
6. 过电压后保护装置一般要采取何种保护措施?
7. 旋转变流机主要由哪几部分组成?它有什么功用?
8. 静止变流器主要由哪几部分组成?它有什么功用?
9. 逆变器主要有哪几种形式?
10. 电网的配电方式有哪几种?各有何特点?

第六章　飞机交流供电系统

第一节　概　述

一、交流电源系统的主要优点

现代的中大型飞机多采用交流电源作为主电源，主要由于如下原因：

1. 电源容量增加，需要提高电源电压以减轻系统质量

大型飞机的供电容量都在 100 kV·A 以上，如果仍然采用低压直流电源系统，电网质量将大幅增加。这是因为受到换向条件的限制，直流发电机的电压不能太高，否则其质量必然增大，如功率为 18 kW 的直流发电机质量达 41.5 kg，而 60 kV·A、115/200 V 的交流发电机的质量却仅为 17 kg 左右。

2. 工作环境限制

（1）随着飞机飞行高度的增加，直流电机炭刷和整流子的磨损变得越来越严重。

活塞或涡轮螺旋桨飞机的飞行高度一般都在 6 000 m 以下，而喷气式飞机的飞行高度则增加到了 10 000 m 以上。随着飞行高度的增加，空气变得稀薄，水蒸气含量急剧减少，在 10 000 m 高空，水蒸气含量约为海平面的 1/360。水蒸气对直流电机的电刷和整流子具有润滑作用，可以减少磨损，氧化生成的薄膜也可以形成保护层。水蒸气减少使直流发电机的换向困难，炭刷磨损变得很严重，而交流发电机不存在换向问题，即使是有刷交流发电机，电刷和滑环只通过励磁电流，电流密度比直流发电机炭刷小得多，所以炭刷磨损比直流发电机小得多。

（2）用电量增加，电机发热增加，需要效率更高的冷却方式。

直流发电机整流子与炭刷的磨损和火花是发热的主要来源，直流发电机大约有 75%的损耗发生在转子上，因而直流发电机一般都采用迎面气流通风冷却。

随着飞行速度的提高，气流温度增高，需要采用喷油或循油冷却，由于直流电机有电刷和换向器，技术实施比较困难。

3. 电压和功率变换的要求

现代飞机上的雷达、通信导航和飞行控制系统等用电设备需要多种不同电压的交流电源或直流电源，如果采用交流作为主电源系统，使用变压器可以方便地得到不同电压的交流，这经过整流就可以得到直流，变换效率可以达到80%以上。

综上所述，交流电源系统具有如下优点：

（1）交流发电机没有换向器，特别是无刷交流发电机没有电刷和滑环，同时采用喷油冷却，工作可靠性大大提高。

（2）电源电压高，使得交流发电机的电网和设备质量减轻。

（3）交流电能易于变换，即易于变压和整流。

二、飞机交流电源系统的主要形式

飞机交流电源系统有恒频交流电源和变频交流电源两种。恒频交流电源又有恒速恒频（CSCF）和变速恒频（VSCF）两种。飞机交流电源调节点额定电压为115/200 V，恒频交流的额定频率为400 Hz，变频交流的工作频率范围一般在400 Hz上下变化。

1. 发电系统的主要形式

1）变速变频交流电源系统

在变速变频交流电源系统中，交流发电机是由发动机通过减速器直接传动的，如图6-1所示。因而它输出交流电的频率是随发动机转速的变化而变化的，以这种发电机作为主电源即构成变速变频交流电源系统。

发动机 —变速→ 减速器 —变速→ 交流发电机 → 变频交流电

图 6-1 变速变频交流电源系统方框图

变频交流电由航空发动机直接传动的无刷交流发电机产生，与恒频交流电比较，变频交流发电系统简单，体积质量小，电能转换效率高。由于民用飞机，特别是旅客机的用电设备中加热防冰负载的用电量约占飞机总用电量的50%之左右，电动机用电量占25%~35%，照明设备占5%左右，而加热和防冰及照明设备一般对电能频率没有严格的要求，可以使用变频交流电。另外，一些中短程支线客机采用涡轮螺旋桨（以后简称"涡桨"）发动机，因为涡桨发动机飞机适合于频繁起落，且耗油少费用便宜。而涡桨发动机的一个重要特点是工作时转速变化范围小，因而即使发电机由该类发动机直接传动，它的工作频率一般也在400 Hz左右。因此不少支线飞机采用变频交流与低压直流组合的混合电源系统，如新舟-60、多尼尔-328、ATR-42等。

2)恒速恒频交流电源系统

恒速恒频交流电源系统的交流发电机是通过恒速传动装置(简称恒装)由飞机发动机驱动的,因此交流发电机的转速是恒定的,它向汇流条输出恒频交流电,如图 6-2 所示。

```
发动机 ──变速──> 恒速传动装置 ──恒速──> 交流发电机 ──恒频交流电──>
```

图 6-2 恒速恒频交流电源系统方框图

恒速恒频交流电源具有很多优点,主要是:

(1)恒频交流电对飞机上的各类交流负载都适用,而且由于电源频率恒定,用电设备和配电系统的重量比变频系统轻,配电也比较简单。

(2)恒频交流发电机可单台运行,也可以并联运行,而且电气性能好,供电质量高。

恒频交流电具有较多优点,恒速传动装置的设计制造也取得了较大的发展,使得恒速恒频交流电源系统在现代飞机上得到了广泛的应用。

3)变速恒频交流电源系统

虽然恒速传动装置得到了不少改进,但仍然结构复杂,成本高,可靠性低,维护比较困难,变速恒频正在取而代之。目前采用较多的是交-直-交系统,即由发动机带动交流发电机发出变频交流电,经过整流变成直流电,再逆变为所需频率和电压的交流电。

变速恒频具有如下优点:

(1)电气性能好。VSCF 电源输出频率恒定,精度高,无频率瞬变现象。

(2)系统损耗小而效率高。VSCF 电源与其他电源不同,它的损耗主要体现在两部分:一部分是变频交流发电机的损耗,另一部分是功率变换器的损耗。前者由于没有恒速驱动部件,发电机本身的效率可以达到85%以上,发热量小,减轻了发电机冷却系统的负荷。功率变换器属于电子器件,其各级电路的总效率约为 83%左右,这样系统总的效率可以达到 70%以上。

(3)使用维护性好。VSCF 电源系统结构简单,旋转部件少,发电机无电刷,没有恒速传动装置,因此系统的使用维护性好。

(4)可靠性高使用寿命长。VSCF 系统中没有高应力的机械/液压部件,易磨损部件减少,可靠性提高。

2. 电网连接形式

在交流电源系统中,由于发电机和供电馈线连接方式的不同,而构成单相交流电源系统和三相交流电源系统。单相交流电源系统比较简单,它以一根馈线将电源连到汇流条,另一根线则利用飞机机体形成回路。由于单相供电对发电机的利用率较低,故较少采用,交流电源系统广泛采用三相供电系统。在三相交流电源系统中,主要有下面几种连接形式。

1)以机体为中线的三相四线制

图 6-3 所示是以机体为中线的三相四线制交流供电系统示意图。其主要优点是:由于省略了一根中线,故电网质量较轻;单相用电设备可接于相与相或相与地之间,可获得两种电压(即相电压与线电压);由于三相对称,其通、断控制及保护设备都比较简单;对机上人员来说

还比较安全,因为对飞机壳体的电压只是相电压。这种形式是现代飞机普遍采用的供电形式。

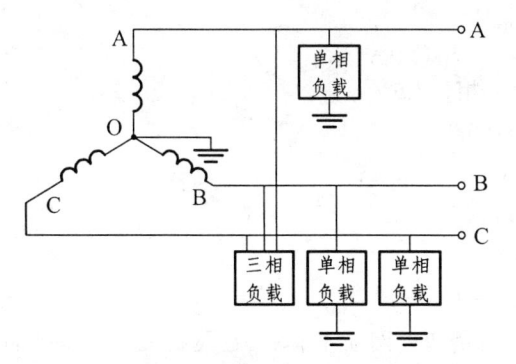

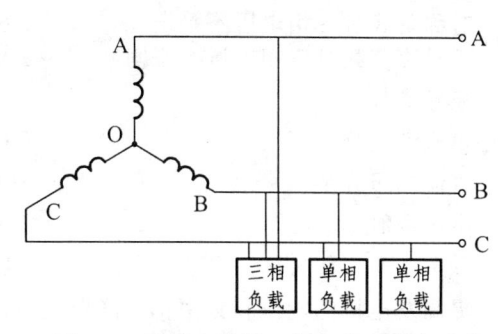

图 6-3 机体为中线的三相四线制供电系统

图 6-4 不接中线的三相三线制供电系统

2)不接中线的三相三线制

图 6-4 所示是不接中线的三相三线制供电系统示意图。单相用电设备的电压为线电压,由于三次谐波的补偿作用,故其波形失真较小。另外,在正常情况下,供电系统不与飞机机体构成回路,对机上人员还是比较安全的。其缺点是单相用电设备只能使用一种电压(即线电压),另外,在某一相断路时还会发生单相用电设备串联的现象,使这些设备都不能正常工作。

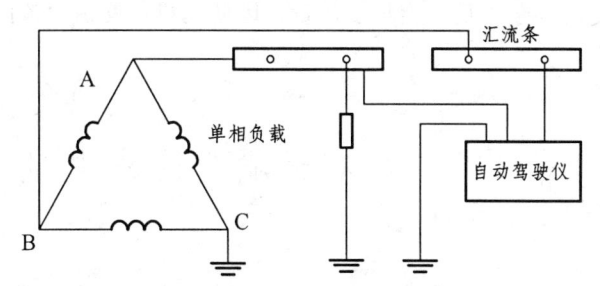

图 6-5 以单相为主而兼有三相的供电系统

3)以单相为主而兼有三相的供电系统

这是一种特例,应用于安-24 型飞机的交流电源系统中。它的交流电源由接成三角形的三相有刷交流同步发电机提供,其中的 A-C 相提供单相交流电源。此外,还向自动驾驶仪三相负载供电,供电线路示意如图 6-5 所示。

三、交流电源系统的主要参数

影响交流供电质量的指标有两个:电压和频率。如果它们的稳定性、调制量及精度等不在一定范围内就会对机载电子设备的工作性能造成影响,缩短它们的工作寿命,因此必须对电源系统、配电系统和用电设备之间的参数进行协调。1987 年,航空无线电委员会的 ARINC—609,即《飞机供电系统设计指南》对 115 V 400 Hz 系统提出了如下的要求:

空载到额定负载　　　　　　　　　(115±1.0) V
100%~125%额定负载　　　　　　　(115±1.5) V

125%~150%额定负载	（115±2.0）V
非正常稳态电压极限	115_{-10}^{+15} V
对称负载时三相电压不平衡	<0.6 V、相移 0.6°
不对称负载时三相电压不平衡	<3 V、相移 1.5°
波峰系数	1.41±0.08
单次谐波分量	<0.03
直流电压分量	<100 mV
电压调制	<1.5 V
频率	（400±4）Hz

提高发电机的电压和频率都对降低发电机质量和电网质量有利。在飞机主电源系统的形式从低压直流变为三相交流的过程中，把电压从 28 V 提高到 115/200 V 避免了由于发电机安装容量的增加而导致配电系统质量过大，在额定功率、馈线长度和电流密度相同的条件下，115/200 V，400 Hz 三相（功率因数为 0.75）交流电源系统的配电线重量仅为 28 V 低压直流电源系统的 30%。当交流电的频率提高后，电磁器件的体积质量都可以降低，但要提高频率就要增大电机的转速，这要受到轴承和机械强度的限制；而且当频率提高后，由于集肤效应，导线电阻和电抗增大，电压降和损耗也随之增加；当频率高过千赫兹数量级后，为防止电磁干扰导线必须使用屏蔽，反而增加了质量，因此飞机主交流电流的频率选为 400 Hz。

第二节 航空无刷交流发电机

一、无刷交流发电机

现代航空同步交流发电机常通过多级发电机组合，形成内部不含电刷滑环的无刷同步发电机，按照励磁方式分类，飞机无刷同步交流发电机又可分为他励式和自励式两种，如图 6-6 所示。

1. 三级式无刷交流发电机

三级式无刷交流发电机由副励磁机、主励磁机、主发电机组成发电机组，如图 6-6（a）所示。其中，主发电机和副励磁机为旋转磁极式，主励磁机为旋转电枢式，旋转整流器安装在转子上，随转子转动。它的第一级是永磁式副励磁机，由它给调压器供电，调压器调节励磁机的励磁电流，励磁机电枢绕组经旋转整流器接到主发电机的励磁绕组上，向主发电机提供励磁电流，最后，所需的交流电能就从主发电机的电枢绕组发出。三级式无刷交流发电机的优点是励磁可靠、主发电机输出短路时，具有强励磁能力。B747、757、767、MD-82、A320等飞机均采用三级式无刷交流发电机。三级式无刷交流发电机的结构示意如图 6-7 所示。

(a) 三级式　　　　　　　　　　　　　(b) 二级式

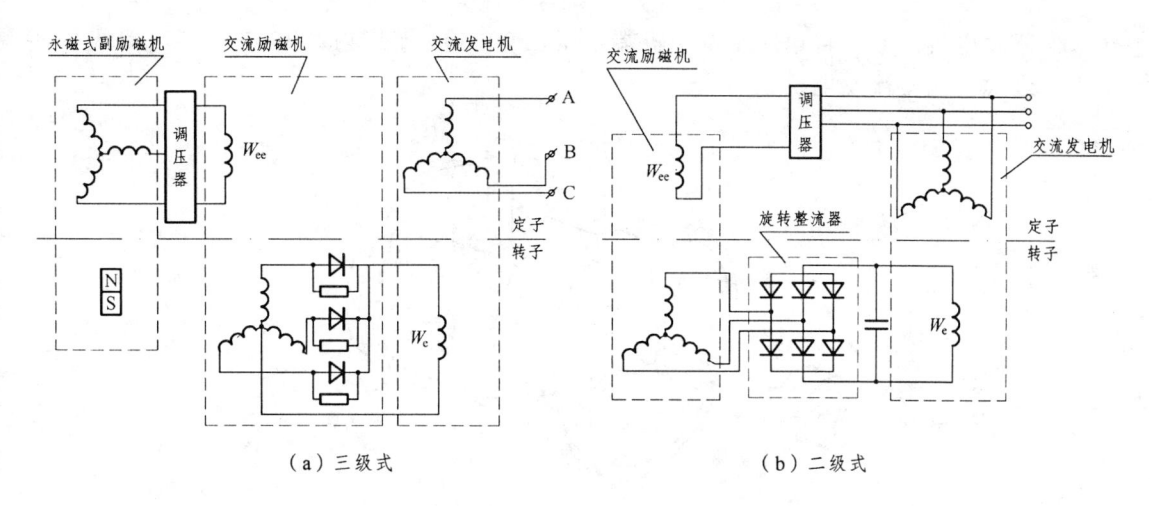

图 6-6　无刷交流发电机的原理电路图

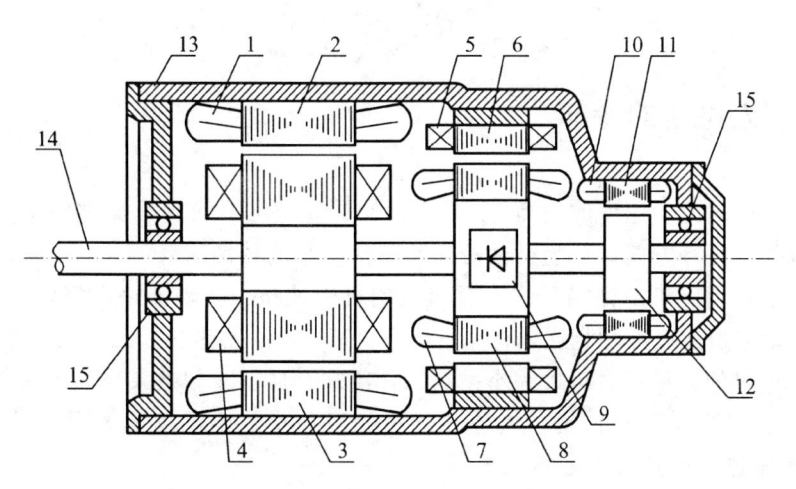

1—主发电机电枢绕组；2—主发电机电枢铁芯；3—主发电机磁极铁芯；4—主发电机激磁绕组；
5—主励磁机激磁绕组；6—主励磁机磁极铁芯；7—旋转整流器；8—主励磁机电枢铁芯；
9—主励磁机电枢绕组；10—副励磁机电枢绕组；11—副励磁机电枢铁芯；
12—星形永磁转子；13—机壳；14—转轴；15—轴承

图 6-7　三级式无刷交流发电机结构示意图

2. 二级式无刷交流发电机

二级式无刷交流发电机由交流励磁机、旋转整流器与主发电机组成，如图 6-6（b）所示。它属于自励式，因为半导体整流器的正向电阻是非线性的，电压低时它的正向电阻大，必须有足够大的剩磁电压才能使发电机起励，为了保证起励可靠，可以采用在励磁机定子铁芯中夹入永磁片，或在励磁机磁极间嵌入永磁磁极，使剩磁电压增大。例如，波音 707 飞机的二级式无刷交流发电机采用的是在交流励磁机两个磁极中间加装永久磁铁的方法，二级式无刷交流发电机的结构如图 6-8 所示。一般情况下，永磁体应保证发电机在额定转速时主发电机端电压在 20~30V 范围内。B707、B737 等飞机采用二级式无刷交流发电机。

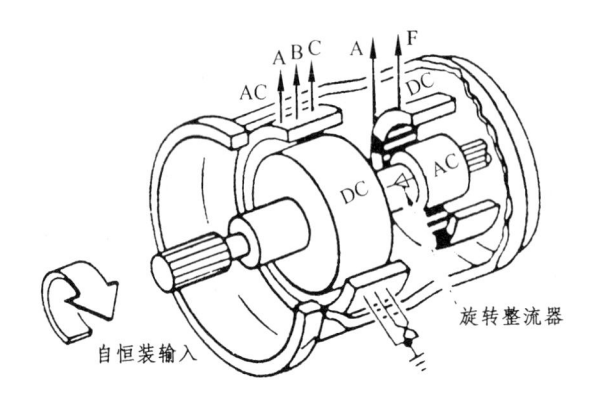

图 6-8 二级式无刷交流发电机结构示意图

二、交流发电机的冷却

随着飞机飞行高度和速度的提高，大功率航空同步发电机的普遍使用，风冷方式已逐步被油冷方式取代。油冷方式又分为循油冷却和喷油冷却两种。

循油冷却是利用飞机滑油循环通入发电机的机壳油路和转轴油路，将发电机的热量带走。循油冷却与强迫通风冷却相比，有如下优点：第一，油的热容量比空气大很多，冷却效果显著提高，电机的体积重量可以缩小；第二，冷却介质及冷却效果与飞行条件关系不大，非常适用现代高空高速飞机；第三，冷却油可润滑和冷却电机轴承，因此可以提高轴承的寿命和工作转速。但是，循油冷却也有其自身的缺点：冷却油没有与主要热源（电机绕组）直接接触，影响冷却效果；结构上需要动密封，其结构复杂，容易磨损，影响了电机的寿命和可靠性，增加了维护要求。

喷油冷却是将冷却油喷成雾状直接与电机发热部位接触，将热量带走。这种方式既有油导热效果好的特点，又保存了风冷那样冷却介质直接与发热部位接触的优点。因此，冷却效果显著提高，电机体积质量可以进一步缩小，如图 6-9 所示。

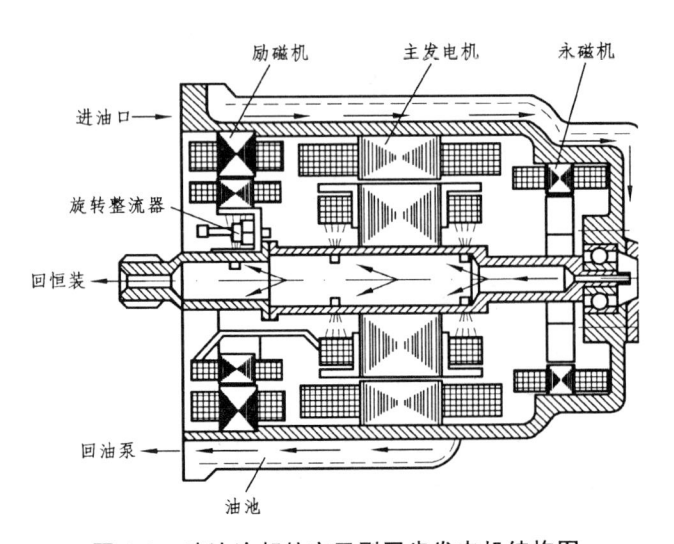

图 6-9 喷油冷却航空无刷同步发电机结构图

三、交流发电机的故障及检查

在发动机运行或检查时发现交流发电机不发电或不能供电，可以对以下项目进行检查：
（1）查看电源系统的故障指示灯，减小故障排查范围。
（2）检查相关的断路器工作是否正常，如发电机输出断路器、励磁断路器，可以通过断开然后再次接通的方法排除断路器接触不良的故障。
（3）检查电源系统的参数指示是否正常，如电压、频率、电流等。
① 如果无电压或不能正常发电，检查发电机剩磁电压。
② 检查 CSD 是否脱开，如果是 APU 发电机应检查 APU 的工作情况。
③ 检查发电机的接线柱是否有电压，电路装置如接触器、接线柱、开关等的连接是否正常。
（4）目视检查发电机的磨损情况，是否有滑油泄漏，转动是否正常。
（5）检查 GCU 的工作状态（可以采用调换、替换法）。
① GCU 内部线路故障。
② GCR。
③ 电压调节。
④ 供电电源故障。
⑤ 插钉正常。

第三节　恒速恒频交流电源

一、概　述

恒速恒频（Constant Speed Constant Frequency，CSCF）供电系统利用恒速传动装置使发电机恒速运行，从而产生恒频交流。

1946 年，美国发明了恒速传动装置，开辟了恒速恒频交流电源的新时代。恒速传动装置简称恒装或 CSD，它将发动机的能量传递给发电机，它在涡轮风扇发动机上的安装位置如图 6-10 所示。发动机的 N_2 转速通过塔轴、附件齿轮箱、恒速传动装置，而后带动交流发电机转动，当发动机转速变化时，恒装可以保证发电机的转速基本恒定。

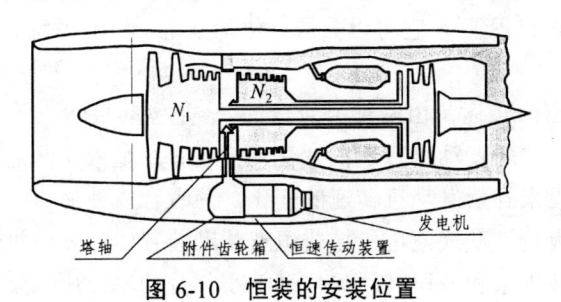

图 6-10　恒装的安装位置

安装恒速传动装置的恒速恒频交流电源系统经过五十多年的发展，大致经历了四个发展阶段，见表 6-1。

表 6-1 恒速恒频交流电源系统参数

使用年代 项目	二十世纪 四五十年代	二十世纪 六十年代	二十世纪 七十年代	二十世纪 八十年代后
系统功率/kV·A	40	60	60	40
系统质量/kg	99~145	63	43	33
系统重功比/（kg/kV·A）	2.5~3.6	1.22	0.71~0.85	0.83
可靠性 MTBF/h	几百	1 000	900~1 500	2 000
系统特点	有刷气冷发电机，液压差动式恒装，电磁式控制保护器	无刷油冷发电机，轴向齿轮差动式恒装，晶体管控制保护器	发电机与恒装组合化，集成电路控制保护器	发电机与恒装组合化，微处理器晶体控制保护器，数字化、集成化、智能化

恒速传动装置的输出转速一般有 6 000 rpm、8 000 rpm、12 000 rpm 等，少数输出转速达到了 24 000 rpm。

目前，采用的恒速传动装置按能量的传递方式来分有液压式、气压式、电磁式、机械式、机械液压和空气涡轮等，使用得最为广泛的是机械液压式恒速传动装置，电磁机械式和液压式恒速传动装置主要用于传动容量小于 30 kV·A 的交流发电机。20 世纪 70 年代以来，人们将恒速传动装置和无刷交流发电机组装到了一个壳体中，构成组合传动发电机，使体积和质量都得到了降低。20 世纪 80 年代出现的紧凑结构的组合传动发电系统采用了微处理机控制器，加强了监控和管理功能。

二、液压机械式恒速传动装置

1. 液压机械式恒速传动装置的主要组成

液压机械式恒速传动装置主要由差动游星齿轮、变量泵、定量马达、调速系统和供油系统等部件组成，如图 6-11 所示，它可以分成：传动系统、滑油系统、调速系统和保护系统四大部分。

恒速传动装置输出的转速是由两部分合成的，一是发动机输入轴的转速经过差动游星齿轮系直接传输的转速，它随发动机转速的变化而变化；二是液压马达输出齿轮经过差动游星齿轮系传输的转速，用来补偿发动机转速的变化。两者合成使液压机械式恒速传动装置输出轴转速保持恒定。在齿轮差动式液压机械式恒速传动装置中，发电机所需功率大部分由差动齿轮机构直接传递，液压泵和液压马达只传递一小部分功率，所以泵和马达的体积、质量比较小，因而整个恒速传动装置的体积、质量也比较小，其工作可靠性却比较高。

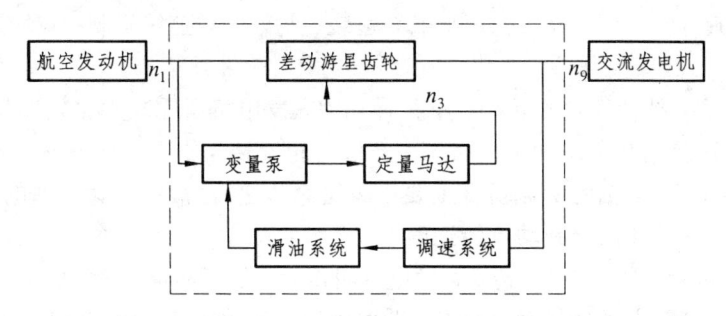

图 6-11　液压机械式恒速传动装置组成方框图

滑油系统除对齿轮系统起润滑、散热作用外，同时作为液压泵与液压马达组件传递功率的介质。调速系统由离心调速器和伺服油缸两部分组成，离心调速器反映恒装输出转速的变化，控制伺服油缸的工作，通过摇臂改变液压泵可动斜盘的倾斜角，从而改变液压泵与液压马达之间的打油量，调节液压马达输出齿轮的转速，补偿转速的偏离，达到恒速输出的目的。保护系统在恒速传动装置出现故障时，可以将发电机与恒速传动装置脱开，以保护整套机构不被损坏。

由于在"飞机结构与系统"课程中对齿轮传动和液压泵、油压马达的工作原理已经做了详尽的阐述，本书中将省略该部分，感兴趣的读者可以参照相关书籍。

2. 差动游星齿轮系的工作原理

在图 6-12 所示的单差动游星齿轮系传动关系结构中，恒装输出齿轮的转速是由恒装输入齿轮的转速（决定于发动机）和输入环形齿轮的转速（决定于液压马达输出齿轮转速）共同决定的。而液压马达输出齿轮的转速是自动调节的，当恒装输入转速随发动机变化时，只要相应地改变液压马达输出齿轮的转速，就可以保持恒装输出转速恒定，这就是带单差动齿轮系的液压机械式恒速传动装置的基本工作原理。

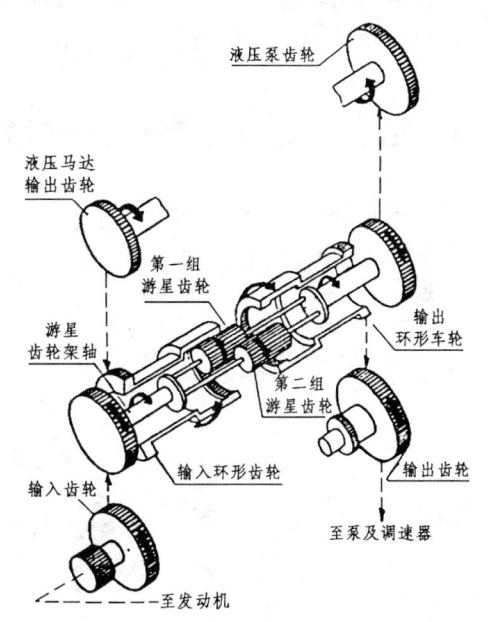

图 6-12　单差动游星齿轮系的传动关系

3. 恒速传动的三种情况

如果交流发电机的磁极对数为 4，为得到 400 Hz 的恒频交流电，则其转速应为 6 000 rpm。当恒装输出轴转速等于、低于或高于此转速时，有下面三种情况。

1）恒装输入轴转速为制动点转速时

当液压马达不转动的时候，发动机通过差动齿轮系驱动发电机，这是一种单纯的机械传动。这种正好保持发电机转速为额定值所需要的输入轴转速 n_1 称为制动点转速，在波音资料中又称为"直通转速（straight-through speed）"。恒装这种输入转速等于制动点转速下的工作方式称为零差动工作方式。

在零差动状态，补偿齿轮不转动、不传递功率，发电机所需功率由发动机经差动游星齿轮直接传递。在正差动和负差动工作状态，补偿齿轮旋转，传递的功率与其转速成正比。在液压机械式恒装中，发电机的所需功率主要由齿轮系传递，由液压马达传递的仅是一小部分。

2) 恒装输入轴转速低于制动点转速时

在这种情况下，如果单靠机械传动，发电机的转速将低于额定转速 6 000 rpm。为了保持发电机恒速，必须由液压马达的转动来补偿。此时液压马达的转动方向应该与恒装输入轴的转动方向相反，即应顺时针方向转动才行。这种输入转速偏低的工作方式称为正差动工作方式。

3) 恒装输入轴转速高于制动点转速时

此时，如果单靠机械传动，发电机转速将高于额定转速。为保持发电机转速恒定，液压马达输出齿轮应该反时针方向转动。

恒装这种输入转速高于制动点转速下的工作方式称为负差动工作方式。

在恒装输出转速不变时，若发电机输出功率也不变，则其输入功率和输入转矩也不变，即发电机对恒装输出齿轮的反作用转矩也是不变的。

4. 正差动状态和负差动状态时的工作情况

综合前述分析，将恒装传动系统的工作情况概括如下。正差动状态与负差动状态时的传动关系如图 6-13 和图 6-14 所示。

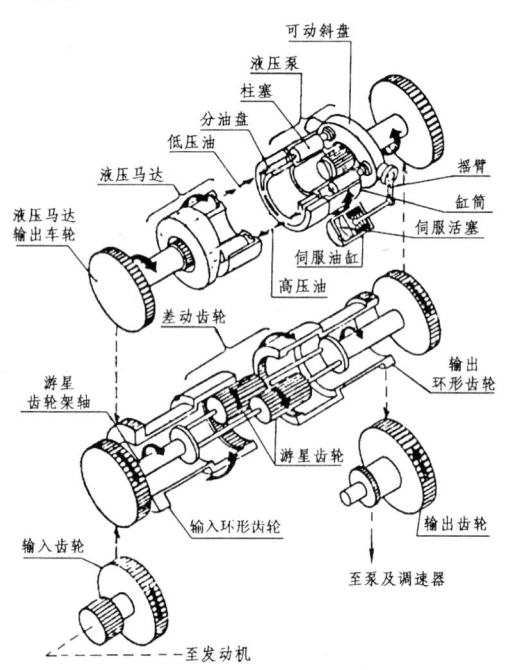

图 6-13 液压泵-液压马达系统的正差动工作方式

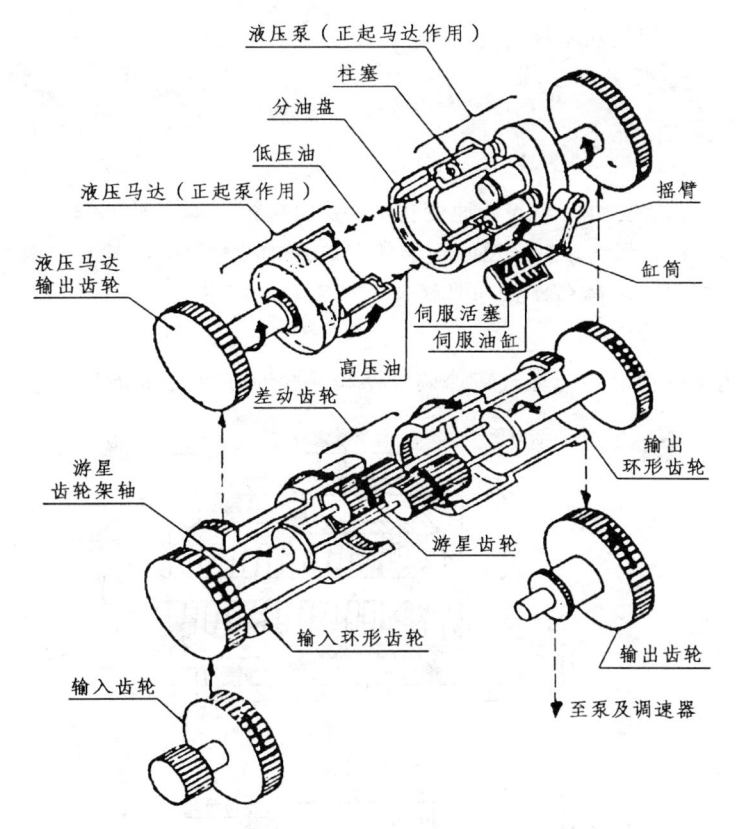

图 6-14　液压泵-液压马达系统的负差动工作方式

1）正差动工作方式

恒装输入轴转速低于制动点转速时，工作在正差动状态，液压马达必须顺时针方向转动，使输入环形齿轮反时针方向转动，那么游星齿轮转速就加快，恒装输出转速增大。为了使液压马达顺时针方向转动，液压泵的可动斜盘应有正倾角 γ_p 如图 6-13 中向左倾斜。这时，泵向马达打油，泵与马达组件中靠近读者的一边为高压腔，高压油从泵向马达流动，低压油则反方向流动，油这样流动时驱使马达顺时针方向转动，使恒装输出转速升高到发电机的额定转速。

2）负差动工作方式

恒装输入轴转速高于制动点转速时，系统工作在负差动状态。这时，如液压马达不转动，则恒装输出轴转速必高于发电机的额定转速，为此必须使定量马达反时针方向旋转，为使定量马达反时针方向旋转，液压泵的可动斜盘应为负倾角，如图 6-14 中向右倾斜。

当定量马达的转向与正差动状态相反时，发电机对恒装的反作用力矩方向并不改变，故作用在定量马达上的负载力矩方向不变，于是马达的输出齿轮由正差动时的主动轮变为从动轮，定量马达就从正差动状态时的马达状态变为泵的工作状态，起打油作用。这时高压油腔仍在靠近读者这边，但高压油的流动方向相反，这样变量泵转为马达工作状态。

原来的液压泵在负差动状态时是马达工作状态，故它的齿轮也由正差动状态时的从动轮变为主动轮，输出功率。但因为这时变量泵的转向未变，故液压组件和差动齿轮组件两者间的外啮合齿轮间啮合处受力方向必改变，从而减轻了差动游星轮的负担，所以这时泵与马达仍是传递功率而不是消耗功率。

5. 转速调节系统

前述原理说明，当发动机输入转速变化时，要保持恒装输出转速恒定是通过改变液压泵可动斜盘倾角实现的。那么，怎样反映恒装输出转速的变化，并在输出转速偏离额定值后自动改变液压泵可动斜盘的倾角，这便是转速调节系统的任务。

1）调速系统的组成

常用的调速系统由离心配重式转速调节器和伺服油缸两大部分组成，如图6-15所示。

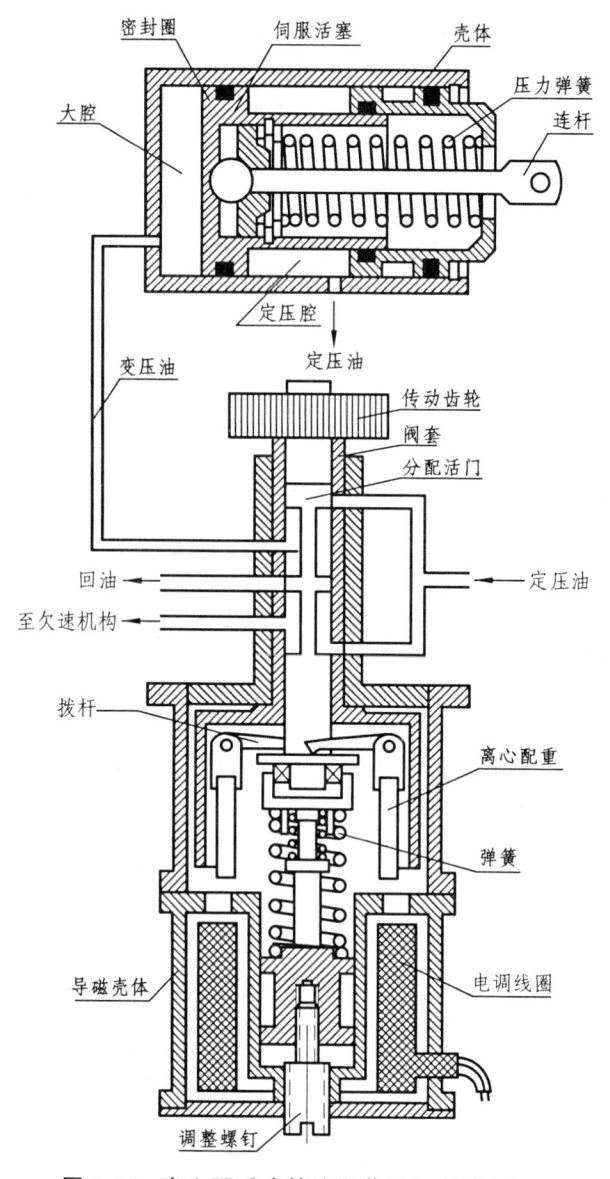

图 6-15 离心配重式转速调节器与伺服油缸

离心配重式调速器的传动齿轮是由发电机同轴传动的，即离心配重离心力的大小反映发电机转速的高低。离心力通过离心配重的拨杆作用在分配活门下面的凸缘上，使分配活门向下。同时，弹簧也作用在分配活门上，使其向上。离心力和弹簧力方向相反，当两力平衡时，分配活门就停留在某一位置上。分配活门控制油路，当发电机转速为额定值时，分配活门正好将三条油路堵住。

伺服油缸由壳体、伺服活塞和弹簧等组成。活塞把壳体内腔分成两部分，大腔的油压受调速器控制，定压腔和恒装定压油路相通。伺服活塞的连杆与液压泵可动斜盘上的摇臂相连（见图 6-13 和图 6-14）。

2）转速调节原理

（1）输出过速时的调节。

当发动机转速升高或发电机负载减小，使恒装输出轴转速超过额定值时，离心力增大在离心力作用下拨杆克服弹簧力使分配活门下移，伺服油缸大腔与回油相通，大腔中油压下降，伺服活塞左移，带动液压泵可动斜盘改变倾斜角（见图 6-13 和图 6-14）。正差动时，使斜盘正倾角 γ_p 减小，液压马达顺时针旋转转速下降，从而使恒装输出转速下降；负差动时，使斜盘倾斜增大，液压马达反时针旋转转速上升，也是使恒装输出转速下降，直至恒装输出轴转速降至额定值为止，调速器各部件重新平衡。

（2）输出欠速时的调节。

当发动机转速降低或发电机负载增加时，恒装输出转速下降，离心力减小，在弹簧力作用下，分配活门上移，将伺服油缸大腔与定压油路连通，大腔油压上升，使伺服活塞右移，带动液压泵可动斜盘向左倾斜，即使斜盘正倾角增大或负倾角减小，使恒装输出转速上升回到额定值。

3）额定转速的调整

离心调速器弹簧力的大小与调整螺钉的位置有关，改变调整螺钉的位置，就可以调整恒装输出轴的额定转速。

当调整螺钉拧入时，弹簧力增大，分配活门上移，油路打开，定压油进入伺服油缸大腔，伺服活塞右移。与上面欠速时的情况一样，带动液压泵可动斜盘向左倾，使恒装输出转速升高。由于恒装输出转速上升，离心配重上的离心力增大，分配活门又逐渐向下移动，当分配活门重新把油路堵住时，伺服活塞不再移动。此时，恒装输出转速比调整之前增高。

反之，调整螺钉拧出时，弹簧力减小，恒装输出转速降低。

4）电调线圈的作用

电调线圈引入一种附加调节，以满足有的飞机上对交流电源频率有更高精度的要求，或者是在几台交流发电机并联供电时保障有功负载能够均衡分配。图 6-16 为电调线圈作用示意图。

附加调节是借助于电调线圈和镶嵌在离心配重上的永久磁铁相互作用而引入的。当电调线圈通入电流时，它所产生的磁场与永久磁铁相互作用，可以看做这个力叠加在弹簧力上，因而可以改变恒装的输出转速。例如，当电流从①端流入、②端流出时，附加的电磁力推斥永久磁铁，分配活门下移，其作用相当于增大离心配重的离心力，或者说相当于减小弹簧力，因此离心调速器使恒装输出转速下降，这便是输出过速时的情况，如图 6-16（a）所示。相反，当电调线圈电流方向改变时，恒装输出转速上升，这便是输出欠速时的情况，如图 6-16（b）所示。

(a) 输出过速　　　　　　　　　　(b) 输出欠速

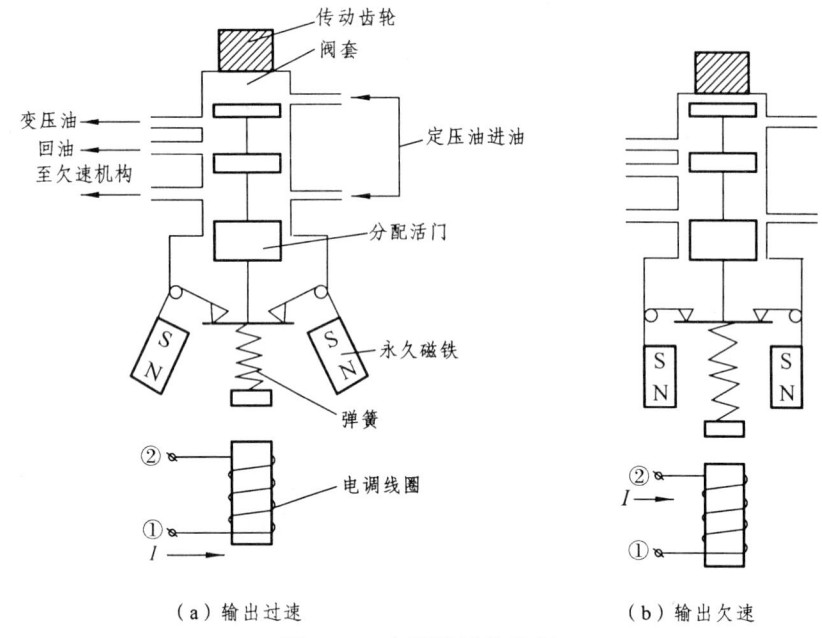

图 6-16　电调线圈的作用

6. 液压机械式恒速传动装置的故障及保护

恒装在工作过程中可能出现的故障有：油路系统的堵塞或漏油、滑油工作温度过高、运动部件的磨损或卡死、输出欠速或过速等，为了防止故障扩大，在系统中设置有保护装置。

恒装一般设有输入脱开装置、输出防飞离合器、欠速保护、超速保护、恒装输入轴剪切颈、恒装滑油压力警告装置、滑油温度警告装置等故障保护措施。

安装恒装的飞机一般需要监测滑油压力和滑油温度，以防止它出现损毁性故障，一种典型的监控装置如图 6-17 所示。

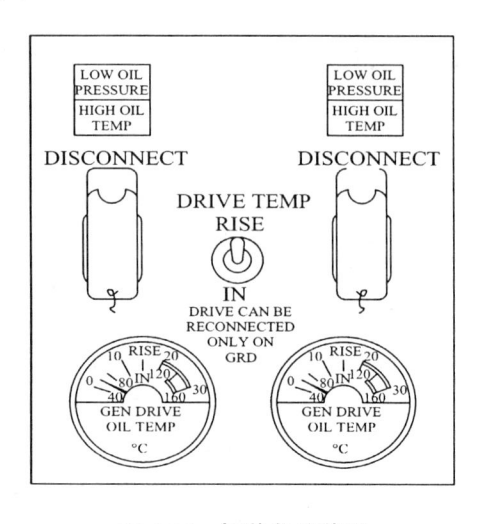

图 6-17　恒装监控装置

恒装的输出齿轮与输出轴间有单向离合器,在发电机转速高于恒装输出转速时该离合器脱开,以防发电机反过来传动恒速装置。

恒装输出转速欠速或因发动机减速而欠速时,与定压油路相接的低速压力开关因油压降低,将发电机从电网上切除。若输出转速又恢复,则该发电机可重新投入电网。

恒装输出过速时,离心调速机构与伺服传动筒使变量泵的斜盘达最大负倾角,以降低输出转速,若转速仍降不下来,应将恒装与发动机的传动轴脱开。

恒装输入轴上有剪切颈,该部分的直径最小,万一发生机械卡死,剪切颈会扭断,以保护恒装和发电机的附件机匣。

当恒装出现故障时,例如,输出转速过高、滑油压力过低、滑油温度过高或其他故障时,应将恒装的输入端与发动机脱开,以免故障扩大,这可由输入脱开装置完成。输入脱开装置如图6-18所示,它由套齿离合器、蜗杆、蜗块、电磁铁和复位手柄等组成。

恒装工作正常时,电磁铁的鼻销卡入蜗块凹槽把蜗块锁住,蜗块与蜗杆不接触,因此套齿离合器啮合,输入花键轴通过套齿离合器输入转速。

当发生故障需要脱开恒装时,飞行员在驾驶舱接通恒装脱开电门(一般在电源配电板上),电磁铁线圈电路通电,鼻销被吸入电磁铁,在弹簧作用下蜗块向上与蜗杆啮合。

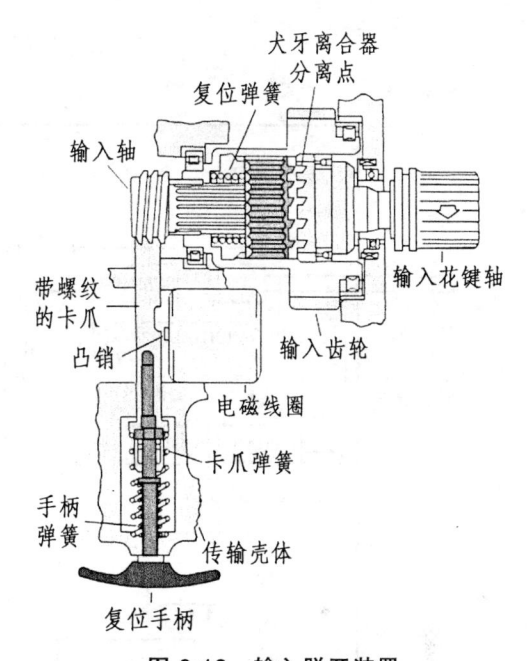

图 6-18 输入脱开装置

由于蜗块不能移动也不能旋转,而蜗杆仍在转动,于是迫使蜗杆左移,使套齿离合器分离,从而使输入齿轮和输入花键轴脱开,恒装停止工作,该发电机便停止发电。

恒装脱开后,只有在地面排除故障后,由维护人员往下拉复位手柄才能复位,所以飞机上的恒装脱开电门是带有保险丝的红色电门,不允许轻易扳动。

三、组合传动发电机

组合传动发电机(Integrated Drive Generator,IDG)是恒速传动装置与交流发电机组合成一个整体的装置。目前常用的是机械液压差动式恒装与喷油冷却发电机的组合,它的组成结构图如图6-19(a)所示,它的组成原理框图如图6-19(b)所示。其特点是:恒

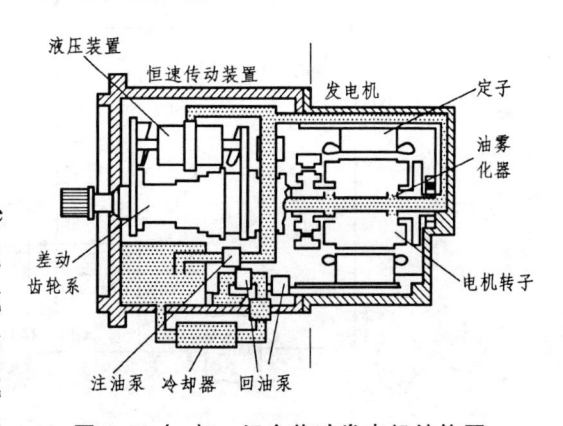

图 6-19(a) 组合传动发电机结构图

装的注油、回油系统同时供给发电机的冷却、润滑用油，它们具有共同的油源、油槽及散热器；恒装的输出端与发电机输入端共用一个轴承，没有旋转密封部件。因此结构简化，质量减轻，质量功率比可达 0.45 kg/kV·A。系统可靠性也大大提高了，平均故障间隔时间达到 1 000 h 以上；电机过载能力强，可在 150%额定负载下连续工作。这种组合传动发电机是一种比较先进的结构型式，目前已有 30 kV·A、40 kV·A、60 kV·A、90 kV·A 和 120 kV·A 多种规格，适用于各种超音速和大型飞机。

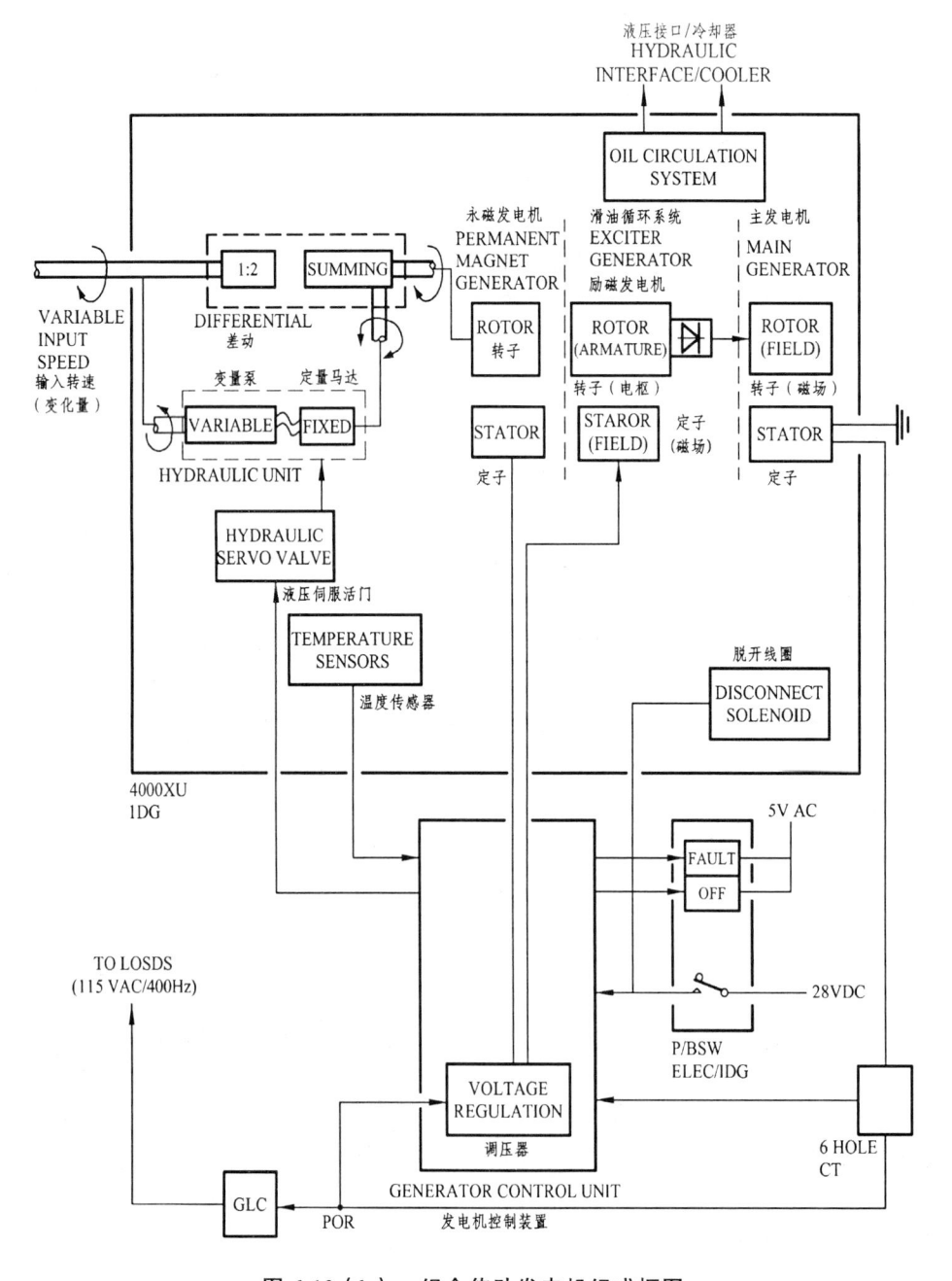

图 6-19（b） 组合传动发电机组成框图

第四节 变速恒频交流电源

一、概　述

变速恒频（Variable Speed Constant Frequency，VSCF）供电系统是在电力电子技术迅速发展的基础上发展起来的新型飞机电源系统，有取代传统恒速恒频电源系统的趋势。VSCF 发电系统利用电子变换器，把飞机发电机直接驱动的变频发电机产生的变频交流，变换成 115/200 V 400 Hz 三相交流电，图 6-20 所示是 VSCF 电源的构成方框图。

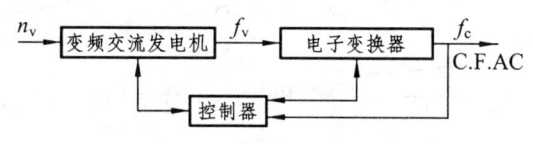

图 6-20　VSCF 电源的构成方框图

VSCF 电源系统中的发电机是变频无刷交流发电机，由飞机发动机直接传动，其频率变化范围与发动机的转速变化范围一致。VSCF 电源中采用电子变换器将发电机发出的变频交流电能转换为恒频交流电。VSCF 电源变换器有两种类型，一类是交交型，一类是交直交型，相应地，变速恒频电源也分为交交型和交直交型。交交型变换器是晶闸管变频器，分为循环变换器和周波变换器，它将发电机发出的多高频交流电直接变换成 400 Hz 交流电输出。交直交型变换器先将发电机发出的变频交流电转换成直流电，再逆变成交流电，其中逆变器有阶梯波合成和开关点预置正弦脉宽调制两种方案。

第一套 VSCF 电源是 1972 年装机的，采用交交型变换器。1983 年开始，经美国联邦航空局鉴定后，VSCF 发电系统正式在一些民用飞机上使用，其中在美国的"湾流"Ⅲ和"湾流"Ⅳ两种公务机首先使用。1991 年波音 737 飞机上开始准备 VSCF 发电系统，用以取代原来的 IDG，后来的波音 777 飞机上使用两台 20 kV·A 的 VSCF 发电装置作为备用电源。

VSCF 系统的供电质量比 CSCF 系统好得多，从美国军用规范 MIL-E-23001 所规定的供电指标已经明确说明了这一点，洛克希德飞机公司所做的实验也给予了证实，具体对比结果如图 6-21 所示。

VSCF 电源同 CSCF 电源相比，具有如下优点：
（1）电能质量高，无频率瞬变现象。
（2）能量转换效率高，比 CSCF 高了近 10%。
（3）旋转部件少，可靠性高。
（4）电源系统结构灵活，除发电机必须安装在发电机附件机匣内，其他部件安装位置可以按需放置。
（5）能够实现无刷起动发电。

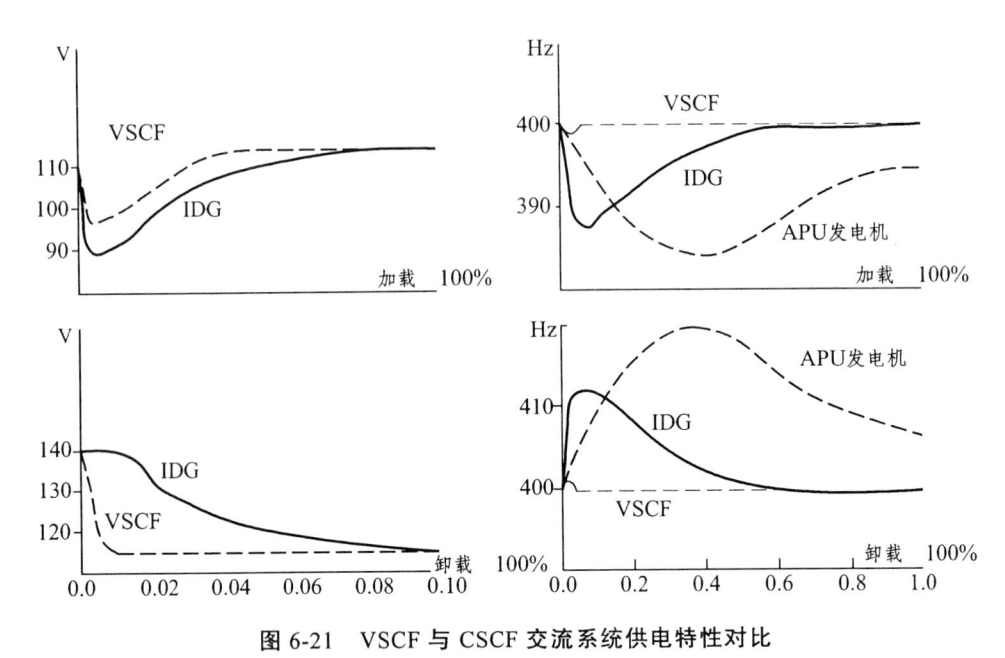

（6）生产和使用维护方便，有利于减少飞机全寿命期费用。

图 6-21 VSCF 与 CSCF 交流系统供电特性对比

在表 6-2 中给出了各种类型 VSCF 电源的典型应用，并进行了比较。

表 6-2 VSCF 电源的应用举例

飞机型号	F-18	B737-400	MD-90
电源类型	交-交	脉宽调制交-直-交	阶梯波合成交-直-交
电源容量	2×40 kV·A	2×60 kV·A	2×90 kV·A
结构	组合式	组合式	分体式
安装位置	发动机附件机匣	发动机附件机匣	发电机安装于附件机匣 变换器装于机体
冷却方式	循油	喷油和强迫风冷混合式	变换器风冷
质量	30.0 kg	71.4 kg	80.0 kg

二、波音 737 飞机变速恒频系统

B737-300 是使用最广泛的旅客机，可以载客 150 人，巡航速度 927 km/h，航程 2 570 km。它的主电源可以选装恒速恒频或变速恒频交流电源，辅助电源为 APU 驱动的发电机，输出 115/200 V400 Hz 三相交流电。B737 的 VSCF 电源是由美国 Westinghouse 公司研制的，采用交-直-交变换方案，电源的结构组成如图 6-22 所示，原理框图如图 6-23 所示，它由六个主要部分组成：三级式无刷交流发电机、逆变器组件、发电机/变换器控制组件（简称 GCCU）、交流滤波器组件、直流滤波器组件和电流互感器/电磁干扰滤波器组件（图中

未标出）。电源连续额定容量为 60 kV·A，5s 短时容量为 80 kV·A，发电机采用喷油冷却，变换器有的采用喷油冷却，有的采用强迫通风冷却，控制器采用自然冷却。交流发电机为 6 对极，在额定转速范围内输出频率在 1 370~2 545 Hz 范围内变化的变频交流电，变换器先将变频交流电整流为直流电，再逆变成 400 Hz 恒频交流电。

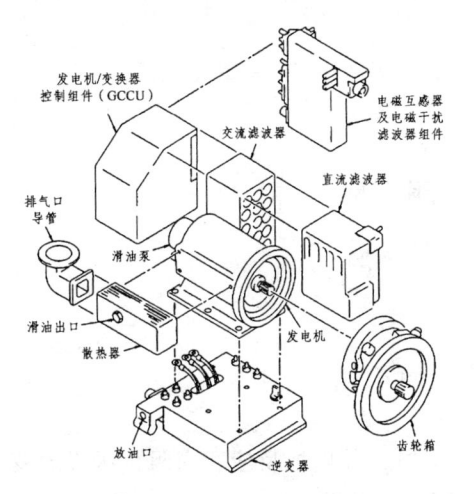

图 6-22　VSCF 电源结构组成

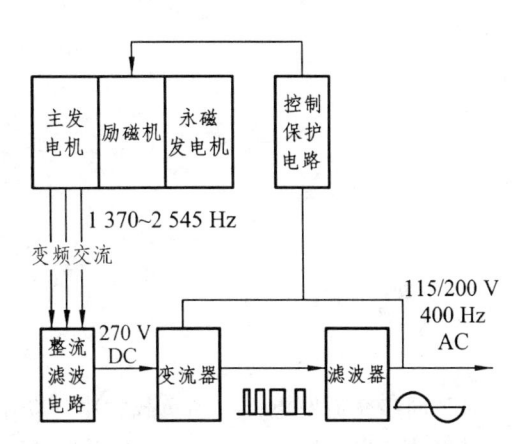

图 6-23　B737 飞机 VSCF 电源的原理框图

GCCU 是整个 VSCF 电源的控制中心，具有 5 个主要的功能：基极驱动、本地电源、电压调节控制、逆变逻辑控制、电气系统控制保护与自检。GCCU 的计算机使系统具有仿真 CSCF 电源的特性，从而实现用 VSCF 电源直接置换飞机上原有 CSCF 发电系统，而不必对飞机电路进行改装的目的。

在发动机起动时，当发动机转速达到最大转速的 20%~30% 时，永磁副励磁机电压已足够高，GCCU 开始工作，转速达 45%~50% 时，GCCU 使逆变器产生 15~20 V 相电压，频率为 360 Hz，以模拟 CSCF 电源起动时的剩磁电压。此时 GCCU 监测 GCU 的输入电压，若此直流电压小于 5 V，则表示 GCU 中的 GCR 处于断开位置。若该直流电压大于 5 V，则 GCR 已闭合，待发动机转速达 50% 最大转速时，GCCU 输出电压升到 115 V400 Hz。如发动机转速降到小于 50% 最大转速，则 GCCU 使电源输出频率降到 360 Hz，电压仍为 115 V，GCU 实行倾频保护，将 GB 断开。转速降到 45%~50% 范围内时，GCCU 实现欠速保护，断开发电机励磁电路并使逆变器停止工作。转速降到 20%~30% 时，GCCU 停止工作。

MD-90 上也采用了 VSCF 系统，但和 B737 中采用的结构不同，也就具有了不同的特点，下面进行简单的比较。

MD-90 的 VSCF 发电系统采用四通道阶梯波合成逆变器，将整流滤波后的直流电逆变成具有 24 个阶梯的正弦方波交流电压，可以有效地减少谐波次数，降低滤波元件的尺寸和重量。B-737 的发电系统采用脉宽调制（PWM）方法来抑制输出交流电压中的谐波含量，为了减少谐波，必须精确控制交流电压脉冲的宽度。

MD-90 的 VSCF 发电系统把变频交流发电机和变换器分别安装在飞机上的不同部位，把对温度比较敏感的电子变换器部分安装在远离发动机中高温源的地方，并用专门的冷却风扇引入外部空气进行通风冷却，可以大大提高电子变换器工作的稳定性和可靠性。B737

的 VSCF 发电系统为了能够与原有的 IDG 兼容，以便在发动机的安装部位上进行互换，将 VSCF 系统组装在一起安装在了发动机附件齿轮箱上，由于距离发动机太近，通风冷却条件差，易产生过热现象。

VSCF 电源的工作原理涉及较多的电力电子知识，这里不再介绍，有兴趣的读者可以参考相关书籍。

第五节 交流发电机电压调节

一、概 述

对于同步交流发电机，当负载大小与功率因数改变时，其电枢反应和内阻抗压降改变，使发电机的输出电压改变；另外，在不带恒速传动装置的涡轮螺旋桨飞机上，交流发电机的电压还会随着发动机转速的变化而变化，因此发电机转速、负载大小和功率因数都会影响发电机的电压。

交流发电机的电压调节器检测发电机调节点电压，通过改变发电机励磁机的励磁电流来保持调节点电压在规定范围之内，电压调节器应具备如下功能：

（1）调节发电机励磁电流，使发电机调节点电压保持在规定范围内。

（2）电网短路时实现发电机的强励，使发电机能输出足够大的短路电流，保证电路保护器快速跳闸。

（3）实现发电机最大输出电流的限制。

交流发电机的电压调节器有炭片式、磁放大器式和晶体管式，由于晶体管式调压器工作可靠、性能稳定、稳态误差小、动态品质高、电压调节范围大、体积小、质量轻，在现代飞机上广泛采用。

二、晶体管控制励磁电流的原理

晶体管调压器控制励磁电流的方式，是将工作于开关状态的大功率晶体管（以下简称功率管）串联在励磁绕组电路中，用以控制励磁机的励磁电流。图 6-24 所示是调压器末级功率管作为开关元件的调压示意图。图中 W_e 为励磁机的励磁绕组；R_e 为励磁机励磁绕组电阻；E 为励磁机励磁电路的电源电压；D 为续流二极管，它可以在功率管截止时，给 W_e 中产生的自感电势形成续流通路，使励磁电流变得比较平滑，避免线圈中磁通的剧烈变化产生高的感应电压，击穿截止的晶体管。

(a)　　　　　　　　　　　　　　　(b)

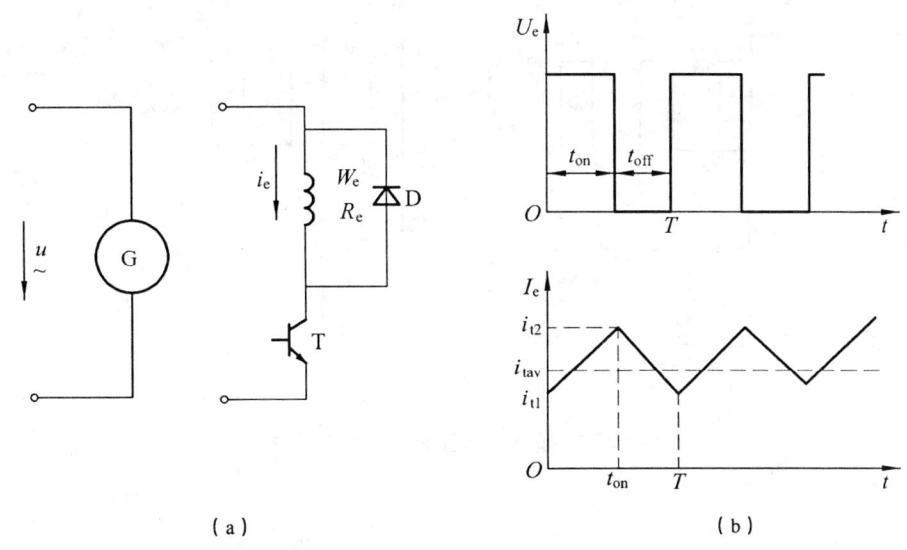

图 6-24　晶体管调压器中末级功率管与发电机励磁绕组的连接图

在功率管的基极输入一定频率的矩形脉冲信号，就可使功率管工作在开关状态。忽略功率管的饱和压降和穿透电流，则可将功率管视为一个开关：饱和导通时，即为开关闭合，立即有电压加在励磁线圈 W_e 两端，如图 6-24（a）所示；截止时，即为开关断开，W_e 的电源被断开，通过续流二极管构成放电回路。由此可知，加在 W_e 两端的电压 U_e 波形为矩形。若令功率管的饱和导通时间为 t_{on}，截止时间为 t_{off}，则其开关周期为 $t_{on}+t_{off}=T$，在一个周期内，W_e 两端电压的平均值 $U_{e(av)}$ 为

$$U_{e(av)} = E \cdot \frac{t_{on}}{T} = E \cdot \sigma$$

式中，$\sigma = \dfrac{t_{on}}{t_{on}+t_{off}} = \dfrac{t_{on}}{T}$ 是功率管在一个周期里的相对导通时间，叫晶体管的导通比或占空比（duty ratio）。

由于 W_e 具有电感线圈的作用，故励磁电流 i_e 不能突变，而只能在 I_{t1} 与 I_{t2} 之间按指数规律脉动，如图 6-24（b）所示。通常其脉动幅度仅有几毫安到几十毫安。

由于励磁电流的平均值为

$$I_{e(av)} = \frac{U_{e(av)}}{R_e} = \frac{E}{R_e} \cdot \sigma$$

上式表明：在功率管的控制下，励磁电流的平均值是和功率管的导通比成正比，改变功率管的导通比，即可改变励磁电流，以调节发电机电压。例如，当发电机感性负载增加引起发电机电压低于其额定值时，使功率管的导通比适当增大，就可使励磁电流相应地增加，以保持发电机电压为额定值。

通过脉冲电压调节励磁电流通常采用两种方法：一种是保持脉冲宽度不变，仅调节脉冲的频率，叫做脉冲调频式，如图 6-25（a）所示；另一种是脉冲频率保持不变，仅调节脉冲的宽度，叫做脉冲调宽式，如图 6-25（b）所示。

（a） （b）

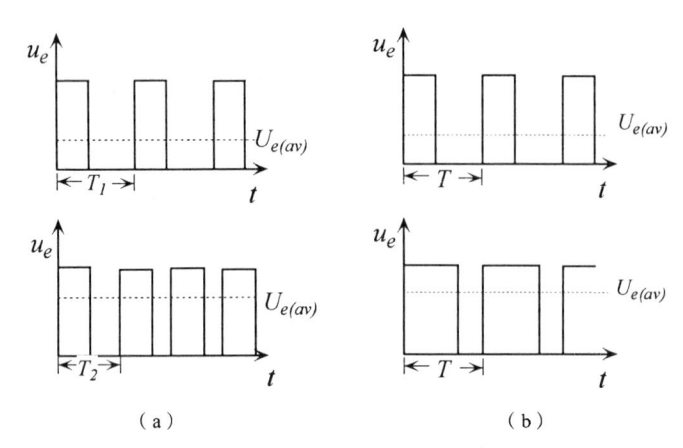

图 6-25 晶体管调压器脉冲调节形式

三、脉冲调宽式晶体管调压器的工作原理

脉冲调宽式晶体管调压器在民航飞机上使用较多，其组成如图 6-26 所示。

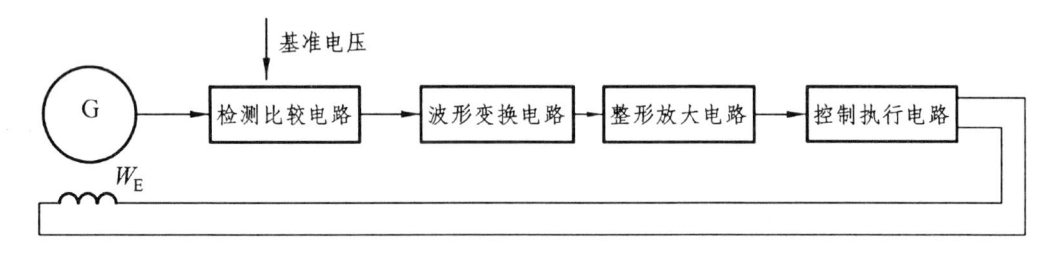

图 6-26 脉冲调宽式晶体管调压器调压原理方框图

脉冲调宽式晶体管调压器由电压检测电路、基准电压电路、电压比较与波形变换电路和放大与执行电路等构成电压检测电路，以检测调节点电压的大小。基准电压电路提供基准电压，电压比较电路比较检测到的电压和基准电压，并输出两电压差信号。通过变换电路将它变成脉冲宽度信号，以使末级或其前置级晶体管工作在脉冲调宽的开关状态，通过改变脉冲宽度来调节发电机励磁电流，使调节点电压保持在规定的范围内。

图 6-27 是一种典型晶体管调压器的原理线路图，下面以它为基础讨论晶体管调压器的工作原理，它由电压检测电路、电压基准、电压比较和脉冲变换和输出功率控制电路等部分组成。电阻 $R_1 \sim R_3$、二极管 $D_1 \sim D_3$ 构成三相整流电路，R_4、C_1 和 R_5、R_6、R_9 等构成滤波和分压电路，它们共同组成了电压检测电路，将交流转换为含有脉动量的直流电压 U_D 输出。U_D 中含有直流分量，其大小与三相交流电压的平均值成正比，脉动分量的频率是发电机频率的三倍，电阻 $R_1 \sim R_3$ 起限流作用。15 V 基准电源由精密稳压集成电路提供，可以减小误差，减少温度的影响。集成运放构成的比较器对电压 U_D 与基准电压进行比较，并转变为脉宽调制波，使末级功率管 VT_2 工作在开关状态，减小功率损耗。发电机的励磁绕组 W_F 与 VT_2 串连，二极管 VD 与励磁绕组并联，起续流作用。

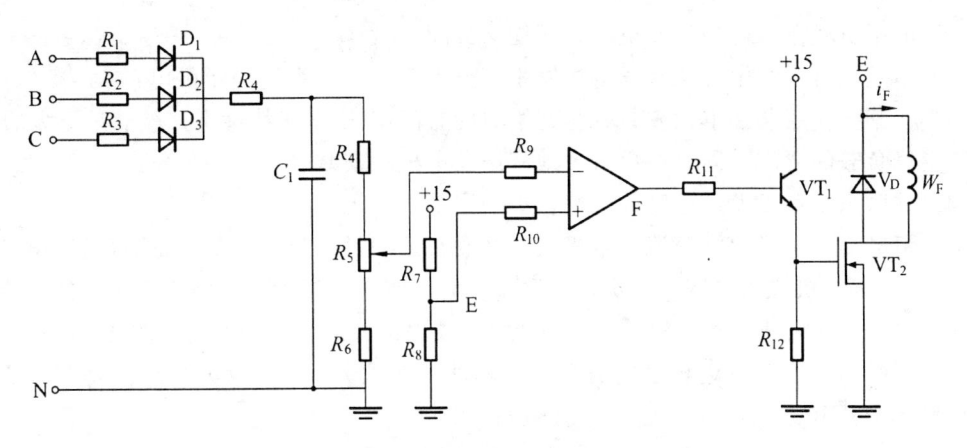

图 6-27 交流发电机调压器电路原理图

图 6-28 所示是脉冲调宽式晶体管电机调压器关键点的波形图，D 点电压 U_D 为脉动直流电压，U_E 为基准电压，在正常工作情况下两曲线相交。当 $U_D>U_E$ 时，比较器输出 U_F 为低电平，反之，$U_D<U_E$ 时，比较器输出 U_F 为高电平。U_F 为高电平时，VT_1 导通，VT_2 也随之导通，励磁电流 i_f 增长；U_F 为低电平时，VT_1 和 VT_2 截止，励磁电流 i_f 通过续流二极管衰减。由此可见，交流发电机的电压调节器是通过改变晶体管的导通比（占空比）来调节发电机励磁电流从而调节发电机输出电压的。

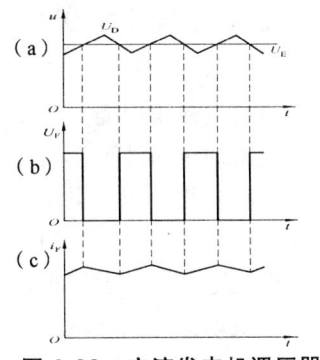

图 6-28 交流发电机调压器关键点波形图

第六节 交流发电机的并联运行

在多发动机的飞机上，一般装有多台发电机。由多台发电机组成的电源系统有并联系统和不并联系统两种形式，当系统不并联时主要具有如下的优点：
（1）恒速传动装置之间不需要设置功率自动均衡装置，降低了系统的复杂性。
（2）电气系统中某一部分的扰动仅影响到与该台发电机有关的那一部分系统。
（3）由于不需要考虑发电机负载均衡的问题，可以充分利用单台发电机的全部容量。
（4）调节、控制与保护设备简单，有利于提高系统的可靠性。

电源系统不并联供电的供电容量小，抗扰动能力差，不中断供电难以实现，所以在某些飞机上电源系统采用并联供电形式，它主要具有如下优点：

（1）电压负载在供电的各发电机之间均匀分配。

（2）多发电机系统中，一台发电机发生故障不会导致主系统停止供电。

（3）在某些使用条件下，安装容量在给定的时间-电压干扰特性下，能满足更大的起动电流和尖峰负载的要求，同时能更有效地利用发电机的安装容量。

（4）并联系统可以使反延时的过流保护装置动作更迅速。

恒速恒频交流电源中的交流发电机实现并联必须满足一定的条件，才能接通发电机断路器 GB，使该发电机投入电网。不满足并联条件时，发电机投入电网将引起很大的电流、电压和功率冲击，以至使电网上的并联发电机解列，退出并联，这是不允许的。交流发电机并联运行时还必须实现各发电机之间有功和无功功率合理分配，调整发电机间功率时还应不影响电网的电压和频率。

一、交流发电机并联

交流发电机投入电网需要满足五个条件：

（1）发电机的电压波形应与电网电压波形一致，为正弦波。

（2）发电机的相序应与电网电压的相序一致。

（3）发电机的频率应与电网频率相近，频差越大同步时间越长。

（4）发电机电压应与电网电压相近。

（5）发电机电压与电网电压间的相位差应小，以减小投入时的冲击。

只有当波形、相序、频率、电压和相位这五个方面均在规定的范围内时，发电机才能投入电网。由于飞机上采用同型号的同步发电机并联，其结构、参数均相同，电压波形可以认为是相同的，都与理想的正弦波形相接近，并联时不会对电源系统产生明显的影响。对于恒速恒频系统来说，在一定安装条件下的飞机交流发电机，只要传动装置输出转向不变，电源相序就是固定的，再加上发电机的出线端都有明显的标志，只要正确地连接线路，就不难满足相序相同的条件。至于后三个条件要保证完全相等是不可能的。实际上，只要将上述参数控制在一定的范围内，使投入并联瞬间的冲击电流和冲击功率限制在允许范围，并保证投入并联的稳定性，那么，即使有一定的压差、频差和相位差，还是可以投入并联的。目前一般要求压差 ΔU 不超过额定电压的 5%~10%；频差 Δf 不超过额定频率的 0.5%~1%；相位差 $\Delta \varphi$ 不超过 90°，即可投入并联。以上条件由自动并联装置进行检测，当满足要求时，将待并联的发电机自动投入电网。

二、自动并联控制装置

飞机同步发电机的并联采用精确同步法，即对并联工作的五个条件，除电压波形和相序已经确定外，要求待并联的发电机与电网电压大小、频率和相位完全相同是不可能的，因而只要求将这些参数限制在一定范围内。目前，一般要求压差不超过额定电压的 5%~10%、频差不超过额定频率的 0.5%～1%、相位差不超过 90°即可投入并联。这些条件由自动并联电路进行检测，当满足要求时，将待并联的发电机自动投入电网。在波音飞机上，还装有同步指示灯，可以由人工对频率进行精确调节，当同步灯的闪动满足要求时，即可由人工并联合闸，以作为并联的辅助设备。

图 6-29 所示为一种典型的自动并联原理电路，它由电网电压检测电路、自动并联检测电路、或门鉴压电路、可控硅触发电路和控制执行电路五个部分组成。

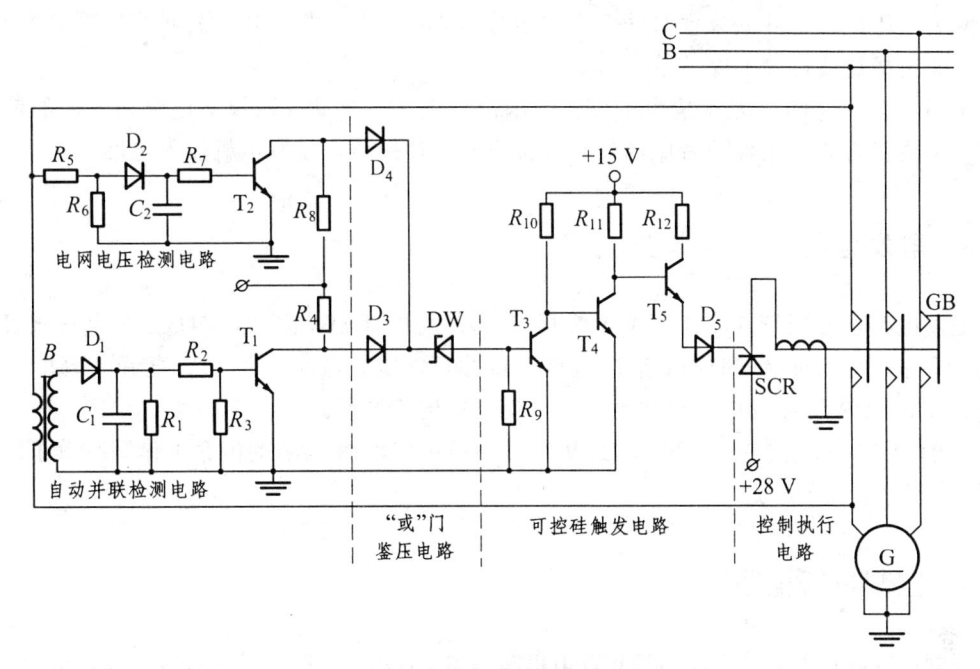

图 6-29 自动并联装置原理电路

1. 自动并联检测电路

自动并联检测电路由变压器 B、二极管 D_1、电容 C_1、三极管 T_1 及电阻组成，它通过敏感发电机与电网之间的差值电压来判断是否满足并联条件。

只有在符合并联指标时，T_1 集电极电位足够高才能经 D_3，击穿 DW 而发出合闸信号使发电机投入并联。不符合并联指标时，T_1 集电极电位不足以击穿稳压管就不能向后面发出并联合闸信号。

2. 电网有无电压检测电路

电网电压检测电路又称汇流条无电检测电路，它检测电网上有无电压，由晶体二极管 D_2、三极管 T_2 等组成。

电网无电压时就不存在并联问题，可以使发电机立即投入电网。此时，T_2 截止，15 V 直流电压经 R_8、D_4 使 DW 击穿工作。

电网有电压时，T_2 导通，D_4 则无电压输出，不能使 DW 击穿。这时，此电路不会输出合闸信号，需要由自动并联检测电路的信号去决定是否投入并联。

3. "或"门鉴压电路

"或"门鉴压电路对电网电压检测电路和自动并联检测电路输出的信号进行"或"运算，在电网无电压或符合并联条件时输出合闸信号。它由晶体二极管 D_3、D_4 和稳压管 DW 组成。只要任一路导通就可使 DW 击穿工作。

采用或门电路的原因，是为了综合电压检测电路与自动并联检测电路两方面的信号。电网无电或符合并联条件两者中的任一种都可将 GB 接通，使发电机投入电网。

4. 触发电路

触发电路由三极管 T_3、T_4、T_5，二极管 D_5，稳压管 DW 及电阻组成。3 个三极管为开关放大电路，只有 T_3 饱和导通使 T_4 截止，T_5 才可能成为通路接通 15V 直流电源并通过 D_5 加至可控硅 SCR 的控制极，形成触发信号使可控硅管导通。

T_5 的导通或截止取决于稳压管 DW 是否能被击穿，而 DW 的击穿工作则有赖于二极管 D_3 或 D_4 任一支路的导通。

5. 控制执行电路

控制执行电路由大功率晶体管和发电机断路器 GB 组成，控制发电机能否投入电网。在实行并联供电的飞机上，汇流条连接断路器 BTB 平时总是处于接通状态，发电机投入电网的接通是由发电机断路器 GB（或称发电机接触器 GC）操纵的，而 GB 的通断则由可控硅管控制。

三、交流负载的自动均衡

在发电机并联运行过程中，虽然各发电机系统的原动机、传动装置、发电机、调压器和调速器都是同一型号的，但由于制造工艺、工作环境和工作状态等因素的差异，在并联工作时肯定会出现各发电机间负载（包括无功负载和有功负载）分配不均匀的现象。为了充分利用系统容量，使负载均匀分配，必须在并联供电系统中设置负载自动均衡装置。

自动均衡装置要保证并联运行的各发电机间负载相等，即是要求各台发电机输出的有功功率和无功功率相等。下面简述无功负载与有功负载自动均衡的基本方法及要求。

1. 无功负载均衡的基本方法及要求

所谓无功负载均衡（Reactive Load Sharing），就是保持并联交流电源系统中各发电机的无功负载电流彼此平衡。

从电机学的有关内容可知，在发电机并联运行的电源系统中，若要改变发电机输出的无功电流，进而使并联电源系统的无功负载均匀分配，则必须调节发电机的励磁电流，即在增强一台发电机励磁电流的同时，减弱另一台发电机的励磁电流，才能保证电网电压不变。为此，无功负载（即无功电流）的调整往往与电压调节器组合在一起。其基本方法是给电压调节器附加一个无功电流偏差信号，使发电机的励磁电流按无功电流偏差信号的极性和大小作相应的改变，从而使无功负载分配达到均衡。

最常用的无功电流均衡电路由电流不平衡敏感环和各电压调节器-发电机系统组成，如图 6-30 所示。电流不平衡敏感环由几个（图中为 4 个）电流互感器组成，各互感器初级线圈串接于各发电机同名相（图中为 C 相）中，次级线圈则同向串联成闭合环路。无功电流自动均衡的基本过程如下：电流不平衡敏感环检测出某发电机负载电流与全部并联发电机平均负载电流之差，加于电压调节器。电压调节器中的无功敏感电路鉴别出差值电流的无功分量，给出与之对应的信号加于电压调节器的放大电路，改变发电机的励磁电流，从而改变发电机所承担的无功负载电流。上述调节作用应使负担无功负载较多的发电机的电压调节器感受到一个比实际电压高的电压，从而减小该发电机的励磁；同时，使负担无功负载较少的发电机的电压调节器感受到一个比实际电压低的电压，从而增大该发电机的励磁。各电压调节器共同作用的结果，便使各台发电机所负担的无功负载趋于均衡。

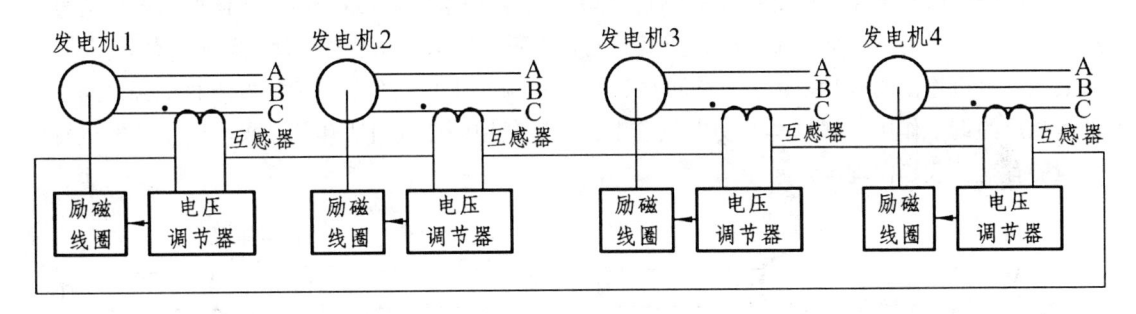

图 6-30 无功电流均衡装置原理方框图

无功电流（负载）自动均衡的具体线路形式很多，但它们都必须满足以下几条基本要求：

1）正确取出信号

无功电流均衡线路应能判别无功电流分配是否均衡，分配不均衡才调节，否则不调节；取出信号的大小应正比于无功电流分配的偏差，但对有功电流的分配情况，则不应反应。

2）正确调整励磁

取出的信号放大后应正确地作用到调压器上，使分担无功电流大的发电机励磁电流减小，分担无功电流小的发电机励磁电流增大，以保证不改变所担负的总的无功电流。

3）正确动作

无功电流均衡线路只在发电机并联工作时才起作用，未投入并联时无功电流均衡线路不应工作。否则，当单台发电机供电时，在无功电流均衡线路的作用下，将使发电机励磁电流大大降低，电网电压也会随之降低而不能正常工作。

2. 有功负载均衡的基本方法及要求

所谓有功负载均衡（Real Load Sharing），就是保持并联交流电源系统中各发电机的有功负载电流彼此平衡。

前已述及，恒速恒频交流电源系统的同步发电机是由恒速传动装置传动的，为了使系统的频率稳定，必须使恒速传动装置的输出转速恒定，因此恒速传动装置均带有转速调节器。由于转速调节器和发电机特性的差异，必然会导致并联运行时各台发电机承担的有功负载分配不均衡。若要改变同步发电机输出的有功功率，进而使并联交流电源系统的有功负载均匀分配，则必须使转速调节器对转速的调节能反映并联发电机之间有功功率分配的情况，这个职能由有功电流自动均衡装置来完成。其基本方法是给恒速传动装置的转速（频率）调节器附加一个有功电流偏差信号，使电源的频率按有功电流偏差信号的极性和大小作相应的改变，从而使有功负载分配达到均衡。

并联交流电源系统中用来均衡各台发电机有功负载电流的装置通常采用负载控制器（Load Controller）。图 6-31 所示是一种典型的负载控制器外部接线图。电流互感器敏感每台发电机 C 相的负载电流，四台发电机的互感器按差动形式接成闭合环路，称为有功电流均衡分配检测环。有功负载自动均衡的基本过程是：当某台发电机输出电流（包括有功电流和无功电流）高于全部并联发电机的平均输出电流时，其互感器的并联电阻 R 上便出现与此电流值相对应的电压，负载控制器的敏感电路感受此电压并鉴别其与有功电流相应的分量，给出成比例的电压信号，经放大电路放大后，送至恒装中的转速调节器，以降低恒速传动装置的输出转速（转矩），从而降低该发电机输出的有功电流。与此同时，输出电流小于平均负载电流的发电机则经过与上述过程相反的调节作用，增加其有功电流输出。各负载控制器同时工作的结果，便使各发电机所负担的有功负载趋向均衡。

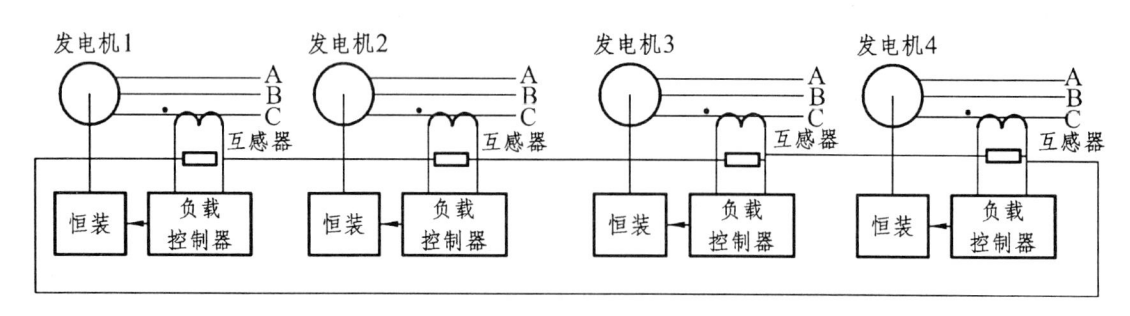

图 6-31 有功电流均衡装置原理方框图

与无功电流的均衡相似，有功电流均衡线路必须满足下列原则：

1）正确取出信号

线路应能判别有功电流分配是否均衡，取出信号的极性应反映有功偏差的正负，其大小与偏差数值大小成正比，而对无功电流的分配情况则不作反应。

2）分别调整转矩

取出的信号放大后作用到恒装调速器的电调线圈上，分别增加或减少恒速传动装置的转矩，使分担有功电流大的发电机的转速降低，分担有功电流小的发电机的转速升高。

3）工作要协调

有功电流均衡线路只在发电机并联工作时才起作用，未并联时，有功电流均衡线路不应工作。

第七节 飞机交流电源的控制关系

一、概 述

控制与保护装置是飞机电源系统的重要组成部分，是实现电源正常供电的重要环节，其主要控制对象即执行元件通常有 4 个。

（1）发电机励磁控制继电器（Generator Control Relay，GCR）。控制发电机励磁电路的接通与断开，即决定发电机是否能够励磁发电。

（2）发电机断路器（Generator Breaker，GB，又称发电机接触器 GC 或发电机控制断路器 GCB）。控制发电机能否投入电网并向各自的发电机汇流条供电，即决定发电机是否输出。

（3）汇流条连接断路器（Bus Tie Breaker，BTB，又称并联断电器）。它可将各发电机汇流条与同步汇流条或连接汇流条接通与断开，即决定发电机是否并联供电或发电机汇流条之间是否交互供电。

（4）外电源接触器（External Power Contactor，EPC）。飞机停在地面，接上外电源时，它决定外电源是否向机上电网供电。

飞机交流电源系统控制保护装置的作用就是人工或自动地接通、断开或转换上述开关装置。所谓控制，主要是根据供电方式的需要及一定的逻辑关系，控制上述那些发电机和电网的开关元件，以完成发电机和电网主要汇流条的接通、断开或转换工作。所谓保护，一般是在发电机或电网局部出现故障时，有选择性地自动断开某些开关装置，使故障部分与正常供电系统隔离，防止故障扩大，保证系统正常供电。

除以上基本控制保护功能外，随着现代化运输机的发展，有的飞机（如波音 737-300、757、767 等）上还设置有自动卸载控制，在更新型的飞机上，如麦道-11、A340 等飞机的电源系统中，还有不中断电源转换（NBPT）的控制。

飞机电源系统的控制保护器主要有继电器型、磁放大器型、晶体管型三种及其混合型式。目前在国内外，晶体管型控制保护器已被广泛采用。其优点是：体积小、质量轻、耗电少、灵敏度高、动作迅速、抗振性强、工作可靠等。但也有受温度及过电压的影响大、线路复杂等缺点。随着电子技术的发展，集成电路在控制保护装置中得到了越来越广泛的应用。

控制与保护两者是紧密相关的，常常组合在一起成为一个整体。为条理清楚，本书将控制装置与保护装置分作前后两节，本节先叙述控制装置。

二、单独供电的控制关系

1. 简化原理图

图 6-32 所示为两台发电机单独供电系统的简化原理图。如麦道-80（DC-9），波音 737、757、767、777，空中客车 A-310 等机型的电源系统都属于这种类型。

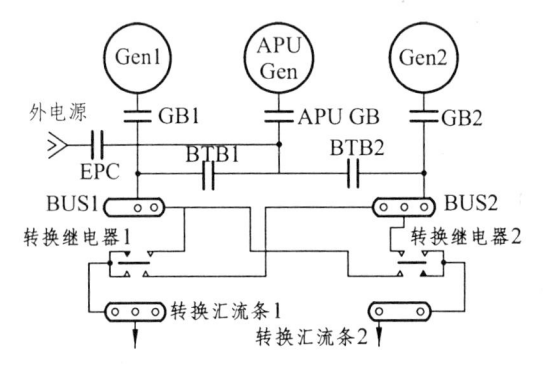

图 6-32　单独供电系统的简化原理图

图 6-32 中 1、2 为左、右发动机驱动的发电机，中间为辅助动力装置 APU 驱动的发电机；BUS1 为发电机 1 的汇流条，BUS2 为发电机 2 的汇流条；图中各断路器和接触器的触点均为常开位。

2. 工作概况

1）地面外电源供电

当飞机在地面，所有发动机关断时，地面外接三相电源可通过 EPC 工作后的闭合触点向机上连接汇流条供电，当两个 BTB 闭合时，外电源则向两个发电机汇流条和它们的转换汇流条供电。

2）APU 发电机供电

当辅助动力装置 APU 起动后，人工将驾驶舱的 APU 发电机控制电门放到"接通（ON）"位，使 APU 发电机的 GB 接通，同时人工控制 BTB 电门使 BTB 工作，从而使 APU 发电机电源经连接汇流条向单个或同时向两个发电机负载汇流条供电。在控制电路中，由逻辑关系保证外电源 EPC 的断开先于 APU 发电机 GB 的接通。

3）主发电机供电

当左发动机起动好后，由它传动的发电机励磁并建立电压，若置发电机 1 的控制电门到"接通"位，则会断开 BTB1，而同时接通 GB1，这时则由 1 号发电机向发电机汇流条 1 和转换汇流条 1 供电，而 APU 发电机仍向发电机汇流条 2 和它的转换汇流条供电。这两个电源是不能并联的。当撤去 APU 发电机电源后，则发电机汇流条 2 断电。

同理，当右发动机起动好后，右发电机将向它自己的汇流条和相应的转换汇流条供电。这时可将 APU 发电机控制电门关断，系统这时的工作方式为正常飞行方式。在这个系统中，两个转换汇流条的供电是自动转换的，在正常状态，转换汇流条经过它的转换继电器的正常位置从它自己的发电机汇流条得到供电。

4）故障状态

若在发电机 1 处发生故障，则 GB1 自动断开，表示发电机 1 不工作。因为两台发电机不能并联供电，发电机汇流条 1 不能由发电机 2 供电而无电，这时转换汇流条 1 的负载由发电机 2 承担，在 GB1 断开时，转换继电器 1 会自动转到备用位（图中向下位置）。

在这种系统中，当选定任一个电源接通工作时，其他电源自动断开，即具有所谓"使用优先"的关系。这时，所有电源断路器和接触器都是按一定逻辑关系互锁的。

三、关联供电的控制关系

1. 简化原理图

如图 6-33 所示为 4 台发电机并联供电系统的简化原理图，它适用于波音 707、747 及 DC-10 这些飞机的交流电源系统。图中除 EPC 外，所有 GCB 和 BTB 的触点都处于并联工作状态。

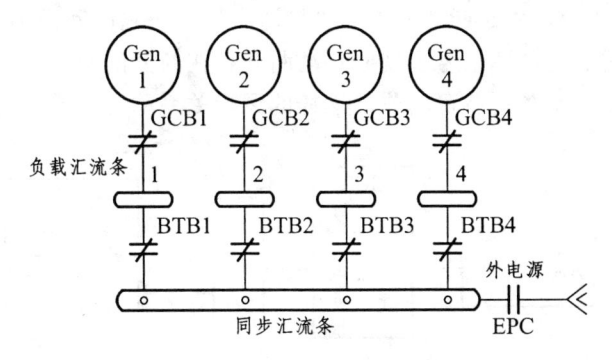

图 6-33 并联供电系统的简化原理图

2. 工作概况

1）并联供电

当 4 台发电机起动好，经过它们各自的发电机控制断路器 GCB 触点分别向各自的发电机负载汇流条供电。在正常状态下，当 4 个 BTB 都闭合时，4 台发电机将通过同步汇流条并联供电。

2）故障状态

（1）若任一台发电机由于故障不工作，则故障发电机的 GCB 自动跳开。例如，3 号发电机故障,则 GCB3 自动跳开,这时该故障发电机的负载汇流条由同步汇流条经 BTB3 保持供电。

(2) 若故障发生在负载汇流条,例如,发生在负载汇流条 2 处或发生在 GCB2 与 BTB2 之间的馈电线上,则该故障发电机系统的 GCB2 和 BTB2 都自动跳开,将故障部分与系统隔离,而保持其他发电机正常并联供电。

3) 单独供电与并联供电的混合状态

当需要时,每台发电机可隔离而单独工作,就是说按需要由人工控制相应的 BTB,则可形成两台至四台发电机并联供电的不同组合情况。如将 BTB1、BTB2 断开,则发电机 1、2 单独向自己的负载汇流条供电,而发电机 3 与发电机 4 则并联供电。

四、主要控制的逻辑关系

如上所述,不论对于单独供电或并联供电的交流电源系统,其主要的控制执行元件有 GCR、GB(或 GCB)、BTB 和 EPC。各型飞机的具体线路尽管各不相同,但都必须满足一些基本的逻辑控制关系,即应满足一定条件,这就是下面所要介绍的内容。

1. GCR 的控制逻辑

发电机励磁控制继电器 GCR 的控制逻辑如图 6-34 所示。它的接通只需将发电机励磁控制继电器电门 GCR.S(GCR Switch)置于"接通"位置,它的断开则可人工断开 GCR.S,或者在有需要断开励磁的故障信号出现时自动断开。在断开的两个条件(或多个条件)中,只要满足其中的任何一个条件就可动作,这样的逻辑关系称为"或"门关系。

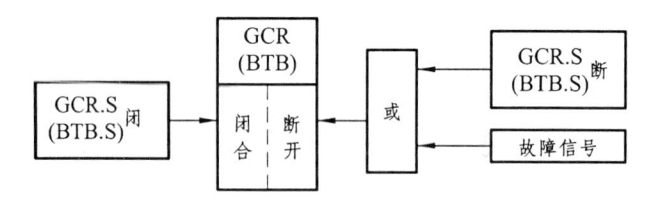

图 6-34 GCR 的控制逻辑

2. GB 的控制逻辑

发电机断路器 GB(或发电机控制断路器 GCB)的控制逻辑如图 6-35 所示。对于单独供电的发电机,必须接通 GCR 使发电机励磁,发电机转速正常使发电机电压达到要求,然后接通发电机控制电门 GB.S,并且在外电源已断开的条件下才能使 GB 接通。对于并联供电系统,通常 BTB 已先行接通,因而还必须按照并联供电合闸的要求,检测汇流条是否有电,有电时还必须符合并联条件才能使 GB 接通。以上这些条件必须同时满足,缺一不可,这种多个条件必须同时满足的关系称为"与"门关系。

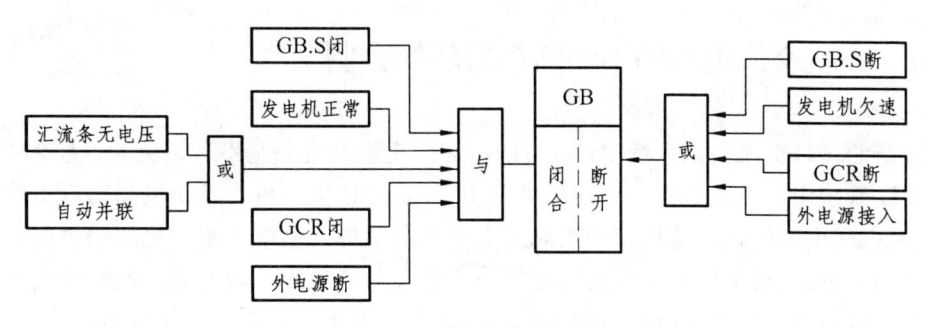

图 6-35 GB 的控制逻辑

GB 的断开逻辑是"或"的关系，可由人工断开 GB.S，或在外电源接通，或发电机转速低于允许值，或者 GCR 断开时而断开。有的飞机，还可能有由于恒装脱开或欠速而使 GB 断开。

3. BTB 的控制逻辑

汇流条连接断路器 BTB 的控制逻辑如图 6-36 所示。对并联和非并联系统，BTB 的接通都只要接通汇流条连接断路器电门 BTB.S 即可；它的断开则可由断开 BTB.S 而达到。对并联供电系统，还有一些故障信号可使 BTB 断开。

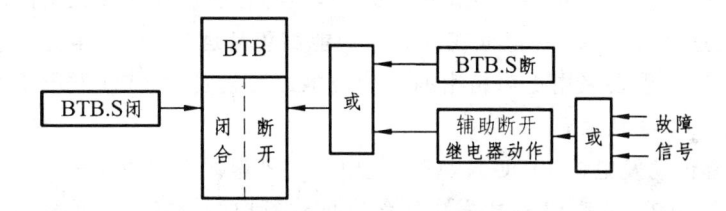

图 6-36 BTB 的控制逻辑

4. EPC 的控制逻辑

外电源接触器 EPC 的控制逻辑如图 6-37 所示。由于外电源与发电机不能并联，所以它们的接通与断开都是互锁的，线路中的互锁都是通过接触器或断路器的辅助触点实现的。

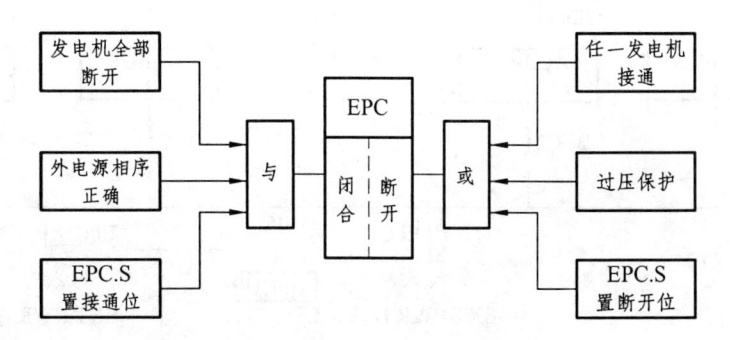

图 6-37 EPC 的控制逻辑

*五、飞机交流电源的不中断供电转换控制

在传统的飞机交流供电系统中，短暂的电源供电中断现象是不可避免的，无论是在并联还是非并联系统中，主发动机起动前后地面电源与 APU 发电机、发动机起动后主发电机与 APU 发电机间电源的正常转换都会引起用电设备的短时间供电中断，短暂的供电中断（时间不超过 100 ms）对于过去模拟式的电气、电子设备的工作影响不大，但对现代数字式飞机电气电子设备的正常工作会产生很大的干扰，甚至会改变原有的工作状态。

随着航空技术的飞速发展，民航飞机中都装备了大量的微处理机，例如，在波音 767 飞机上就有 51 个系统使用了 CPU，为了安全可靠，许多系统更是配备了 2~3 套冗余系统，整个飞机使用的 CPU 共有 170 多个。如果在这些设备工作时突然断电，一些数据可能会丢失而不能正常工作，例如，FMC 如果断电 200 ms 以上，必须与另一台 FMC 重新同步才能正常工作。尽管在供电系统和电子设备中增添了辅助电路以减少电源中断对设备的干扰，但因电源中断而使电子设备不正常的事件仍时有发生，因此在电源正常转换时采用不中断技术势在必行。

电子技术的飞速发展，为电源不中断供电的实现提供了条件，现在普遍采用的技术是在电源正常转换时，把各电源进行短时间的并联，然后再断开原电源，由新电源承担全部供电任务。

为了实现转换电源之间的并联供电，两电源必须同时满足：电压波形、相序、频率、电压值与投入并联瞬间的相位差都在规定范围之内，这样才能保证在并联瞬间产生的冲击电流与冲击功率不超过允许范围，并保证在并联之后能够正常运行。而在电源转换时为了尽量避免引起电网的扰动，就要采用更为精密的锁相技术，而且要对 APU 发电机的输出频率进行控制，以便完成不中断转换。

A340 的组合传动发电机（IDG）、APU 发电机与外电源之间由于采用了外同步技术，当需要在地面电源、APU 电源和/或主发电系统之间进行电源转换时，不会引起用电设备的供电中断，下面就对该系统的不中断转换技术进行分析，供电系统如图 6-38 所示（图中为地面电源供电的情形）。

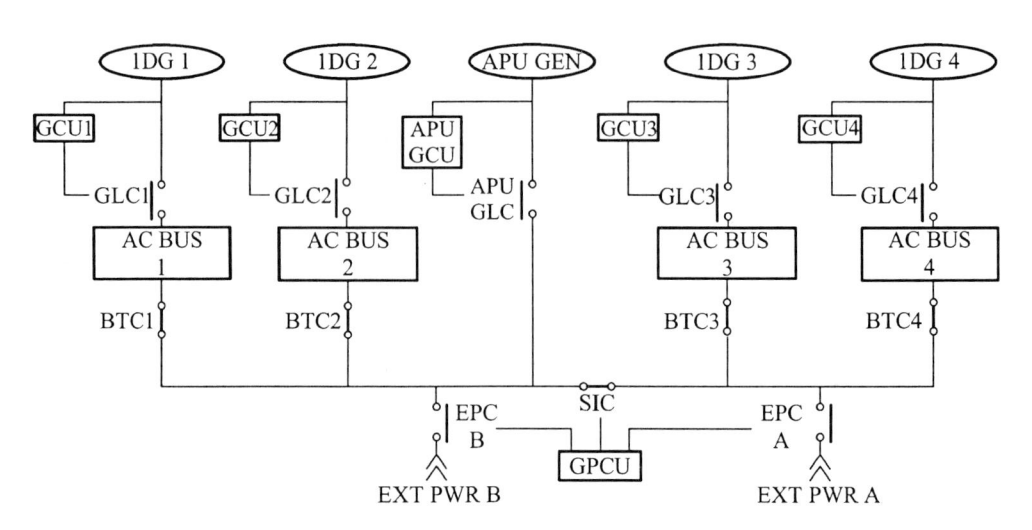

图 6-38 A340 供电系统简图（地面电源 A 供电）

A340 飞机电源系统采用独立供电形式，它有四个供电通道，每通道有一台 IDG。IDG 由发电机和一套电子控制的液压机械式恒速传动装置组成，它受发电机控制装置（GCU）控制和保护，使发电机输出 115 V 400 Hz 的三相交流电，由于在 GCU 内部装有振荡频率为 400 Hz 的精确石英振荡器作为频率参考信号，从而可以使频率误差保持在 0.3 Hz 以内。在正常情况下，4 个 IDG 分别通过发电机主接触器（GLC）向各自的交流汇流条供电，电源接触器管理组件（ECMU）对各电源接触器进行通断控制，并配合 GCU 实现不中断供电。

1. 主发电机之间实现不中断供电

当发电机 GCU 探测到为其提供能量的发动机即将关闭或者发动机已经起动而发电机又没有连接到相应的汇流条时，它就开始进行两台 IDG 之间的不中断供电操作。首先是系统控制逻辑向地面电源控制装置（GPCU）发出指令，使得 GPCU 向两台发电机提供相同的 400 Hz 参考信号。然后系统逻辑控制接通 GLC 或汇流条连接接触器（BTC），两发电机同时向两汇流条的所有负载供电，经过短时间的并联工作以后（在 100 ms 以内），汇流条连接断路器使两台 IDG 分离，两台 IDG 分别向各自的通道供电，转换过程中电源自始至终向有效汇流条供电，这些汇流条供电的所有负载都不会引起供电中断。如果电源转换发生在非同侧通道的发电机之间时，GCU 会请求 EMCU1 接通系统隔离接触器（SIC），以实现非同侧发电机之间的不中断供电。

2. 外电源/APU 发电机与 IDG 之间实现不中断供电

除了装配在发动机上的 4 台 IDG 之外，A340 上还有辅助动力（APU）发电机和外电源组件 A、B 等三个交流电源可以使用。APU 发电机受 APU GCU 的控制，由于 APU 发电机没有恒速传动装置，因此 APU GCU 无法直接调节 APU 发电机的输出频率，它只能计算 APU 发电机与参考信号间的频率或电压差。但这并不会阻碍 IDG 与 APU 发电机之间的不中断供电，因为 GPCU 从 APU 发电机的 A 相输出电压中取出频率作为参考信号，通过 IDG GCU 控制其输出电压的频率就可实现与 APU 发电机的同步，于是 IDG 与 APU 发电机之间可以成功地实现不中断供电转换。

同样地，GPCU 也不能调节外电源 A 和 B 的频率，但 GPCU 从外电源的 A 相取出电压作为 400 Hz 的参考信号，提供给 IDG GCU 以调节主发电机的输出频率，这样就可以实现外电源与 IDG 的同步，而不会出现供电中断。

3. APU 发电机与外电源之间实现不中断供电

如果要实现外电源与 APU 发电机之间的不间断供电，控制过程要相对复杂一些。发动机起动前，SIC 接通，外电源 A 向所有的四套汇流条供电，如图 6-39 所示，然后起动 APU 以提供辅助电力。此时由外电源与 APU 共同向用电设备供电，在传统的电源系统中，这必将引起用电设备的供电中断。

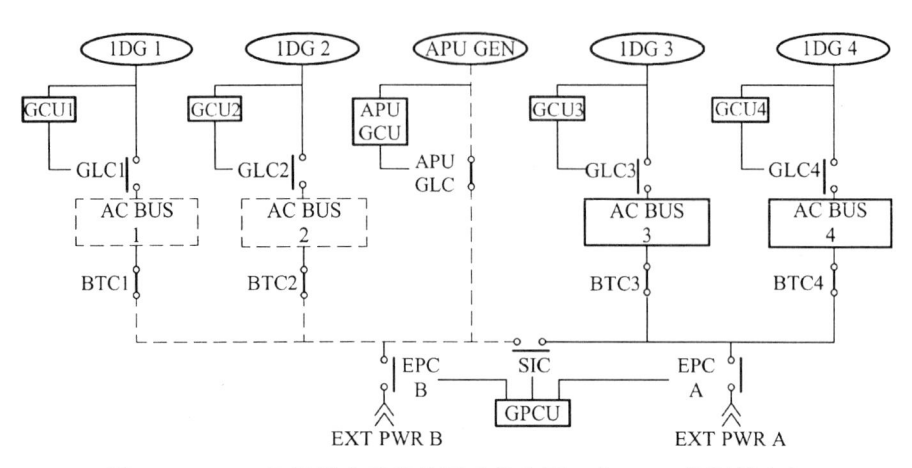

图 6-39 A340 飞机供电系统简图（外电源 A 与 APU 共同供电）

为了实现从图 6-38 到图 6-39 供电情形的转换，而不引起供电中断，一般采取如下措施：系统逻辑向 GPCU 发出 APU 已经起动并且需要在 APU 发电机与外电源间实现不中断供电的指令，接下来 GPCU 以外电源的 A 相输出电压为基准向 APU GCU 送出一个频率信号。

由于 APU 的速度和 APU 发电机输出频率受控于 APU 电子控制盒，虽然它不属于供电系统，但 APU GCU 与 APU 电子控制盒之间可以进行数据的传输，因此 APU GCU 可以发出改变 APU 速度的请求，以便 APU 发电机与外电源频率相同，从而实现 APU 发电机与外电源短时间的并联供电。

APU GCU 判断需要并联时，向 APU 电子控制盒发送信号，在系统逻辑表明可以对它们作出响应时，APU 电子控制盒控制 APU 速度作出相应的改变，直至 APU 发电机与外电源的输出频率同步。为了确保系统同步运行，在实现不中断供电时，实施了从 GPCU 到 APU GCU，然后再到 APU 控制箱的控制。

在 APU 发电机与地面电源同步运行后，GPCU 和 APU GCU 向飞机系统逻辑发出可以进行不中断电源转换的信号，APU 发电机主接触器闭合，两电源实现并联，在不到 100 ms 的时间内，ECMU1 断开 SIC，实现了电源间的不中断转换。APU 发电机向 1 号、2 号交流汇流条供电，地面电源向 3 号、4 号交流汇流条供电。

如果 APU 发电机与地面电源之间在 15 s 之内不能实现同步，则放弃并联，电源间的转换会存在短时间的中断。

第八节 飞机交流发电机的故障及其保护

一、飞机交流发电机的故障种类

飞机交流电源系统与其他机载设备一样，在运行过程中也会出现各种各样的故障。例如，系统组成部件（发电机、调压器等）会出现故障；供电线路（馈电线、汇流条、均衡线路等）也会出现故障。如果发生了故障不能有效地保护，就会导致故障扩大，引起上一级系统故障或扩大到其他系统，造成飞行事故。

由无刷交流发电机组成的恒速恒频交流电源系统的故障形式主要有七种，分别是发电机相断路故障、发电机电压故障、发电机频率故障、发电机欠速故障、旋转整流器短路故障、副励磁机短路故障、馈电线短路故障，故障的保护应满足以下要求：

1）发电机相断路故障

当发电机的某一相负载电流远小于其他两相电流时，就认为发生了发电机相断路故障。往往是由于发电机电枢绕组的失效，或馈电线路中的某些不正常状态所造成的。

出现断相故障后，要求断开发电机励磁断路器。具体的保护指标是：当检测到负载最小相电流还不足其他两相中负载较轻相电流的15%时，应在4 s内断开GCR，采用固定延时方式。

2）发电机电压故障

发电机输出电压超过规定值一定时间后，就认为发生了发电机电压故障。出现这种故障的主要原因是由于发电机励磁电路不正常，如旋转整流器短路或开路、励磁机电枢绕组短路等，或由调压器故障导致。当发电机输出电压幅值波动时，很可能是由于调压器或CSD中的调速器的工作不稳定造成的。

发生过压故障特别容易损坏灯光照明与电子设备，过压愈高，造成损坏所需时间愈短。电源系统中大功率感性负载断开，或短路故障切除时，系统电压也会出现大幅度波动，这是允许的，保护装置不应该动作，因此过压保护指标及要求是：当发电机最高相电压超过129.5 V时，断开GCR，发电机不能发电，保护电路采用反延时方式。

欠压保护指标及要求是：当发电机三相电压平均值为103~106 V时，要求在8~10 s内将发电机的GCR断开，保护电路采用固定延时。该故障保护装置的功能往往被欠速和欠频故障保护装置的保护功能所覆盖。

电压不稳定保护指标及要求是：当发电机输出电压的幅值波动，且波动幅值超过了额定电压的7%，频率的波动值超过了9 Hz时，要求断开GCR，采用反延时方式。

3）发电机频率故障

发电机输出电压的频率超过规定值一定时间后，就认为发生了发电机频率故障。该故障是由于恒速传动装置（包括调速器）以及飞机发动机的不正常工作引起的。在发动机起动和停转过程中，发电机的频率要随发动机转速变化而变化，这是正常工作状态，无需保护。

过频保护指标及要求是：当发电机的输出频率为425~430 Hz时，要求在1 s内断开发电机的GCR，保护电路采用固定延时方式。

欠频保护指标及要求是：当发电机的输出频率为370~375 Hz时，要求在1 s内断开发电机的GCR；当发电机的输出频率为345~355 Hz时，要求在0.14 s内断开发电机的GCR。同时，封锁欠压保护电路、欠频保护电路采用固定延时。

4）发电机欠速故障

欠速故障一般由组合电源中的CSD或发动机故障引起，发动机起动和停转过程中，发电机转速出现偏低则是正常现象。

发电机欠速故障的保护指标及要求是：当 IDG 的输入转速低于额定转速的 55% 时，应 0.1 s 内迅速断开 GCB，保护电路采用固定延时。

5）旋转整流器短路故障

当励磁机的励磁电流出现异常时，则可判断出现了旋转整流器短路故障。

一旦发现旋转整流器中的任一二极管短路，则应在 5.5~7 s 内将 GCR 断开，保护电路采用固定延时方式。

6）副励磁机短路故障

当电源调压器的直流输入电源中出现较多的交流分量时，则可判断副励磁机短路故障。当永磁发电机任一绕组发生短路时，应在 2 s 内将发电机的 GCR 断开，保护电路采用固定延时方式。

7）馈电线短路故障

当发电机内部或发电机端到 GCB 之间的馈电线出现相对相或相对地之间的低阻抗短接现象时，则主电源系统出现了馈电线短路故障。此时，故障相电流大、电压低，三相电压严重不均衡，同时还会出现正常相过压的现象。故障产生原因是振动断线搭地、绝缘磨损损坏或偶然性接地等因素。

当检测到故障短路电流大于 200% 额定电流值时，应在 0.02 s 内断开发电机的 GCR。

二、飞机交流发电机故障保护电路

电源系统故障的种类很多，相应的检测保护电路更多，这里仅简单介绍差动保护和过压保护电路。

1. 发电机短路故障及差动保护（Differential Protection，DP）

发电机内部最严重的故障是发电机定子绕组发生相与相、相与地之间的短路。短路故障通常还包括发电机输出端点到 GB（在并联供电系统中是 BTB）之间的馈电线相与相、相与地之间的低阻抗短接。

产生短路故障的原因可能是发电机或馈电线磨损造成绝缘损坏，由于振动断线而搭地，或由于其他偶然事故而造成。短路是一种危险故障，其表现形式与后果是：短路相中流过很大的电流可能引起火灾；短路相的电压将大大降低；如果调压器检测的是发电机三相电压平均值，那么在发生单相接地短路故障时，调压器将使非故障相的电压大大升高，导致这些相上的负载过压损坏；在并联供电系统中，还可能使发电机失去同步而导致系统的电压与功率产生剧烈波动。因此，对发电机短路故障保护的要求是，故障一经发生，应迅速切断发电机励磁电路（即 GCR 动作）和发电机与外电路的联系（即 GB 动作）。根据运行经验，故障发电机应在短路后 0.02~0.06 s 内与电网脱开并灭磁，以免故障进一步扩大并保证其他发电机继续并联运行的稳定性。

发电机短路故障保护的范围应尽量扩大，除发电机绕组外，还应包括由发电机输出端点到包括发电机断路器 GB（在并联供电系统中是 BTB）之间的主电路。在这个范围内发生短路故障，短路保护装置应该动作，否则就是拒动作。在发电机内部没有短路故障或在保护范围以外出现短路时，保护装置不应该动作，否则就是误动作。

到目前为止，差动电流保护器一直是对发电机短路故障进行保护的较好方法。一种典型的差动保护原理电路如图 6-40 所示，其敏感电路由六个相同的电流互感器、三个相同的电阻 R_1、三个相同的电阻 R_2 及三个相同的二极管 D 组成。六个电流互感器以三个为一组分为两组，置于短路保护区的两端，构成差动保护环，敏感保护区两端的电流差。一组电流互感器 LH_1 置于发电机定子绕组接地端，另一组电流互感器 LH_2 置于 GB（或 BTB）之后，在这两组电流互感器之间的范围叫做短路保护区，又叫差动保护区。

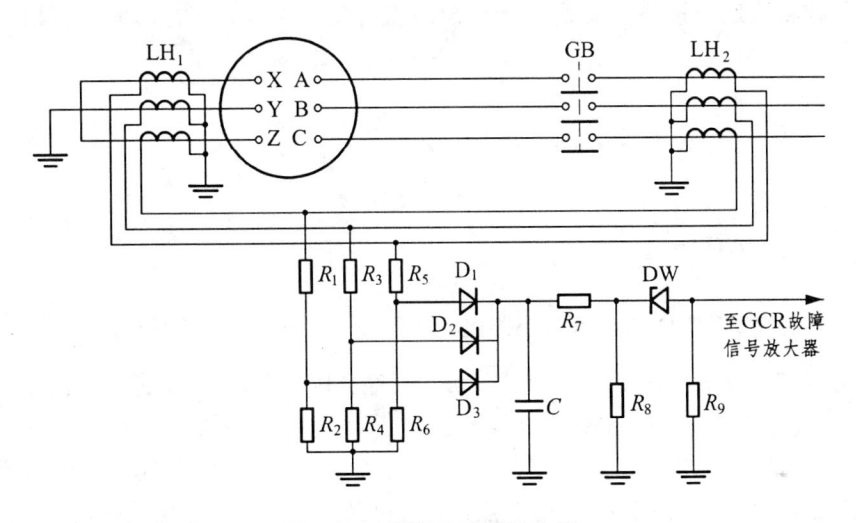

图 6-40 典型差动保护电路

为了便于分析电路的工作原理，取出一相电路，则图 6-40 可简化为图 6-41。图中 LH_1 与 LH_2 应这样连接：它们的副边应顺向串联（即异极性端相接），构成闭合回路。

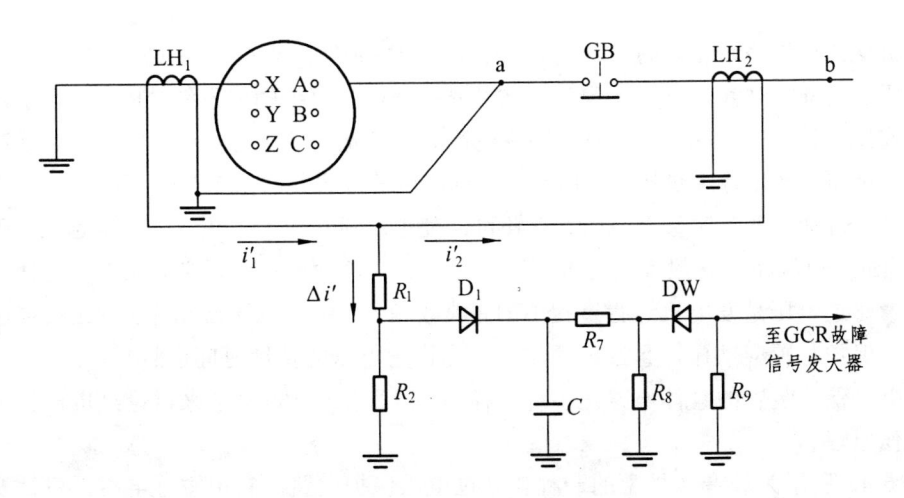

图 6-41 差动保护简化原理图

设 $\dot{I}_1$、$\dot{I}_2$ 分别为 LH_1、LH_2 原边电流；$\dot{I}_1'$、$\dot{I}_2'$ 分别为其副边电流；K 为其变比；并假定 LH_1 和 LH_2 均为理想电流互感器；$\Delta \dot{I}'$ 为流过电阻 R_1、R_2 的电流，其方向如图 6-41 所示，可以导出

$$\Delta \dot{I}' = \dot{I}_1' - \dot{I}_2' = \frac{\dot{I}_1 - \dot{I}_2}{K} = \frac{\Delta \dot{I}}{K}$$

式中，$\Delta \dot{I} = \dot{I}_1 - \dot{I}_2$，称为差电流。在正常供电时，由于 $\dot{I}_1 = \dot{I}_2$，则 $\Delta \dot{I} = 0$，没有电流流入 R_1 和 R_2，故该电路没有信号电压输出。

当发电机内部或电流互感器之间的馈电线发生相与相或相与地短路时，如短路点 a 对地发生短路，则将流过一短路电流 $\dot{I}_k$，于是短路点两侧的电流 $\dot{I}_1$、$\dot{I}_2$ 的大小和相位一般都不相等，即

$$\dot{I}_k = \dot{I}_1 - \dot{I}_2$$

所以

$$\Delta \dot{I}' = \frac{\dot{I}_1 - \dot{I}_2}{K} = \frac{\dot{I}_k}{K}$$

即流入电阻 R_1 和 R_2 中的电流与短路电流成正比。当短路电流达到一定数值时，$\Delta \dot{I}'$ 在电阻 R_2 上的压降经二极管 D 整流，电容 C 滤波，再经分压后在电阻 R_8 上产生电压 U_{R8}，当 U_{R8} 大于鉴压值 U_W（U_W 为稳压管 DW 的击穿电压）时，将发出差动保护故障信号，经过 GCR 故障信号放大器去断开 GCR，然后断开 GB，从而将故障发电机励磁电路和输出电路迅速断开。

若短路故障发生在保护区以外的 b 点，则差动保护电路不会输出故障信号，读者可自行分析。

2. 过电压故障及其保护装置（Over-Voltage，OV）

飞机交流电源系统出现过电压有两种情况：一种是在发电机切除负载或排除短路故障后由于调压器的滞后作用所产生的瞬时过电压；另一种是由于励磁系统故障，如调压器敏感电路断线或发电机励磁回路故障，引起励磁电流大大增加，使发电机的输出电压远远高于发电机的额定电压，产生持续过压。众所周知，过电压的危害是很大的。它可能使电子设备及照明设备降低寿命，严重时甚至烧毁；它还可能使电动机过速、过载。过电压越大，破坏性就越强。因此，电源系统一般都设有过电压保护装置。这种保护装置必须具有反延时特性。这是由于瞬时过电压是发电机运行过程中的正常现象，保护装置不应动作；持续过电压则是故障状态，保护装置应动作，且过电压越高，允许过电压的持续时间应越短。

过电压保护装置的具体电路是多种多样的。下面通过一个例子来讨论过电压保护装置的基本工作原理。

图 6-42 所示为波音飞机上的一种典型过电压保护电路。它由敏感电路（包括变压、整流、滤波、分压四部分电路）、鉴压电路（DW_1，R_3）和反延时电路三部分组成，经过 DW_2

向 GCR 故障信号放大器输出。一般过电压现象是由励磁系统故障所引起的，因而故障时发电机端电压基本上是对称的，所以过电压敏感电路敏感的是发电机三相输出电压的平均值。如图 6-42 中所示：经三相半波整流，电容 C_1 滤波，电阻分压后的信号电压为 U_A。

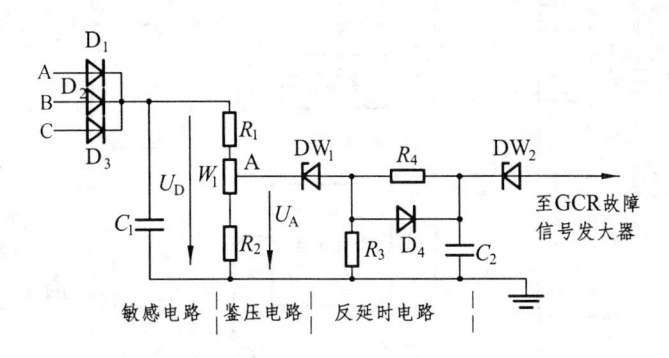

图 6-42 过压保护电路

在发电机正常供电（即 $U = U_N$）时，经变压整流滤波分压后的电压 U_A 低于鉴压值 U_{W1}（稳压管 DW_1 的击穿电压），DW_1 不能击穿，电路无信号输出。

发生过压时，U_A 大于 U_{W1}，DW_1 被击穿，向反延时电路输入一信号电压，经 R_4 向 C_2 充电。当充电电压达到 DW_2 的击穿值 U_{W2} 时，DW_2 被击穿，而输出一故障信号到 GCR 故障信号放大器，使 GCR 断开，从而断开发电机励磁回路。同时 GB 也断开，使被保护的发电机退出电网。过电压越高，对电容器 C_2 的充电电流就越大，C_2 的电压达到击穿 DW_2 的时间就越短，因而该电路具有反延时特性。

对于瞬时过电压，由于作用时间很短，C_2 上的充电电压还不足以达到 DW_2 的击穿值，过电压就已消失，故 DW_2 不能被击穿，该电路也就不会输出故障信号。C_2 上的积累电荷，可通过 D_4、R_3 释放掉。

第九节　现代飞机的控制保护器

一、发电机控制装置

现代飞机将发电机调压器、控制保护电路组合在一起，构成发电机控制装置 GCU（Generator Control Unit），使调压、控制、故障检测与保护几项功能集成于一体。图 6-43 所示是 GCU 的功能方框图。

GCU 中的电压调节器用于保持调节点三相电压平均值于一定范围内，出现不对称故障时限制高相电压，如果发电机的输出功率超过允许值，通过减小发电机的励磁电流来限制发电机的最大输出功率。为了检测故障，需监测的系统参数主要是：电流、电压和频率。

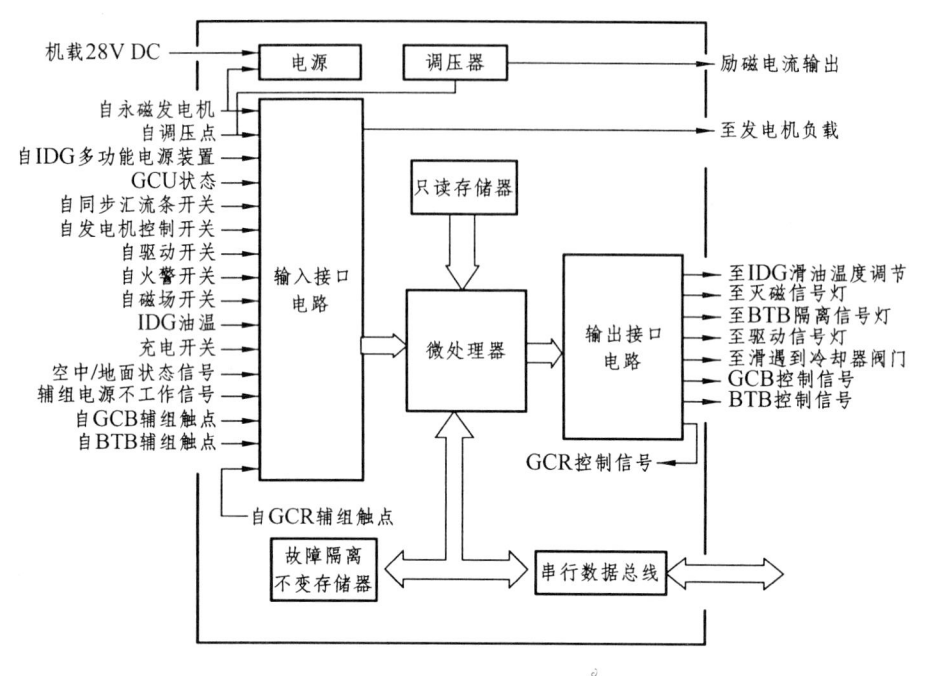

图 6-43　GCU 的功能方框图

电流通常用电流互感器来检测；电压检测三相交流电压的平均值，其中调压器的调节点即为电压故障保护电路的电压敏感点；频率检测通过检测副励磁机的电压来获得；恒装输出转速的测量通过磁性转速传感器来获得。

GCU 通常要对以下的故障进行监控：

（1）过频：425~430 Hz（延时 1s）。

（2）欠频：370~375 Hz（延时 1s）。

　　　　345~355 Hz（无延时）。

（3）过压：最高相电压大于 129.5~132 V（延时 0.5 s）。

（4）欠压：三相电压平均值低于 103~106 V（延时 8~10 s）。

（5）相开路：电低相电流小于（6±5）A，而次低相大于（40±5）A（延时 4 s）。

（6）差动电流保护。

（7）永磁电机短路：任一永磁电机线圈短路（延时 2 s）。

（8）过载。

（9）欠速：IDG 的输入速度低于 55%（延时 100 ms）。

（10）转子二极管短路：任意二极管短路（动作延时 5.5~7 s）。

（11）微机保护。

在使用 VSCF 电源的飞机上，GCU 变为发电机/变换控制器（GCCU）。GCCU 内有微处理器，对电源内部运行参数进行监控，一旦发生故障，则将故障信息存储于非易失存储器（NVM）内。GCCU 内的计算机使系统具有仿真 CSCF 电源的特性，从而实现用 VSCF 电源直接置换飞机上原有的 CSCF 发电系统，而不必改装飞机电路，机上原有的 GCU 仍可保留作为 GCCU 的备份。在发动机起动时，当发动机转速达到最大转速的（20~30）%时，永磁副励磁机电压已足够高，GCCU 开始工作,转速达(45~50)%时，GCCU 使逆变器产生 15~20 V 相电压，频率为 360 Hz，以模拟 CSCF 电源起动时的剩磁电压。此时 GCCU 监测 GCU 的输入电压,若此直流电压小于 5 V，则表示 GCU 中的 GCR 处于断开位置。若该直流电压大于 5 V，则 GCR 已闭合，待发动机转速达 50%最大转速时，GCCU 输出电压升到 115 V400 Hz。如发动机转速降到小于 50%最大转速，则 GCCU 使电源输出频率降到 360Hz，电压仍为 115 V，GCU 实行低频保护，将 GB 断开。转速降到（45~50）%范围内时，GCCU 实现欠速保护，断开发电机励磁电路并使逆变器停止工作。转速降到（20~30）%时，GCCU 停止工作。

在发生 DP、OV、UV、OF 和 UF 等故障时，GCCU 断开发电机励磁电路。GCU 调压器故障、过流和缺相故障，GCCU 不断开发电机励磁电路。

二、汇流条功率控制装置

对电源系统的监控管理由数字式的带有微处理机的"汇流条电源控制装置"BPCU（Bus Power Control Unit）配合 GCU 来完成。图 6-44 所示是不并联交流电源系统中使用的 BPCU 功能方框原理图。

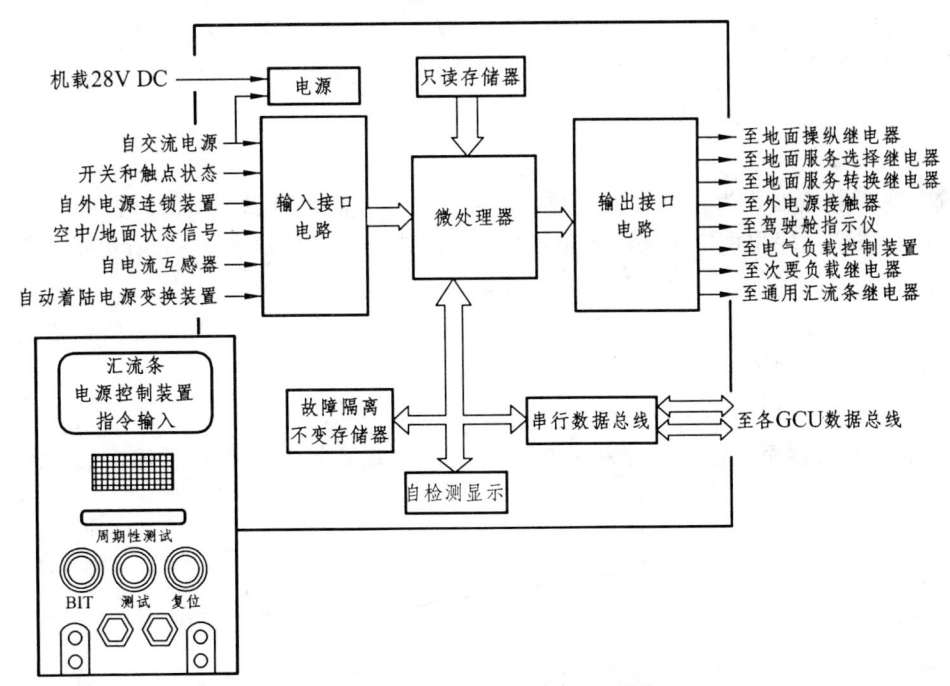

图 6-44 BPCU 功能方框原理图

BPCU 的主要功能是实现电气系统外电源的监测和保护、电源系统卸载、汇流条短路保护、自动着陆、功率传送，以及自检测 BIT。

BPCU 具有为外电源监测和保护、汇流条和厨房卸载、同步汇流条短路保护，以及外电源接触器、接地继电器和地面服务继电器的控制所必需的全部电路，提供驾驶舱所需的告警指示。

微处理器所需要的信息来自峰值敏感电路（该电路敏感外电源的电压、电流、频率和相位），还输入外电源和地面服务开关的信息、外电源接触器和辅助接触器的信息，以及 GCU 的有关信息。

第十节　变压整流器

将交流变为直流的二次电源，可以采用交流变直流的旋转电机（交流电动机-直流发电机组），也可采用变压整流器（Transformer Rectifier Unit，TRU）。目前，飞机上广泛采用的是变压整流器，它与旋转电机相比，由于没有旋转和活动部件，不存在电机的换向和火花问题，因此可靠性大大提高。

一、对航空变压整流器的要求

对于航空变压整流器，除了对航空设备的一般要求外，主要要求输出电压波形质量高，整流效率足够高。

1. 电压调整率

航空变压整流器作为一个直流电源，其输出电压当然是可以调节的，但是，目前飞机上的变压整流器的输出电压多采用不可调式，所以其输出特性都是预先设计好的，某些对电压要求更高的设备则在设备内加设稳压装置。

电压调整率表示整流器输出电压随负载的变化程度。它可以用图 6-45 所示整流器的外特性来衡量。电压调整率 ΔU 为

$$\Delta U = (U_{d0} - U_{de})/U_{de}$$

式中，U_{d0} 为整流器空载输出时的直流电压；U_{de} 为额定负载 I_{de} 时整流器输出的直流电压。

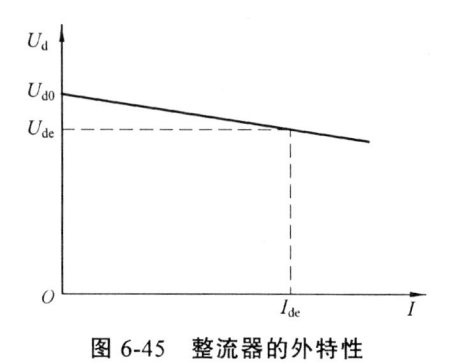

图 6-45　整流器的外特性

电压调整率越小，则说明负载电流变化对整流器输出直流电压的影响越小，供电质量越高。

2. 整流电压的脉动程度

整流的目的是要在负载上得到平稳的直流电压或电流,但实际上整流后的电压或电流是脉动的,其中包含有交流成分。通常用纹波因素或脉动系数表示负载电压或电流的脉动程度。

纹波因素 q 是负载电流（或电压）交流分量总有效值与直流分量的比值,有

$$q = \frac{I_a}{I_d} = \frac{U_a}{U_d}$$

式中,I_a 为负载电流交流分量的总有效值；U_a 为输出电压交流分量的总有效值。

由推导可知,相数越多,纹波因素越小,说明整流器供电质量越高。三相桥式全波整流电路的纹波因素为 4.18%。

有时也用脉动系数 S 表示负载电压或电流的脉动程度。因为负载中的交流分量含有多次谐波,这些谐波中以频率最低次的幅值最大,所以脉动系数便以最低次谐波的幅值,I_{a1m} 或者 U_{a1m} 与直流分量的比值表示,即

$$S = \frac{I_{a1m}}{I_d} = \frac{U_{a1m}}{U_d}$$

同样,相数越多,则脉动系数越小,说明整流器的供电质量越高。三相桥式整流电路的脉动系数为 5.7%。

3. 变压整流器的整流系数

整流系数 K_2 是指整流电压的平均值 U_{dp} 与变压器副边绕组交流电压有效值 E_2 的比,即整流器的输出量与输入量之比值,有

$$K_2 = \frac{U_{dp}}{E_2}$$

在 m 相半波整流电路中,相数 m 与整流系数 K_2 的关系见表 6-2。

表 6-2 不同相数时的整流系数值

m	2	3	6	12
K_2	0.90	1.17	1.35	1.40

表 6-2 中的六相半波即相当于三相全波整流,可知相数越多,则整流系数越高。然而当 m 很大时,K_2 增加得并不多,这说明过多地用增加相数来增大整流系数意义并不大,而且相数增多后,整流元件用得也多,所以一般不以过多地增加相数的办法来提高输出的直流电压。

4. 变压整流器的效率

飞机上直流用电设备的功率,一般占交流电源总功率的 5%~10%。单台变压整流器的

容量（用额定电流表示）一般为数十安培到 100~200 A。例如，波音 757，有两台主变压整流器，每台的额定电流为 120 A，另外，还有一台辅助变压整流器。对于这样大功率的变压整流器，整流效率便成为重要质量指标之一。变压整流器的总效率 η 即是它直流输出功率与交流输入总功率之比，即

$$\eta = \frac{直流输出功率}{直流输出功率 + 变压器损耗功率 + 整流元件损耗功率 + 滤波器损耗功率}$$

一般来说，变压整流器的效率都在 80%以上。其损耗的功率以发热的形式消耗掉。在飞机上，一般以强迫通风进行冷却。另外，航空变压整流器一般都设有过热保护。

二、航空变压整流器的组成与线路工作原理

1. 航空变压整流器的组成

航空变压整流器通常是将机上 115/200 V，400 Hz 的三相交流电变换成为 28 V 的直流电。因此，航空变压整流器的整体包括：把机上交流电压变成为适合整流器工作电压的变压器（主变压器），把交流电能变成直流电能的整流电路（主要是大功率整流二极管），输入和输出滤波电路，以及冷却风扇和热控保护开关等。

1）主变压器

主变压器的原边绕组可以连接成星形（Y）或三角形（△），副边绕组可接成 Y/Y，Y/△多种形式。

主变压器的质量一般约占整个变压整流装置总质量的一半。因此，设法减轻变压器的质量便成为减轻整个装置总质量的主要问题。变压器铁芯的形状对质量影响较大，对航空变压整流器，由于都采用强迫通风冷却，所以常采用 E 形截面的铁芯（见图 6-46），它的冷却效果较好。

在相同的铁芯形状下，提高最大磁通密度，可减少材料用量以减轻质量。但磁通密度的增大，将会引起磁噪声的增大。

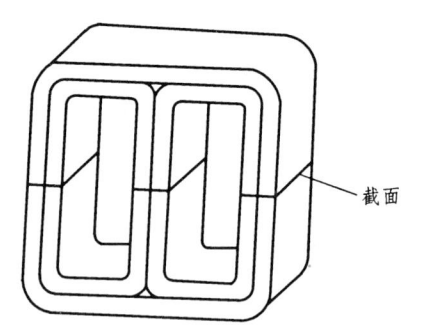

图 6-46 变压器 E 形铁芯截面

减轻变压器质量的其他措施是从绝缘材料、导电材料及加工方法等方面减轻绕组的质量。

2）整流元件

整流元件一般采用硅整流二极管，它是变压整流器中的关键元件，它的好坏决定着性能、寿命和工作可靠性，因此整流元件必须经过严格筛选。

3）滤波电路

为了使变压整流器输出的直流电压平滑，应将脉动成分滤除，所以在变压整流器的输出端都接有滤波电路。另外，由于变压整流器对飞机同步发电机来说是非线性负载，它会使电源电压的波形发生畸变，为了减小对电源电压的影响，有的变压整流器在输入端也设有

滤波电路。

滤波电路由电感与电容组成，结构形式可有 Π 形滤波电路、一级 Γ 形滤波电路、二级 Γ 形滤波电路等多种形式，如图 6-47 所示。

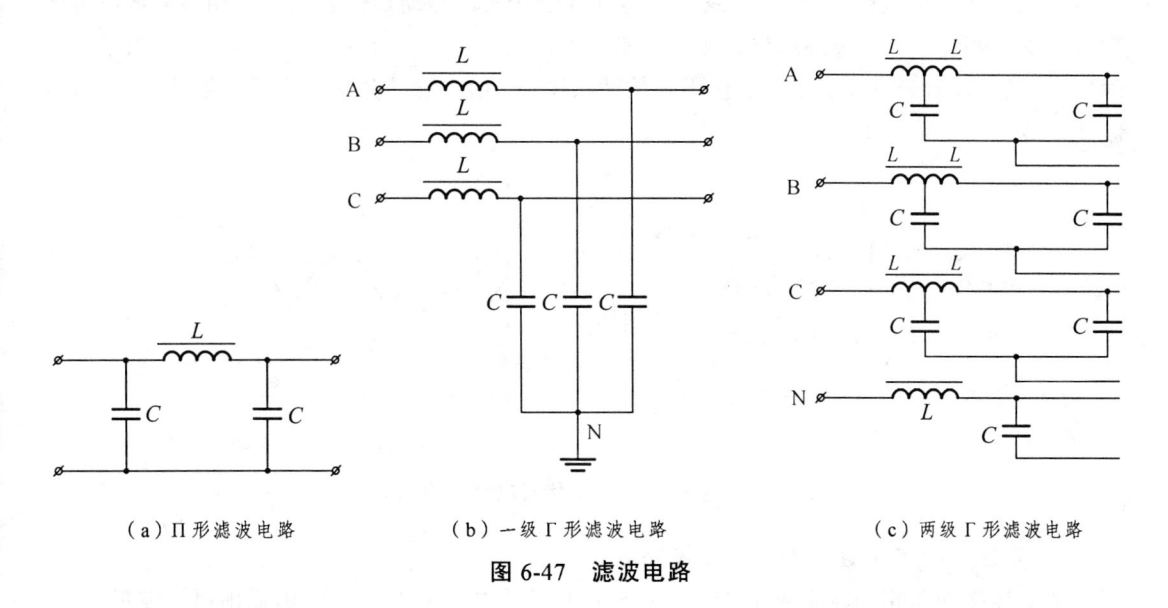

(a) Π 形滤波电路　　　(b) 一级 Γ 形滤波电路　　　(c) 两级 Γ 形滤波电路

图 6-47　滤波电路

为了评定滤波器的性能，常用滤波系数的概念。滤波系数 β_s 是未加滤波器时输出电压的脉动系数 S' 与加滤波器后输出电压脉动系数 S 之比，它表明滤波器滤除交流分量的能力，有

$$\beta_s = \frac{S'}{S}$$

若输出电压的脉动程度用纹波因素表示时，则滤波系数 β_q 表示未加滤波电路时输出电压的纹波因素 q' 与加滤波电路后的纹波因素 q 之比，即

$$\beta_q = \frac{q'}{q}$$

由上述定义可知，滤波系数越大，则滤波器的性能越好。

4）冷却风扇

冷却风扇是由主电源供电的交流电动机驱动的电风扇，它是变压整流器中唯一的旋转活动部件，因此，在维护工作中，对其工作的可靠性应更加注意。

2. 航空变压整流器线路的一般原理

根据变压器和整流器线路的连接方式，三相交流变压整流器可分成三相半波整流、三相全波（桥式）整流、六相半波整流及六相全波整流等基本类型。变压整流器中变压器的原边绕组可以接成星形（Y）或三角形（△），究竟采取何种连接，主要取决于配电电压的数值以及对变压器原边绕组谐波含量的要求。变压器的副边可以连接成三相以及六相整流电路。副边相数的选择，主要考虑的是使输出电压的脉动量要小，变压器绕组的利用率要高。下面介绍飞机上常见的几种线路。

1）变压器按 Y/Y 连接的三相半波整流

变压器按 Y/Y 连接的三相半波整流线路和它输出电压的波形如图 6-48 所示。当主电源频率为 400 Hz 时,整流后输出电压每秒脉动 1 200 次,脉动幅值较大,脉动系数或纹波因数大,变压器的原、副边绕组仅在 1/3 周期导电,原、副边绕组利用系数均很低。为了平滑输出电压的脉动,减小干扰,需要使用强的滤波电路,由于脉动分量的最低次谐波频率较低,因此滤波器的质量较大。

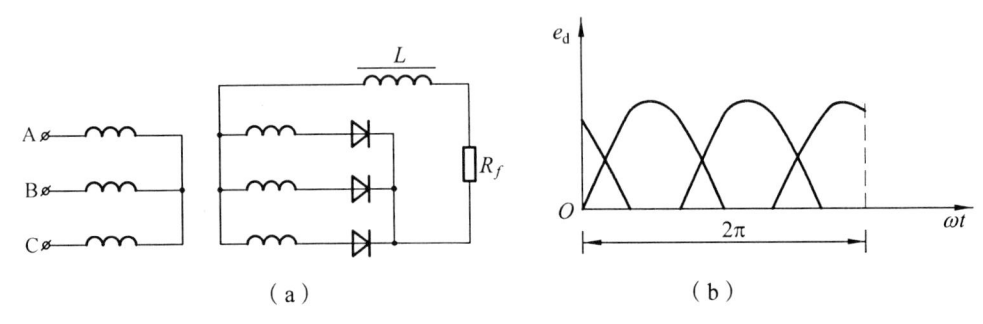

图 6-48 Y/Y 连接三相半波整流电路及输出电压波形

2）变压器按 Y/Y 连接的三相全波整流

Y/Y 连接的三相全波整流电路及其输出电压波形如图 6-49 所示。由输出电压波形可见,全波整流后输出电压的交流分量的幅度比半波整流显著减小,所以它的脉动系数或纹波因数也显著减小,整流系数提高。由于输出电压中交流分量的最低次谐波频率为 2 400 Hz,所以可以大大减轻滤波器的负担,从而使滤波器质量减小。

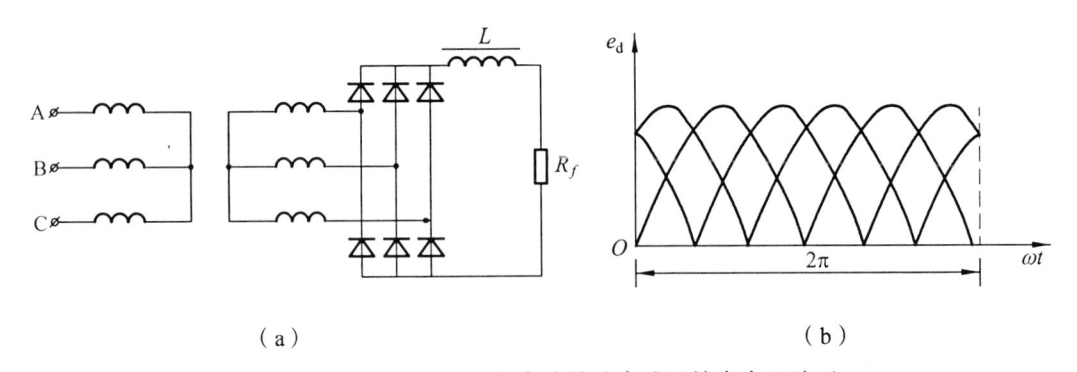

图 6-49 Y/Y 连接的三相全波整流电路及输出电压波形

3）变压器按 Y/YY 连接的六相全波整流

图 6-50 所示是变压器按 Y/YY 连接的一种,其原绕组为星形,副绕组两个星形并联,但首端与末端相反,所以这种接法称为星形-双反星形接法。

在这种连接电路中副边是两组星形,我们知道,每组星形都是互差 120°的三相向量组成的。当首端与末端相反时,则各对应相向量的方向相反,那么,这样两组向量叠加在一起就构成六个互差 60°的向量,即为六相整流。但是,在同一时刻,总是相同的某相电压的数值比其他两相电压数值高时而使整流管导通,结果就构成了两组星形并联,其电压波形与一组星形的三相全波整流相同,只是承担的负载电流大1倍。

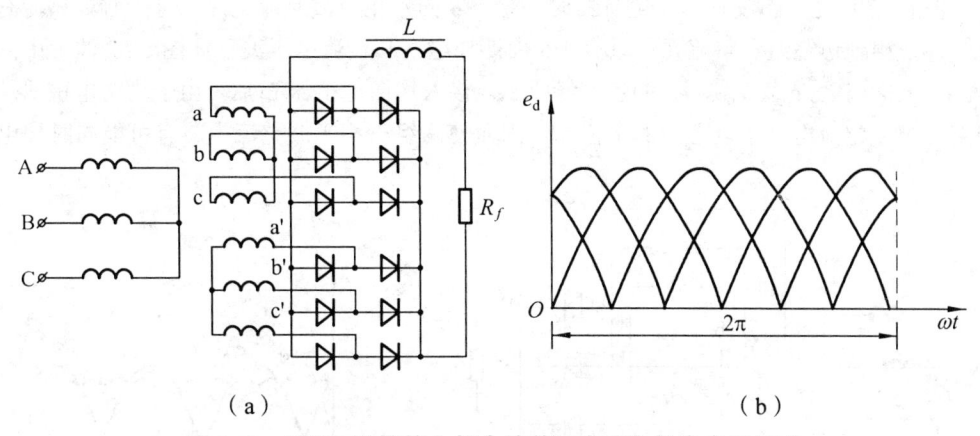

图 6-50　Y/YY 连接的六相全波整流电路及输出电压波形

4）变压器按 Y/△Y 连接的六相全波整流

图 6-51 所示为变压器 Y/△Y 连接的六相全波整流电路及输出电压波形。它的副边由一组星形和一组三角形构成,相当于两个桥式整流电路的并联,但它们的相位相差 30°,这样可获得每秒脉动 4 800 次的整流电压。

这种连接方式,其输出电压的脉动频率增加,而脉动幅值减小,因而整流质量提高了,滤波电路的体积和质量进一步减小。

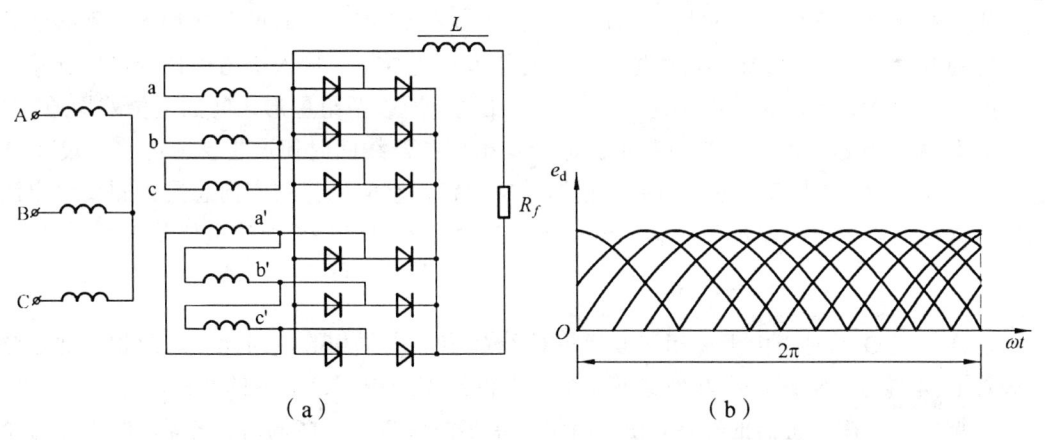

图 6-51　Y/△Y 连接的六相全波整流电路及输出电压波形

5）带有均衡电抗器的变压整流电路

在三相或者六相半波整流电路中的变压器绕组和铁芯的利用率很低,因为电流流经副边绕组和二极管的时间仅占整个周期的 1/3 或 1/6,也就是说,在任一时刻只有电压最高的某一相(或线)的绕组和二极管导通。为了改善这种情况,引入均衡电抗器,我们讨论一种星形-带均衡电抗器的双反星形接法的电路。

均衡电抗器（L_j）是一个漏磁很小而且变比等于 1 的变压器,将它连接在变压整流器副边两个反星形的中性点之间,由电抗线圈中点 O 引到外部与负载的负端相连,作为整流器的负极，其电路如图 6-52 所示。

由图 6-52 可见，当没有均衡电抗器时，对一般的六相半波整流电路，每一时刻只能有一相导电，每一相副边绕组和整流元件只有 1/6 周期导电，其整流电压波形如图 6-52 波形中的实线 e_{oa}、e_{ob}、e_{oc} 和虚线 $e_{oa'}$、$e_{ob'}$、$e_{oc'}$ 的包络线所示。接入均衡电抗器 L_j 后，由于均衡电抗器承受了两组三相半波整流电路中点之间的电位差，因而使两组三相半波整流电路有可能同时导电。

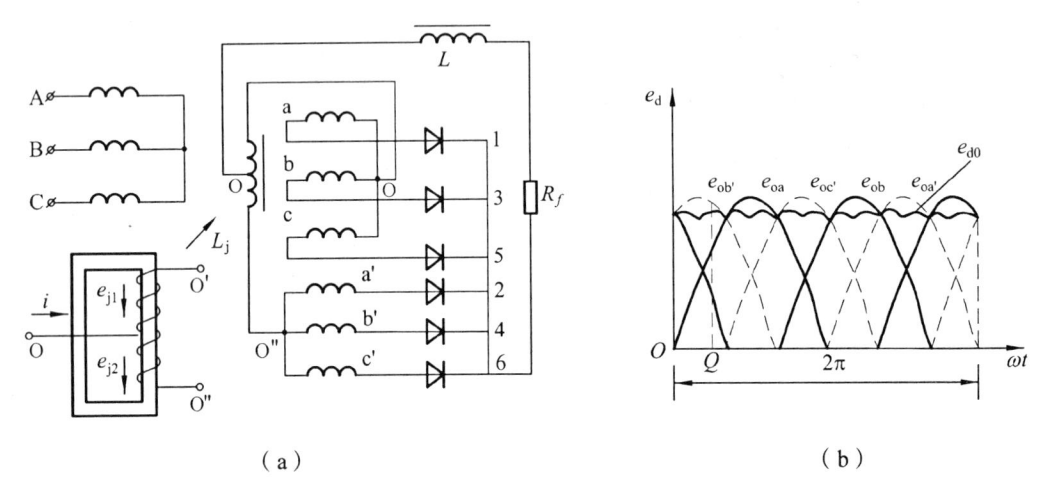

(a)

(b)

图 6-52 星形—带均衡电抗器的双反星形六相半波整流电路

在图 6-52 中任取某一瞬时 Q，此时 $e_{ab'}$ 和 e_{oa} 均为正值，但 e_{oa} 的值小于 $e_{ob'}$ 的值。若两组三相半波整流电路中间没有均衡电抗器，而是 O'和 O"都与负载的负端相连，则必然只有电压高的 b'相导电，a 相整流元件将被反压封锁而不能导电。加入均衡电抗器后情况就不同了，由于各相整流元件的阳极连在一起而电位相同，所以两组星形之间的电位差均通过 O'、O"加在均衡电抗器的两端。当负载电流流经均衡电抗器线圈时便产生感应电势，设 OO'中感应电势为 e_{j1}，OO"中感应电势为 e_{j2}。根据楞次定律，感应电势的方向总是力图反对电流变化的。这样，均衡电抗器产生的感应电动势便抵消了 a 相与 b'相间的电位差，达到

$$e_{ob'} - e_{j1} = e_{oa} + e_{j2}$$

这样，在 Q 瞬时，由于 a 相和 b'相相对于 O 点的电位相等，因此，这两相可通过整流二极管 1、4 导电。同理，在其他任何时刻，在两组副边中都有对应的相同时导电。

可见由于均衡电抗器的存在，使得两组三相半波整流电路能同时工作，每组中的每个整流元件按三相半波整流的导电规律各轮流导电 2/3。整个整流器的输出电压就是同时导电的两相电压的平均值，所以带均衡电抗器时输出电压的波形如图 6-52 中 e_{d0} 所示。

值得指出的是，当整流器空载时，由于没有电流输出，在均衡电抗器中不能产生感应电势 e_j，所以不能起到均衡作用，因而两组副边不能两相同时工作，而只能像一般六相半波整流电路那样工作。

综上所述，带有均衡电抗器的六相半波整流电路输出电压脉动小，最低次谐波频率高，变压器利用较好，因此适合于较大电流的输出电路。此外，还有一些其他形式的带均衡电抗器的电路，这里不再详述，其均衡原理是类似的。

变压整流器的外特性指的是整流后的输出电压 U_d 与负载电流 I_d 的关系曲线。图 6-53 为一台容量为 60 A 的某型变压整流器在不同输入电压时的外特性曲线。由图 6-53 可见，变压整流器的输出电压不仅受输入电压大小的影响，而且随负载电流的增大而下降。

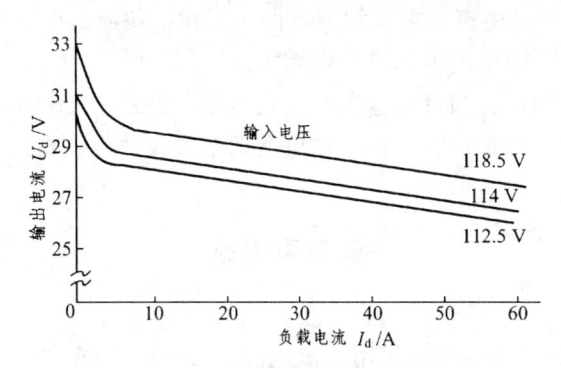

图 6-53 60 安培容量变压整流器的外特性

对于变压整流器的使用，我们必须掌握下述特点。

由于变压整流器外特性的初始部分（即小负载时）变化规律很复杂，输出电压随负载的增加而很快下降。在实际使用中，一般应接入一个很小的固定负载，从而可避开变化较剧烈的初始部分，保持电压稳定。

三、电子式变压整流器

电子式变压整流器由输入 LC 滤波器、输入桥式整流电路、直流滤波电路、高频逆变器、降压变压器和输出整流滤波电路及控制保护电路等构成。它将高压交流电先转变为高压直流电，再逆变为高频交流电，通过高频变压器降压后经整流滤波输出低压直流电。由于逆变器输出交流电频率高（如 20 kHz），变压器体积质量小。又因逆变器可调节输出电压，故输出电压不受负载和交流电源电压的影响。

图 6-54（a）所示是电子式变压整流器原理方框图，其控制保护电路由内部电源、基极驱动、脉宽调制、电压和电流调节器、直流分量限制和温度检测电路及保护电路等构成。

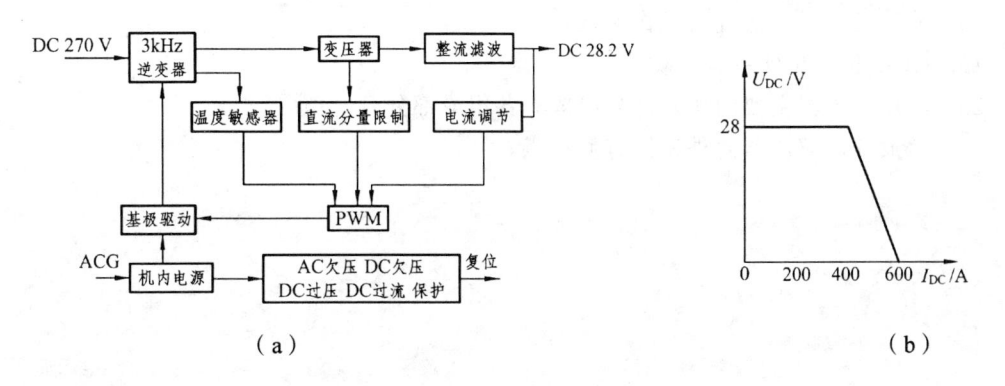

（a）

（b）

图 6-54 电子式变压整流器及其特性

功率电子装置一般都要限制输出的最大电流,以防功率电子器件过载而损坏。采用电压和电流调节器是实现该目标的重要手段。图 6-54(b)所示是它的外特性,在 400 A 电流以内,电压调节器工作,使输出电压不因负载电流和电源电压的变化而改变,保持在 28 V。电流超过 400 A 后,电流与电压调节器同时工作,使输出电压降低,到 600 A 时输出电压为零,从而防止了输出电流的进一步增大。

电子式变压整流器的保护项目有输入交流电压过压保护、欠压及缺相保护,输出过压和过流保护,其中过流保护是后备保护,在电流调节器失效后工作。

复习思考题

1. 在民航飞机中为什么更多地采用交流电源?
2. 交流电网的常见形式有哪些?
3. 三级式无刷交流发电机和二级式无刷交流发电机主要由哪几部分组成?
4. 交流发电机的常见故障及检查方法。
5. 恒速传动装置的功用是什么?液压机械式恒速传动装置主要由哪几部分组成?
6. 简述液压机械式恒速传动装置在正差动和负差动状态下的工作原理。
7. 简述电调线圈的功用。
8. 组合传动发电机主要由哪几部分组成?它有哪些特点?
9. 变速恒频交流电源系统与恒速恒频交流电源系统相比,有哪些特点?
10. 什么是导通比?
11. 脉冲调宽式晶体管调压器主要由哪几部分组成?各部分的功用是什么?
12. 简述晶体管调压器的工作原理。
13. 交流发动机并联供电的条件是什么?
14. 简述自动并联检测装置的工作原理。
15. 交流电源系统如何实现负载均衡。
16. 简述 GB 的接通与断开逻辑。
17. 简述差动保护电路的工作原理。
18. 简述过压保护装置的工作原理。
19. GCU 和 BPCU 各有何功用?
20. 变压整流器主要由哪几部分组成?各组成部分有何功用?
21. 普通变压整流器的外特性有何特点?

第七章 发动机电力起动

第一节 起动系统的主要机件及其工作原理

航空发动机起动系统的作用是使发动机的转速从静止状态迅速上升到慢车工作状态。由静止状态加速到慢车转速的过程叫做起动过程。

为了起动发动机，必须：① 用不同类型的起动机所产生的起动力矩来克服发动机的静力矩；② 用点火装置将进入燃烧室的燃油空气混合气均一一点燃。不同类型的航空发动机，其起动与点火系统所采用的主要机件是不同的。

一、磁电机与磁电机开关

磁电机（magneto）的作用是产生高压电（15 000~20 000 V），并且按照气缸工作次序和规定的时刻，供给电嘴点火。

1. 磁电机的组成

磁电机的组成如图 7-1 所示，它由磁铁转子、导磁架、线包和软铁芯，电容器、断电器、分电器和壳体组成。

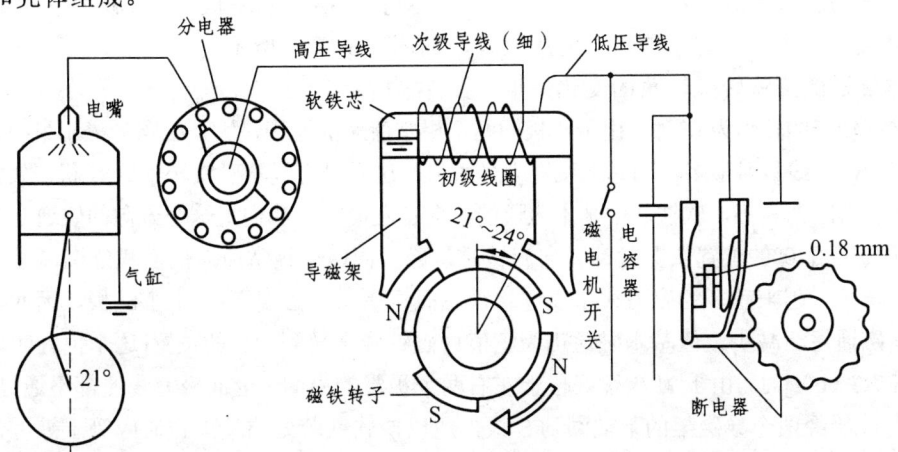

图 7-1 磁电机的组成

分电器的分电刷和断电器的凸轮经齿轮转动连于磁铁转子轴上，磁铁转子由发动机曲轴通过附件齿轮带动。

2. 磁电机的工作原理

磁电机产生高压电是分两步进行的。第一步是产生低压电，即改变穿过初级线圈的磁通而使初级线圈感应出低压电；第二步是把低压电变成高压电，即在适当的时机断开低压电路，使初级线圈的感应电流和伴随感应电流而产生的感应电磁场迅速消失，使铁芯磁通发生剧烈的变化，从而使次级线圈感应而产生高压电。

1）低压电的产生

（1）软铁芯内基本磁通的变化。磁铁转子是一个四极永久磁铁，N极和S极交错排列；软铁芯和导磁架具有良好的导磁性，如图7-2所示。

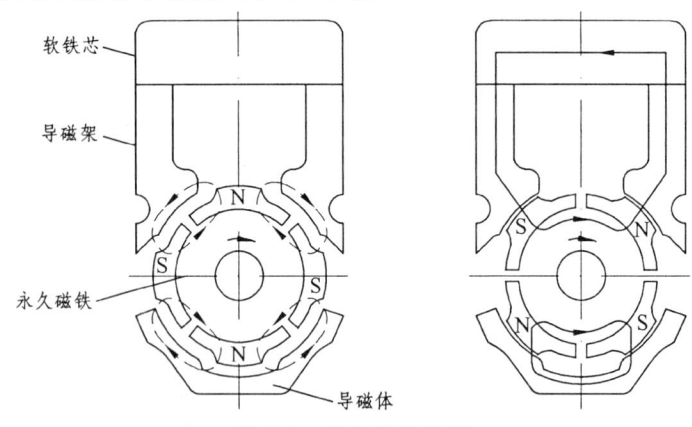

图 7-2 磁电机的磁路

左图磁极处于中立位置；右图磁极对正导磁架。

由磁铁转子的磁力线在软铁芯处所形成的磁通叫做基本磁通，用符号 φ_n 表示。

发动机工作时，四极磁铁转子由附件齿轮带动旋转。由于磁铁转子的磁极与导磁架的相对位置不断改变，软铁芯处的基本磁通也不断地变化。磁铁转子的磁极与导磁架的相对位置用磁铁转子的转角"α"表示，并取转子的N极对正导磁架的左极掌，S极对正导磁架的右极掌的位置，作为磁铁转子转角零度的位置，如图7-3（a）所示。

基本磁通随磁铁转子转角的变化情形如图7-3所示。

当磁铁转子的转角为0°时，由于磁极同两个极掌所对的面积最大，磁路的磁阻最小，因而通过软铁芯的磁力线数目最多，即基本磁通为最大值。这时磁力线从磁铁转子的N极出发，经过导磁架和软铁芯回到S极，软铁芯中基本磁通的方向自左向右，我们把这个方向的磁通定为正值。

磁铁转子由0°的位置依顺时针方向旋转时，磁极同两个极掌所对的面积逐渐减小，磁路的磁阻逐渐增大，越来越多的磁力线不通过软铁芯而直接从导磁架下端回到S极，因此，软铁芯处的基本磁通逐渐减少，但基本磁通仍为正值。磁铁转子转到45°的位置[这个位置叫做中立位置，见图7-3（b）]时，由于N极正好位于左右两个极掌的中间，全部磁力线便都不通过软铁芯，而直接从N极经两个导磁架的下端回到S极，所以，软铁芯处的基本磁通应等于零，但是，由于软铁芯具有一定的（虽然是很小的）剩磁，所以，磁铁转子转到中立位置时，软铁芯中仍剩有少量磁通。只有当磁铁转子转到中立位置后2°~3°的位置时，由于磁铁转子的磁力线从相反的方向（自右向左）通过软铁芯，恰好把软铁芯中的剩磁全部抵消，软铁芯的基本磁通才变为零。

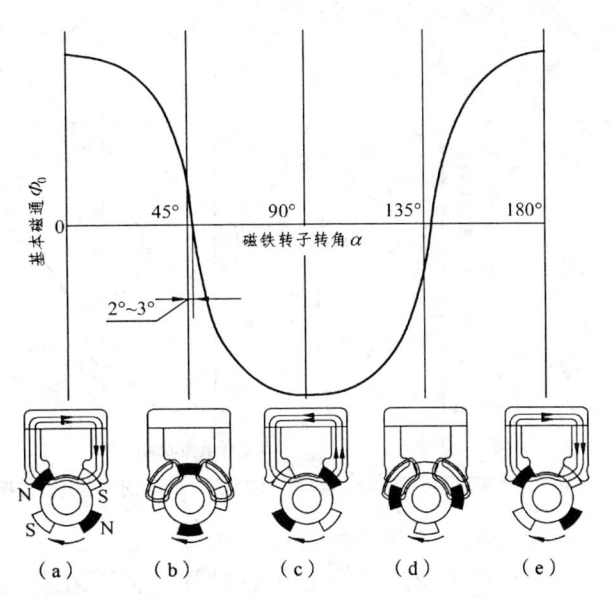

图 7-3 基本磁通随磁铁转子转角的变化情形

磁铁转子继续旋转，磁极同极掌所对的面积又逐渐增大，磁路的磁阻又逐渐减小，因而软铁芯处的基本磁通又逐渐增大。当磁铁转子转到 90°的位置时，如图 7-3（c）所示，磁极与两个极掌又完全对正，基本磁通又差不多达到最大值，但在这一阶段（$\alpha=45°\sim90°$），软铁芯处的基本磁通的方向与前相反，是从右向左的，我们把这个方向的磁通定为负值。

磁铁转子再继续旋转，基本磁通的大小和方向的变化可按上述道理得出。图 7-3 上画出了在磁铁转子旋转 180°的过程中基本磁通的变化情形。转过 180°以后，基本磁通将重复这种变化。

从图 7-3 上基本磁通的变化曲线可以看到，四极磁铁转子每旋转半圈即 180°，基本磁通有两次达到零值，并两次改变方向（从正值变为负值，又从负值变为正值）。由此可以得出，四极磁铁转子旋转一周即 360°，基本磁通将有四次达到零值，并四次改变方向。

（2）初级线圈感应电势及低压感应电流的产生。当磁铁转子旋转时，由于软铁芯的基本磁通不断地变化，绕在软铁芯上的初级线圈就会产生感应电势。初级线圈感应电势的大小与基本磁通随时间变化的速度和初级线圈的圈数成正比。在初级线圈圈数不变的条件下，初级线圈感应电势的大小取决于基本磁通随磁铁转子转角变化的快慢。当磁铁转子旋转时，基本磁通变化越快，初级线圈的感应电势越大；基本磁通变化越慢，初级线圈的感应电势越小。初级线圈感应电势随磁铁转子转角的变化规律如图 7-4 中的实线所示，虚线为基本磁通的变化曲线。

由图 7-4 可见，随着磁铁转子转角的变化，初级线圈感应电势的大小和方向是不断变化的。当磁铁转子的转角约在 0°、90°、80°，即当基本磁通最大时，初级线圈的感应电势等于零；而在磁铁转子转到中立位置后 2°~3°的位置即基本磁通为零时，初级线圈的感应电势达到最大值。初级线圈的感应电势之所以随磁铁转子转角这样地变化，是由基本磁通的变化规律所决定的。基本磁通的变化曲线表明：当磁铁转子的转角约等于 0°、90°、180°时，基本磁通变化率为 0，初级线圈没有受到基本磁通的感应，因而电势为零；当磁铁转子转到中立位置后 2°~3°瞬间，基本磁通的曲线最陡，说明这时基本磁通变化最强烈，初级线圈受感应最厉害，因而其电势最大。如上所述，四极磁铁转子旋转一周即 360°，基本磁通有 4 次达到

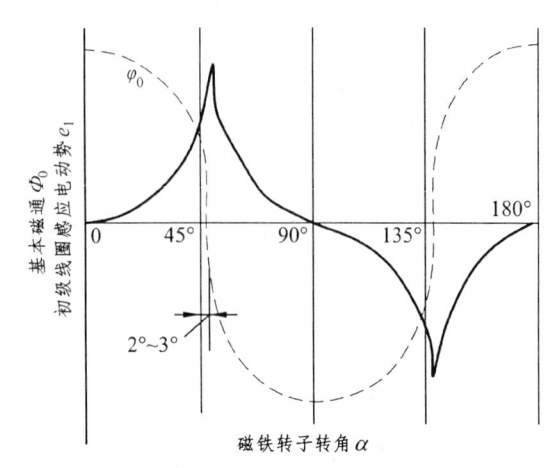

图 7-4 初级线圈感应电势随磁铁转子转角而变化的情形

零值，初级线圈的感应电势则有 4 次达到最大值。

这里顺便指出，基本磁通的变化不但使初级线圈产生感应电势，而且次级线圈也受感应而产生感应电势。次级线圈感应电势随磁铁转子转角的变化规律与初级线圈感应电势随磁铁转子转角的变化规律相同，只不过是由于次级线圈的圈数比较多，其感应电势较大而已。初级线圈感应电势的最大值为 40~50 V，次级线圈感应电势的最大值为 2 500~3 000 V，这比电嘴所需的击穿电压（8 000~10 000 V）小得多，不足以用来使电嘴产生电火花。

由于初级线圈有了感应电势，如果断电器的两个触头闭合而使低压电路构成通路，则初级线圈内就有低压感应电流。其电路如下：

初级线圈→低压导线→活动触头→固定触头→磁电机壳体（地）→铁芯→再返回初级线圈

当磁铁转子旋转时，初级线圈感应电流的大小和方向也是不断变化着的，并随着初级线圈感应电势的变化而作大致相似的变化，如图 7-5 所示。磁铁转子旋转一周，初级线圈的感应电流也 4 次达到最大值。

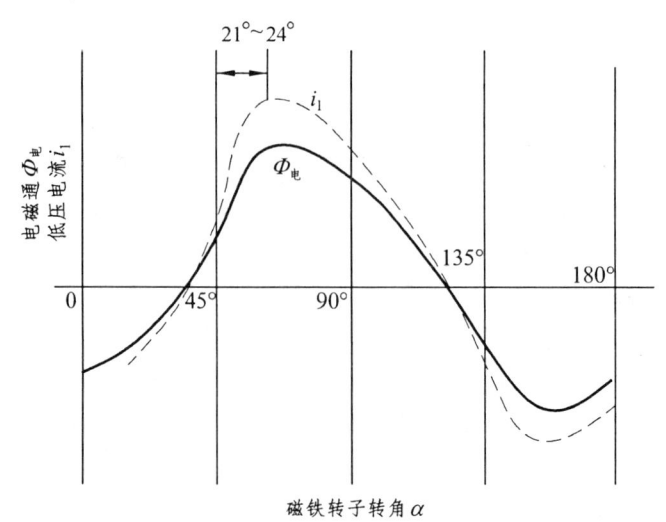

图 7-5 低压电路连通时，初级线圈感应电流和感应电磁通随磁铁转子转角的变化情形

由于在初级线圈中有大小和方向不断变化的感应电流流过，于是在软铁芯内就产生了大小和方向也不断变化着的感应电磁通，用 $\varphi_{电}$ 表示。当感应电流达到最大值时，感应电磁通也达到最大值，因此，磁铁转子旋转一周，初级线圈的感应电磁通也 4 次达到最大值。

还要指出，低压电路为电阻与电感串联电路，电流落后于电势一个角度，因此，当磁铁转子转到中立位置后 2°~3°的位置时，尽管初级线圈的感应电势达到最大值，但感应电流和感应电磁通却不能增到最大值，而是在磁铁转子转到中立位置后 21°~24°的位置时才达到最大值。

2）高压电的产生

初级线圈感应电磁通的变化固然可以使次级线圈产生感应电势，但由于磁通的变化率较小，次级线圈的感应电势不高，不足以使电嘴产生电火花。因此，就要采用在适当瞬时断开电路（简称断电）的方法，使初级线圈的感应电流瞬时消失，从而使初级线圈产生的感应电磁通瞬时消失，以加大感应电磁通的变化率，使次级线圈受到强烈的感应。

为了最大限度地提高次级线圈的感应电势，显然应该在初级线圈感应电流最大的时刻即感应电磁通达到最大值的时刻断电。如前所述，磁铁转子转到中立位置后 21°~24°的位置时突然断电，初级线圈产生的感应电磁通就从最大值一下变到零，次级线圈就受到强烈的感应，从而产生高达 15 000~20 000 V 的高压电，保证了电嘴处能击穿空气隙而形成电火花。

断电的任务由磁电机的断电器来完成，如图 7-1 所示。断电器主要由凸轮、活动触头（左）、固定触头（右）和顶杆等组成。活动触头用导线与初级线圈串联，固定触头搭铁。两个触头可借活动触头弹簧片的弹力紧密接触。两个触头接触（闭合）时，低压电路连通。磁电机工作时，磁铁转子轴经过传动齿轮带动凸轮转动。当凸轮的凸起顶起活动触头的顶杆时，两上触头即分开，于是低压电路断电，当凸轮的凸起转过顶杆后，两触头又靠活动触头弹簧片的弹力而闭合，低压电路又重新接通。这样，磁铁转子不断旋转，断电器的两个触头就不断地分开和闭合。为了保证正好在初级线圈感应电流达到最大值时断电，凸轮与磁铁转子的位置是协调好的，即当磁铁转子转到中立位置后 21°~24°时，凸轮的凸起刚好顶起活动触头的顶杆。

3）电容器的工作

在低压电路断电时，由于初级线圈感应电磁通急剧变化，不仅感应次级线圈，而且使初级线圈自己也同时产生相当高的自感电势，其值 300~500 V，其方向与原来的感应电势的方向相同。在断电器触头刚刚断开时，由于触头间的间隙还很小，因此，在自感应电势的作用下，触头间的空气被电离而产生较强烈的电火花；随后，触头间的间隙虽然逐渐变大，但由于电离后的空气的电阻值小，触头间仍继续保持有强烈的火花。这表明在触头间有电流流过。这样，一方面，电火花会烧坏触头；另一方面，由于断电时电流不能立即中断而仍按原来方向流动，因而初级线圈感应电磁通的变化率减小，会削弱次级线圈的感应电势。

为了尽可能地消除在断电时初级线圈自感应电势所造成的不良后果，在磁电机的低压电路上装有电容器。电容器与断电器触头并联，它一端用导线与初级线圈连接，另一端与磁电机壳体搭铁。

装了电容器以后,当触头刚刚分离之时,可向电容器充电,这样就不足以产生火花;当电容器电压升高以后,触头间的间隙已经变大了,因而火花大为减弱。火花的减弱,意味着电流迅速消失,因而铁芯磁通变化率增大,次级感应电势也就提高了。

电容器可以减弱触头处的电火花,但不能根本消灭电火花。因此,在外场工作时,还要时常注意触头的烧损程度,定期地进行擦拭。

4)高压电的分配

为了把次级线圈产生的高压电按气缸工作顺序送到各气缸的电嘴,在磁电机内装有分电器。分电器主要由分电盘和分电刷组成,如图 7-1 所示。

磁电机工作时,分电刷随同转子旋转,次级线圈所产生的高压电首先送到分电刷电极上。在断电器触头刚刚断开时,分电刷电极恰好同分电盘上的一个分电站对准,高压电就通过分电刷电极和分电站,经高压导线送到相应电嘴。分电刷每旋转一周(比磁铁转子转得慢),各气缸按顺序点火一次。

3. 磁电机开关

磁电机开关用来控制磁电机的工作。在发动机试车时也可用它来检查点火系统的工作。

磁电机开关与断电器触头并联在低压电路上,如图 7-1 所示。当磁电机开关处于"关闭"(实际合)位置时,低压电路在磁电机开关处搭铁,磁电机不能产生高压电;当处于"打开"(断开)位置时,低压电路在磁电机开关处不搭铁,磁电机受断电器控制能够产生高压电。

磁电机开关包括一个总开关和两个分开关:

1)总开关

开——总开关处于"打开"位置(磁电机低压电路不搭铁)。

关——总开关处于"关闭"位置(磁电机低压电路搭铁)。

2)分开关

关——两个磁电机均不工作。

左——左磁电机工作。

右——右磁电机工作。

双——两个磁电机均工作。

三、起动点火线圈

起动点火线圈是一个将低压直流电转换为高压电的装置,一些涡轮螺旋桨飞机就是用它在起动时产生高压电,送给电嘴点火的。

点火线圈(Ignition Coil)的原理电路如图 7-6 所示。它由圈数较少的初级线圈、圈数较多的次级线圈和一个断电器组成。初级线圈与断电器的触头串联,接于低压直流电源上;次级线圈与电嘴的电极相连。断电器上有固定触头与活动触头,活动触头安置在带衔铁的弹簧片上。

第七章　发动机电力起动

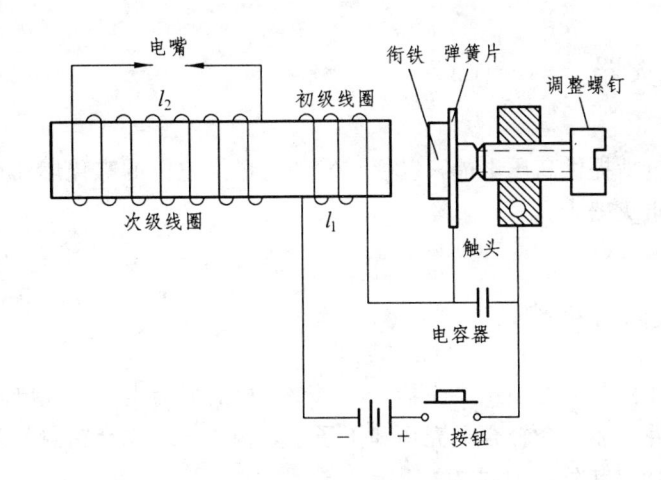

图 7-6　点火线圈的原理电路

按钮接通时，初级线圈 l_1 有电流 i_1 流过，它产生磁通，并在断电器的衔铁片上形成电磁力。当电流增大到一定值，使电磁吸力大于弹簧片的弹力时，弹簧片便被吸向铁芯，使触头断开。触头断开瞬间初级线圈的电流值叫断开电流。触头断开后，电流 i_1 迅速消失，磁通也随之迅速减小。由于磁通的迅速变化，匝数很多的次级线圈就产生很高的互感电势。它的大小与磁通减小的速率成正比，一般可达 10 000 V 以上。此高压电输给电嘴，就在电嘴两极间产生火花。磁通消失后，弹簧片在其弹力作用下又恢复原状，将触头重新接通，使初级线圈电路再次通电。这样，电磁力和弹力不断地变化，弹簧片就不断地振动，触点则不断地闭合、断开（每分钟达 400~800 次），电极间就连续出现火花。上述过程不断地反复进行，直到按钮断开为止。

和磁电机一样，点火线圈断电器触头两端也并联一个电容器，其作用是：

（1）减小触头火花，延长触头寿命。

（2）由于触头火花减小，说明了触头断开时初级电路电流变化率加大，铁芯磁通变化率加大，因而次级线圈感应电势提高了。

断电器的触头由铂制成，带有固定触头的调整螺钉，可用来调整断开电流值，从而调整次级电压最大值。

如图 7-6 所示，当顺时针转动调整螺钉时，断开电流增大，次级电压最大值增大；反之，则断开电流减小，次级电压最大值减小，其原理如下。

顺时针拧入调整螺钉时，弹簧片弹力变大，而衔铁与铁芯之间的磁间隙则变小。弹力增大后，必须有更大的电磁吸力才能使触头断开，所以弹力变大会使断开电流增大，这是一方面。另一方面，间隙减小后磁阻变小，较小的初级线圈电流就能产生同样的电磁吸力使触头断开，所以间隙减小又会使断开电流减小。在通常情况下，衔铁距离铁芯较远，间隙较大。转动调整螺钉时，间隙的变化对断开电流的影响，没有弹簧力变化的影响大。弹力变化是影响断开电流的主要方面，断开电流的变化也就主要地取决于弹力的变化。所以，顺时针转动调整螺钉，弹簧片弹力增大，断开电流及次级电压最大值增大；反之，断开电流及次级电压降低。

四、高能点火器

高能点火器向电嘴提供高压电能,以便将发动机燃烧室内的雾化燃油点燃。现代涡轮风扇发动机都用高能点火器点火。

1. 高能点火器的结构

高能点火器主要由晶体管高压产生器、高压整流器、储能电容、放电间隙和高阻值的电阻等组成。所有部件装在一个轻合金壳体和罩子里,构成一个完全密封的装置,以免对无线电设备产生辐射干扰。其外形如图 7-7 所示。

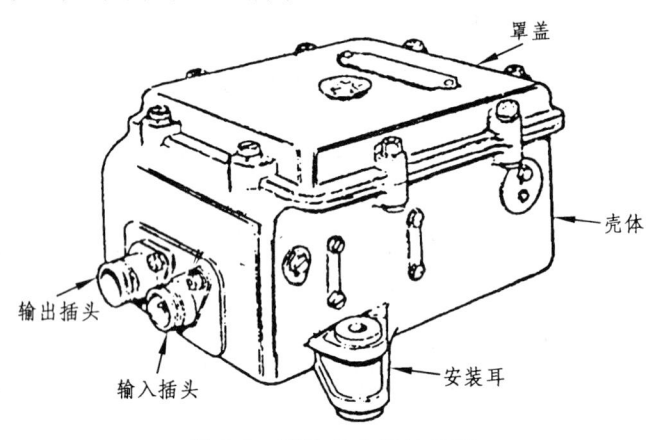

图 7-7 高能点火器的外形

壳体上有两个插头,一个为输入插头(输入低压 24/28 V 直流电源),一个为输出插头(输出约 2 000 V 脉冲),通过高压导线与电嘴连接。

2. 高能点火器的工作原理

高能点火器的原理电路举例如图 7-8 所示。

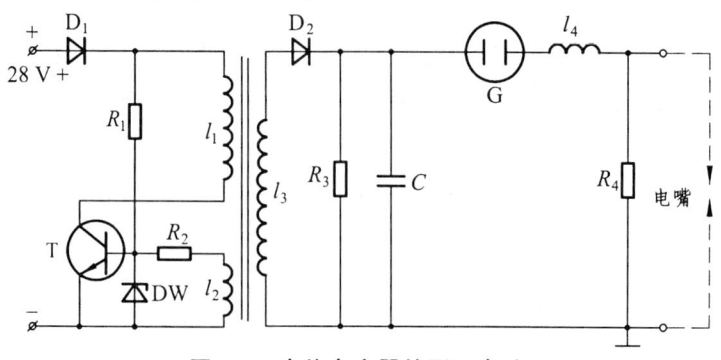

图 7-8 高能点火器的原理电路

晶体管高压产生器是一个变压器耦合的自激振荡器，主要由晶体管和脉冲变压器组成，脉冲变压器有三个线圈：集电极线圈（即初级线圈）l_1、基极线圈（即反馈线圈）l_2 和输出线圈 l_3。D_1 用来保护晶体管高压产生器，以防电源极性接反时损坏晶体管。

在高能点火器工作过程中，T 处于开关状态，饱和导通与截止周期性地变换。

当输入电路接通时，T 即饱和导通，l_1 中的电流增长，该电流在变压器铁芯上产生磁场使基极线圈 l_2 感应出使 T 关闭的电势，因此 T 截止。则 T 集电极电流减小，使基极线圈 l_2 又感应出使 T 导通的电势，所以 T 又向导通方向变化。三极管 T 的这种导通与截止的交替变化，使变压器输出线圈 l_3 感应出一个高电位的脉冲电压。该脉冲电压经高压整流器 D_2 使储能电容 C 充电。电容器上的电压逐次升高，当其值达到约 2 000 V 放电间隙 G 的击穿电压时，放电间隙击穿。于是电容器储存的能量经扼流圈 l_4 通过电嘴释放出来。在点火电嘴放电表面上发生强烈的闪光放电，产生火花，点燃混合气。扼流圈用来延长火花的时间。放电间隙一次放电结束以后，又为准备第二次放电而积聚能量，因此点火器工作时，电嘴上的火花是不连续的，其频率为 1 Hz。

与储能电容器 C 并联的高阻值电阻 R_3，用来为点火装置停止工作后放掉储能电容器上的剩余电荷提供通路，以免电容器上仍有高压电而危害维修人员的安全。在放电间隙之后也有一个高阻值的并联电阻 R_4，其作用是当未装电嘴或高压导线断路时，限制电容器的电压上升。

这里，还需着重指出的是，高能点火器放电，可能危及工作人员的生命安全，因此必须断开此装置的低压电源后，经过一分钟才能拆下高压导线插头。

第二节　活塞发动机起动

根据不同类型的发动机和飞机的要求，起动机的类型与能源各异。目前，应用最广泛的有两类：一类是应用电能的起动机，叫电动起动机；另一类是应用压缩空气的起动机，叫空气起动机。活塞式飞机发动机常采用电力起动方式。

活塞式发动机的电力起动通常有三种方式：直接起动、惯性起动与复合（或联合）起动。直接起动时起动机的起动电流是很大的，这就需要大功率的起动机和起动电源。因此，直接起动方法仅适用于某些小型飞机。要起动较大型的活塞式发动机，通常采用惯性起动。

直接起动的电力起动设备用于直接使电动起动机带动发动机曲轴加速旋转而起动。这种电动起动机由串励电动机、减速器、摩擦离合器和能与发动机曲轴棘轮啮合的棘轮组成，其方框图如图 7-9 所示。图 7-10 则是这种起动系统主要电气部件的相互连接关系图（点火电路未画出）。

图 7-9　直接起动的起动机组成方框图

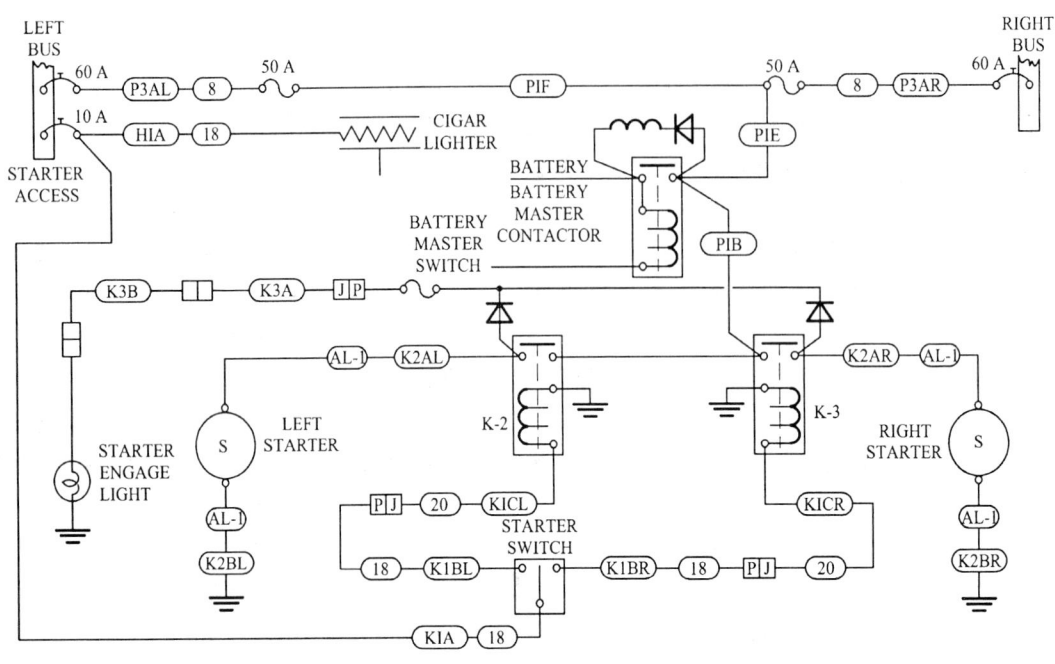

图 7-10 直接起动的起动电路

一、直接起动

在做好起动发动机的一切准备工作以后，起动电源即可向飞机电网供电（如果使用飞机蓄电池向起动机供电，应接通总电门），将对应的发动机起动电门接通磁电机电门（本图中未画出），起动机电门（STARTER SWITCH）扳到要起动的发动机位，左（或右）起动继电器即可通电工作，其接触点接通了起动电源向起动机的供电电路，此处以起动左发动机为例，来自左汇流条的直流电通过起动电门的触点，使起动继电器 K2 的线圈通电，来自汇流条的电能延导线 P1E、P1B、K2 的触点，一路向左起动机供电，起动机即可带动发电机曲轴转动起来；另一路通过二极管、保险丝和导线 K3A、K3B 向"起动机接通灯（Starter Engage Light）"供电，起动灯燃亮。

二、惯性起动

采用惯性起动时，起动电动机不是直接带动发动机曲轴旋转，而是先带动一个大惯性矩的飞轮高速旋转，待飞轮储备大量动能后，再由飞轮驱动发动机曲轴旋转，使飞轮储存的动能在很短的时间内传送出去，以增加起动功率。

电动起动机的基本结构如图 7-11 所示，它主要包括电动机、滚棒离合器、飞轮、减速器、摩擦离合器、衔接装置、手摇装置等部分。

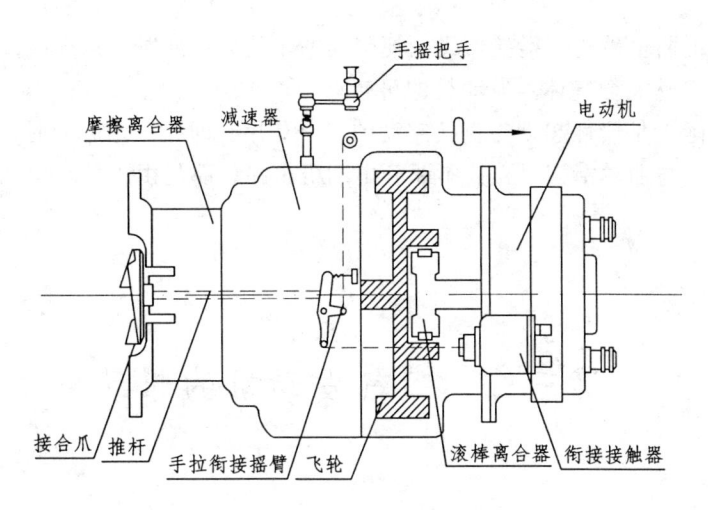

图 7-11　电动起动机的基本结构

电动机是电动起动机的动力部分，它用来带动飞轮旋转而进行储能。电动起动机常用串激电动机，特点是起动力矩大。

滚棒离合器由装在电动机转子轴上的星形轮、套圈（与星形轮不接触）和装在套圈内的滚棒组成。当电动机高速旋转时，离合器的滚棒被星形轮的凸起部分顶出，与飞轮相接触，从而带动飞轮高速旋转。当电动机断电停止工作时，飞轮靠惯性旋转的转速已大于电动机的转速，离合器的滚棒便自动落入星形轮的凹处部分，电动机就和飞轮脱离关系。

飞轮由电动机或手摇传动装置带动，转速可达 14 000 rpm。它的后端与滚棒离合器相接触，前端与减速器的主动齿轮相衔接。

减速器主要由固定齿轮和游星齿轮两部分组成。它是用来降低接合爪的转速而增大接合爪的转矩的；另外，在手摇装置转动飞轮时，减速器起增速作用。减速器的后端与飞轮和手摇装置相衔接，前端与摩擦离合器相衔接。

摩擦离合器装在减速器和接合爪之间。它可以控制起动机传递给发动机曲轴扭转力矩的大小，防止负载过大时损坏发动机附件的传动轴和起动机的传动机构。当起动机的接合爪与发动机曲轴衔接时，由于起动时曲轴惯性太大，起动机所产生的力矩不能立即带动发动机曲轴转动，当其力矩超过规定的极限值时，摩擦离合器的摩擦片即开始滑动，但此时摩擦片之间有一定的摩擦力，所以逐渐地带动发动机曲轴转动，这样就防止因负荷过大而损坏机件。

衔接装置由衔接接触器、摇臂、推杆和接合爪等组成。摇臂与推杆相连，它的两端分别与衔接接触器的钢索及手拉衔接的钢索相接，摇臂上装有弹簧。当衔接接触器工作时，摇臂克服弹簧力，将推杆向外顶，使接合爪伸出，与发动机的曲轴传动齿轮相衔接。衔接接触器断电后，由于弹簧力的作用使摇臂恢复原来位置，推杆即自动收回。

手摇装置由手摇把手、套筒、传动轴和齿轮组成。手摇把手安装于驾驶舱门附近，用它可以直接带动飞轮旋转而积蓄机械能。

手拉衔接装置由手拉衔接柄、钢索等组成。它的作用和工作情形与电衔接装置相同。

起动时，先接通电动机电路，电动机带动飞轮旋转，待积蓄足够能量后，再断开电动机电路，电动机停止工作，飞轮由于惯性作用继续高速旋转；同时，衔接继电器工作，将接合爪顶出，与发动机曲轴齿轮组衔接，飞轮便带动曲轴旋转；此时，点火线圈工作，将高压电送到电嘴点火，点燃混合气体，发动机即可起动。

复合起动实际上是惯性起动与直接起动的联合作用。即在开始起动时，由电动机带动飞轮旋转储能，飞轮与曲轴衔接时，并不断开电动机电路，而是由飞轮与电动机同时驱动发动机曲轴。

第三节 喷气发动机的起动

一、涡桨发动机的电力起动设备

起动涡轮螺旋桨发动机的起动机一般采用起动发电机。起动时，这台起动发电机以电动机状态工作，在起动自动控制装置的操纵下，可以逐步增加转速，带动发动机转子加速旋转；当发动机转子转速大于起动发电机转子转速时，起动发电机可由电动机状态自动转变为发电机状态工作，发动机又可带动起动发电机发电。

由于涡桨发动机能自行工作的转速较高，要使起动发电机在整个起动过程中输出比较大的力矩，起动增速应该是分阶段进行的，这种起动方式称为分级起动。分级起动的操纵一般由起动程序机构或电子计算机按一定时间顺序实行自动控制。下面以运7上的WJ5A发动机的五级起动（又叫四次增速）为例，来分析一下分级起动的基本原理。

运7飞机上的起动发电机在起动过程中，实际上是一个并励直流电动机，作为起动机使用，要使其增速，可以采取三种措施：① 增大起动电源电压，实行电压调速；② 减小电动机磁通，即减小电动机的励磁电流，实行磁通调速；③ 在电枢电路内串联附加电阻而后短接，也可使电动机增速。

1. 起动设备的主要组成

WJ5A型发动机的电力起动设备主要由起动发电机、自动定时器和起动箱等组成。起动发电机在起动过程中是作为电动机使用的，它能将起动电源提供的直流电能转变为驱动发动机转动的机械能。自动定时器与起动箱配合工作，在起动时，按一定的时间顺序，自动控制起动发电机的端电压和励磁电流以及起动点火与供油，以逐步增加发动机的转速，达到起动发动机的目的。

2. 正常起动的工作原理

做好起动前的一切准备工作以后，从按下起动按钮开始，发动机起动的整个工作过程是在自动定时器的自动控制下进行的。其工作原理可结合图 7-12 所示的用两组地面电源起动 WJ5A 型发动机简化电路概述如下。

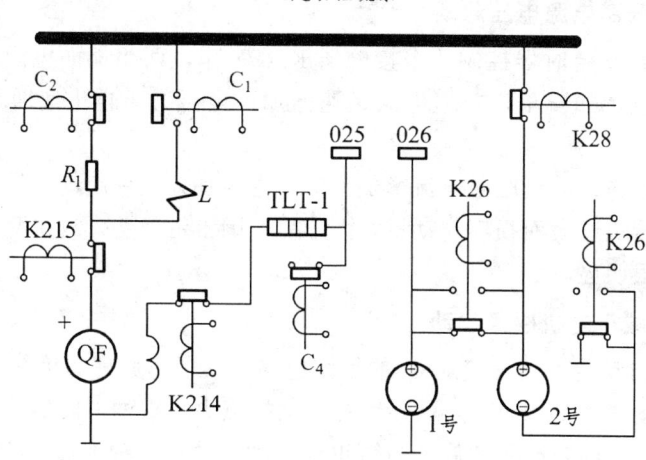

图 7-12 起动简化电路

1）第一级——在电枢电路中串联附加电阻的起动

在按下起动按钮后的 1~3 s 内，接触器 K28 工作，地面电源 1 号和 2 号并联向 032 起动汇流条供电；接触器 K214 工作，起动发电机的励磁电流由 025 正常汇流条经接触器 C_4 和 K214 的触点流向励磁线圈，给起动发电机产生磁场；接触器 C_2、K215 工作，由 032 汇流条经 C_2 的触点、附加电阻 R_1 和 K215 的触点到电枢线圈，然后接地，流过电枢电流。电枢电流与电机磁场相互作用，便产生电磁转矩，即起动转矩。由于此时在电枢电路内串联了附加电阻，使起动电流受到很大限制，因而起动力矩也受到限制，在这个较小的起动力矩作用下，使减速器、离合器柔和地啮合，起动机和发动机的转速逐渐上升。随着转速的上升，电机的反电势增大，电枢电流下降，致使电机的电磁力矩减小，转速上升的速度减慢。为了加速起动过程，在起动机和发动机之间的减速器、离合器啮合好以后，就应把附加电阻切除，转换到下一级起动。

2）第二级——切除附加电阻起动

起动进行至 3 s 时，自动定时器使接触器 C_1 工作，短接电枢电路中的附加电阻 R_1。在 R_1 刚被短接的瞬间，由于起动机和发动机具有惯性，转速不能立即改变，因而使电枢电流和电磁转矩迅速增加，起动机和发动机的转速上升速度加大。经过一定时间，随着转速的增加，起动机的反电势增大，电枢电流又将减小，从而使电磁力矩也减小，发动机转速上升的速度又减小。

3）第三级——减小电机磁通起动

起动进行到 9 s 时，自动定时器使接触器 C_4 工作，将起动箱中的电流调节器 TLT-1 的炭柱接入起动机的励磁电路，使电机磁通减小，这就会立刻引起反电势的减小，从而使电枢电流增加。对于电机电磁力矩的变化来说，磁通的减小和电枢电流的增加是互相矛盾的两个因素。由于这时电机转速已经比较高，反电动势比较大，因而在磁通减小的最初瞬间，电枢电流的增加占主导地位，所以电磁力矩是增加的，这使发动机转速的上升速度又一次增大。而后，电磁力矩仍然随转速的增大而减小，又需采用别的办法使发动机增速。

4）第四级——升高电源电压起动

起动 15 s 时，自动定时器控制两个接触器 K26 工作，两组地面电源（1 号和 2 号）串联，使起动电源电压增加一倍，电枢电流迅速增加，电磁力矩也迅速增加，发动机进一步加速。

与此同时，C_4 断电，电机励磁电流增加，即磁通增加，有使起动机转速下降的趋势，可以避免电动机输出转矩过大而损坏起动机。由于前一因素占优势，故在两组地面电源串联瞬间，发动机加速仍很明显。

5）第五级——减小电机磁通起动

起动 20 s 时，自动定时器又接通 C_4 的线圈电路，其增速原理与第三级相同。

还需指出，起动进行到 9 s 时，已开始对发动机点火、供油，此后，由于发动机燃烧室内的混合气不断燃烧，涡轮产生的旋转力矩也要驱动发动机转轴加速。当发动机转速达到额定值的 39%～48% 时，感受发动机空气压缩器后部空气压强的气压电门将会断开起动电路，使电力起动过程结束。起动发电机也会自动地由电动机状态转变为发电机状态。经过不大于 120 s 的时间，发动机会自动加速到慢车状态。

从以上分析可知，按照一定的时间顺序改变起动机的电枢电路电阻、供电电压和磁通，就可实现分级起动。分级起动时，在电枢电路中串联附加电阻是为了减小起动电流，保护传动附件（主要是离合器）；切除附加电阻、升高电源电压、减小磁通，则是为了增大起动机的电磁力矩，加速起动过程。

二、涡喷发动机的起动设备——辅助动力装置（APU）

在大、中型飞机上，为了有效地起动大功率涡轮喷气（或涡轮风扇）发动机，起动系统所需的功率很大，由于恒速传动装置性能方面的限制，如果还是采用电力起动方法，需要大功率专用的电动起动机，使系统重量大大增加。目前，对于大功率涡轮发动机的起动往往采用只需数安培电流的较简单控制电路的气源起动系统。这种起动系统可由地面气源车、飞机上的辅助动力装置（APU）或在运转中的发动机压气机提供压缩空气，利用压缩空气的冲击力驱动空气起动机，起动机再带动发动机的涡轮转子，从而起动涡轮发动机。

用 APU 起动涡喷发动机的方框图如图 7-13 所示。起动时，先由飞机蓄电池或地面电源给 APU 中的电动起动机供电，电动起动机即可消耗较小的电流起动功率较小的燃气涡轮发动机。这台小发动机正常运转以后，又可连续不断地提供压缩空气起动涡轮喷气发动机。两个中间装置用于当燃气涡轮发动机或涡轮喷气发动机达到规定转速时，接通它们的起动装置，即燃油开关和点火系统，从而保证燃烧室内燃油的有效雾化以及燃烧的开始。

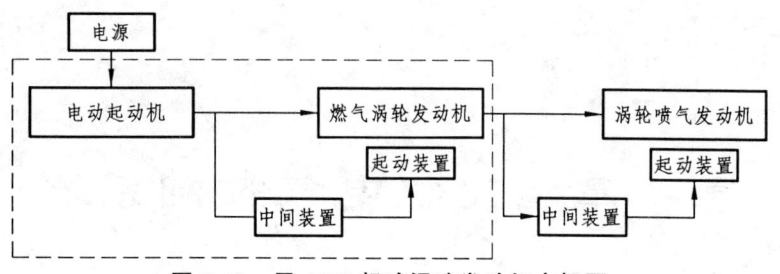

图 7-13　用 APU 起动涡喷发动机方框图

APU 通常由一台小功率的燃气涡轮发动机、压缩空气控制和供应系统、附件齿轮箱、起动电动机等组成。燃气涡轮发动机包括一个连接到单级涡轮上的二级离心压气机，压缩空气控制和供应系统可自动调节压气机供应给飞机供气系统的供气量。附件齿轮箱上安装的一台起动电动机通常是直流串励电动机，可由飞机蓄电池或地面电源供电，用来起动燃气涡轮发动机。这台发动机正常工作以后，除了驱动安装于附件齿轮箱上的滑油泵和燃油泵之外，还可驱动一台安装于附件齿轮箱上的发电机。这台发电机根据具体飞机的需要，可提供直流电或交流电。

总之，飞机上装有辅助动力装置以后，如有必要，可以不依赖地面设备的支援。这种装置由飞机蓄电池直接起动之后，可为主发动机的起动和地面空调提供气源；也可为地面通电检查飞机用电设备提供电源。在某些飞机上，APU 还可用于飞行中当主发电机失效时提供后备电源，并在飞机起飞和爬高期间对座舱补充空气。

复习思考题

1. 简述磁电机的工作原理。
2. 活塞式发动机的电力起动通常有哪几种方式？
3. 直流电动机的增速措施有哪些？
4. 简述 WJ5A 型发动机的电力起动过程。

第八章 飞机电气控制系统

第一节 飞机电动机械

飞机上使用的电动机械的核心部分为电动机或电磁线圈,电动机根据电能性质的不同可以分为直流电动机和交流电动机。交流电动机不需要整流器和电刷,结构简单,工作可靠,维护方便,在以交流电为主电源的飞机上得到了应用。最常用的交流电动机是异步电动机,有三相、两相和单相之分。三相异步电动机效率高、转矩大,用在传动机构之中,也用作陀螺的马达。两相异步电动机用作随动电动机。在需要的电动机功率较小时也采用单相异步电动机。而直流电动机起动力矩大,调速简单方便,因此在飞机上得到了广泛应用。本节主要以直流电动机为例进行介绍。

飞机中的许多部件和系统需要电动机提供机械能,它的一些典型应用见表8-1。

表 8-1 电动机的典型应用

电动机械	功 能
作动器	燃油调节,货舱门控制,热交换器控制片操纵,起落架控制,襟翼操纵
控制阀	空调中冷热空气混合和热除冰
泵	燃油供应,螺旋桨变距,除冰液供应
飞行仪表和控制系统	陀螺仪驱动,伺服控制

一、直流电动机

直流电动机的功能和工作原理与发电机正好相反,当加上外接电源后,电枢在电磁力的作用下转动,把电能转变为机械能。在结构上直流发电机和直电动机完全相同,都由电枢、励磁绕组、换向器和电刷装置组成,在飞机上常用的直流电动机按励磁形式可以分为串励式、并励式和复励式。

1. 串励式电动机

串励电动机的励磁绕组和电枢绕组串联,并且与电源串联,由于绕组的电阻小,在起动时流过较大的起动电流,因此可以迅速建立磁场,它的起动力矩大,加速性能好。但在机械负载变化时会使速度产生大的变化,轻载时转速高而在重载时转速低。直流串励式电动机适合于短时间工作、需要频繁起动的场合。

2. 并励式电动机

并励式电动机的励磁绕组和电枢绕组并联,如果电枢绕组内阻较小,电机具有硬的机械特性,从空载到满载转速变化不大,可以认为是恒速的。因此,它适用于不经常起动,且需要转速恒定的场合。

3. 复励式电动机

复励是指在一台电动机中同时具有串励绕组和并励绕组,避免串励电机或并励电机的不良工作特性。当励磁系统中的并励绕组作用较小时,电动机偏向于串励式电机,但在空载或轻载时不会产生飞转,而被用做发动机的起动电机。

4. 分串励电动机

在某些时候要求电动机的旋转方向可以改变,如调整片的收放用电机。根据电工知识可知,改变励磁绕组或电枢内电流的方向或磁场的极性可以实现电机的反转。根据以上原理,串励电动机常采用的方法是将励磁绕组分成电气上独立的两个部分,可以建立方向相反的磁场,其中一个绕组用于正转,一个用于反转,一个单刀双掷开关控制旋转方向,其电路如图8-1 所示。

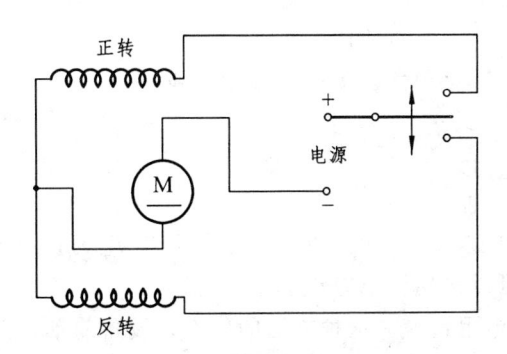

图 8-1 分串励电动机电路

二、直流电动机的起动

直流电动机接通电源后,电动机从静止开始加速,直到达到稳定的工作转速的这一过程,

称为起动过程。对直流电动机起动性能的要求主要有三个方面:

(1) 起动转矩 T_{st} 要大。因为要使起动过程迅速完成，起动转矩除了要克服负载转矩和空载转矩外，还应有足够的余量来获得加速的要求。

(2) 起动电流 I_{st} 要小，应限制在允许范围内。起动瞬间，电动机转速 $n=0$，反电动势 $E=0$，由于电枢电路电阻 R_a 很小，所以起动电流很大，可达其额定电流的5~10倍。过大的起动电流会导致电网电压下降而影响其他用电设备，同时也会对电机本身带来电磁力冲击、换向火花及电枢绕组发热等危害。

(3) 起动设备简单，便于操作控制。小功率的直流电动机一般采用直接起动。由于其自身功率较小，故其对电网的影响不大。同时，直接起动可获得较大的起动转矩，而且最简便。

对于并励电动机，其起动电流 $I_{st}=U/R_a$，而串励电动机的起动电流 $I_{st}=U/(R_a+R_f)$。很明显，串励电动机的起动电流冲击要小一些，同时由于该电流就是励磁电流，起动转矩要大一些。因此，串励电动机的起动性能要优于并励电动机。

为了限制起动电流稍大的直流电动机，通常采用电枢电路串联电阻限流起动。其原理是：电枢电路中串联多个附加电阻，开始起动时全部接入，限制起动电流。随着转速的上升逐渐切除附加电阻，直至起动过程结束。此过程可用接触器实现程序控制，将起动电流限制在合适的范围，获得最佳的起动效果。

对于大型或特殊要求的直流电动机，还采用调节电源电压的办法进行降压起动。

三、直流电动机的调速

机械负载往往要求电动机在一定转矩条件下，转速能在一定范围内调节。直流电动机的调速性能要优于交流电动机，它可以在较宽的速度范围内，平滑而方便地调速。所以，在对调速要求较高的场合，广泛采用直流电动机。

直流电动机的调速主要采用参数调速，根据公式

$$n=\frac{U-I_a(R_a+R_p)}{C_e\Phi}$$

可见，只要分别改变参数 U、R_p、Φ 就能改变速度，其中 R_p 为调速电阻。

对于直流电动机，可以采用以下方法调节转速：

(1) 改变电枢电路电阻调速。这种方法的优点是设备简单，操作方便；缺点是损耗大，当负载转矩较小时，调速范围不大。

(2) 改变电机磁通调速。对于并励电动机，只能在励磁电路串联电阻，减小磁通增速。对于串励电动机，可在电枢两端并联电阻实现降速调节，在励磁绕组两端并联电阻实现增速调节。这种方法的优点是控制方便，损耗小。缺点是励磁过弱时，电枢反应将使磁场严重畸变，引起换向困难。

(3) 改变电枢端电压调速。这种方法适用于他励直流电动机。其优点是不改变电机的

机械特性，可在很宽的范围内平滑调速。

四、直流电动机的反转与制动

直流电动机的反转或制动一般都是通过改变电磁转矩的方向来控制实现的。根据直流电动机的原理，其电磁转矩的方向决定于电枢电流 I_a 和磁通 Φ 的方向。只要改变两者中一个的方向，即可实现电动机的反转。

直流电动机的制动方法主要有能耗制动、反接制动和反馈制动三种。

能耗制动是利用电动机本身的转动惯性来产生制动转矩，消耗电动机转动的动能。制动时，先使电枢断开电源，然后在其出线端接上一负载电阻 R_L，如图 8-2 所示。当电动机因惯性继续旋转时，转变成发电状态，产生与旋转方向相反的电磁转矩，该电磁转矩作为制动转矩使电机转速很快降下来。制动过程中，电动机的动能转变成电阻的热能消耗掉。

反接制动是利用反向开关将电枢两端或励磁绕组两端与电源的连接对调，改变电枢电流或磁通方向，从而改变电磁转矩方向来实现制动。为限制电流，常在电枢电路上串联一电阻 R，如图 8-3 所示。

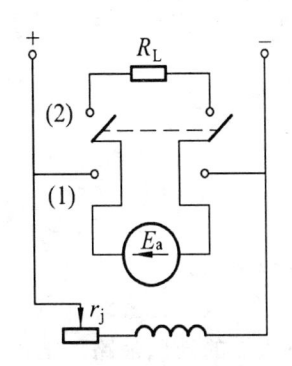

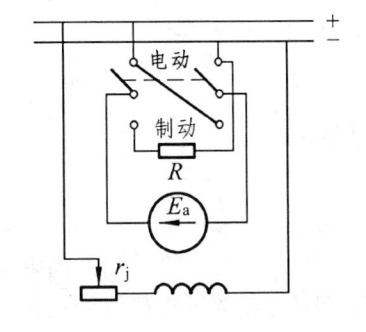

图 8-2　直流电动机的能耗制动　　图 8-3　直流电动机的反接制动

当转速下降至零时，应及时切断电源，否则电动机将沿反方向起动。当转速很低甚至等于零时，电机仍然有较大的电磁转矩，因此反接制动的制动效果比能耗制动更强。但是，反接制动时电源仍有电功率输入，它连同电机的动能都在电路电阻中以热能的形式消耗掉，因此损耗较大。

反馈制动也加再生制动。这种情况下，负载的转速高于电机转速，使得电机变到发电状态，产生与旋转方向相反的电磁制动转矩，限制电机转速的继续升高，同时将动能转换成电能反馈回电网。

第二节 飞机襟翼收放电路

大型飞机襟翼一般用液压操纵，中小型飞机襟翼用电力操纵，现以运-7、安-24的襟翼收放电路为例来说明对襟翼收放的控制，电路如图 8-4 所示。襟翼的收放动作是用电磁开关控制液压油路操纵液压作动筒对襟翼进行收放。

一、襟翼收上电路

接通装于配电板上的保险电门，将位于中央操纵台上的襟翼操纵电门置于"收上"位置。此时，机上 28 V 直流电压由应急汇流条经保险电门至襟翼操纵电门 1-2 触点，加至装在中翼右侧后梁上的收上位置终点电门的触点，最后加至襟翼收放电磁活门的收上电磁线圈 2-1 而接地。这时收放电磁活门动作后打开收上襟翼的液压油路，把襟翼收上。当襟翼收至 0°时，收上位置终点电门两触点断开收上电路。切断收上液压油路使襟翼保持在收上状态。这时，襟翼放下位置终点电门的两触点处于接通位置，为放下襟翼操作做好电路准备。

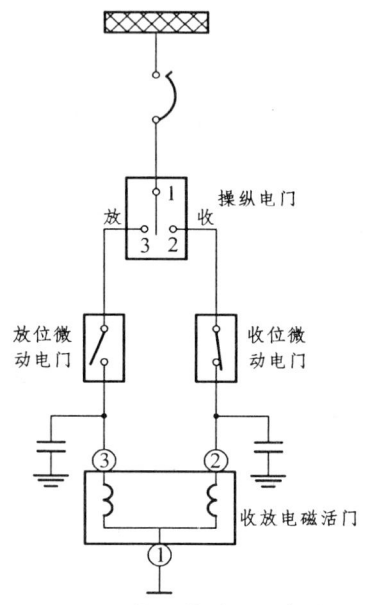

图 8-4 襟翼收放工作电路

二、襟翼放下电路

在图 8-4 电路处于襟翼收上的状态下，若将襟翼操纵电门置于"放下"位置。此时，由汇流条来的 28 V 直流电，将经襟翼操纵电门的 1-3 触点、放下位置终点电门的触点加至襟翼收放电磁活门的 3-1 放下电磁线圈而接地，接通放下襟翼的液压油路，把襟翼放下。当襟翼放到38°时，放位终点电门断开，切断放下液压油路。

在收放电磁活门的两组电磁线圈 2 和 3 端均并接有电容器，它用来减小由于电磁线圈断开电路时产生自感电势在终点电门触点上产生的火花。

在大型飞机上，还设有襟翼载荷限制器，它是一种机电装置，其在飞机飞行速度很高时用以防止襟翼过度伸出。

三、紧急放下襟翼工作电路

紧急放下襟翼工作电路如图 8-5 所示。此电路是用来增加主液压系统管路中的压力，使其用于紧急放下襟翼和紧急刹车时使用。

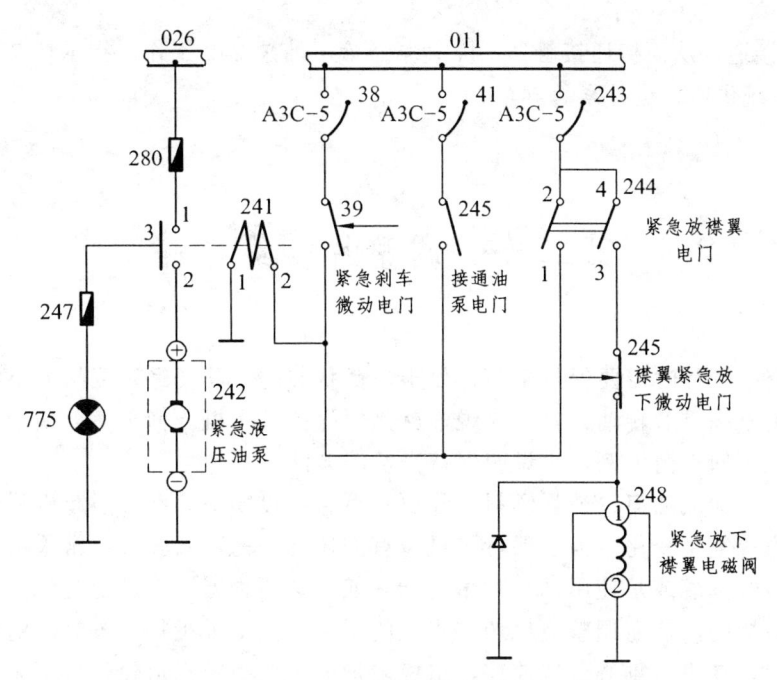

图 8-5　紧急液压油泵和紧急放下襟翼工作电路

现仍以运-7 为例，介绍图 8-5 所示工作电路的三种工作状态。

1. 紧急放下襟翼的控制

接通紧急放下襟翼的保险开关 243，接通紧急放襟翼操纵开关 244。正 28 V 电压由汇流条 011，经由保险开关 243 和操纵开关 244 的 2-1 触点使紧急液压油泵接触器 241 工作，使紧急液压油泵 242 电动机工作，同时因接触器 241 的活动触点 3 和固定触点连通，使紧急油泵工作指示灯 775 燃亮。

紧急放下襟翼操纵开关的 4-3 触点接通，使 28 V 直流电经襟翼紧急放下终点开关 245 的触点加至紧急放襟翼电磁活门的电磁线圈 1-2 接地，接通紧急放下襟翼的液压油路，使襟翼放下。襟翼放下之后压断终点开关 245，断开紧急放下襟翼电磁活门电路。为防止电磁活门 248 断开电路时产生的自感电势使终点开关 245 产生火花，在电磁活门 248 线圈两端并联有二极管，用以短路电磁活门自感电势。

2. 正常刹车液压源

接通刹车系统保险开关 41，接通液压泵操纵开关 245，使接触器 241 工作，紧急液压油泵 242 工作，同时，紧急油泵工作指示灯 775 亮。保证向正常刹车系统供压。

3. 紧急刹车液压源的接通

在接通了紧急刹车保险开关 38 的条件下，如需要压动紧急刹车手柄时，将使手柄上的微动开关 39 接通，从而接通接触器 241 使紧急液压油泵 242 工作，指示灯 775 燃亮。保证向紧急刹车系统供压，进行紧急刹车。

第二节　调整片操纵电路

飞机在空中飞行时需要保持平衡，处于平衡状态时，其飞行速度的大小和方向都保持不变，飞机也不绕重心转动。具体来说，就是要保持好飞机俯仰平衡、横侧平衡和方向平衡。现以保持俯仰平衡为例，来说明保持平衡的方法。

在飞行中，加减油门、消耗燃料、收放襟翼、空投物资等都会引起机翼、水平尾翼、机身以及推力等发生变化。为了保持飞机原有的俯仰平衡，驾驶员通常采用两种方法：操纵驾驶杆偏转升降舵或是使用调整片偏转升降舵。这两种方法都是通过升降舵的偏转来改变水平尾翼力矩的，从而调整飞机俯仰力矩的平衡。比如说飞行一段时间消耗机身后部油箱的一些燃料，使飞机重心位置前移，造成附加的下俯力矩，迫使飞机下俯，这时驾驶员应向后带杆使升降舵上偏，增大水平安定面的上仰力矩，使作用于飞机的各俯仰力矩之和仍然为零，保持飞机处于俯仰平衡状态，如图 8-6 所示。

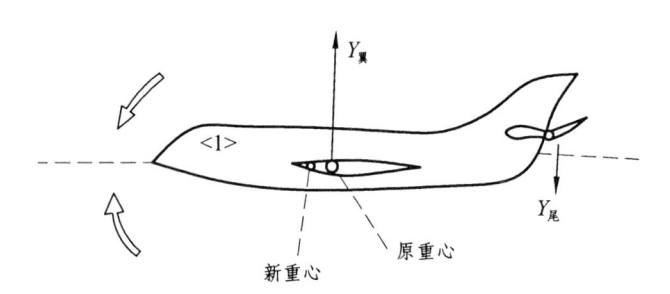

图 8-6　用升降舵保持飞机俯仰平衡

一、调整片的功用

飞行中出现上述的俯仰不平衡时，驾驶员使用带杆的方法可以重新保持俯仰平衡，但若长时间的这样带杆，驾驶员会很疲劳。因此飞机升降舵、副翼和方向舵上都装有调整片，如图 8-7 所示。利用升降舵调整片来使升降舵偏转，以保持飞机的俯仰平衡。利用方向舵调整片可使方向舵偏转，以保持飞机方向平衡。利用副翼调整片可使副翼偏转，以保持飞机横侧平衡。各调整片保持飞机平衡的作用原理相同。当飞机出现下俯力矩时，驾驶员操纵电门使调整片向下偏转 α 角（见图 8-8），此时，调整片上产生向上的升力 $Y_{调}$。它对升降舵转轴构成的力矩为 $Y_{调} \cdot l_1$，迫使升降舵向上转动。升降舵向上转动后，由于舵面上、下的压力差构成了空气动力 $Y_{舵}$，对升降舵转轴构成了另一个力矩 $Y_{舵} \cdot l_2$。当这两个力矩平衡时，即 $Y_{调} \cdot l_1 = Y_{舵} \cdot l_2$，升降舵就自动保持在某一上偏转角 β 不变。这就和驾驶员向后带杆的效果一样，能保持飞机的俯仰平衡状态。使用这种方法保持平衡，驾驶员不用长时间带杆，减轻了劳动量。

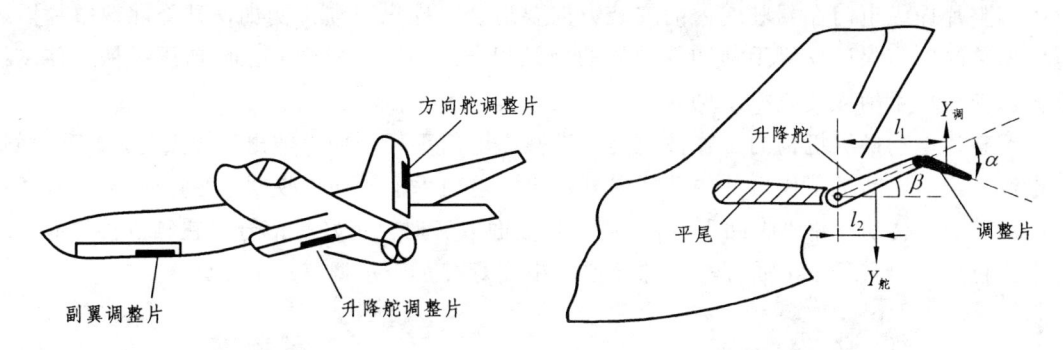

图 8-7 舵面上的调整片

图 8-8 飞机下俯时用调整片恢复平飞

总之，若在飞行中飞机的俯仰平衡受到破坏，如机头上仰，驾驶员可向上偏转调整片（等效于向前推杆）使升降舵下偏一定角度；如果机头下俯，则应向下偏转调整片（等效于向后带杆）使升降舵上偏一定的角度，借水平尾翼力矩作用以保持飞机的俯仰平衡。

二、调整片操纵电路举例

不同型飞机上调整片的控制方式不同，中小型飞机大多采用电动操纵机构进行操纵，主要电路组成部分是调整片操纵电门、电动操纵机构、调整片中立位置信号灯。大型飞机上则是由自动飞行控制系统通过液压传动机构来操纵工作的。

在中小型飞机上采用的一种电动操纵机构的组成和传动关系如图 8-9 所示。它主要由双向串励电动机、摩擦离合器、齿轮减速器、传动杆与中立位置信号接触装置组成。

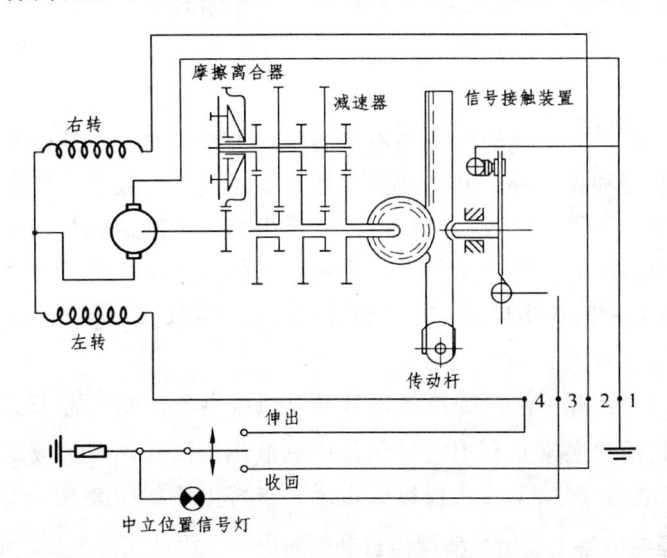

图 8-9 调整片电动操纵机构

调整片操纵电门是一个手柄有弹性的电门，平时手柄中立，使用时将手柄向两侧压动用以接通电动操纵机构使传动杆伸出或是收回，松开手柄又弹回中立位置。

调整片操纵电门在驾驶舱内的安装方向要适合于操纵习惯，例如，升降舵调整片操纵电门安装时，应保证操纵手柄和驾驶杆的操纵相一致，即平时中立，向前压手柄应使飞机下俯，向后压手柄应使飞机上仰。

调整片电动操纵机构的工作情况是，当操纵电门手柄压向"伸出"触点时，4-1 号插钉与电源接通。电动机工作后使传动杆向外伸出。电门手柄压向"收回"触点时，2-1 号插钉与电源接通，传动杆将"收回"。当调整片与舵面取齐时，正好是信号装置触点接通时，这时中立位置信号灯经 3-1 插钉与电源接通，中立灯亮，表示调整片中立。

第三节 起落架收放电路

起落架是飞机在地面停放、滑行、起降滑跑时用于支撑飞机质量、吸收撞击能量的飞机部件。早期的飞机起落架是由固定的支架和机轮组成的，在飞行中产生很大的阻力。现代飞机除少数小型飞机之外，其起落架在飞机起飞之后都收入机身或机翼内。

起落架由主体结构和辅助结构组成，包括带充气轮胎的机轮、刹车装置、减振装置、收放机构、减摆器、转弯机构、警告信号装置等。其中，起落架质量约占飞机质量的 2.5%~4%。

目前飞机上使用最多的是前三点式起落架，前轮在机头下面，远离飞机重心。两个主轮左右对称地装配在飞机重心稍后之处。这种布局保证了飞机在以较高速度着陆时，使用较猛的刹车也不会倒立。在飞机着陆和滑行中，驾驶员视野宽阔，还可阻止飞机在滑行中打转。后三点式起落架比前三点式起落架轻，但地面转弯不灵活，刹车过猛时有"拿大顶"的危险，滑行时稳定性差。

飞机着陆时，在机轮接地瞬间或在不平的跑道上滑跑时，与地面发生剧烈的撞击，除充气轮胎可起一些缓冲作用外，其主要撞击能量要靠减振器吸收。减振柱是自身封闭的液压装置，在地面支撑飞机手吸收和减缓着陆时产生的巨大冲击载荷以保护飞机结构安全。当减振器受撞击而压缩时，其中空气的作用相当于弹簧，储存能量，而油液则以极高的速度穿过小孔，吸收大量的撞击能量，把它们转化为热能，使飞机落地撞击后很快稳定下来，不致颠簸不止。

起落架的收放动力源用液压或冷气，其操纵通过电气控制装置来实现。

现代飞机的起落架通常是利用电气元件操纵液压电磁阀，开关液压油路驱动液压作动筒对起落架进行收放。起落架收放操纵、指示、告警电路如图 8-10 所示。

起落架收放操纵电路主要组成器件由自动保险电门、收放起落架操纵电门、地面联锁终点电门、电动机、指示灯、警告灯、警告喇叭和电磁阀线圈并联的消除自感电势的二极管等组成。

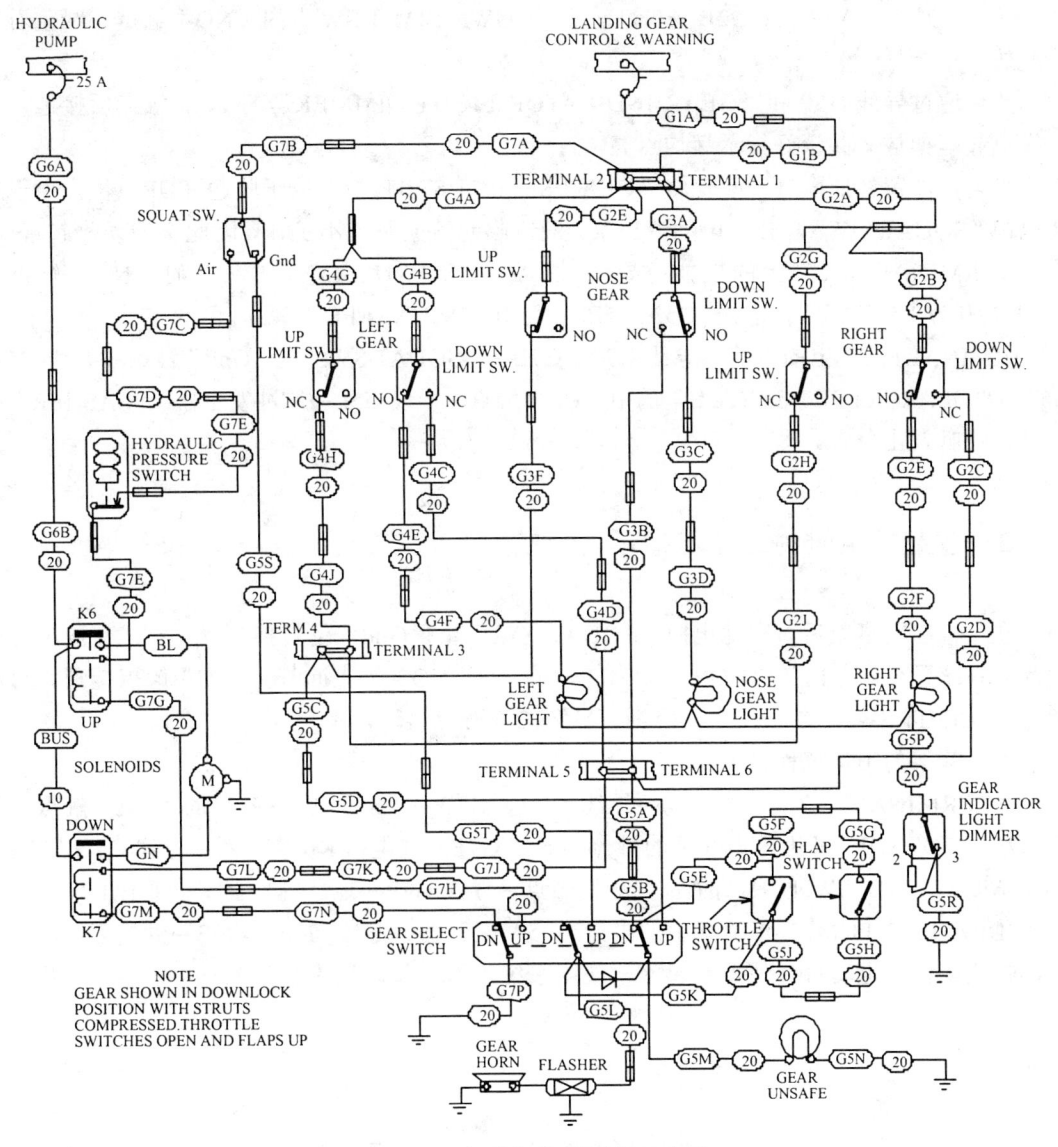

图 8-10 起落架收放及指示电路

1. 飞机停留在地面时的指示与警告

图中的电路是飞机停留在地面,起落架放下并锁好的状态。此时来自于"LANDING GEAR CONTROL & WARNING"汇流条的电流,通过断路器向"TERMINAL1,2"供电,此后电能的供电将分为三路:

(1) 导线 G4A→导线 G4B→左起落架"DOWN LIMIT SW."的"NO"触点→绿色左起落架放下指示灯。

(2) 导线 G3A→前起落架"DOWN LIMIT SW."的"NO"触点→绿色前起落架放下指示灯。

(3) 导线 G2A→导线 G2B→右起落架"DOWN LIMIT SW."的"NO"触点→绿色右起落架放下指示灯。

然后通过导线 G5P 和"GEAR INDICATOR LIGHT DIMMER"的 1、3 触点后接地,三个绿色起落架放下并锁好指示灯均点亮。

当飞机停留在地面时,即使将"GEAR SELECT SWITCH"放于收起(UP)位,由于空地电门"SQUAT SW."断开了电动液压泵,液压收起落架系统不工作,因此不会误收起落架。但"TERMINAL1,2"上的电能→导线 G3A→"DOWN LIMIT SW."的"NC"触点→"TERMINAL5,6"→导线 G5A,G5B→"GEAR UNSAFE"琥珀色警告灯亮。同时"TERMINAL1,2"上的电能→导线 G7A、G7B→"SQUAT SW."的"Gnd"触点→导线 G5S、G5T→"GEAR SELECT SWITCH"的中"UP"触点→导线 G5L→脉冲发生器"FLASHER"→喇叭,喇叭发出警告。

2. 收起落架时的工作与指示

在飞机起飞离地后,空地电门"SQUAT SW."由"Gnd"位转换到"Air",使液压收放起落架系统预位。起落架"DOWN LIMIT SW."的"NO"触点断开,"NC"触点接通。起落架"UP LIMIT SW."的"NC"触点断开,"NO"触点接通。

收起落架的工作过程如下:

"TERMINAL1,2"上的电能→导线 G7A、G7B→"SQUAT SW."的"Air"触点→导线 G7C、G7D、G7E→液压压力开关的触点→导线 G7F→继电器 K6 的线圈→导线 G7G、G7H→"GEAR SELECT SWITCH"的左"UP"触点→导线 G7P→地。继电器 K6 通电工作,来自"HYDRAULIC PUMP"汇流条上的电能→25A 断路器→导线 G6A、G6B→继电器 K6 的触点,将电能供给电动机,使得收起落架液压系统工作,起落架收起。

3. 放起落架的工作与指示

此时,空地电门"SQUAT SW."由"Gnd"位转换到"Air",使液压收放起落架系统预位。起落架"DOWN LIMIT SW."的"NO"触点断开,"NC"触点接通。起落架"UP LIMIT SW."的"NC"触点断开,"NO"触点接通。

在需要放起落架时,应该将"GEAR SELECT SWITCH"电门放在放下位,电能将通过"TERMINAL1,2→导线 G3A→起落架"DOWN LIMIT SW."的"NC"触点→导线 G3B→"TERMINAL5,6"→导线 G7J、G7K、G7L→继电器 K7 的线圈→导线 G7M、G7N→"GEAR SELECT SWITCH"的左"DN"触点→导线 G7P→地。继电器 K7 通电工作,来自"HYDRAULIC PUMP"汇流条上的电能→25A 断路器→导线 G6A、G6B、BUS→继电器 K7 的触点,将电能供给电动机,使得放起落架液压系统工作,起落架放下。当起落架放下并锁好后,三个绿色起落架放下并锁好指示灯将点亮,供电过程第一项中所示相同。

在飞行过程中,如果将发动机油门收到慢车位或放出着陆襟翼,"THROTTLE SWITCH"

或"FLAP SWITCH"将闭合，电能将通过"TERMINAL1，2"→导线 G3A→起落架"DOWN LIMIT SW."的"NC"触点→导线 G3B→"TERMINAL5，6"→导线 G5A、G5B→G5E→"THROTTLE SWITCH"（或通过导线 G5G→"FLAP SWITCH" →导线 G5H、G5J）→导线 G5K 向警告灯和警告喇叭电路供电，警告灯亮，喇叭响。

第四节 顺桨系统

涡轮螺旋桨发动机在飞行中会出现故障，因此设置了顺桨系统，以便使失效的发动机的螺旋桨顺桨到 90°，制止螺旋桨自转，减小飞机阻力，保证安全。

为掌握顺桨系统的工作原理，首先介绍一些有关螺旋桨的知识，然后再讨论顺桨系统的功用、组成和工作原理。

一、螺旋桨

飞机发动机带动的螺旋桨在空气中高速旋转，空气流过桨叶的前桨面，就像流过机翼的上表面一样，流管变细，流速加快，压力降低；空气流过桨叶的后桨面，就像流过机翼的下表面一样，流管变粗，流速减慢，压力升高。这样，在桨叶的前后表面形成压力差，这种压力差综合起来构成了推动飞机前进的动力——拉力。

图 8-11 中标出了螺旋桨各部分的名称。桨毂是连接桨叶和发动机转轴的装置。桨叶是用来产生拉力的部分。现代飞机螺旋桨一般有 2~4 个桨叶。

桨叶的切面与翼型相似，前桨面的曲度较大，后桨面的曲度较小，相当于机翼的上下表面，如图 8-12 所示。

桨叶切面的前缘与后缘的连线，叫做桨弦，如图 8-12 所示。

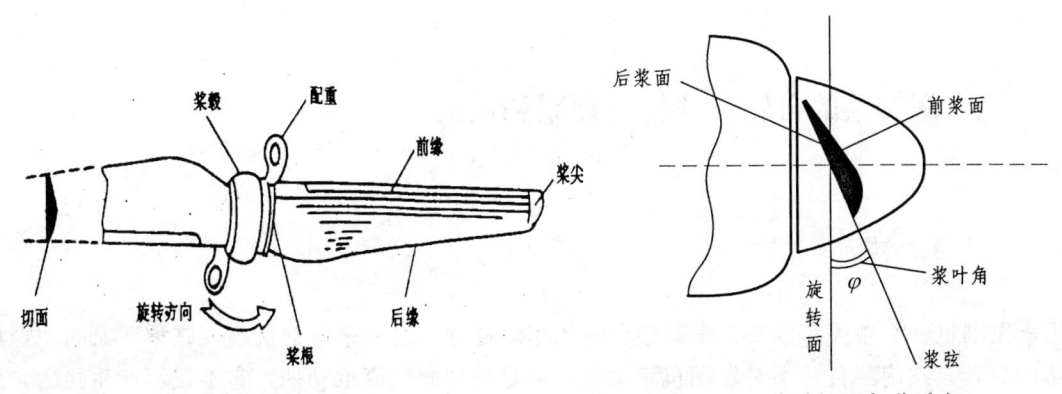

图 8-11 螺旋桨各部分的名称

图 8-12 桨叶切面与桨叶角 φ

桨弦与旋转面之间的夹角,叫做桨叶角,在图 8-12 中用 φ 代表。

螺旋桨的运动,有人把它比拟为"空气中的螺丝钉"。在飞行中螺旋桨的运动,具有一面旋转一面前进的特点。桨叶各切面都具有两种速度:一种是前进速度 v,即飞行速度;另一种是旋转产生的圆周速度,或称切向速度 u。切向速度 u 与前进速度 v 所合成的速度,称为桨叶切面的合成速度 w。桨叶切面的相对气流速度,与此合成速度 w 大小相等、方向相反。

桨叶切面的相对气流方向与桨弦方向之间的夹角 α,叫做桨叶迎角 α,也就是桨叶切面的合成速度 w 与桨弦方向之间的夹角。因为合成速度的方向取决于飞行速度 v 和切向速度 u 的大小;桨弦方向又取决于桨叶角的大小,所以,桨叶迎角是随着桨叶角、飞行速度和切向速度的改变而变化的,如图 8-13 所示。

飞行中,螺旋桨产生的拉力不仅随飞行高度、速度的变化而变化,而且还随发动机进气压力和转速的变化而变化。驾驶员是通过操纵油门和变距杆来改变拉力的。

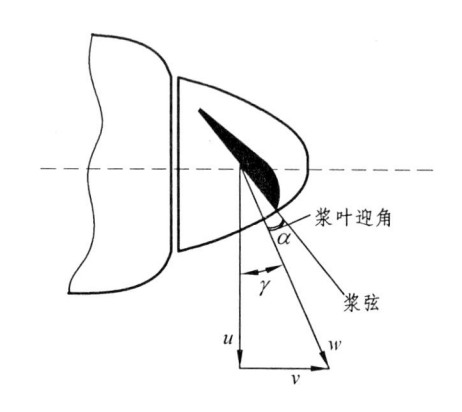

图 8-13 桨叶迎角 α

通常把改变螺旋桨的桨叶角叫做变距,增大桨叶角,叫做变大距;减小桨叶角,叫做变小距。

早期的飞机上,使用桨叶角不变的定距螺旋桨,优点是简单、维护方便;但不能适应飞行高度和速度的变化。比如,飞行中不动油门位置,则随飞行速度加快,其桨叶迎角必然减小,旋转阻力必然降低,导致螺旋桨转速自动增大。反之,飞行速度减慢,转速也自动减小。这种转速自动增大或减小的现象,给发动机工作带来不良后果。例如,转速减小,会使发动机有效功率降低;转速增大,又会使发动机磨损加剧。随着飞行高度、速度变化范围的扩大,发动机转速自动随着变化同发动机正常工作之间的矛盾就愈加突出。为解决这一矛盾,采用了变距螺旋桨。它能随着飞行速度或高度的增减,相应地增减桨叶角,使螺旋桨的旋转阻力矩与发动机转轴的扭矩保持平衡。转速也就不变。这样,既能满足发动机的要求,又能保持较高的螺旋桨效率。

二、螺旋桨的自转、飞转、顺桨和逆桨

1. 自 转

发动机在空中停车以后,螺旋桨会像风车一样继续沿原来方向旋转,这种现象叫做螺旋桨的自转。螺旋桨自转不是发动机带动的,而是被迎面气流推动的,它不仅不产生拉力,反而增大了飞机的阻力,这种阻力叫做负拉力。

2. 飞转

飞行中，如果发动机的转速过大，以致超过了最大允许转速，这种现象叫飞转。出现飞转现象使发动机各部件之间摩擦加剧，极易损坏发动机。

3. 顺桨

发动机故障，空中停车，使螺旋桨产生自转，增大飞机阻力，易损坏发动机。为减小迎面阻力，消除自转现象，设置了顺桨装置。在发动机停车之后，通过顺桨装置，可使桨叶角 φ 增大到 90°左右，此时桨弦几乎与飞行方向平行，桨叶"顺"着气流方向，如图 8-14 所示。这样就可以消除负迎角，制止螺旋桨自转，减小飞机阻力。

4. 逆桨

在有些飞机上装有逆桨操纵系统，其桨叶能由正常位置转至逆桨位置，使螺旋桨在负的桨叶角条件下工作，如图 8-15 桨叶在逆桨位置状态。由于桨叶的负迎角很大，相对气流方向几乎是对着前桨面吹来，前桨面压力加大，产生负拉力（阻力）。利用逆桨产生负拉力作用，可使着陆滑跑的飞机降低速度，起到了刹车作用。

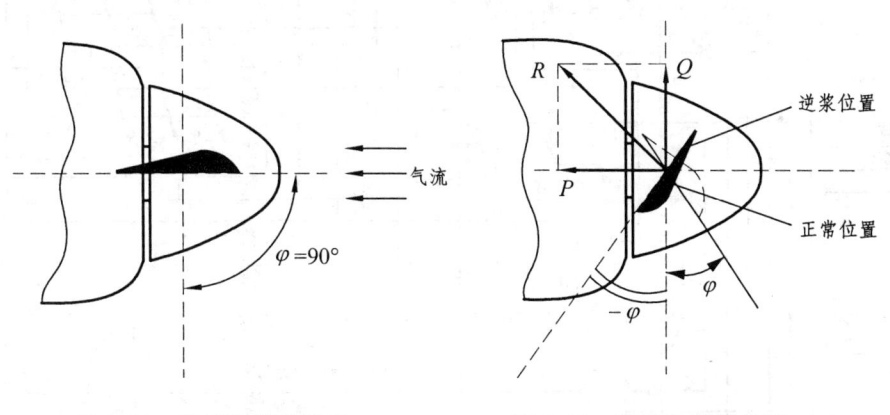

图 8-14　螺旋桨顺桨位置　　图 8-15　桨叶在逆桨位置

R—桨叶空气动力；P—负拉力（飞机阻力）；
Q—与正常切向速度相反的阻力

三、顺桨系统的组成及其控制电路

现以运-7 的顺桨系统为例来说明顺桨系统的组成及工作，如图 8-16 所示。这种飞机是采用单轴涡轮螺旋桨发动机（两台），每台装有四桨叶的螺旋桨。该发动机在所有工作状态、飞行高度和飞行速度下，靠调速器改变螺旋桨的桨叶角，使发动机保持转速稳定。发动机装有扭矩、负拉力和极限转速自动顺桨系统。

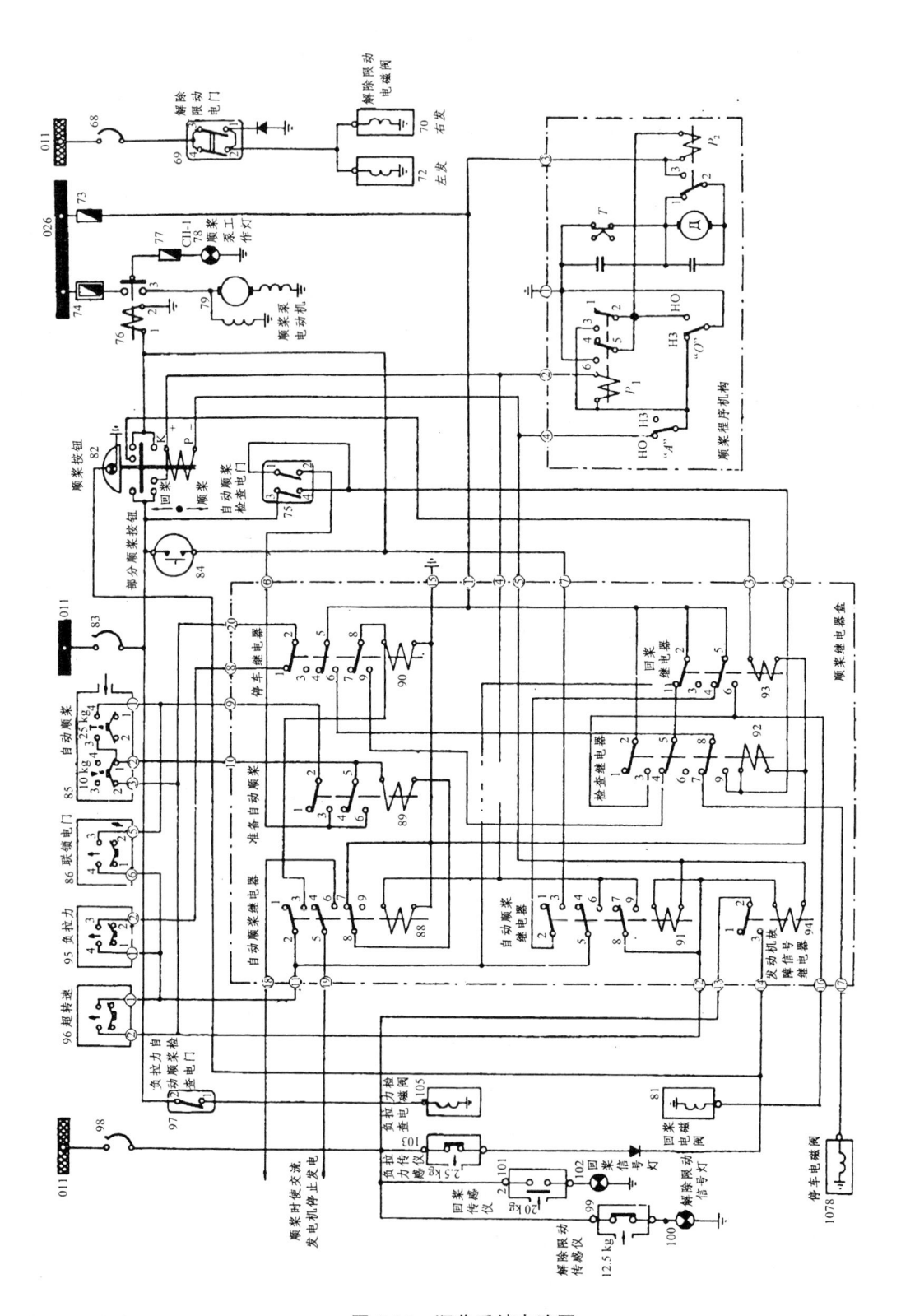

图 8-16 顺桨系统电路图

1. 自动顺桨系统的功用

（1）自动顺桨。在起飞或飞行中，如发动机失去功率而停车，利用感受发动机扭转力矩（称扭矩）实现自动顺桨，使桨叶角 φ 达到 90°。

（2）飞转顺桨。当发动机转速超过正常值 15 100 rpm，达到 17 200 rpm 的飞转转速时，自动顺桨。

（3）人工顺桨。当自动顺桨电路失效或发动机失火时，可利用人工按钮进行顺桨。

（4）解除限动。正常飞行时，桨叶角不能太小，以免失去拉力，所以限定桨叶角不能小于某一角度。

飞机着陆后，利用改变桨距的办法，使桨叶角变得最小，从而使发动机产生负拉力，增大阻力，减小滑跑距离。

（5）部分顺桨。在检查时使用且检查时不停车，只是短时间使发动机转速降低 1%~2%，不允许全部顺桨。这时，顺桨泵和顺桨泵工作指示灯亮，其他都不工作。

（6）回桨。桨叶退出顺桨位置，叫做回桨。

（7）地面检查顺桨系统。可检查扭矩自动顺桨、人工顺桨和部分顺桨的工作情况。

2. 顺桨系统主要组成部件

（1）扭矩自动顺桨传感器。每台发动机上装一个，图号 85。此传感器内装有二个微动电门，靠感受发动机转轴的扭矩测试泵输出的滑油压力控制微动电门的触点，当扭矩滑油压力大于 25 kg/cm^2 时，A 微动电门 4-3 触点接通；当发动机故障，扭矩变小，滑油压力降至 10 kg/cm^2 时 B 微动电门 1-2 触点接通。

（2）负拉力自动顺桨传感器。每台发动机上装一个，图号 95。此传感器内装有一个微动电门，当负拉力达到 720~850 kg/cm^2 时，微动电门被压通 3-4 触点接通，控制电路进行自动顺桨。

（3）超转速传感器。每台发动机上装一个，图号 96。超转速传感器装在发动机的主燃料泵上，当发动机转速达 17 200 rpm 时，靠燃油压力压通传感器内微动电门，触点 1-2 接通。

（4）解除限动传感器。每台发动机上装一个，图号 99，当滑油压力低于 12kg/cm^2 时传感器一对触点接通，使解除限动信号灯接通电源而点亮（红色）。

（5）回桨传感器。每台发动机上装一个，图号 101。当回桨时，滑油压力大于 20kg/cm^2 时，传感器一对触点接通，使回桨信号灯（绿色）接通电源，灯亮。

（6）负拉力传感器。每台发动机装一个，图号 103，当滑油压力小于 2.5kg/cm^2 时，传感器一对触点接通。

（7）负拉力检查电磁阀。每台发动机装一个，图号 105，地面检查时使用。

（8）解除限动电磁阀。每台发动机装一个，图号 72。

（9）顺桨滑油泵电动机。每台发动机装一个，图号 79。

（10）顺桨程序机构。用于对顺桨操作记时。

（11）顺桨系统继电器盒。

（12）自动顺桨联锁电门。每台发动机装一个，图号86。当油门杆推到37°以上时触点3-4接通；油门杆在37°以下时，触点3-4断开自动顺桨电路。

（13）顺桨按钮。用于人工顺桨和回桨操作，图号82。

（14）回桨电磁阀。每台发动机一个，图号81。

（15）部分顺桨按钮。每台发动机一个，图号84。

（16）顺桨泵工作指示灯（蓝色）。每台发动机一个，图号78。

（17）解除限动电门，图号69。

（18）负拉力自动顺桨检查电门，图号97。

（19）扭矩自动顺桨检查电门，图号75。

（20）顺桨泵接触器，图号76。

3. 顺桨系统工作电路

1）顺桨的准备电路

在发动机工作正常时，油门杆位置在37°以上，自动顺桨联锁电门86号内的3-4触点接通。这时，由测扭矩滑油泵输来的滑油压力大于25 kg/cm^2，扭矩自动顺桨传感器85中的A电门4-3触点被压通，从而使顺桨系统继电器盒内的自动顺桨准备继电器89工作。具体电路走向：由左配电板026→保险丝73→一路加至顺桨程序机构的（3）号线做好供电准备，另一路加至顺桨继电器盒的（1）号线→回桨继电器93的闭合触点2-1→顺桨继电器盒的（11）号线→自动顺桨联锁电门86的4-3接通触点→扭矩自动顺桨传感器85中压通的A电门4-3触点→顺桨继电器盒的（10）号线→自动顺桨准备继电器89的线圈→自动顺桨继电器88的闭合触点8-7→地。使准备继电器89工作，为扭矩自动顺桨做好电路准备。

（1）准备继电器工作后，通过本身的触点2-3和6-5进行自锁，即扭矩自动顺桨传感器85中的A电门断开时，也不影响准备继电器保持工作状态。

（2）准备继电器工作后，其触点上的直流电正极一路经顺桨继电器盒的（6）号线加至自动顺桨检查电门的2号触点，另一路经继电器盒的（10）号线加至扭矩自动顺桨传感器85的Б电门1号触点为自动顺桨做好电路准备。

（3）准备继电器工作后，通过本身的触点2-3和6-5进行自锁，即扭矩自动顺桨传感器85中的A电门断开时，也不影响准备继电器保持工作状态。

（4）准备继电器工作后，其触点上的直流电正极一路经顺桨继电器盒的（6）号线加至自动顺桨检查电门的2号触点；另一路经继电器盒的（10）号线加至扭矩自动顺桨传感器85的Б电门1号触点为自动顺桨准备好电源电路。

2）扭矩自动顺桨

在起飞或在飞行中，如发动机发生故障而失去功率，发动机立即自动顺桨。因为这时从测扭矩滑压泵输至扭矩自动顺桨传感器85中的滑油压力降低，当油压小于10 kg/cm^2 时，传感器85中的Б电门1-2触点接通。这时由顺桨准备继电器准备好的直流电正极，由Б电门触点1-2→继电器盒的（12）号线→自动顺桨继电器91的线圈和发动机故障信号继电器94

的线圈，这两个继电器负端连在一起→继电器盒的（5）号线→顺桨程序机构的（4）号线→A 凸轮触点 HO-O→O 凸轮触点 H3-O→（1）号线接地。使自动顺桨继电器 91 和发动机故障信号继电器 94 工作。

发动机故障信号继电器 94 工作后，由 011 应急汇流条来的直流电—保险电门 98→继电器盒（13）号线→发动机故障信号继电器 94 的闭合触点 2-3→继电器盒的（14）号线→顺桨按钮手柄上的信号灯→接地，顺桨信号灯亮。

自动顺桨继电器 91 工作后，使顺桨滑油泵 79、停车电磁阀 1078、顺桨程序机构通电工作。电路接通情况如下：

（1）顺桨滑油泵 79 电路的接通。直流电正极由继电器盒的（1）号线→回桨继电器 93 的原闭合触点 5-4→自动顺桨继电器 91 工作后闭合触点 2-3→继电器盒的（7）号线→顺桨泵接触器 76 的线圈接地，接触器 76 工作，使顺桨滑油泵 79 接通电源工作；顺桨滑油泵工作指示灯 78 燃亮。使发动机开始顺桨。

（2）自动顺桨继电器 91 和发动机故障信号继电器 94 的自锁电路接通，保证可靠地顺桨。

来自继电器盒（1）号线的直流→回桨继电器 93 的闭合触点 2-1→自动顺桨继电器 91 的工作闭合触点 5-6 至 9-8 触点使 91 和 94 两继电器自锁，防止因扭矩自动顺桨传感器中 Б 电门接触不稳定而造成的顺桨电路不可靠。

（3）自动顺桨继电器 88 的接通，从而使发动机停车。来自 91 自动顺桨继电器的工作闭合触点 5-6 的正电→自动顺桨继电器 88 的线圈→接地。自动顺桨继电器 88 工作后，其触点 2-3 接通，使由回桨继电器 93 的 2-1 触点来的直流电，经 88 继电器的 2-3 触点→停车继电器 90 的线圈接地，使停车继电器 90 工作。

停车继电器 90 工作后，首先完成自锁。其直流正极由回桨继电器 93 的 2-1 触点→检查继电器 92 的 5-4 触点→停车继电器 90 的工作闭合 9-8 触点→继电器线圈至地，使停车继电器自锁。

这时来自顺桨继电器盒（1）号线的直流电→停车继电器 90 的工作闭合触点 5→检查继电器 92 的 8-7 触点→顺桨继电器盒的（17）号线→发动机停车电磁阀 1078 接地，使发动机停车。

（4）顺桨程序机构通电工作，15 s 之后完成一个顺桨工作循环。直流电正极来自自动顺桨继电器 91 的工作接通触点 5-6→顺桨继电器盒（4）号线→顺桨程序机构的（2）号线—程序机构内 P_1 继电器线圈—凸轮"O"的 H3-O 触点→接地。使程序机构内 P 继电器工作，P_1 的 3-2 触点闭合，其直流电负极→P_1 继电器的 3-2 触点和 5-6 触点→接地，使 P_1 继电器保持吸合工作。同时，又使程序机构内 P_2 继电器工作。

这时，直流正极经程序机构的（3）号线→P_2 继电器的工作闭合触点 3-2→程序机构电动机 Д→离心式调速触点 T→接地。使顺桨程序机构开始工作，其电动机带动"A"、"O"凸轮转动计时。

1 s 之后凸轮"O"使 H3 与 O 触点断开，从而切断了自动顺桨继电器 91 和发动机故障信号继电器 94 以及程序机构内 P1 继电器的共用接地线。但此时，这一公用接地线还可通过凸轮"A"的 HO-O 闭合触点和 P1 继电器的 3-2 触点→5-6 触点而接地，使这些继电器仍保持工作。

12 s 之后，发动机已经顺桨完毕，凸轮"A"使 HO 与 O 触点断开，从而切断了自动顺桨继电器 91 和发动机故障信号继电器 94 的负极接地线，使这两个继电器断开。因此，顺桨接钮上的顺桨信号灯灭，表示顺桨工作完毕。但这时停车继电器仍在吸通工作状态，使停车电磁阀继续工作，不向发动机供燃油。

15 s 之后，程序机构的凸轮"O"断开了触点 HO 与 O，使程序机构内 P_2 继电器断电，程序机构停止工作，完成了一个顺桨工作循环。

3）飞转顺桨

当发动机转速高于正常值，达到 17 200 rpm 时，超转速传感器 96 的触点被接通。这时从顺桨继电器盒（1）号线来的直流电→回桨继电器 93 的 2-1 触点→顺桨继电器盒（11）号线→超转速传感器 96 的触点→顺桨继电器盒的（12）号线→自动顺桨继电器 91 和发动机故障信号继电器 94 的线圈，其负端经程序机构"A"、"O"凸轮控制的触点而接地。

当使自动顺桨继电器 91 和发动机故障信号继电器 94 工作后，发动机就开始顺桨，其他电路接通情况与扭矩自动顺桨电路完全相同。

4）人工顺桨

在自动顺桨电路故障或在紧急情况下可使用人工顺桨。

压下人工顺桨按钮 82，从汇流条 011 直流电→保险电门 83→人工顺桨按钮 82→顺桨按钮电磁线圈 K-P，线圈负端经顺桨程序机构的（4）号线，"A"凸轮控制的 HO-O 触点→"O"凸轮控制的 H3-O 触点而接地，这样顺桨按钮 82 被吸通保持在压下接通状态，电路上也自锁接通。

直流电压经顺桨按钮 82 的触点加至顺桨泵接触器 76，使其工作后，顺桨泵开始工作，顺桨泵指示灯燃亮，发动机开始顺桨。

直流电压经顺桨按钮 82 的触点→顺桨继电器盒的（4）号线→使自动顺桨继电器 88 工作。该继电器吸通工作后，其他电路的工作与扭矩自动顺桨电路情况相同，并使发动机停车。

直流电压经过顺桨按钮的 K 点→顺桨程序机构的（2）号线得到直流电压→程序机构中的 P_1 继电器工作，这样给顺桨按钮线圈 K-P 增加一条接地电路，并使程序机构中 P_2 继电器工作，程序机构开始工作，此后与扭矩自动顺桨情况相同。

5）回　桨

回桨时，将顺桨按钮 82 手柄向外拉出不松手，直到回桨结束为止。这时顺桨按钮 82 内活动触点与上排三个固定触点接通，直流电压经顺桨按钮上排触点加至顺桨继电器盒内的回桨继电器 93 的线圈而接地，使回桨继电器工作。

回桨继电器工作后，从继电器盒（1）号线来的直流电压→回桨继电器 93 的工作闭合触点 5-6→继电器盒的（16）号线→回桨电磁阀 81 线圈接地。使回桨电磁阀工作，将原顺桨油路改换为回桨油路。

通过顺桨按钮 82 上排触点的直流电压，加至顺桨泵接触器 76，接触器工作后，使顺桨滑油泵工作，其信号灯也燃亮。

待回桨完成之后，松开顺桨按钮即可。如在空中回桨完成之后，应使发动机达到起动转速。

6）部分顺桨

部分顺桨平时用于检查。在工作的或是停车的发动机，瞬时地（0.2~0.3 s 之内）按压部分顺桨按钮 84，螺旋桨可部分顺桨。这时将按通顺桨滑油泵。使螺旋桨叶的桨距开始增大。在工作的发动机上，可由发动机转速下降来看出。在停车的发动机上可用目视检查桨叶位置看出。其电路仅使顺桨滑油泵和顺桨滑油泵指示灯工作，其他电路都不工作。

7）负拉力顺桨

当油门杆推至 26°以上，发动机产生负拉力达到 720~850 kg/cm² 时，负拉力顺桨传感器 95 中的 4-3 触点接通，进行自动顺桨。

从顺桨继电器盒的（11）号线加来的直流电压→负拉力自动顺桨传感器 95 的 4-3 触点→顺桨继电器盒（8）号线→停车继电器 90 的 1-2 触点→顺桨继电器盒的（20）号线至（12）号线→自动顺桨继电器 91 和发动机故障信号继电器 94 线圈，并使其工作以后和扭矩自动顺桨电路相同。

8）扭矩自动顺桨电路的检查

（1）将油门杆推至 37°以上，使联锁电门 85 接通，当扭矩测试滑油压力超过 25kg/cm² 时，扭矩自动顺桨传感器 85 的 A 电门 3-4 触点接通，使顺桨准备继电器 89 工作，顺桨电路处于准备状态。

（2）接通解除限动电门 69，使解除限动电磁阀 72 工作。这时，解除限动传感器 99 触点接通，解除限动信号灯 100 燃亮，螺旋桨桨叶角变为 8°。

（3）接通扭矩自动顺桨检查电门 75。这时，从汇流条 011 来电→自动顺桨检查电门 75 的 3-4 触点→顺桨继电器盒的（2）号线→检查继电器 92 的线圈→接地，使检查继电器 92 工作。其触点 2 和 3 接通，使回桨电磁阀工作；触点 7-8 断开了停车电磁阀电路，使发动机不停车；4-5 触点断开，切断了停车继电器 90 的自锁电路。

（4）将油门杆收到 0°，当扭矩测试滑油压力低于 10 kg/cm² 时，自动顺桨传感器 85 中 B 电门的 1-2 触点接通。这时，直流电来自检查电门 75 的触点 3-4-1-2→继电器盒的（6）号线→准备继电器 89 的 6-5 触点→继电器盒的（10）号线→扭矩自动顺桨传感器 85 的 B 电门 1-2 触点→继电器盒的（12）号线→91 和 94 继电器线圈，以下的电路与扭矩自动顺桨电路相同。但在这种情况下，没有停车，也没有顺桨，回桨电磁阀 81 是通电工作的。这样，可以检查顺桨电路的工作是否良好。

复习思考题

1. 直流电动机作为电动机械的特点是什么？
2. 简述襟翼收放控制电路的工作过程。
3. 简述起落架收放控制电路及警告的工作过程。
4. 简述顺桨电路的工作原理。

第九章 飞机灭火系统

第一节 概 述

飞机在其轻质、振动的结构中装载了大量的高可燃性的燃油，同时它搭载的发动机还排出非常热的尾气；另外，复杂的电气系统中，电机和继电器产生的火花，无线电设备和雷达发射机产生的电磁辐射，这些因素都将飞机置于一个易燃的火灾环境中。因此，火警探测和保护在现代飞机上的作用是非常重要的。

燃料、热源和氧气是燃烧的三个因素。燃烧实际上是燃料和氧气在一定温度下的化学反应，其结果是以热能和光能的形式释放出大量的能量。三个要素中燃料在加热的情况下与氧气化合，释放出更多的热量，引起本身氧化而生成其他化合物；热源是燃烧中的催化剂，它加速氧气和燃料的化合，从而释放出更多的热量；氧气在整个燃烧过程中起氧化的作用。缺少或去掉三个因素中的任何一个，燃烧将会停止。

国际防火协会把火灾分为四大类：A 类火一般是由木材、纸、布等固态燃烧物引起的；B 类火一般是由汽油、润滑油、可燃溶剂或其他易燃液体引起的；C 类火是由通电的电气设备燃烧引起的；D 类火是由某些易燃金属引起的。不同类型的火灾有其不同的特点和特性。因此，灭火时要针对火灾类型使用相应的灭火剂和灭火方法。

A 类火最好用水或水类灭火器灭火。它能够把燃烧物冷却到燃点以下。适用于 B、C 类的灭火器对 A 类火也是有效的。但它不同于 A 类灭火器的润湿与冷却作用。B 类火用二氧化碳、卤化烃和干粉灭火器扑灭。这类灭火器能隔绝空气中的氧气，使燃烧停止。泡沫灭火剂对 B 类火很有效。但是水不能用于 B 类火灭火。C 类火可用二氧化碳或卤化烃灭火器扑灭。但是要注意，灭火器的喷头要使用非金属材料。水和泡沫灭火器不适用于 C 类火灭火。D 类火适用于干粉灭火。它能避免氧化和由此所引起的火焰。同样，水不能用于 D 类火灭火，它可能使燃烧更剧烈，并可能引起爆炸。

一个完整的飞机灭火系统主要包括火警探测和灭火两大部分。为了迅速地发现和扑灭火灾，通常在动力装置和机体的某些关键部位安装固定式火警探测器和灭火装置。在驾驶舱和客舱内，常配备足够数量的手提式灭火器。

第二节 火警探测系统

一、火警探测系统的功用

火警探测系统用来探测火警或准火警条件，并以一定的灯光或音响形式发出火警信号，以便机组人员及时采取灭火措施。在某些关键部位，火警探测系统在探测到火警并发出警告信号的同时，自动接通灭火电路进行灭火。现代某些先进的飞机上，还将其与计算机系统结合，以提高报警的准确性和可靠性。火警探测系统必须满足下列要求：

（1）在任何飞行和地面状态下，不发出错误的警告。
（2）能迅速显示着火信号和准确的着火位置。
（3）能准确指示火的熄灭和火的重燃。
（4）在着火的过程中能持续指示。
（5）飞机驾驶舱中应有测试装置测试出系统的真实情况。
（6）探测器在油、水、振动、极限温度的环境下以及正常运输、维护时不易损坏。
（7）探测器的质量轻并易于安装。
（8）探测器电路直接由飞机电源系统控制。
（9）无火警指示时，探测电路所需电流最小。
（10）每个探测系统都能接通驾驶舱的警告灯，指示出着火位置，并发出音响警告。
（11）每台发动机都有单独的探测系统。

火警探测系统通常由火警传感器、火警控制盒、火警信号装置和连接导线等组成。火警传感器是将表征火警条件的物理量转换为另一物理量的装置。一个完整的火警探测系统应该配有火焰探测器、过热探测器、温升率探测器、烟雾探测器和一氧化碳探测器等。火警控制盒是用来监控火警传感器的参数变化，输出相应火警信号的装置。它通常是一个继电器盒或继电器板。目前，有些飞机上已装设有计算机电路的火警控制盒，它可以鉴别和判断火警条件和故障条件，准确性和可靠性较高。火警信号装置是指示火警发生的警告装置。灯光警告通常是带有"火警（FIRE）"字样的红色警告灯，音响警告通常是电磁式振铃或扬声器。在装有电子显示系统的飞机上，还会在显示器上显示出详细的文字信息。比如："No.1 ENG FIRE"（1发火警）。

二、火焰探测器和过热探测器

火焰探测器用于探测当某一局部位置温度达到一个很高的预设值时，向机组人员发出着火警告。过热探测器用于大范围探测环境温度达到一个相对较高的温度时，向机组人员发出过热警告。当着火或过热时，探测系统一般都发出火警警铃信号和显示红色灯光警告信号。

火焰探测器和过热探测器一般都使用双金属片火警传感器作为探测元件。它实际上就是一个热接触开关，当探测环境达到因过热或火焰引起的高温条件，双金属片受热变形，使触点动作输出信号。通常情况下使用多个传感器并联连接，分别固定在不同的部位，任何一个传感器探测到高温时，触点接通发出火警警告。当火警现象消失后，随着环境温度的降低，双金属片触点断开，系统恢复到正常状态。双金属片火警传感器有单端和双端两种。

单端双金属片火警传感器及其连接电路如图 9-1 和图 9-2 所示。它只有一个引线端与探测器封闭回路相连，并通过其金属壳体与飞机搭铁接地。当某个传感器探测到高温时，触点接通，从而将火警信号电路接通，系统发出警告。探测器电路中的回路可以保证火警信号电路从两条路径接通。当封闭回路的一端断开时，火警信号电路可以从另一端接通，从而提高了系统的可靠性。按压接通火警测试按钮可直接将回路接地，接通火警信号电路。

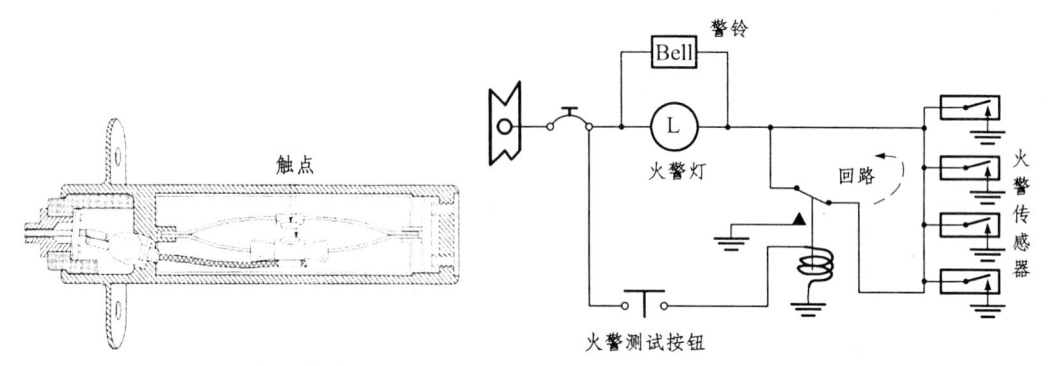

图 9-1　单端双金属片火警传感器

图 9-2　单端双金属片火警探测电路

双端双金属片火警传感器有两个引线端，它们分别与探测器电路（见图9-3）中的两个回路相连。这两个回路中任何一个回路断开或对地短路都不会影响系统的工作，可靠性很高。正常情况下，回路 2 接电源正极，回路 1 通过信号电路接地。当火警发生时，相应的火警传感器触点接通，将两个回路接通，驱动信号装置发出火警警告。当回路 1 对地短路时，由于正常情况下回路 1 就是接地的，因此不会驱动信号装置发出错误警告。当回路 2 对地短路时，短路电流流过继电器线圈，继电器触点转换，将回路 1 接电源正极，同样不会影响系统工作。跟单端双金属片火警传感器一样，两个回路的任何一端断开不会影响系统工作。当按压接通火警测试按钮时，两个回路直接接通，从而驱动信号装置发出火警警告。

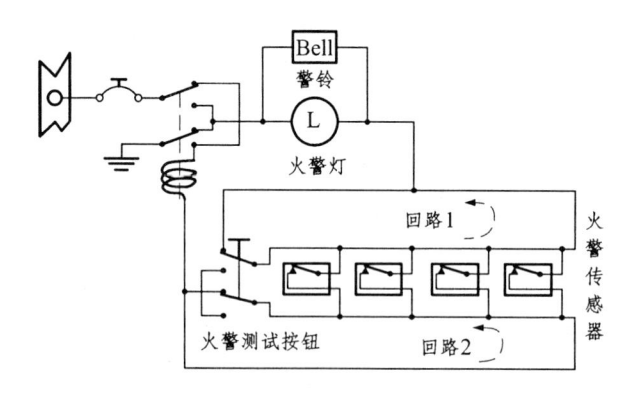

图 9-3　单端双金属片火警探测电路

三、温升率探测器

常用的温升率探测器通常是基于热电偶原理工作的，因此也称为热电偶式火警探测器。它是利用热电偶将周围介质温度的变化转变成为相应的热电动势，输出控制信号而使系统工作。热电偶传感器只能感受由于火焰引起的温升速率而输出相应的热电动势，而对于缓慢的

第九章 飞机灭火系统

温升速率,热电偶产生的热电动势很小,甚至为零。

热电偶传感器(见图 9-4)中的热电偶通常由两种不同材料的金属丝焊接而成,其焊接点称为接点。热电偶材料通常使用铁和铜镍合金。在热电偶外面罩上一个保护罩,以防止损坏。同时,保护罩不会影响热电偶周围的空气流动。

一般使用多个热电偶传感器安装在监控区的关键部位,并将这些传感器串联连接,如图 9-5 所示。其中一个传感器安装在一个隔热罩里面,不让它直接接触空气循环,但是它可以逐渐达到监控区温度,称之为参考接点。其余则称为测量接点。

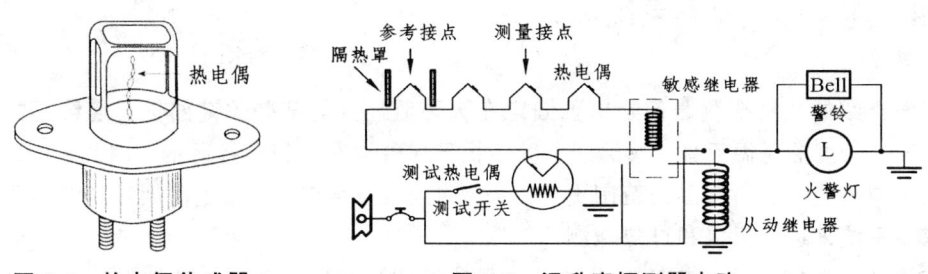

图 9-4 热电偶传感器

图 9-5 温升率探测器电路

当监控区正常时,各接点的温度相同,热电偶之间无热电动势产生,就没有火警信号输出。例如发动机短舱内,发动机正常工作时温度是逐渐升高的,各热电偶接点的加热速度相同,不会产生热电动势,因而无警告信号发生。

如果监控区有火灾发生,就会有一个或多个测量接点的温度迅速升高,而参考接点温度上升得很慢,于是热电偶之间有很大的温差存在,就有热电动势产生。它将会驱动敏感继电器使其触点接通,从而将从动继电器线圈电路接通,从动继电器工作,将火警信号电路接通,输出火警信号。

进行系统测试时,只要将测试按钮接通并保持一定时间,测试热电偶中的加热元件将会对测试热电偶加热,使其温度迅速升高,热电偶之间有热电动势产生,从而输出警告信号。

另一种热电偶式火警传感器如图 9-6 所示。它由几个串联的铬镍合金-考铜热电偶组成,其工作端(热端)焊接在薄圆片上;非工作端(冷端)的两根金属丝直接焊接在一起。工作

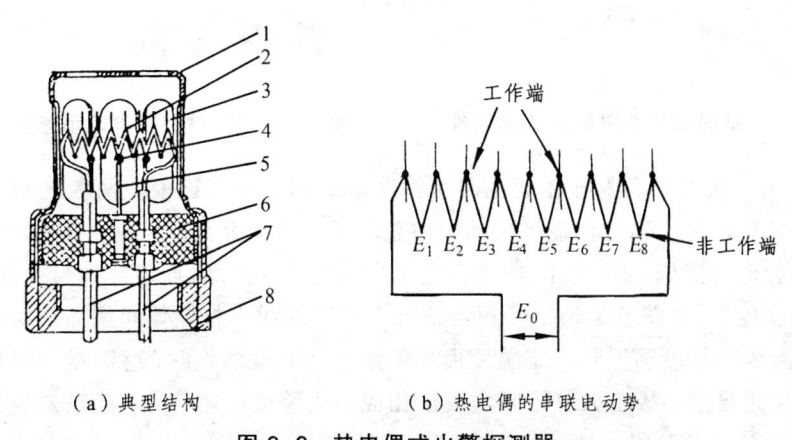

(a)典型结构　　　　　　(b)热电偶的串联电动势

图 9-6 热电偶式火警探测器

1—保护罩;2—热电偶;3—热端;4—冷端;5—支柱;6—底座;7—插钉;8—外套螺帽

端和非工作端分别暴露在传感器底座上方,可以与周围空气相通。当遇到火焰时,因圆片的面积大,热端的温度升高快,冷端的温度升高慢。于是,在冷端和热端之间产生温差电动势(热电动势),几个热电偶电动势串联相加,可得到较大的总电动势,足以驱动敏感继电器,最终输出火警信号。当监控区正常时,冷、热端温升速度基本相同,不会产生热电动势,因而无警告信号发生。

四、连续环式探测系统

前面介绍的几种探测器都是单独固定在火警监控区的某些关键部位。连续环式探测系统是由一定长度的感温元件(感温线)以环状形式敷设在火警监控区的,因此,也称其为感温线式探测系统,它所探测的范围更广。发动机短舱、APU 以及起落架轮舱等常采用连续环式探测系统来进行火警和过热探测。

连续环式探测系统有热敏电阻型(电阻感温线)和气体型(气体感温线)两种类型。而热敏电阻型连续环式探测系统的感温元件有两种:单导体元件和双导体元件。

1. 热敏电阻型连续环式探测系统

热敏电阻型感温元件分单导体元件和双导体元件,分别如图 9-7 和图 9-8 所示。

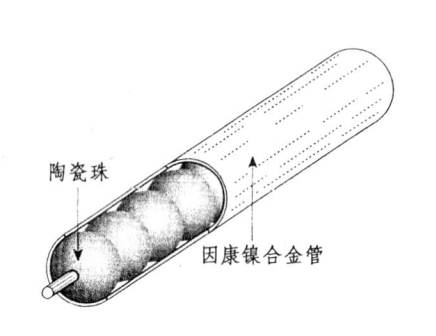

图 9-7　单导体热敏电阻型感温元件 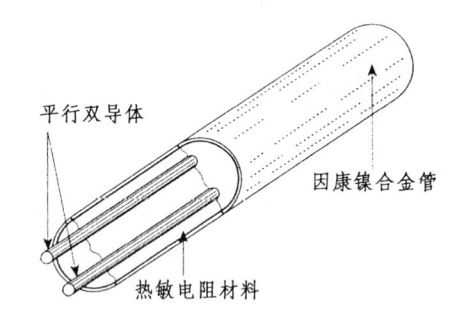　　图 9-8　双导体热敏电阻型感温元件

单导体元件采用一根内导体嵌在因康镍(Inconel)合金管中,两者之间充填半导体材料做成的陶瓷珠,陶瓷珠与合金管的间隙中充填低熔点共晶盐,如图 9-7 所示。共晶盐熔化后其电阻值会迅速降低。感温线的外层合金管与飞机搭铁接地,而内导体与火警控制盒相连,其电位高于"地",如图 9-8 所示。正常情况下,感温线内外导体间呈高阻状态,阻碍电流流过。当感温线的某段感受到一定温度而使低熔点共晶盐熔化时,感温线的对地电阻迅速降低,内导体对地导通,从而火警控制盒发出相应的火警或过热信号。当过热现象消失或火扑灭后,熔化的共晶盐凝固,感温线恢复到高阻状态。

双导体元件与单导体元件的区别在于其内部由两根导体,其中一根导体通过外层合金管接地，而另一根导体与火警控制盒相连，如图 9-9 所示。

2. 气体型连续环式探测系统

气体型连续环式探测系统的感温元件是一根长的不锈钢管，管内装有感温装置。该装置具有冷却时吸收气体，受热时释放气体的作用。气体型连续环式探测系统就是利用这一感温原理来进行火警或过热探测的。

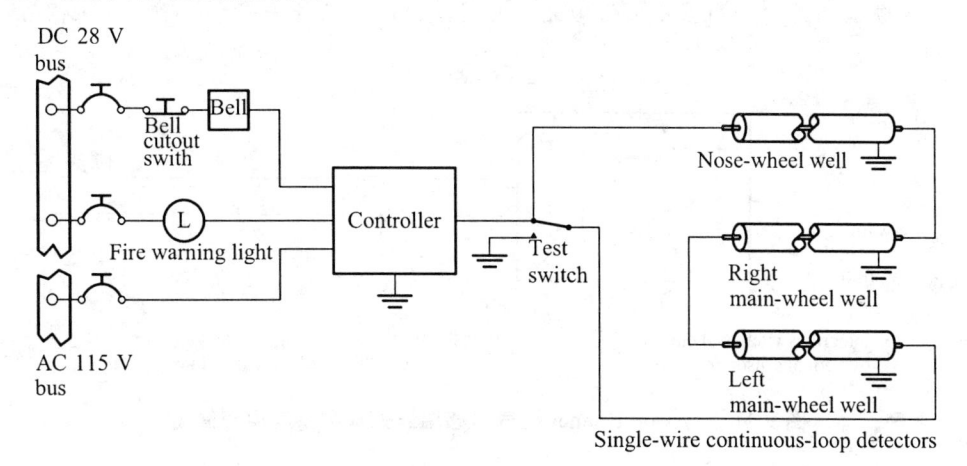

图 9-9　单导体热敏电阻型连续环式探测系统电路

Lindberg 型气体感温线式探测系统中构成探测环路的不锈钢管中充填有气体和感温装置，不锈钢管一端封闭，另一端与一个压力开关密封相连，如图 9-10 所示。不锈钢探测环路安装在监控区周围，当出现火灾或过热情况时，使感温装置局部被加热，从而释放气体，管内气体压力增大，使得压力开关闭合。压力开关闭合后，警告信号电路被接通，输出信号。正常情况下，按压测试开关，就有电流流过不锈钢管对其加热，管内感温装置就会释放气体，使压力开关接通，触发火警信号。

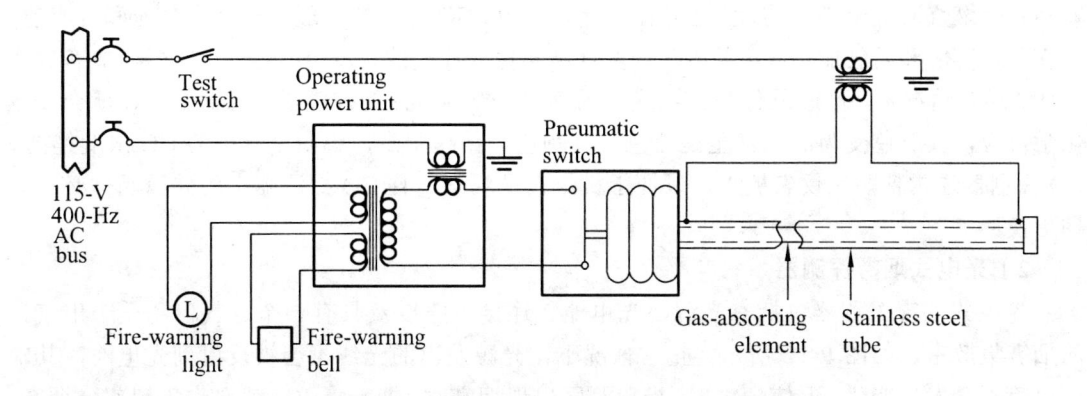

图 9-10　Lindberg 型气体感温线式探测系统原理简图

Systron Donner 型气体感温线式探测系统同样是用不锈钢管构成探测环路，管内充满氦气，中间的内芯物质是充有氢气的材料，如图 9-11 所示。正常情况下，管内氦气压力正比于整个管路的平均温度。当管路的平均温度上升达到设定的告警温度时，管路内的氦气气体压力驱动报警开关接通报警。当管路的局部因火灾受热温度升高时，内芯物质将会释放出足够的氢气，使管内压力上升，驱动报警开关接通，触发火警信号。当火灾扑灭后，温度将会下降，内芯物质吸收氢气，使管内气体压力下降，报警开关被释放断开，系统恢复到原来状态。正常情况下，完整性开关由管内气压保持在接通位置。一旦感应管泄漏，气体压力下降，完整性开关就会断开，切断警告信号电路。此时，按压测试开关将不能激活火警信号。

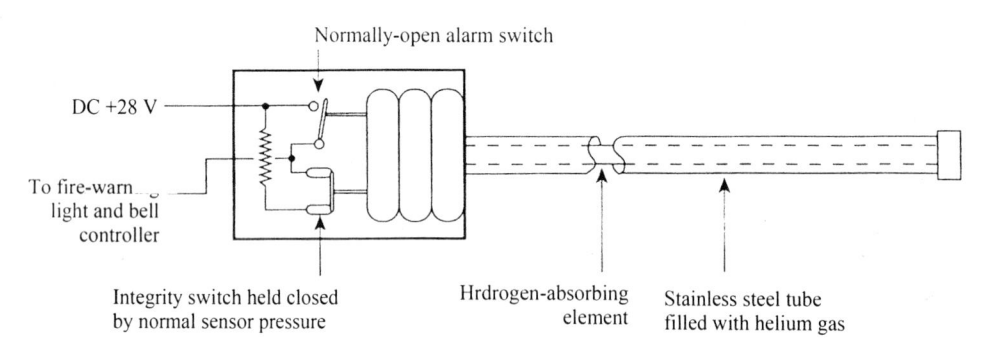

图 9-11 Systron Donner 型气体感温线式探测系统原理简图

五、烟雾和火焰探测器

在飞机的某些区域，比如货舱和行李舱，着火前往往会产生大量的烟雾。因此，能够准确的探测烟雾对灭火是非常重要的。根据探测原理的不同，烟雾探测器分为：一氧化碳（CO）探测器、光电式烟雾探测器、离子式烟雾探测器和目视烟雾探测器四种类型。

1）一氧化碳（CO）探测器

一氧化碳是一种无色无味的气体，它对于人体来说是致命的。它是几乎所有碳氢化合物不完全燃烧时的附带产物，普遍存在于烟雾之中。CO 探测器一般不安装在货舱和行李舱，而安装在客舱和驾驶舱。常用的 CO 探测器是一种卡片式的、透明的容器，容器内放有硅胶晶体。通常情况下，硅胶晶体是黄色或棕褐色的。当容器内的硅胶晶体接触到 CO 就会发生化学反应，其颜色变为绿色甚至是黑色。其颜色变化越剧烈，说明空气中的 CO 浓度越高。CO 探测器通常粘贴在仪表板上，以便于机组人员观察，且 CO 探测器中的硅胶晶体必须定期更换。

2）光电式烟雾探测器

光电式烟雾探测器包括有光源、光电池、连接电路以及具有一个进气口和一个出气口的烟雾集散室，如图 9-12 所示。正常情况下，光源发出的光线不会被反射到光电池，其输出电流不会发生变化，无信号输出。当探测区出现烟雾时，烟雾集散室就会收集到部分烟雾，一部分光源发出的光线被烟雾微粒反射到光电池，光电池输出电流发生变化，通过连接电路将信号放大后输出，起动报警信号。

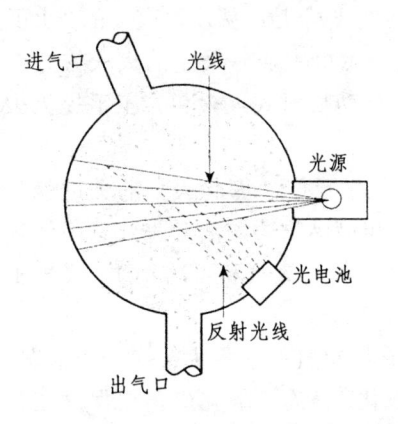

图 9-12　光电式烟雾探测器

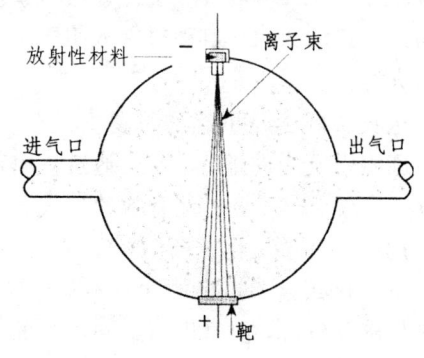

图 9-13　离子式烟雾探测器

3）离子式烟雾探测器

离子式烟雾探测器如图 9-13 所示。把一微量的放射性材料放置在烟雾集散室的一侧，在正常情况下，放射性物质会轰击空气中的氧分子和氮分子，使其离子化。在离子化气体中，一定量的电流穿过集散室，到达外部连接电路。当集散室中有烟雾存在时，它会改变离子化程度，使电流减小。一旦电流减小到某一程度，外部电路就会激活报警信号。

4）目视烟雾探测器

在一些喷气式飞机上安装有目视烟雾探测器，如图 9-14 所示，它通常安装在机械师面板上，机械师可以通过观察窗口观察烟雾集散室里的烟雾情况。烟雾集散室内侧被涂成黑色，以吸收光线。正常情况下，光源发出的光线被黑色内壁吸收，从窗口处是看不到光亮的。当有烟雾存在时，烟雾微粒会对光源光线产生漫反射，此时从窗口处就能够看到光亮。也即是说，当从观察窗看不到亮光时，说明探测区内没有烟雾；当从观察窗看到亮光时，说明探测区内有烟雾存在。同时，通过光源工作指示灯可以判断光源是否工作。

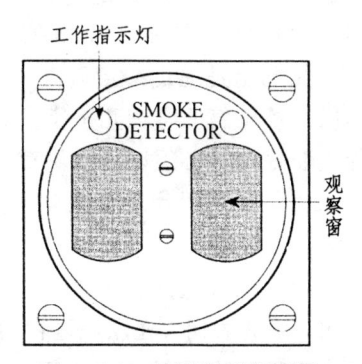

图 9-14　目视烟雾探测器

第三节　灭火系统

一、概　述

飞机上的灭火系统用于对飞机发动机、短舱、主客（货）舱、行李舱、APU、燃油箱、某些飞机的机翼内、起落架轮舱以及一些危险区域发生的火灾进行迅速、可靠的扑灭作用。

飞机灭火系统可分为手提式和固定式两大类。手提式灭火瓶一般安放在飞机驾驶舱和客舱内；而固定式灭火系统则常和火警探测系统一起固定安装在飞机上容易发生火灾的"火区"。

根据飞机上不同的火区，需要采用不同的灭火方式。飞机上通常采用的灭火方式有：自动报警自动灭火、自动报警人工灭火、迫降自动灭火、自动喷射式灭火和人工手提灭火瓶式灭火等。

火灾实际上是可燃物质和氧气在一定温度条件下的化学反应，因此灭火的关键就是采取措施阻碍反应的进行。这可通过移出可燃物质、将氧气和可燃物质隔离开来或者降低环境温度来实现。在飞机上最有效的灭火方法就是使用灭火剂来隔离氧气和可燃物质。飞机上的灭火剂主要有二氧化碳（CO_2）、氮气（N_2）和卤化烃等。

二氧化碳是不可燃的并且不与任何可燃物质反应，它比空气的质量大。在一般情况下，二氧化碳是气体，但是用压缩和冷却的方法很容易将其液化。液态二氧化碳需要保存在一个密闭的容器里面。容器里的二氧化碳既有液体又有气体，当二氧化碳排放到大气中，就会有更多的液体汽化膨胀成气体，可隔绝空气。同时，二氧化碳与空气接触形成干冰，在干冰汽化的过程中，吸收热量，可起到冷却的作用。还有，二氧化碳大约是空气总量的 1.5 倍，它可以冲淡燃烧物表面的空气和减少氧气的含量。另外，像碳酸氢钠和碳酸氢钾之类的干粉灭火剂灭火时，会生成二氧化碳气体覆盖在火焰表面，隔绝氧气而使火熄灭。

二氧化碳主要用于熄灭易燃液体着火和电气设备着火。但是在自供氧的化学剂着火时，如硝酸盐纤维素（某些飞机的涂料），二氧化碳灭火剂是无效的。另外，当镁和钛（在飞机结构和部件材料中使用）着火时，不能用二氧化碳灭火。二氧化碳有轻微的毒性，在灭火过程中，人若呼吸 20~30 min 的二氧化碳，也能引起窒息或死亡。

氮气也是通过冲淡氧气和隔离氧气的方法来灭火的。但是，它提供的温度更低，并且提供冲淡氧气的容积几乎是二氧化碳的两倍，因此氮气作为灭火剂比二氧化碳更有效。氮气的主要缺点是必须以液态储存。氮气对人体的危害与二氧化碳相同。

卤化烃是现代飞机上使用得最广的一种灭火剂。它是由普通的烃基甲烷和烃基乙烷用卤素原子置换一个或多个氢原子而形成的化合物。用于形成灭火化合物的卤素有氟、氯和溴。

卤化烃灭火的机理是：在燃油和氧化剂一起燃烧的过程中，它起一种"化学冷却"的作用。研究表明，在燃烧过程中，传递能量的最好方法是靠组成物的化学反应而产生的"分子生成物"。如果这些生成物挡住热能传到未燃烧的燃油分子中，则燃烧过程将减慢或停止。卤化烃可同分子生成物反应，从而有效地阻止能量传递，称为"化学冷却"。这种灭火机理比冲淡氧气和冷却有效得多。

在一般室温条件下，某些灭火剂是液态，很容易蒸发，但是不会立刻汽化，这样的灭火剂称为"气化液"灭火剂。另一种灭火剂在室温下是气态，但是通过冷却压缩后成为液态，这种灭火剂称为"液化气"灭火剂。这两类灭火剂都用氮气作为推进剂从灭火瓶里释放出来。

由于卤化剂与分子生成物起反应，从而形成新的化合物。在某些情况下，这种化合物具有毒性。例如，早期在飞机上广泛使用的四氯化碳，灭火时的化学反应会生成光气（碳酰氯），这是一种有毒气体。但是目前广泛使用的大多数灭火剂则产生无害的卤酸。目前，在飞机上广泛使用的卤化烃灭火剂有一溴三氟甲烷 $CBrF_3$ 和溴氯二氟甲烷 $CBrClF_2$ 两种，它们就是人们常说的氟利昂（Halon），具有非常低的毒性。按 Halon 数系列分类，两者的名称分别为 Halon 1301 和 Halon 1211。它们都是高效的灭火剂，具有无腐蚀性、喷发迅速、无残留物以及无需清除和中和等优点。其中，Halon 1301 无需加压，而 Halon 1211 需要跟氮气或 Halon 1301 一起加压。

Halon 数系列分类方法：在化合物中，第一位数表示碳原子的数量；第二位数表示氟原子的数量；第三位数表示氯原子的数量；第四位数表示溴原子的数量；第五位数表示碘原子的数量；"零"表示某一位数所代表的原子不存在。因此，前面的一溴三氟甲烷（$CBrF_3$）称为 Halon 1301，溴氯二氟甲烷（$CBrClF_2$）称为 Halon 1211。

此外，水和水基灭火剂以及干化学品灭火剂多作为轻便式手提灭火瓶配备在飞机驾驶舱和客舱中。水可以与防凝化合物或湿剂结合，水用于含碳物质的灭火，它通过把燃烧物冷却到燃点以下来灭火。干化学品通过将火覆盖住，从而与氧隔离来灭火。同时，干化学品的覆盖层能阻止再次起火。干化学品是非导体，因此，更适用于电气设备灭火。

二、固定式灭火系统

飞机上的固定式灭火系统主要有二氧化碳灭火系统和高释放率（HRD）灭火系统。二氧化碳灭火系统主要用于早期使用活塞式发动机的飞机的灭火；高释放率（HRD）灭火系统主要用于现代喷气式飞机上。

1. 二氧化碳灭火系统

二氧化碳灭火系统是第二次世界大战期间绝大多数的双发动机和四发动机飞机上的主要灭火系统。二氧化碳通常跟压缩氮气一起被加压储存在一个不锈钢钢瓶中，以便需要时在压缩氮气的帮助下迅速释放出去。在灭火瓶上有一个遥控操作阀门，一旦阀门打开，灭火瓶内的灭火剂将会通过打孔铝管构成的灭火环路对着火区域释放灭火。该阀门受自动灭火电路、驾驶舱中的灭火按钮或灭火手柄控制。一旦飞机某一关键部位着火，该处的火警探测电路发出警告信号。于是，灭火瓶上的遥控操作阀门或受自动灭火电路的控制，释放灭火剂进行自动灭火；或受驾驶舱内机组人员的控制，通过灭火按钮或手柄进行人工灭火。一些大一点的灭火系统有两个灭火瓶，若第一个灭火瓶不能完全扑灭火灾，机组人员可以人工释放第二个灭火瓶来进行第二次灭火，以提高灭火的可靠性。

二氧化碳灭火系统有两个信号指示片，安装在灭火瓶附近的机身外部，其中一个为红色，另一个为黄色。如果灭火瓶因灭火而释放，黄色信号指示片会被吹出；如果灭火瓶周围的温度过热，使其内部的气体压力达到一个很危险的程度，则此时灭火系统会自动释放，红色信号指示片被吹出。在进行正常的机身外部检查时，机务人员可通过这些信号指示片来了解灭火系统的状况。

2. 高释放率（HRD）灭火系统

在现代飞机上，动力装置区域的灭火系统通常为高释放率（HRD）灭火系统，它通常由两个（或多个）球形（或圆柱形）灭火瓶及其释放管路构成。灭火剂采用 Halon 1301 或 Halon 1211，瓶内还充有压缩氮气，以保证其迅速释放。

如图 9-15 所示，每个灭火瓶上装有一个电气接头、爆炸帽、碎性密封片、滤网、压力表和安全放气接头。碎性密封片起作密封作用。正常灭火时，灭火瓶爆炸帽内的炸药，由于通电引爆，密封片粉碎，从而打开灭火瓶压力释放的通路。一方面灭火剂在很短的时间内向灭火管路释放而灭火；另一方面使黄色信号片吹出，表示灭火瓶已正常释放。其中的滤网是为了防止碎片进入到灭火管路。当灭火瓶过热时，瓶内压力冲开安全气阀，通过安全放气接头向机外释放，并吹掉红色信号片，表示灭火瓶因过热过压而释放。压力表用来指示灭火瓶内的气压。

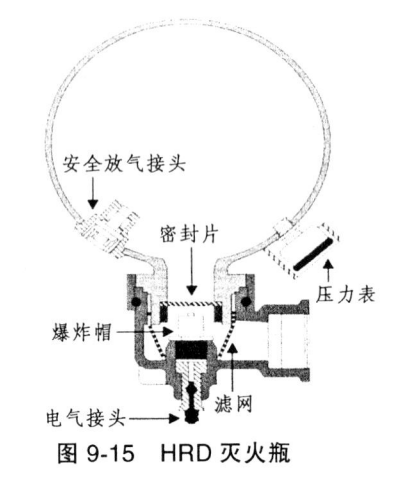

图 9-15 HRD 灭火瓶

三、典型飞机防火系统

1. A320 防火系统概述

一个完整的防火系统应包括火警探测系统和灭火系统两部分。本书中，将以空客 A320 为例，介绍一个完整的飞机防火系统，如图 9-16 所示。这套系统包括主发动机和辅助动力装置（APU）的过热和火警探测与灭火；货舱、盥洗室和电子舱的烟雾探测与灭火；电子设备舱的烟雾探测，在驾驶舱顶板上安装有 ENG/APU FIRE 面板；此外，飞机上还配备有可用于驾驶舱、客舱灭火的手提式灭火器。

每台飞机发动机都装备有一套火警和过热探测系统，安装在每个发动机吊舱中，每个系统中都有两套相同的气体型环路火警探测系统（A、B 两个环路），它们并行排列。两套火警探测系统根据"与"逻辑并联连接，"与"逻辑可以防止假火警；当探测环路出现故障时，"与"逻辑变成一个"或"逻辑，飞机可以在此状态放行。

系统中还安装有一套火警探测装置（Fire Detection Unit, FDU）。在 FDU 检测到以下情况时，将触发火警信号：

（1）检测到来自环路 A 和 B 的火警信号。
（2）在一个环路失效时，来自另一个环路的火警信号。
（3）两个环路中在 5 s 内断开（燃烧）。
（4）测试火警电路时。

主发动机中的每个火警探测环路包含三个并联的探测器，分别是：短舱吊架火警探测器、风扇火警探测器、核心机匣火警探测器，如图 9-17 所示；而 APU 中仅有一套火警探测器。

当探测器探测到过热或火警时，它向 FDU 送出一个火警信号，触发火警警告系统；即使 A 或 B 有一个环路发生故障，该系统仍可对过热或火警进行探测。当飞机停留在地面时，

第九章 飞机灭火系统

如果探测到 APU 火警信号，系统会自动地关闭 APU，并释放灭火剂灭火。

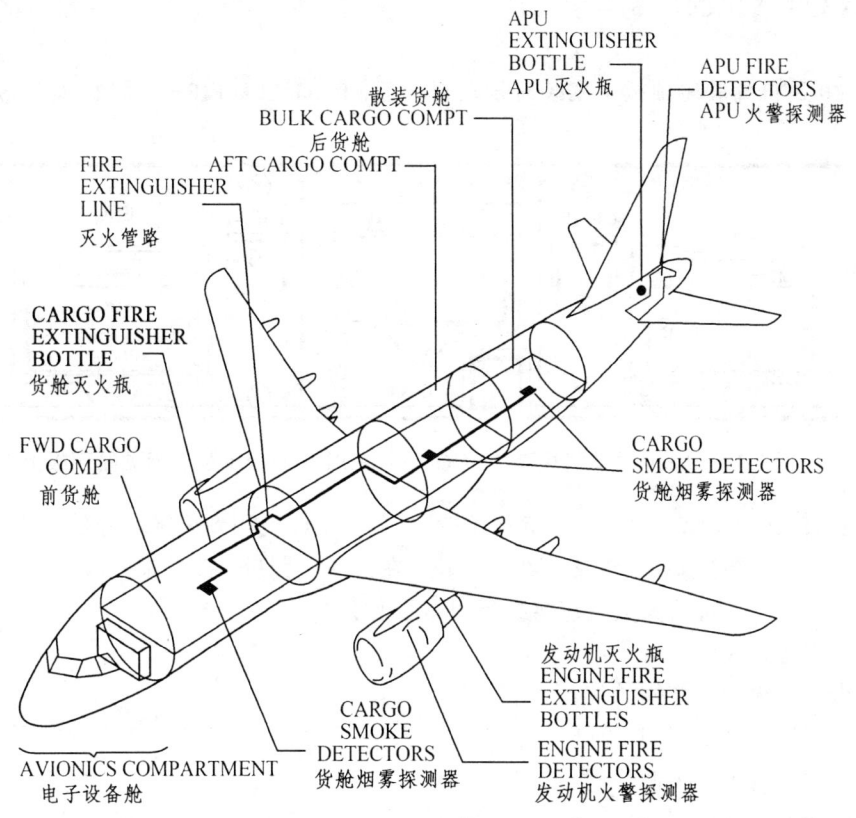

图 9-16 A320 飞机火警探测和灭火系统

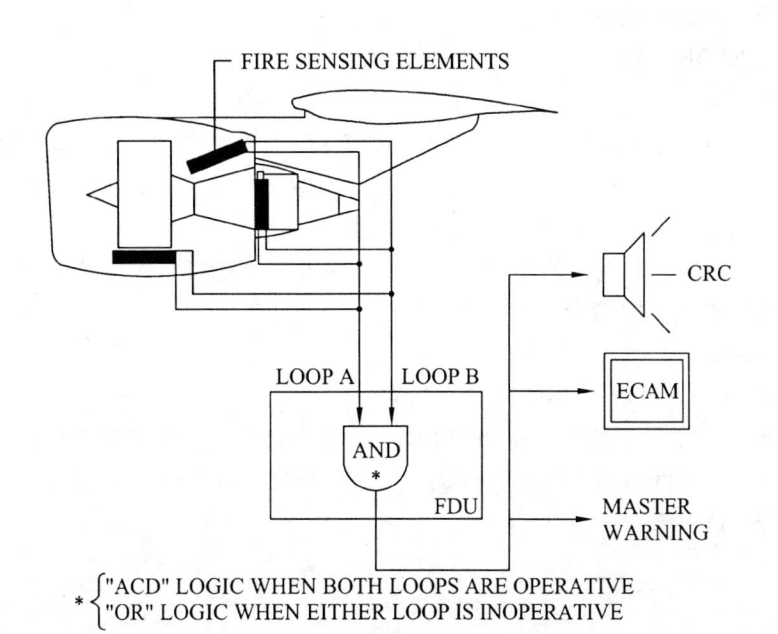

图 9-17 A320 主发动机火警传感器位置

2. A320 飞机的控制与指示

在 A320 飞机驾驶舱顶板上安装有发动机火警（ENG/APU FIRE）面板，如图 9-18 所示。

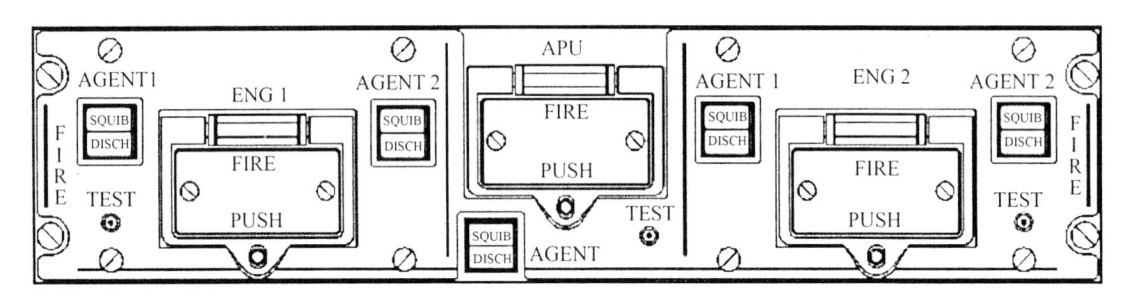

图 9-18　A320 发动机火警（ENG/APU FIRE）面板（位于驾驶舱顶板上）

在图 9-18 中，"ENG FIRE"为指示式按钮，当 FDU 检测到火警信号后红色的"FIRE"灯将点亮。按钮受罩盖保护，正常时在按入位，在发现火警后，打开保护罩，按压按钮开关，按钮弹出，相应发动机的灭火系统将执行以下操作：

（1）火警警告喇叭静音。
（2）火警灭火器爆炸帽预位。
（3）关闭低压燃油阀门。
（4）关闭液压火警关断活门。
（5）关闭发动机引气活门。
（6）关闭组件流量控制活门。
（7）关闭 FADEC 电源。
（8）切断 IDG。

当飞行员按压"ENG FIRE"按钮并使之弹出后，"AGENT1"和"AGENT2"按钮式信号灯被激活，按压后，"QUIB"白色灯燃亮，以提醒飞行员"AGENT"按钮已经被激活；当对应的灭火瓶释压后，琥珀色"DISCH"灯燃亮。

"TEST"按钮用于对飞机的火警探测与灭火系统进行测试，按压该按钮后：
（1）连续发出重复的谐音。
（2）"MASTER WARN"灯闪亮。
（3）在 ECAM 上出现"ENG FIRE"警告。

同时，在"FIRE"面板上，"ENG FIRE"按钮红灯燃亮；如果灭火剂释放功能可用时，"SQUIB"白灯亮；"DISCH"琥珀色灯燃亮。在"ENG"面板（中央操纵台）上，"FIRE"红色警告灯亮。

3. 测　试

飞机火警系统具有 BIT 功能，BITE 可对以下情况进行监控：

（1）监控 FDU 和相关输入的状况。
（2）分析并确认故障。
（3）在非易失性存储器（NVM）内储存故障信息。

防火系统测试是每日检查清单的一个组成部分，通过测试保证系统的可用性，使飞行员可以监控和操作防火系统。

在 ENG/APU FIRE 面板，TEST 按钮电门用于对以下系统的工作状况进行测试：
（1）火警探测器（环路 A 和 B），火警探测组件（FDU），指示、警告和线路测试。
（2）灭火瓶的爆炸帽电阻丝（虽然仅一个电阻丝已足以点燃滤芯，但只有当两根电阻丝都正常时，测试才能通过）和相关的线路（SQUIB 测试，只对灯泡进行检查）。

当按压并保持住 TEST 按钮电门时，火警警告系统给出的相应指示信息如下（1 号发动机和 2 号发动机相同）：
（1）在 ENG/APU FIRE 面板上的"ENG 1 FIRE"字符亮，"SQUIB"和"DISCH"字符亮。
（2）在 ENG 面板上"FIRE"字符亮。
（3）在遮光板上"MASTER WARN"灯闪亮。
（4）在上 ECAM 显示装置上，红色"ENG 1 FIRE"警告信息出现。
（5）在下部 ECAM 显示装置上，ENGINE（发动机）页出现。
（6）响起连续的重复音响（CRC）。

如果在试验程序中检测到故障，FAULT 信息出现在下部 ECAM DU（如 ENG1（2） LOOP A（B）FAULT）。

测试结束后，松开 ENG 1（2）TEST 按钮电门。如果测试通过，全部警告灯熄灭，音响报警信号停止，上部 ECAM 上的警告信息消失，下部 ECAM 上的 ENGINE 页面消失。

如果测试失败，主警戒灯燃亮，并伴以单谐音；同时在 ECAM 上出现以下警告信息：1 号发动机（2）（APU）火警探测故障，FIRE DET 1（2）（APU）INOP。

4. 火警逻辑

图 9-19 给出了主发动机火警探测系统逻辑方框图。火警探测环路 A 和 B 具有相同的探测功能，在每个通道将输入：基准电压和三个并联的火警探测器产生的电压信号。

在火警探测组件（FDU）中微处理器可以实现以下功能：
（1）监控两个探测环路。
（2）隔离失效的探测器和环路电路并将故障记忆在非易失存储器内。
（3）当它触发时，做火警测试回路检查。
（4）在 FDU 第一次供电时进行自测试。
（5）进行系统的机内测试，并通过 ARINC 429 总线传送测试结果。
（6）经由 ARINC429 总线传送故障信号到 CFDIU。
（7）持续地在 ARINC429 数据总线上传送当前的和/或先前的系统状态。
（8）提供串联的总线接口并提供命令和数据传输。

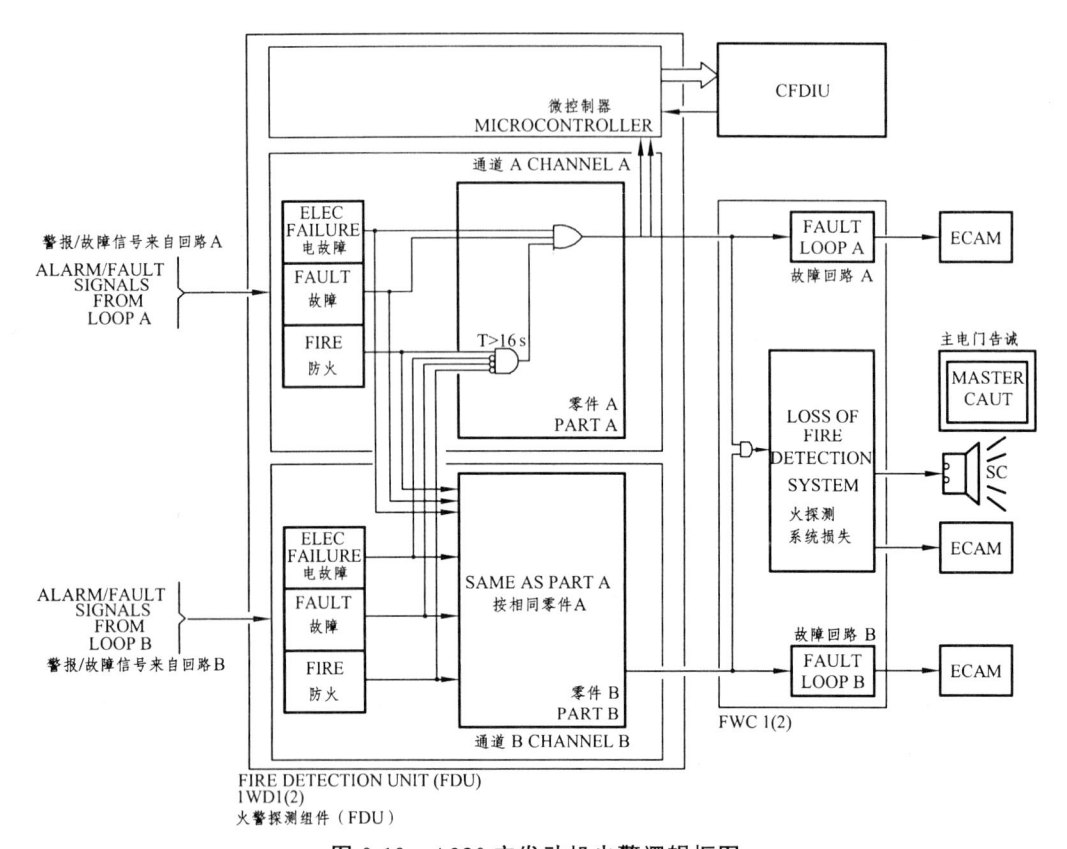

图 9-19 A320 主发动机火警逻辑框图

当发生以下故障时，产生"FAULT（故障）"信息：
（1）电源故障（无电源，插头没有连接）。
（2）火警探测器中的一个故障。
（3）一个探测环路出现故障。
（4）一个探测环路的探测火警出现的时间大于 16 s，而其他环路正常。

当产生"FAULT（故障）"警告信号后，"MASTER CAUT"灯燃亮，在上部 ECAM 上显示 1（2）号发动机环路 A（B）故障或者 1（2）号发动机探测故障，并发出单谐音警告声。

当发生以下故障时，产生"FIRE（火警）"信息：
（1）火警 A 和火警 B。
（2）火警 A 和故障 B。
（3）故障 A 和火警 B。
（4）FAULT A 和 FAULT B 小于 5 s。

当产生"FIRE（火警）"警告信号后，警告信号将出现在：
（1）位于驾驶舱顶板上的 ENG/APU FIRE 面板上的"ENG/FIRE 按钮电门"。
（2）位于中央操纵台上的 ENG 面板（本书中省略）上的"FIRE/FAULT"信号灯。
（3）位于遮光板上的"MASTER WARN"信号灯。
（4）上部 ECAM 显示 ENG1（2）FIRE 和灭火程序。

（5）下部 ECAM 出现发动机页面。

并发出连续的重复音响（CRC）警告声。

第四节 灭火系统的维护

一、火灾防护

防火比灭火更为重要。在一架飞机里，渗漏的燃油、液压油、除冰液和润滑油是引起着火的根源。这些流体的微小渗漏，就会很快产生燃烧和爆炸的条件，因此首先应仔细检查燃油箱外部渗漏的事故征候。

许多液压油是易燃的，不允许它们累积在结构里。隔音材料和保温材料如果渗入了任何一种油类，都将变成高度易燃物。

在燃烧加热器附近，任何易燃液体的渗漏和溢出，都会是一种严重的火灾危险。尤其是它们的蒸气被吸进加热器并通过燃烧室周围时，就更加危险了。

在某些发动机中，大流量的燃油通过调整不当的燃油喷嘴，会造成尾锥被燃穿。偶尔流出排气管但仍然燃烧着的燃料，会造成发动机着火。

氧气系统必须绝对的与滑油系统隔离，因为这些物质与一定压力的氧气接触时，将会自燃。

用于飞机内部装饰的所有呢绒、棉布和人造纤维都要经过特殊处理，使其具有耐火性和阻燃性。试验表明，泡沫橡胶和海绵橡胶都是高度易燃品。然而，如果将它们用不助燃的耐火纤维布盖住，即使是偶尔接触到燃着的香烟或纸片，也是没有很大危险的。

二、灭火系统的维护

对灭火系统的维护，应严格按照系统维护手册或制造商的说明进行。根据灭火系统的组成，可分为火警探测系统的维护和灭火系统的维护。

火警探测器敏感元件大都是安装在发动机本体或发动机整流包皮上，而且它们的尺寸很小，因此在维护过程中尤其要注意感温元件的磨损或结构损坏。

对所有连续环路式探测系统的感温元件，在元件直径上的限制凹痕或弯折的容许值以及元件外形的平滑程度都是由制造商规定的。不要企图矫正任何容许的凹痕或弯折，这样会使元件上可能产生应力，导致元件损坏。此外，感温元件的端头连接螺帽的拧紧力矩以及连接接头的垫片更换，都要严格按照维护手册或制造商的说明进行。

当热电偶探测器安装托架有破裂、腐蚀或损伤时，应及时修理或更换。更换时必须注意，连接热电偶探测器上标有"＋"号的导线必须与探测器上带有"＋"号的接头相连。

灭火系统的维护工作，主要包括以下项目：灭火瓶的检查和灌充，爆炸帽和排放活门的拆卸和重新安装，排放管路的渗漏试验和电气导线的连续性试验等。更详细、具体的检查要求和方法，同样要按照维护手册或制造商的说明进行。

定期检查灭火瓶的压力，以确保灭火瓶的压力在厂商要求的规定范围内。如果超出规定范围，灭火瓶需要更换。

对所有类型的灭火瓶，都必须定期对其重新称重，以确定瓶内灭火剂的充填状态。此外，对灭火瓶还要按规定的时间间隔进行液压静力试验，试验合格方可再次充填使用。

灭火瓶爆炸帽都是有使用寿命的，并且是从制造厂商打印的日期开始算起。制造厂商给定的使用寿命，通常是以低于某一预定温度下以小时数给定的。应当严格按照使用寿命时限要求，及时更换到期的爆炸帽。

在灭火系统灭火后，必须尽快地用清洁、干燥的压缩空气对系统管路进行彻底吹洗。因为某些类型的灭火剂具有腐蚀作用。

在实施发动机内腔灭火后，应在规定的时间内用新鲜滑油清洗发动机内腔。其方法是用新鲜滑油冷转发动机三次，每次冷转后都要更换新滑油。

复习思考题

1. 燃烧的三要素是什么？火灾是如何分类的？
2. 在飞机上，火警探测常用的传感器有哪些？各有何特点？
3. 简述在 A320 上灭火系统的基本组成及特点。

第十章 飞机灯光照明及警告信号设备

第一节 灯光照明设备

飞机的灯光照明设备主要分为机外照明、机内照明和应急照明。

一、照明光源

利用电能的飞机光源有：白炽灯、荧光灯、卤素灯、LED、场致发光等。

1. 白炽灯

飞机上使用的白炽灯按其结构与原理来说，与地面使用的没有多大区别，也由灯泡、灯丝和灯座三个主要部分组成。灯泡由优质玻璃或耐熔玻璃制成，常用的有球形、梨形、棒形等，灯泡采取密封形式，多抽成真空或充入惰性气体。灯丝由难熔的金属丝-钨丝固定在支架上而成，支架对金属丝起支撑作用，同时将电能输送至灯丝。衡量白炽灯的通常有四个参数：工作电压、工作电流、亮度和使用寿命，某些时候还要考虑灯泡的体积和使用环境等因素。

2. 荧光灯

荧光灯主要由灯管、镇流器和起动器组成。灯管的两端各有一个灯丝，管中充有稀薄的氩和微量水银蒸气，管壁上涂着荧光粉。灯管的工作原理和白炽灯不同，两个灯丝之间的气体在导电时主要发出紫外线，荧光粉受到紫外线的照射才发出可见光。荧光粉的种类不同，发光的颜色也不一样。

镇流器分为电子式和电磁式，它的作用是：
（1）产生高压，起辉灯管。
（2）灯管起辉后起镇流（限流）作用，使灯管正常稳定地工作。

荧光灯工作特点：灯管开始点燃时需要一个高电压，正常发光时只允许通过不大的电流，这时灯管两端的电压低于电源电压。

3. 卤钨灯和高强度气体放电灯

充有溴碘等卤族元素或卤化物的钨灯称为卤素灯或卤钨灯。为提高白炽灯的发光效率，必须提高钨丝的温度，但相应会造成钨的蒸发，使玻壳发黑。在白炽灯中充入卤族元素或卤化物，利用卤钨循环的原理可以消除白炽灯的玻壳发黑现象。为确保卤钨循环的正常进行，必须大大缩小玻壳尺寸，以提高玻壳温度（一般要求碘钨灯的玻壳温度为 250~600 ℃，溴钨灯的玻壳温度为 200~1 100 ℃），使灯内卤化钨处于气态。因此，卤素灯的玻壳必须使用耐高温和机械强度高的石英玻璃。其结构有双端直管形、单端圆柱形和反射形。

由于卤素灯中钨的蒸发受到有效的抑制，加之卤钨循环消除了玻壳发黑，卤素灯灯丝的温度就可大大提高（高达 3 000 ℃），使卤素灯的发光效率远比普通白炽灯高。例如，白炽灯需要消耗 75 W 电能才能达到 960 lm 的光通量，而卤素灯仅需 50 W。卤素灯具有体积小、发光效率高（达 17~33 lm/W）、色温稳定。

高压气体放电灯简称为 HID（High Intensity Discharge），通常也称为氙气灯。它的原理是在水晶石英玻璃管内，以多种化学气体充填，其中大部分为氙气（Xenon）与碘化物等惰性气体，然后再透过镇流器（Ballast）将低压直流电压瞬间增压至两万伏以上，经过高压激发使石英管内的氙气电子游离，在两电极之间产生光源，这就是所谓的气体放电。HID 灯亮度是卤素灯的 3 倍、功耗是卤素灯的 45%、寿命是卤素灯的十倍。

氙气所产生的白色超强电弧光，可提高光线色温值、类似白昼的太阳光。HID 工作时所需的电流小，功耗是卤素灯的一半，亮度是传统卤素灯泡的三倍，由于氙灯没有灯丝，因此就不会产生因灯丝断而报废的问题，使用寿命比卤素灯长得多，使用寿命比传统卤素灯泡长 10 倍。

安装卤素灯和 HID 灯组件时，要注意不要用手接触 HID 灯泡的石英玻璃管，手上的污迹、油脂会使高温工作的 HID 灯泡留下痕迹，致使灯的亮度降低，影响灯体寿命，在粘上油渍后应该擦拭干净。

4. LED

LED 是英文 light emitting diode（发光二极管）的缩写，它的基本结构是一块电致发光的半导体材料，置于一个有引线的架子上，然后四周用环氧树脂密封，也即固体封装。固体封装可以起到保护内部芯线的作用，所以 LED 的抗震性能好。

发光二极管是由Ⅲ-Ⅳ族化合物，如 GaAs（砷化镓）、GaP（磷化镓）、GaAsP（磷砷化镓）等半导体制成的，其核心部分是由 P 型半导体和 N 型半导体组成的晶片，在 P 型半导体和 N 型半导体之间有一个过渡层，称为 PN 结。在某些半导体材料的 PN 结中，注入的少数载流子与多数载流子复合时会把多余的能量以光的形式释放出来，从而把电能直接转换为光能。PN 结加反向电压，少数载流子难以注入，故不发光。这种利用注入式电致发光原理制作的二极管叫发光二极管，通称 LED。当它处于正向工作状态时（即两端加上正向电压），电流从 LED 阳极流向阴极时，根据材料的不同，半导体晶体就发出从紫外到红外不同颜色的光线，光的强弱与电流有关。

飞机中，LED 已经开始取代白炽灯和日光灯用作机内照明和信号设备，它的特点总结起来是"几高"、"几低"，见表 10-1。

表 10-1 LED 特点

"低"	"高"
发热量低	效率高
故障率低	寿命长
工作量小	适应性强
质量轻	控制方便
功耗低	耐用
电磁干扰小	冗余性好
容易安装，适用范围广	安全性高
响应时间短	抗震性能好

5. 场致发光

场致发光是指有些固体能在电场的激发下直接发光这样一种现象。平板式场致发光灯像一块很薄又很大的夹心饼干，夹在中间的是发光主体——层由荧光粉和树脂或搪瓷混合成的荧光粉层，有时还多加一层保护层，防止荧光粉层在电场下击穿。两块"饼干"，一块是透光的玻璃板，上面涂上透明的导电膜，作为灯的一个极；另一块是金属片，既做电极，又可以反射光。这种灯的发光层上要加上电场才能发光，所以，电极是什么形状，发光也就是什么形状。如果把电极分成许多小格，有些小格加上电场，有些小格不加电场，加电场的发光，不加的不发光，这样就可以组成各种图案、数字或文字。进一步，还可以控制电场加入的方式，产生各种变化。格子分得很细，成为一个个小点，电场变化得快，就可以显示电视图像。

实用的荧光粉主要是高纯度的硫化锌晶体，掺入一点金属杂质做激活剂。所掺杂质的成分不同，比例不同，发光的颜色也不同。可以发出蓝、绿、黄光，其中以绿光材料最好，所以一般场致发光灯都是绿色的。

场致发光灯的电源可以是直流，也可以是交流的，以交流电源为主。飞机上有 400 Hz 的交流电，是场致发光灯最好的电源。它的突出优点是耗电少，每平方厘米约 1 mW，一块记分板耗电不到一瓦 1 W；寿命长，可以用几万小时，相当可靠。它是名副其实的冷光光源，再加上结构简单，所以虽然目前光效低、价格高，仍是一种使用广泛的指示、显示灯。在飞机机舱里，"No Smoking"（禁止吸烟）等信号牌常采用场致发光灯。

表 10-2 和表 10-3 分别对飞机常用光源的优缺点和使用特性进行了对比。

表 10-2 飞机上使用的照明/显示光源对比

光源	优点	缺点
白炽灯	·技术成熟 ·光谱范围宽 ·视角范围大	·发热大 ·功耗大 ·与夜视成像不兼容
场致发光（EL）	·发光效率高 ·视角范围大 ·可以做成薄形 ·寿命长	·亮度不太高 ·无法实现白光照明
发光二极管（LED）	·冷光照明 ·寿命长 ·频带范围窄	·色域不足 ·亮度中等（但可调）
阴极射线管（CRT）	·技术成熟 ·真色彩 ·解析度高 ·图像质量高	·体积大 ·质量大 ·使用电压高 ·功耗大
液晶显示（LCD）	·真色彩 ·暂态响应好 ·图像质量好	·需要背光 ·中等功率消耗 ·使用温度范围有限 ·可视范围中等
有机发光显示器	·亮度高 ·响应瞬间短 ·薄，质量轻 ·可视角度宽	·可靠性低 ·技术成熟度低 ·色彩种类少

表 10-3 场致发光照明、白炽灯、LED 使用特性对比

照明类型 性能指标	场致发光照明 Electroluminescent	白炽灯 Incandescent	LED
使用寿命/h	8 000	100 000	500 000
MTBF/h	8 000	23 000	300 000+
费用（相对）	1	0.8	0.95
功率/W	1.00	5.40	0.40
表面温度/°F	78	110	78
维修性	不可修	更换灯泡	更换灯泡
质量（不包括电能变换器）/g	100	95	95

二、机外照明

1. 机外照明灯

机外照明主要包括有着陆灯、滑行灯和其他外部灯光信号。它们是飞机在夜间或复杂气

象条件下飞行和准备时必不可少的条件之一。在不同的飞机上，机外照明设备的种类、数量和安装位置都是不同的。一种典型运输机机外照明平面布置图如图 10-1 所示。

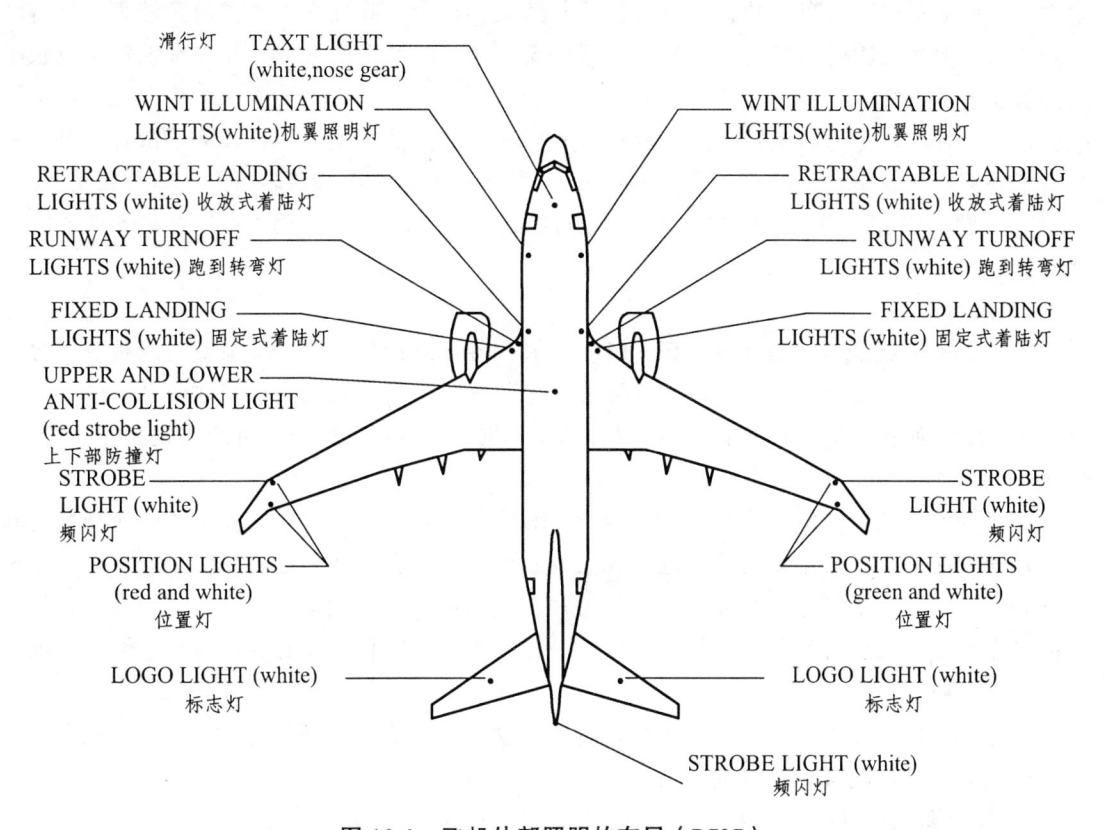

图 10-1　飞机外部照明的布局（B737）

1）着陆灯

着陆灯（Landing Light）主要是为飞机在夜间或能见度不良的条件下起飞或着陆时提供照明，以便飞行员观察跑道和目测高度。

按照结构型式，通常将着陆灯分成两类：固定式和活动式。固定式着陆灯常安装于机翼前缘、机身前端或前起落架构件上，并按机翼前缘的形状盖上透明整流罩。活动式着陆灯又叫可收放式着陆灯，它安装于机翼、机身前部或发动机舱表面的开口处，以便于着陆灯在收起位置能收缩到机翼或机身外廓之内。着陆灯内的反光镜通常由镀铬的抛光黄铜制成，并具有抛物面的形状。白炽灯的灯丝位于反光镜的焦点处，因此着陆灯能产生较窄的光束，光束的截面形状接近于圆形。

现代大中型飞机一般都装有两只以上活动的或固定的着陆灯，以保证有足够的光强和可靠性。目前一般着陆灯的光强为数十万烛光。某些飞机还采用了光效高、光色好、寿命长的新型光源作为着陆灯光源，如氙灯、溴钨灯、石英碘灯等。着陆灯功率很大，使用时产热很高，需要高速气流进行冷却，因此着陆灯在飞机起飞滑跑前打开，离地后关闭；在飞机最后进近阶段打开，落地后即关闭。

2）滑行灯

滑行灯（Taxi Light）供飞机在地面滑行时照明滑行道。它也是密封的光束型灯，通常固定安装在机翼前缘，也可安装在机身头部或起落架构件上，其灯光水平扩散角较大，是着陆灯的数倍，但光强比着陆灯弱，一般仅几万烛光。这可满足飞机滑行时要有宽视野和较长时间滑行照明的要求。有的滑行灯还与着陆灯组合在一起：着陆时，接通功率较大的灯丝进行强照明；滑行时，接通功率较小的灯丝进行弱照明。在某些大型飞机上，除了滑行灯外，还装有把光束射向跑道两边的灯（见图10-1），它们叫做跑道脱离灯或转弯灯。其主要功能是：飞机着陆后在跑道上滑行过程中照明沿跑道的某些"点"，遇到这些"点"时，飞机要转弯滑离跑道。

3）航行灯

航行灯（Navigation Light, Position Light）又叫导航灯或位置灯。其主要功能是夜航时指示飞机在空中的位置及航向；必要时可用来进行飞机与飞机之间或飞机与地面之间的紧急联络；夜间在地面进行发动机试车，飞机滑行和牵引时，也用它来标志飞机的位置和外部轮廓，以免车辆、人员与飞机相撞。

航行灯的颜色色度图按国际照明学会（CIE）规定的三色坐标系统表示，以便与星光和地面灯光相区别，一般左翼尖或靠近左翼尖处设红灯，右翼间或靠近右翼尖处设绿灯，飞机尾部则设白灯。每个航行灯由光源、反射器和滤光罩组成。在大型飞机上，为提高航行灯工作的可靠性和增大航行灯的作用距离，常采用有几只功率为数十瓦的航空白炽灯泡装在同一个灯具内的航行灯。

航行灯可以有连续工作和闪光工作两种工作状态。后者可在防撞灯故障时代替防撞灯。在飞机上有工作的飞行、机务人员时，应打开航行灯。

4）防撞灯/频闪灯

在夜间或能见度较差的白天飞行时，可用防撞灯（Anti-Collision Light）标示飞机的位置，以防止飞机相撞。在大中型飞机上，通常安装两个防撞灯，一个装在机身下部，另一个装在机身上部或垂直安定面前缘。

在另一些大型飞机上，为了改善位置标志功能，除了在机身上下安装红色闪光灯外，还在翼尖处（通常在航行灯的后面位置）安装白色闪光灯，这些灯称为频闪灯（Strobe Light）。

防撞灯有电机旋转式、气体脉冲放电式和晶体管开关式等几种类型。目前多采用脉冲放电式。为提高可靠性，有些防撞灯内装有两支灯泡。

为适应高速飞机的要求，防撞灯正向小型化、高亮度和可收放式方向发展。

在波音737飞机上，位置灯控制电门有三个位置，分别为"POSITION STEADY"、"STROBE & STEADY"和"OFF"。当电门放在"STROBE & STEADY"位置时，航行灯和频闪灯同时燃亮；电门放于"POSITION STEADY"位置时，仅航行灯燃亮；放于"OFF"位时，航行灯和频闪灯均不亮。当飞机上所有发电机失效时，只有将电门放在"POSITION STEADY"位置时，航行灯才会燃亮，如果处于应急供电状态，航行灯由蓄电池汇流条供电。

5）机翼照明灯

机翼照明灯（Wing Illumination Lights）又称为探冰灯或机翼检查灯（Wing Inspection Light）。它们一般装于大中型飞机上，供机组人员目视检查机翼前缘或发动机进气口等部位的结冰情况，以便采取相应措施。这些灯也是密封的光束式灯，光源一般采用功率为几十瓦至上百瓦的航空白炽灯泡。它们凹装在机身侧面，按需要的角度预先调整好光束的指向。在某些具有后部安装发动机的飞机上，这种灯还安装在机翼的后缘部位。

6）识别灯

识别灯（Recognition Light）可以用来判断飞机翼展的宽度，在滑行时可以辅助滑行灯工作（图 10-1 中无此灯）。

7）标志灯

标志灯（Logo Light）用于照亮飞机垂直安定面上喷涂的航空公司标志。

2．外部照明灯电路

飞机外部照明电路由供电线路、保护装置、控制开关等组成，以收放式着陆灯为例说明外部照明灯的工作原理。

1．着陆灯收放控制原理

为了避免灯罩结冰影响灯的照明效果，某些飞机上采用了可收放的着陆灯，如图 10-2 所示。当不需要使用时，可以将灯体收入到机翼中。

在图 10-3 中，着陆灯收放电动机是一种分串励式电机，两个励磁线圈的一端分别通过 C、D 两个触点与控制开关相连，而中点则与电机的一个电刷相连，另一个电刷与电磁制动线圈串联。图中给出的是着陆灯收起的状态，控制开关处于"断开"位，着陆灯控制机构中的扇形齿轮使触点 C 保持在断开位置，在弹簧的作用下，触点 D 与右侧线圈相连，但此时电动机和着陆灯均未通电。

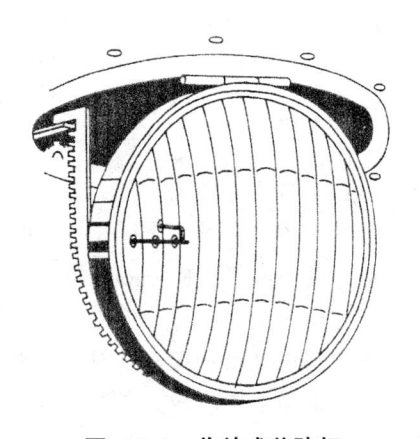

图 10-2　收放式着陆灯

当控制开关向上置于"放出"位置时，电流从蓄电池流过控制开关的"Extend"触点、触点 D、右侧励磁线圈、电动机电枢和制动线圈，制动线圈通电工作，使得制动闸皮与电动机轴脱开，电动机转动，并使着陆灯机械慢慢放下。在该机构旋转约 10°时，触点 A 与铜条 B 相接触，汇流条可以通过继电器向灯泡电路供电。当着陆机构完全放下后，扇形齿轮顶端的凸块使触点 D 脱开，切断了电动机电路，制动线圈同时断电，在弹簧的作用下，制动闸皮与电动机轴接触，使电动机停转，着陆灯放出过程结束。此时电动机和着陆灯均断电，同时触点 C 接通。

如果需要将着陆灯收起，则将控制电门放于"Retract"位，汇流条上的电能通过开关的"Retract"触点、触点 C、左侧励磁线圈、电动机电枢和制动线圈，制动线圈通电工作，使得制动闸皮与电动机轴脱开，电动机转动（与放出时转动方向相反），着陆灯机构慢慢收起。

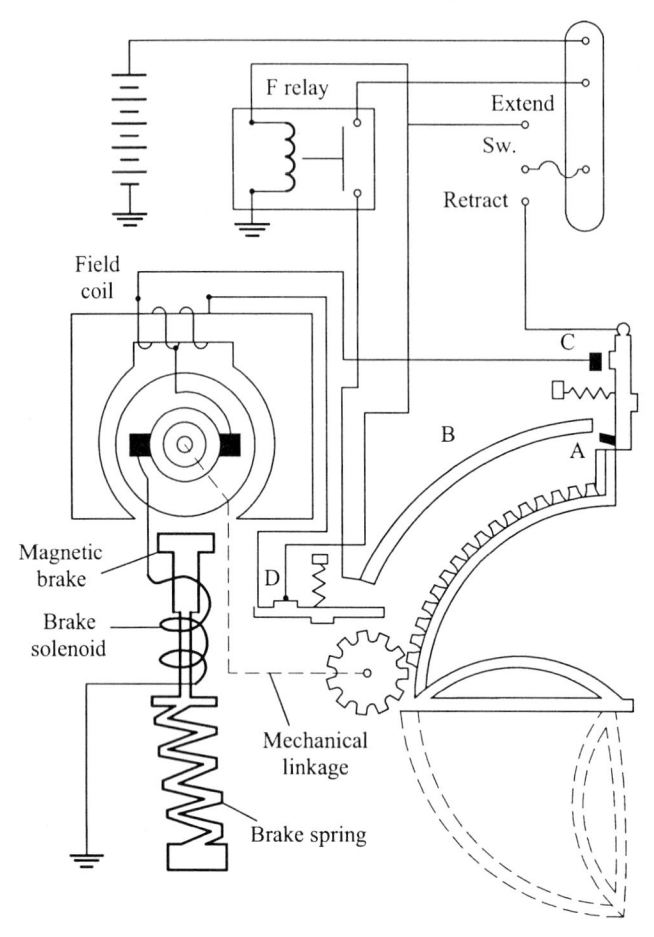

图 10-3　着陆灯收放原理图

由于将开关放在了"Retract"位，继电器 F 断开，停止向着陆灯电路供电，着陆灯熄灭。当着陆灯完全收起后，触点 C 断电，切断了电动机电路，制动线圈同时断电，在弹簧的作用下，制动闸皮与电动机轴接触，使电动机停转，着陆灯收起过程结束，触点 C 接通。

某些机型上的收放式着陆灯可以放出任意角度，在一些高速飞机上通常安装空速压力开关，避免飞行速度过高时放出着陆灯而损坏收放机构，还可以在速度过高时自动收起着陆灯。

三、机内照明

1. 机内照明灯

机内照明是飞机在夜间或复杂气象条件下飞行和准备时，为空勤和地勤人员的工作或检查维修提供照明，并给旅客提供舒适而明亮的环境。依照机内不同的部位，飞机内部照明可分为驾驶舱照明、客舱照明、服务设备舱和货舱照明等。

驾驶舱照明有助于空勤人员进行舱内外交替观察，准确地判读仪表指示，辨别各种操纵控制机构和监视荧光屏，以及瞭望其他飞机和搜索地面上微弱的目标。对驾驶舱照明的基本要求是足够而又不引起目眩的亮度，良好的暗适应性，尽可能小的反射光和抗舱外强光等。

按照不同需要，驾驶舱照明通常分为普通照明、局部照明、仪表板和操纵台以及各仪表设备的照明。

普通照明设备比较简单，通常使用安装在座舱天花板或侧壁上的座舱顶灯来照亮整个座舱。座舱顶灯的发光部分一般盖以乳白色或粒状玻璃罩，使其能均匀、全面地进行照明。

局部照明可采用在仪表板或操纵面板的上边缘遮光板下安装日光灯对某个板面进行泛光照明，也可在遮光板下安装若干白炽灯作为背景照明灯，照亮整个仪表板或操纵面板。在更多的场合则是使用图 10-4 所示的活动照明灯，对驾驶舱的某个区域进行局部照明。活动照明灯内装有白炽灯泡和亮度调节变阻器。转动变阻器旋钮，可均匀地调节灯光亮度，当沿顺时针方向将旋钮转到极限位置时，可将灯泡电路断开。当需要进行短时间大亮度照明或检查灯泡是否良好时，可按下灯体后部的按钮，使灯泡与电源直接连通。带聚光玻璃的灯罩可以调节光束的角度和亮度：将灯罩推入，照射范围大、亮度弱；将灯罩拉出，照射范围小、亮度强。灯体可在支架上旋转，以便选择灯光照射的方位。

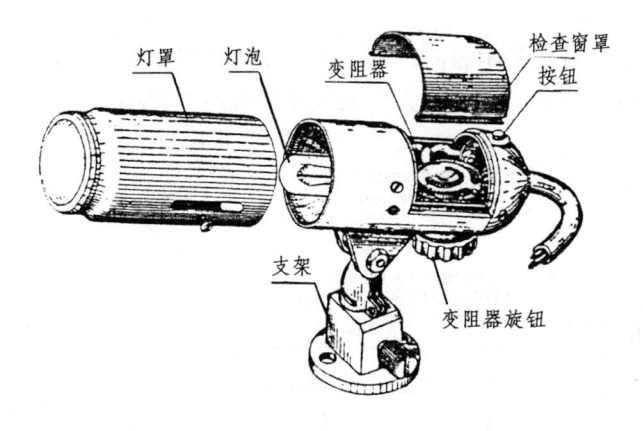

图 10-4　活动照明灯

仪表板、操纵台面板还广泛采用透射照明（又叫导光板照明），其工作原理如图 10-5 所示。单独配置的仪表则采用表内整体照明（又称楔形照明，见图 10-6）或外部柱式（见图 10-7）照明。

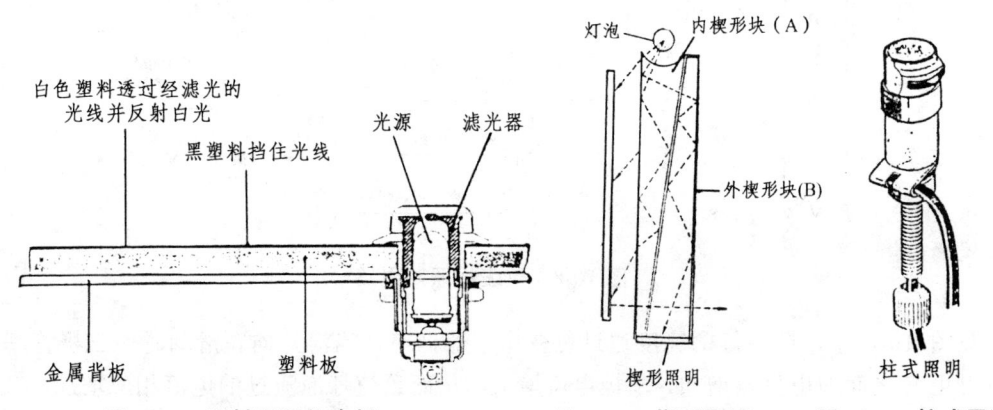

图 10-5　透射照明仪表板　　**图 10-6　楔形照明**　　**图 10-7　柱式照明**

民航客机驾驶舱照明的颜色主要有红色和白色,可视各机种需要选择。随着各种仪表照明方式的出现与完善,越来越多的飞机采用了白光照明。

客舱照明和服务设备舱照明等包括机内各舱室的灯光设备(除驾驶舱以外)。这些舱室中使用照明的范围取决于舱室的大小,而且在很大程度上还取决于这种飞机所采用的内部装饰。因此,这种照明设备可以采用装在舱顶的少量低压白炽灯,也可采用发光效率高、光线柔和的日光灯,以取得节省电能与良好的照明效果。在民航客机中,可从服务台处的控制板控制客舱和各服务间的灯光设备。除了上述主要舱室照明外,还有为乘客服务板提供灯光的设备,用来照明主要的乘客信息符号,如"系好安全带"、"禁止吸烟"、"返回座位"等。这些信号的灯光可以是白炽灯,但已越来越普遍地采用场致发光照明。这些设备,则由驾驶舱右操纵台或头顶控制板上的电门进行控制。

2. 机内照明电路

下面将对在飞机上普遍使用的白炽灯和日光灯照明电路进行简要介绍。

1)白炽灯照明电路

白炽灯电路的工作原理基本相同,为了到达较好的照明效果,有时内部照明采用晶体管或可变电阻调光电路,一种晶体管调光仪表板照明电路如图 10-8 所示。

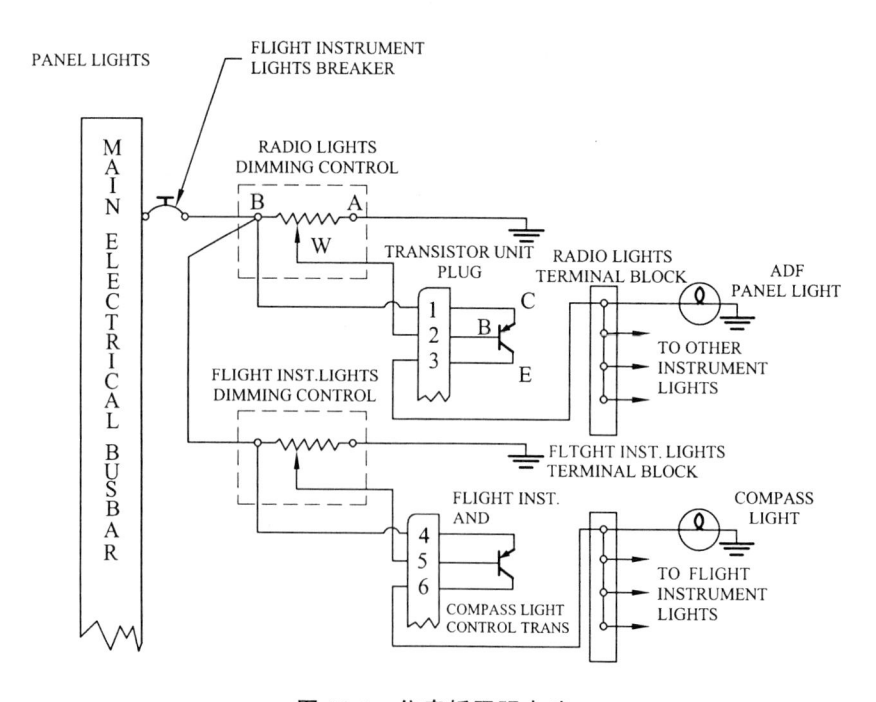

图 10-8 仪表板照明电路

在图 10-8 中,照明灯的亮度通过可变电阻器调节,当滑片向左滑动时,三极管基极 B 与发射极 E 之间的电位差增加,基极电流增大,从而致使灯泡流过的电流相应增加,其亮度增大;将灯泡亮度调低的过程正好相反。由于采用三极管对灯泡的亮度进行控制,所以电位器的体积、功率都可以减小，也避免了由电位器直接调光致使仪表板温度升高。

2）荧光灯照明电路

图 10-9 所示荧光灯照明电路中，它仅能使用交流电。电路由日光灯、镇流器、电抗器和"明暗"转换开关组成。"明暗"转换开关可以控制日光灯的亮度，当开关置于"暗"位时，在荧光灯电路中串入了一个电抗器，降低了灯管两端的电压，因此亮度降低；如果开关置于"明"位，电抗器被切除，灯管两端电压升高，因此亮度增加。

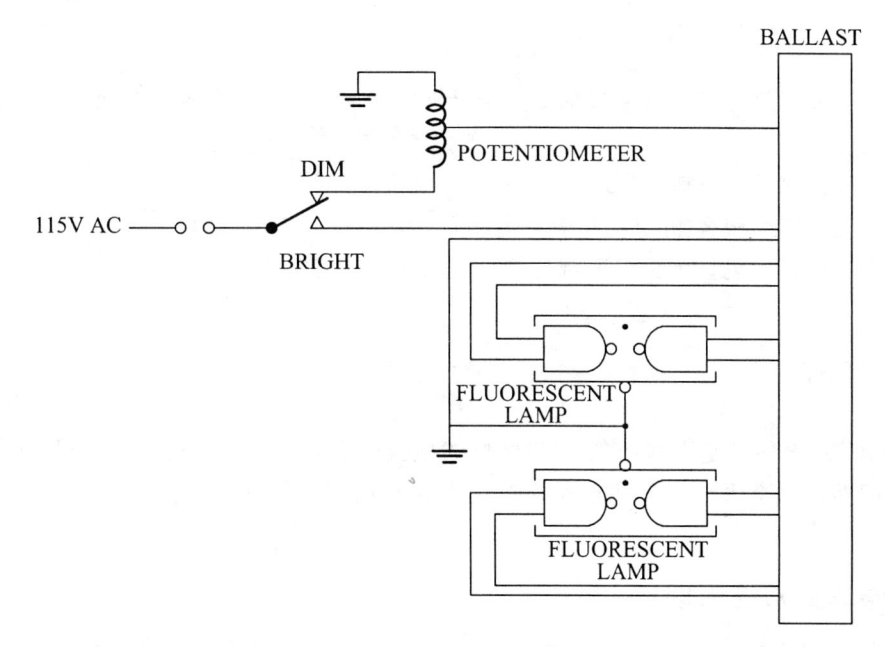

图 10-9 荧光灯照明电路

四、应急照明

飞机处于应急状态（如夜间应急着陆等），主电源断电，为完成迫降和客机迫降后机上人员进行应急撤离时，则需应急照明。应急照明独立于机上的正常照明系统，备用独立的电源（一般为蓄电池），它的控制开关安装在机组人员容易操控的地方。本教材中以 A320 为例。

应急灯系统安装用于提供：

（1）在紧急情况下客舱和出口区域的照明。
（2）机翼上方的撤离路线的照明。
（3）照明应急逃离舱门照明手柄。
（4）出口位置标记和出口标记电源。
（5）电源供应至门撤离滑梯集成照明灯。
（6）地板接近应急撤离通道标记系统（FPEEMS）照明。

应急灯系统一般由以下几个部分组成：应急电源供给组件（EPSU）、座舱应急灯、地板接近应急撤离通道标记系统（FPEEMS）、整体式滑梯照明灯。

1. 应急电源供给组件（EPSU）

EPSU 控制和监控应急灯光系统。它们安装在客舱天花板上。

2. 座舱应急灯

安装天花板应急灯以在紧急情况下给予足够的照明。灯安装于走道的天花板、十字走道和出口区域处。
位置出口标记显示出口位置。
安装灯接近每个旅客/机组门和应急出口。
安装出口位置标记显示出口区域位置。灯安装在走道。

3. FPEEPMS

FPEEPMS 安装在走道和应急-出口区域的地板或者座椅上（可适用）。一旦烟雾遮挡了正常应急照明，这个系统将提供旅客通道和撤离路线的地板水平照明。

4. 整体式滑梯照明灯

撤离滑梯灯整合在撤离滑梯上。当撤离滑梯释放时它们点亮。

　　应急照明主要包括确保飞机安全迫降所需要的仪表如磁罗盘、地平仪等的照明，以及客机迫降后为机上人员迅速撤离飞机而配置的客舱主通道、应急出口区域、出口指示牌、出口标记的内部应急照明和照亮应急撤离路线及应急撤离设施的外部照明。应急照明设备是独立于正常照明系统的，由对飞机主电源独立的应急电源供电，具有规定的亮度、照度、颜色和照明时间。每套应急照明灯组件由光源、装架、控制逻辑电路和蓄电池组成，有轻便应急灯和固定应急灯之分。轻便应急灯组件内装有蓄电池，通常安装在驾驶舱门上，客舱门上，食品间门上，紧急出口等处。有些灯在紧急情况下可拆下当作手电筒使用。固定应急灯组件内不装蓄电池，但可由作为飞机直流应急电源的蓄电池供电，也可由专用蓄电池供电。在紧急情况下，固定应急灯可自动接通，照明紧急滑梯、大翼上表面等应急撤离区。

　　当飞机主直流电源不可用时，EPSU 内部蓄电池给客舱应急设备供电，它们能够给系统供电至少 10 min。

　　在飞机上应急照明一般有两个控制开关，一个安装在驾驶舱前顶板上，另一个安装在乘务员板上。驾驶舱中的控制电门通常有三个位置，即"准备（ARMED）"、"关（OFF）"、"开（ON）"位。正常飞行时，此电门应置"准备"位，此时可由飞机上的主直流电源给所有应急灯电池充电;在紧急情况下,当机上电源失效时,应急灯可自动燃亮。检查时,应急灯电门置"开"位,所有应急灯都应燃亮,这可检查应急灯的灯泡是否完好,此时电能来自于主汇流条,如果主汇流条失效则由应急照明电池供电。机组人员离开飞机时,应将这个电门置"关"位,以防止蓄电池通过应急灯放电。如果将该电门置于"开"或"关"位,主警戒灯将燃亮。

乘务员板上的应急出口灯有两个位置:"接通"和"正常"位。"正常"位对应于驾驶舱应急灯控制电门的"准备"位,使应急灯处于自动工作状态。在需要接通应急照明的情况下,如果驾驶舱应急灯控制电门未接通,该电门置于"接通"位,可以点亮应急灯。

此外,许多飞机还采用惯性开关,作为辅助控制,当飞机紧急迫降,碰到地面或水面时,惯性开关可自动接通应急灯电路。表10-4中给出了某型飞机应急照明工作逻辑。

表10-4 应急照明工作逻辑关系

应急出口灯	28V直流汇流条	乘务员板灯电门	应急出口灯电门 P5	主警戒和未预位灯	蓄电池组
ON	< 12V	正常	预位	OFF	放电
ON	< 12V	正常	ON	ON	放电
OFF	< 12V	正常	OFF	ON	充电
ON	< 12 V	ON	OFF	ON	放电
OFF	> 12V	正常	预位	OFF	充电
ON	> 12V	正常	ON	ON	放电
OFF	> 12V	正常	OFF	ON	充电
ON	> 12V	ON	预位	OFF	放电
ON	> 12V	ON	ON/ OFF	ON	放电

五、飞机灯光照明维护与故障排除

对于灯光照明系统日常维护工作主要是功能性检查、灯泡更换和灯罩清洁,在维护过程中应注意以下几点:

(1)在地面给大功率外部照明灯通电检查时,通电时间应尽可能短,当飞机停留在地面时由于没有迎面气流为灯具冷却,容易烧坏灯丝或缩短使用寿命。

(2)在航行后做好外部灯光的外部清洁工作,清除灯罩上的蚊虫、灰尘等污物,保证照明效果。

(3)使用光致发光照明作为撤离通道照明灯的飞机,在每天第一次飞行前,应根据手册要求补充初始能量。

表10-5给了飞机照明系统常用的故障以及发生故障后的排除方法。

表 10-5　飞机照明系统常用故障及排除方法（部分）

故障现象	故障原因	故障隔离程序	采取措施
着陆灯或滑行不亮	断路器跳开	检查	复位
	灯泡烧坏	使用电压表或欧姆表进行检测	更换灯泡
	导线失效	检查线路的完整性	修理线路
	开关失效	功能检查	更换
	断路器失效	使用电压表进行检测	更换
一个航行灯不亮	灯泡烧坏	检查	更换灯泡
	导线失效	检查线路的完整性	更换线路
所有航行灯不亮	断路器跳开	检查	复位
	开关失效	检查	更换
	断路器与开关之间的导线失效	检查线路的完整性	修理线路
防撞灯或频闪灯不亮	灯泡烧坏	使用新灯泡排查	更换灯泡
	断路器跳开	检查	复位
	闪光组件失效	拆下测试	维修或更换
	开关或导线失效	导电性能测试	维修或更换

第二节　警告信号设备

一、警告信号系统概述

警告信号系统用来显示飞机各系统和机构的工作状态，对危及飞行安全的危险的故障状态提供目视和音响的报警，以及时提醒机组人员的注意和采取必要的纠正措施。

飞机上的警告信号装置，按其工作方式可分为灯光式、音响式和文字信息式三种类型。灯光式包括信号灯、信号灯盒和主警告系统等，它通过不同颜色的灯光来显示系统的不同工作状态。绿色、白色、蓝色信号表示系统处于正常工作状态；黄色、橙色、琥珀色信号表示系统一般性故障，提醒机组人员引起注意，但不必立即采取纠正措施；红色信号表示系统紧急性故障，警告机组人员必须立即取纠正措施。某些警告灯点燃时会闪亮，同时还伴随有相应的音响警告。

音响式包括警铃、谐音和话音装置，它通过听觉刺激来提醒或警告机组人员，系统处于不安全的状态。音响警戒或警告信号一般都是伴随灯光或文字信息一起出现的。

文字信息式主要在现代大中型飞机上的电子飞行仪表显示系统（EFIS）和发动机指示和机组警告系统（EICAS）的显示器上显示，根据信息的等级以不同的颜色显示。

二、灯光式警告信号系统

1. 信号灯

早期的飞机系统简单，需要监控的设备较少，通常使用一些独立的信号灯来指示各系统的工作状态，这些信号灯零散地分布在各系统面板上。通常将它们分为三大类：指示或咨询灯、提醒灯或警戒灯、警告灯。指示灯用来指示系统运行正常或处于安全状态，有时也用来指示某个飞机部件的位置。其灯光颜色可以是绿色、蓝色或白色。例如，起落架放下并已锁好用绿灯亮来表示，调整片处于中立位置用蓝色或白色灯亮来表示。

提醒灯用来指示系统工作不正常而需引起注意，但不一定是危险的情况。其灯光颜色通常是琥珀色或黄色。例如发电机过热，烟雾探测器未接通，液压系统工作压力偏低等情况，通常用琥珀色灯亮来表示。

警告灯用来向飞行人员发出不安全情况的紧急信号，需立即采取纠正措施。其灯光颜色是红色。例如，着陆时起落架在收起位置，发动机失火，发电机故障等情况，通常用红灯亮来表示。红灯亮时，有的警告系统还伴有音响报警信号。例如，发动机失火时，相应的发动机失火红灯会亮，同时火警喇叭也响。

有时为了引起飞行人员的注意，有的警告灯或提醒灯燃亮时是闪亮的，这种闪亮的信号灯又叫"引起注意灯"。

按照工作方式，指示灯又可分为直接显示指示灯，按压检查显示指示灯和按压接通自锁显示指示灯。

2. 信号灯盒

信号灯盒又称为信号灯板（见图 10-10），它是由两个和两个以上的信号灯组合而成的集合装置。它一般安装在驾驶舱遮光板上，处于机组人员的视线范围内，便于观察。信号灯板上的信号灯灯罩上一般还写有各系统名称，以便于迅速确定故障来源。

| GYROS | ALT | FUEL COCK | PARK | OIL PRESS | | TEST | DAY/NIGHT | | FUEL PUMP | PITOT HEAT | TAXI LIGHT | LAND LIGHT | AUX |

图 10-10　信号灯板

注：实际的灯以不同颜色显示。

信号灯盒一般由统一的调光装置来调节其显示亮度。有些飞机上采用滑动变阻器式的调光旋钮，它可以连续调光；也有的飞机上采用昼/夜调光开关，它是分段式调光。

信号灯盒上还安装有检灯装置来检查信号灯灯泡及其电路工作的可靠性。按压测试按钮，信号灯盒中的所有灯都要发亮。

3. 主警告系统

在大型客机上，飞机设备日益增多，显示这些设备工作状态的信号灯也越来越多，甚至遍及整个飞机座舱，很多信号不在机组人员的视线范围内，用起来很不方便，结果便出现了主警告和主提醒系统，有时又称之为中央警告系统。它是将各系统或局部面板内的信号灯的信号通过主警告灯或主提醒灯引入到机组人员的视线范围内。作为一个例子，下面介绍某型飞机的主警告和主提醒系统，主警告和主提醒灯位于驾驶舱遮光板上，一套位于正驾驶前方，另一套在副驾驶前方，图 10-11 中所示警告设备位于正驾驶前方。该系统主要由两套主警告和主提醒灯、信号牌等组成。

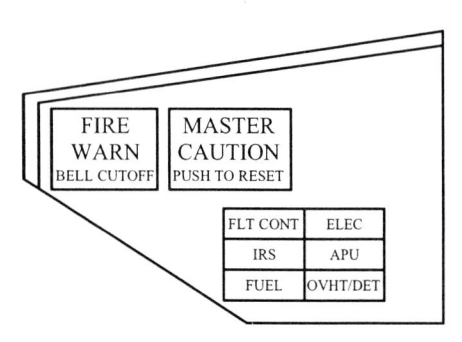

图 10-11 主警告和主提醒系统的组成

系统或设备故障，相应的信号灯便燃亮，发出系统警告。同时，主警告或主提醒灯也相应燃亮，以提醒飞行人员注意。由于主警告和主提醒灯处于驾驶员视线的正前方，所以，一旦发出与主警告或主提醒有关的系统警告，飞行人员便能首先从主警告或主提醒灯的燃亮得到信息。然后，再通过查看信号板上燃亮的信号灯，就可检查是哪一个系统或设备发生了故障。主警告灯和主提醒灯可通过按压灯罩而使其熄灭，但信号板上的信号灯仍保持亮，直到该系统的故障排除后才能熄灭。

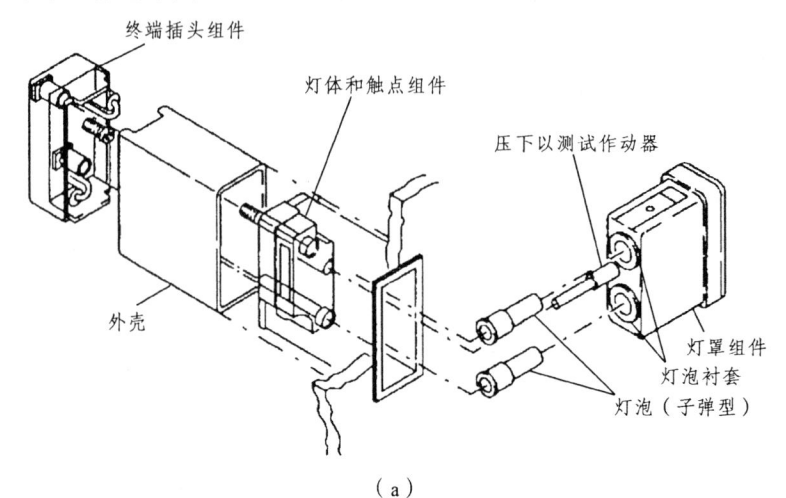

图 10-12 是单个故障信号灯的结构图和工作原理图，其中图 10-12（a）为信号灯结构图，图 10-12(b)是信号灯工作电路图。

(a)

(b)

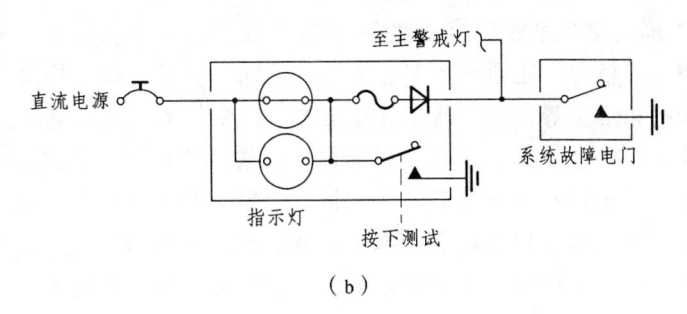

图 10-12　故障信号灯结构和工作原理图

三、发动机指示和机组警告系统

现代大型民用客机，采用了先进的电子显示技术，以屏幕文字显示或简要图形显示取代了以往通用的机电式指示器、信号灯和复杂的目视与音响报警方式。这是一套全新的显示和报警系统，在波音 757 和 767 上称之为发动机指示和机组警戒系统（EICAS）。这里以 EICAS 700 系统为例，介绍其基本组成和文字警告信息显示情况。

1. EICAS 系统组成

EICAS 由两个 EICAS 计算机、两个彩色阴极射线管显示器、显示选择板、维护面板、显示转换组件、取消/再现开关和主警告/主提醒灯等组成，如图 10-13 所示。

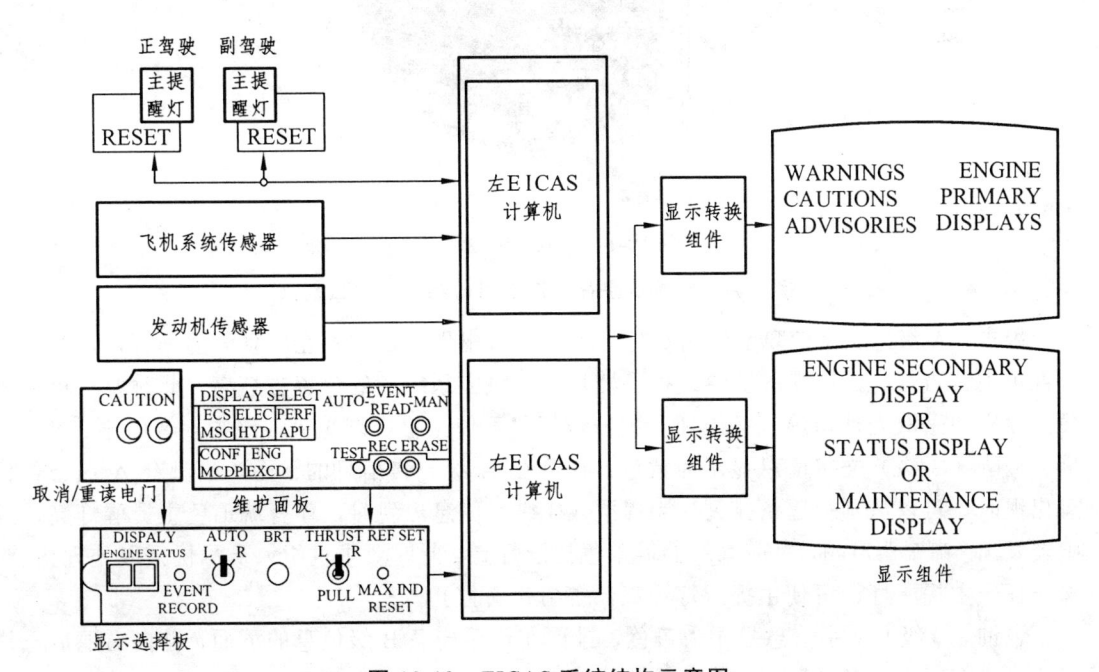

图 10-13　EICAS 系统结构示意图

EICAS 计算机是整个系统的核心部件，它接收来自发动机和飞机各系统传感器的 400 多个模拟输入和离散信号，还通过数字通道与相关的计算机系统交换数字数据信号，并产生相应的警戒、状态和维护等信息。两个计算机中，一个作为主用计算机，另一个计算机作为备用计算机，处于热等待状态。一旦主用计算机失效，便自动转换到备用计算机。

显示器用于显示图像和文字信息，发动机主要参数和机组警告信息在上显示器上显示；发动机次要参数、飞机各系统参数和状态信息或者维护数据信息在下显示器上显示。

显示选择板主要用于对显示器的显示控制。维护面板用于飞机在地面时控制下显示器的显示信息。取消/再现电门用于对提醒信息和咨询信息的取消和再现重读。

主警告/主提醒灯作为显示器上相关警告/提醒信息的后备指示。它同时也是一个按压式电门，按压其灯罩可以取消后备指示，但是显示器上的警告/提醒信息不会被取消。

2. EICAS 文字信息

根据系统探测到的不正常性的严重程度及应用范围的不同，EICAS 文字信息可分为警戒信息、状态信息和维护信息。

1) 警戒信息

警戒信息主要是为机组人员提供的，按其需要采取措施的紧迫程度又可分为警告（A 级）、提醒（B 级）和咨询（C 级）三个等级。这三个等级的文字信息都显示在上显示器的左部，如图 10-14 所示。

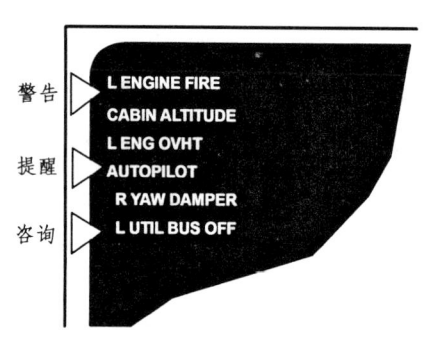

图 10-14 EICAS 显示信息

注：实际的显示字符采用不同的颜色加以区别。

警告（A 级）文字信息显示为红色，不论何时出现，都显示在信息区的顶行，同时还伴有红色主警告灯亮，连续的警铃或报警器声响，对应系统的红色警告灯亮。此时要求机组人员必须立即采取处理措施。按压任一主警告灯，可使主警告灯熄灭，警告声音停止。

提醒（B 级）文字信息显示为黄色，排列在 A 级警告信息的下面。当没有 A 级警告信息出现时，可以从顶行逐条排列。当提醒（B 级）信息出现时，伴有琥珀色主提醒灯亮，蜂鸣器发出"嘟嘟"声响，对应系统的琥珀色提醒灯亮。此时要求机组人员尽快采取处理措施。按压任一主提醒灯，可使主提醒灯熄灭，警告声音停止。

咨询（C 级）文字信息显示为黄色，排列在最后一条 B 级信息的下面，并向右退后一格显示，没有目视和音响警告伴随。机组人员可在适当的时候采取处理措施。

2）状态信息

状态（S 级）文字信息显示为白色，显示在状态格式（下显示器上）的右半部。状态（S级）文字信息只有在按压显示选择板上的"状态"按纽，使下显示器处于状态格式时才能显示。其信息区可容纳 11 行，具有编页能力，溢出信息编在下一页。状态信息提供飞机放行的适航准备状态，机组人员可参照 MEL（最低设备清单）以确定是否可以放行。

3）维护信息

维护（M 级）文字信息显示为白色，显示在维护 ECS/MSG 格式页面（下显示器上）的右半部。维护（M 级）文字信息只有在按压维护面板上的"ECS/MSG"格式选择电门，使下显示器处于"ECS/MSG"格式时才能显示。其信息区可容纳 11 行，具有编页能力。

E 级发动机电子控制（EEC）维护信息是专门为地勤人员排除 EEC 故障而设计的，文字信息以白色显示在 EPCS（电子推进控制系统）页面上。

4）EICAS 警戒信息的取消和再现

EICAS 的警告（A 级）信息是不能被取消的。但是可用取消/再现电门将提醒（B 级）和咨询（C 级）信息从显示器上取消或再现重读。

如图 10-15 所示，EICAS 上显示器有三条警戒信息，从上至下分别为：座舱高度（A 级）；左发过热（B 级）；右偏航阻尼器故障（C 级）。按压"取消"（Cancel）电门，B 级和 C 级信息被取消，A 级信息仍然保留。再按压"再现"（Recall）电门，被取消了的 B 级和 C 级信息重新显示出来。与此同时，在信息显示的最下一行瞬时出现"Recall"字符信息。

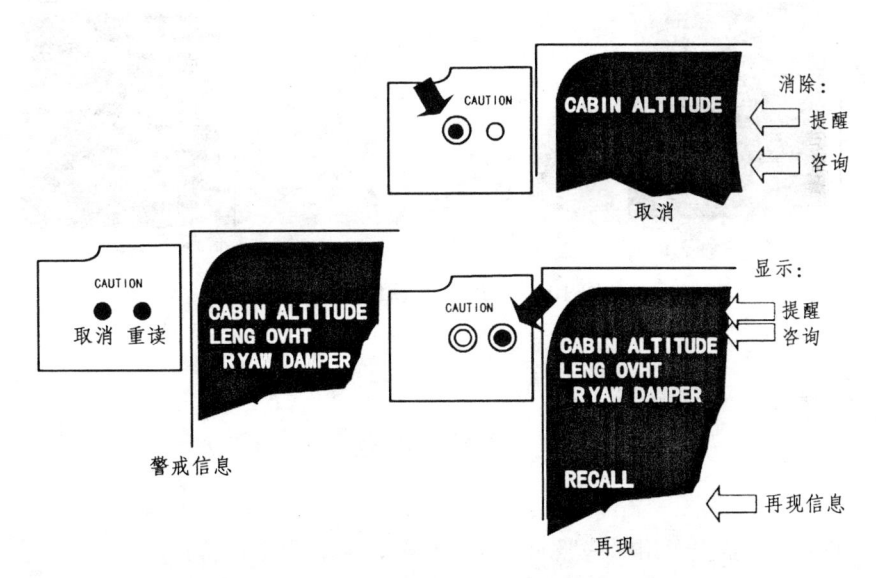

图 10-15 EICAS 警戒信息的取消和再现

5）EICAS 警戒信息的翻页功能

EICAS 警戒信息具有多页显示功能，每页最多能容纳 11 条警戒信息。如果存在的信息超过 11 条，信息就会溢出，页面的最下一行显示页码，多余的信息依次被推到下一页。如图 10-16 所示，按压"取消"电门可以清除当前页的 B 级和 C 级信息，并使溢出的 B 级和 C 级信息得到显示，从而实现翻页功能。按一次翻一页，直到最后一页，再次按压"取消"电门就会清除全部的 B 级和 C 级信息以及页码。应该指出，再翻页的过程中，A 级警告信息始终不受影响。

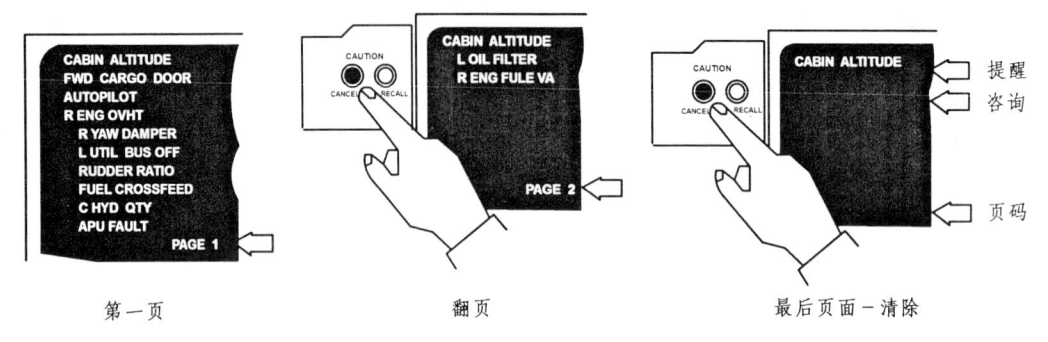

图 10-16　EICAS 警戒信息的翻页

6）新警戒信息的显示

如图 10-17 所示，如果现行的 B 级和 C 级信息被清除后，又产生了新的信息，则新的信息将会出现在当前页面中，并定位于相应 A、B、C 级信息的最上面一行。如果此时显示的不是第 1 页，则可通过按压"再现"电门，使系统回到第 1 页，新的信息仍然位于相应级别信息的最上面一行。同时，在页面的最下一行有"Recall"字符信息瞬时出现。

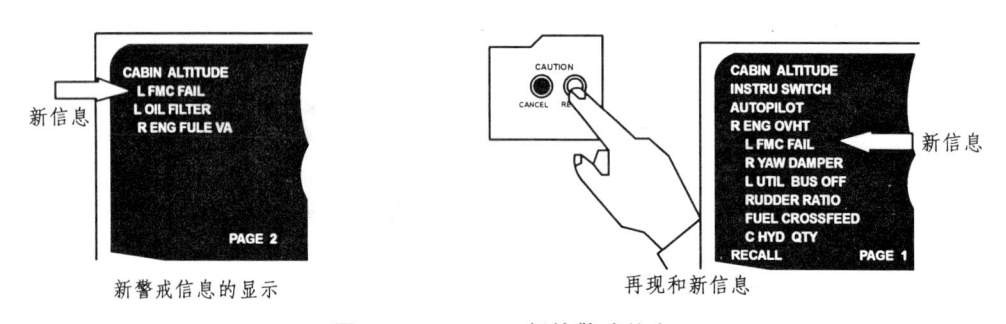

图 10-17　EICAS 新的警戒信息

复习思考题

1．在飞机上，常安置用哪些照明、信号设备，各有何工作特点。
2．简述着陆灯收放控制原理。
3．简述飞机上应急照明的工作特点。
4．在 EICAS 上显示的信息等级是如何分类的？

第十一章 电磁干扰及防护

第一节 电磁干扰及其危害

一、电磁干扰与电磁兼容的定义

随着科学技术的进步、生产力的发展和人民生活水平的提高。"电"的应用几乎渗透到人类活动的各个方面，在当今电子技术蓬勃发展的电子时代，系统结构复杂而拥挤，功率频谱更加宽大，电磁污染严重，电磁干扰已经成为更加困扰人们的难题。

任何能引起装置、设备或系统性能降低或者对有生命或者无生命物质产生损害作用的电磁现象称为电磁骚扰（Electromagnetic Disturbance，EMD）。电磁骚扰引起设备、传输通道和系统性能的下降就称为电磁干扰（Electromagnetic Interference，EMI）。电磁骚扰仅仅是指电磁现象，即指客观存在的一种物理现象。而电磁干扰是由电磁骚扰引起的后果——系统性能降级。

如果在一个系统中，各种用电设备能和谐地正常工作而不致相互发生电磁干扰造成性能改变或遭受损坏，人们就满意地称这个系统中的用电设备是相互兼容的。但是随着用电设备功能的多样化、结构的复杂化、功率加大和频率提高，同时它们的灵敏度也越来越高，这种相互包容兼顾、各显其能的状态很难获得。电磁干扰会引起电子设备性能降级或短时间失效，因此又称为电磁场的不兼容性。为了使系统达到电磁兼容，必须以系统整体电磁环境为依据，要求每个用电设备不产生超过一定限度的电磁发射，同时又要求它具有一定的抗干扰能力。只有对每一个设备作这两方面的约束，才能保证系统达到完全兼容。因此人们对电磁兼容的含义作出了科学的概括，认为电磁兼容（Electromagnetic Compability, EMC）是"设备（分系统、系统）在共同的电磁环境中能一起执行各自功能的共存状态。即该设备不会由于受到处于同一电磁环境中的其他设备的电磁发射导致或遭受不允许的降级，他也不会使同一电磁环境中其他设备（分系统、系统）因受其电磁发射而导致或遭受不允许的降级。"这是国军标 GJB72—85《电磁干扰和电磁兼容性名词术语》中规定的。

电磁干扰和电磁兼容就是存在干扰源的两种结果，干扰和兼容两者可以相互转化，转化的条件是改变"三要素"的变量关系。为了达到系统电磁兼容的目的，需要尽量削弱干扰源、抑制干扰传播途径、降低每个设备的敏感度。

二、电磁干扰的传播

理论和实验的研究表明，不管复杂系统还是简单装置。任何一个电磁干扰的发生必须具备三个基本条件：首先应该具有干扰源，其次有传播干扰能量的途径（或通道），最后还必须有被干扰对象的响应。在电磁兼容性理论中把被干扰对象统称为敏感设备（或敏感器）。

因此干扰源、干扰传播途径（或耦合途径）和敏感设备称为电磁干扰的三要素。图11-1 所示为电磁干扰三要素的示意图。

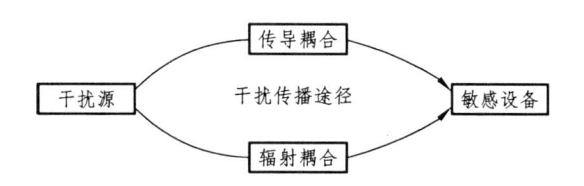

图 11-1 电磁干扰三要素的示意图

电磁干扰源是发生电磁干扰的三要素之首要因素。存在干扰源不一定必然会发生电磁干扰，它潜藏着发生干扰和兼容的两种可能性。大部分人为干扰源都是无意发射的，它们通常伴随着用电设备实现某种电能转换功能而产生，因此企图完全消除干扰源的存在，往往是极其困难的，甚至是不可能办到的。人们容忍它存在，但必须把它限制在不影响其他设备正常工作的范围内。

任何电磁干扰的发生都必然存在干扰能量的传输和传输途径（或传输通道）。通常认为电磁干扰传输有两种方式：一种是传导传输方式；另一种是辐射传输方式。因此从被干扰的敏感器角度来看，干扰的耦合可分为传导耦合和辐射耦合两类。

传导传输必须在干扰源和敏感器之间有完整的电路连接，干扰信号沿着这个连接电路传递到敏感器，发生干扰现象。这个传输电路可包括导线、设备的导电构件、供电电源、公共阻抗、接地平面、电阻、电感、电容和互感元件等。

辐射传输是通过介质以电磁波的形式传播，干扰能量按电磁场的规律向周围空间发射。常见的辐射耦合有三种：① A天线发射的电磁波被 B 天线意外接收，称为天线对天线耦合；② 空间电磁场经导线感应而耦合，称为场对线的耦合；③ 两根平行导线之间的高频信号感应，称为线对线感应耦合。

在实际工程中，两个设备之间发生干扰通常包含着许多种途径的耦合，如图 11-2 所示为家用电吹风机对电视机发生干扰的传输途径。电吹风机是干扰源，它一方面产生射频噪声，向空间发射，以辐射传输的方式通过电视机天线耦合引起干扰；同时射频噪声还在电视机的电源线中感应，再以传导方式进入电视机；吹风机另一方面还在电源中产生高频谐波和尖脉冲波，通过连接导线以传导耦合方式使电视机受到干扰，这样可以看到电视机受到三个途径的干扰。正因为实际中发生的电磁干扰是多途径的，反复交叉耦合，才使电磁干扰变得难以控制。

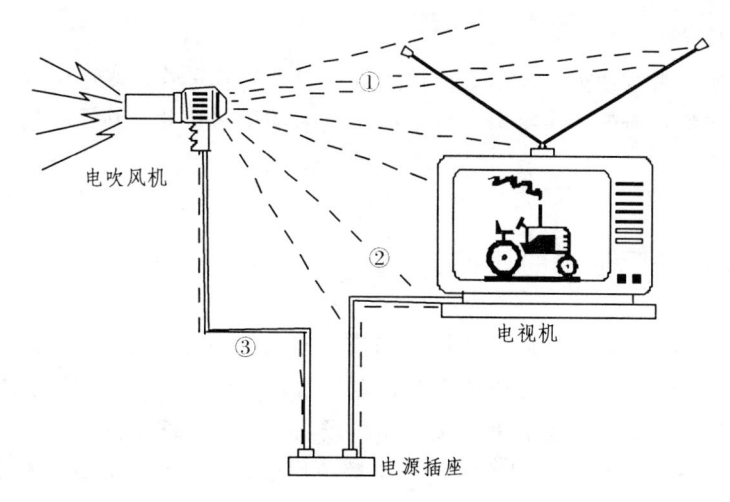

图 11-2 电吹风机对电视机的干扰

三、电磁干扰的危害

电磁辐射能量对人类活动有三大危害：① 电磁干扰会破坏或降低电子设备的工作性能；② 电磁干扰能量可能引起易燃易爆物的起火和爆炸；③ 电磁干扰能量可对人体组织器官造成伤害，危及人类的身体健康。

1. 对电子仪器设备的危害

强烈的电磁干扰作用可以使电子设备的元器件降级或失效；一般硅晶体管的 E 和 B 之间的反向击穿电压为 2~5 V，而且它还随温度升高而下降，干扰电压很容易把它损坏。电磁干扰中的尖峰电压常使晶体管发射结和集电结击穿和烧穿短路，晶体管在射频电磁波的照射下，还能吸收足够的能量使结温升高，造成二次击穿而损坏。

由此可见，电磁干扰作用会使电子元器件降级或失效而造成电子仪器设备的性能改变和失效。

2. 电磁能量对军用器械的危害

在现代飞机、导弹、坦克和军舰上有许多电引爆装置，它已成为军械系统必不可少的设备。然而电磁波通过电爆装置的控制线路，感应耦合形成干扰电流可引起爆炸。电磁波对电引爆器构成严重威胁的例子不胜枚举。

早在 1932 年英国就有射频能量造成意外爆炸事故的记载。1949 年，美国杜邦公司记载了在石油勘探船上由于一台 50 W 发射机的水平天线（长 7.6 m，工作频率 1 602 kHz）在一枚 5 Pt 烈性炸药的引爆电路上感应出 0.42 A 的电流而引起意外爆炸。另外，飞机机翼悬挂的副油箱在无线电辐射干扰下引起误投放；军舰的鱼雷在调频广播电台电磁波作用下出现意外发射等事故也屡见不鲜。

大量试验表明，雷达使火箭发射、调幅广播电台使雷管爆炸、双通电台使电引爆器引燃都是由于电磁干扰能量所致。在军用飞机上电引爆器应用多达几十枚，必须高度重视电磁干扰可能造成的危害。

3. 在民用航空运输中的危害

日益增多的电磁干扰，对民航交通运输构成了极大的威胁，危及了飞行安全。例如1998年2月12日晚，CCTV－1"焦点访谈"节目专门报道了电磁干扰妨碍民航春运事件：该年元月20日，由于大功率寻呼发射机干扰广州机场与飞行在航线上的飞机间的无线电通信联络指挥调度，危及飞行安全，不得不关闭一个繁忙扇面，使90多个航班不能正常运行，大批旅客滞留机场，给繁忙的春运造成损失。又如，我国某海滨疗养地新建了一个电视转播台，由于该台对附近飞机场有严重干扰，尚未正式启用，就被责令拆除。以上两例说明电磁干扰是无线电通信的大敌。

4. 电磁干扰对燃油的危害

各种燃料油在强电磁场作用下有发生燃烧和爆炸的危险。一般常见的事故有三种情况。

1) 直接照射

实验表明，燃油蒸气在电磁波频率为 2~13 MHz 范围的发射天线辐射的电磁波照射下，如果发射功率为 100 W，天线与燃油距离为 11.5~75 m 就会发生自燃而引起爆炸。

2) 电火花点燃

在大功率发射天线周围给飞机加油时，在特定条件下当油枪嘴从飞机油箱中抽出来的瞬间会引起爆炸。这是因为油枪、接地电缆和飞机构架组成了一个射频接收回路，接收到的电磁场能量使油枪和飞机油箱之间产生高达 150 V 的电位差，形成约 0.12 A 的电流，油枪嘴离开油箱时引起电弧放电，电火花使燃油燃烧起爆。

据实验研究指出，引起电弧和电火花放电所需要的伏安极限是 50 V·A。一辆中型加油车为飞机加油时，如在飞机油箱附近存在电磁波辐射，这个电磁波频率若在 24~32 MHz，场强只需 37 V/m 即可获得引起火花放电的电磁能量，达到 50 V·A 的极限值。

3) 静电放电

当易挥发的燃油装在密封的油罐车中运输时，由于燃油在车罐内晃动摩擦会造成电荷积累，产生静电放电。当挥发的油蒸气和空气的混合物比例合适时就会起火爆炸。

5. 电磁能量对人体的危害

电磁波作用到人体和动植物上，可以被反射、吸收和穿透。这种非电离射频辐射生物效应，一直被人类关注。因为在一定条件下，电磁辐射可导致中枢神经系统机能障碍和植物神经功能紊乱、眼睛损伤、诱发癌症或免疫缺陷性疾病。

电磁辐射对人体的危害表现为热效应和非热效应两方面。电磁辐射通过对细胞加热增加血液的流通和发热，并使外部感觉神经末梢受到加热刺激作用产生病理、生理和神经反应称为热效应。

人体细胞吸收射频能量加热的状态在 1~33 GHz 范围内热效应最为严重，主要加热人体深处细胞，而在 3 GHz 以上，只加热表面皮肤。图 11-3 所示为射频能量被细胞吸收和加热的一般情况。人的整个身体的温度超过正常体温时，每升高一度，基础代谢大约增加 5%~14%，在组织中的氧气需要增加 50%~100%。因此热效应对人体的伤害是很明显的，人体的不同部位由于散热效率不同，受伤害的程度不一样。如皮肤具有较为丰富的微血管，它能带走较多的热量，散热效率较高，因此表皮组织的温升往往要小于深部组织的温升。

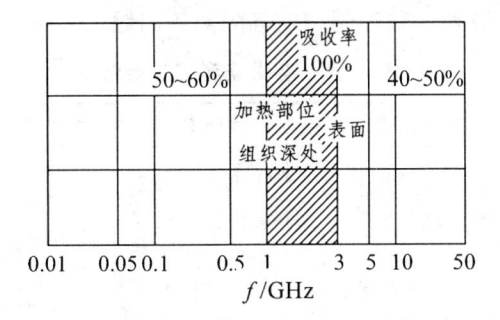

图 11-3 射频能量造成的组织吸收和加热

在射频辐射场中人体最容易受损害的部位和器官有眼睛、睾丸、大脑、神经、皮肤、血液等。

目前，国内外对射频辐射暴露界限值的规定存在较大差别。以美国为代表的英、德、加拿大等国家制定的界限值为 $10\ mW/cm^2$，暴露时间为 6 min；俄罗斯规定的界限值为 $10\ \mu W/cm^2$，暴露时间为 8 h。

综上所述可以发现，电磁辐射会危害到人身健康，危及飞行安全，强场时比弱场严重，高频比低频严重，时间长比时间短严重。人类应远离大功率设备，但也不应忽视小功率设备可能存在的危险。

第二节 电磁干扰的控制

一、电磁干扰控制策略

电磁兼容学科是在早期单纯的抗干扰方法基础上发展形成的，两者的目标都是为了使设备和系统达到在共存的环境中互不发生干扰，最大限度地发挥其工作效能。但是早期的抗干扰方法和现代的电磁兼容技术在控制电磁干扰策略思想上有着本质的差别。

单纯的抗干扰方法的主要思路集中在设法抑制干扰的传播,因此哪里有干扰就在哪里就事论事地给予解决,但这仅仅是根据经验局部的应用,解决问题的方法也是单纯的对抗式的措施。

电磁兼容技术在控制干扰的策略上采用了主动预防、整体规划和"对抗"与"疏导"相结合的方针。人类在征服大自然各种灾难性危害中,总结出的预防和救治、对抗和疏导等一系列策略,在控制电磁危害中同样是极其有效的思维方法。

在控制方法设计上,除了采用众所周知的抑制干扰传播的技术,如屏蔽、接地、搭接、合理布线等方法以外,还可以采取回避和疏导的技术处理,如空间方位分离、时间闭锁分隔、频率划分与回避滤波、吸收和旁路等,有时这些回避和疏导技术简单而巧妙,可以代替成本费用昂贵而质量体积较大的硬件措施,收到事半功倍的效果。

表 11-1 列出了电磁兼容控制策略与控制技术方案的分类情况,在本章将进一步展开论述空间分离、时间分隔、频域划分和管制、电气隔离等问题。

表 11-1 电磁兼容控制策略

传输通道抑制	空间分离	时间分隔	频域管理	电气隔离
滤波 屏蔽 搭接 接地 布线	地点位置控制 自然地形隔离 方位角控制 电磁场矢量方向控制	时间共用准则 雷达脉冲同步 主动时间分隔 被动时间分隔	频谱管制 滤波 频率调制 数字传输 光电转换	变压器隔离 光电隔离 继电器隔离 DC/DC 变换 电动-发电机组

1. 空间分离

空间分离是对空间辐射干扰和感应耦合干扰的有效控制方法。通过加大干扰源和接收设备之间的空间距离,使干扰电磁场在到达接收设备时其强度已衰减到最小限度,从而达到抑制干扰的目的,根据电磁场的特性,在近区感应场中,场强分布按 r 衰减,远区辐射场的场强分布按 $1/r$ 减小,因此加大干扰源与接收电路的距离实质上是利用电磁场特性达到抑制电磁干扰的最有效的基本方法。

空间分离的典型应用是在系统布局时把相互容易干扰的设备尽量安排得距离远一些,在导线布线中,限制平行线间的最小间距;在印制板布线规则中,规定了线间的最小间隔等。空间分离的应用还包含在空间有限的情况下,对辐射方向的方位调整和干扰电场矢量与磁场矢量在空间相位的控制。如在飞机和导弹上有许多通信天线,它们只能安装在机身和机翼的有限空间范围内,为避免天线相互干扰,常用控制天线方向图的方位角来实现空间分离。在电子设备盒机为了使电源变压器铁芯泄漏的低频磁场不在印制板的回路中产生感应电势,应该通过空间位置调整使印刷板平面与变压器泄漏磁场方向平行。

2. 时间分隔

当干扰非常强不易加以抑制时,通常采用时间分隔的方法,便有用信号传输设计在干扰信号停止发射的时间内进行,或者当强干扰信号发射时,使易受干扰的敏感设备短时关闭,以避免遭受损害。人们把这种方法称为时间分隔控制或时间回避控制。采用时间分隔控制有两种形式，一种是主动时间分隔，另一种是被动时间分隔。

当有用信号出现时间与干扰信号出现时间有确定的先后关系的情况下，采用主动时间分隔方式，如干扰信号出现在 $t_1 \sim t_2$ 时间内，而有用信号在 t_1 时间之前出现，此时应提前发送有用信号，或者加快有用信号的传输速度，使有用信号赶在干扰出现之前尽快传输完毕。如果有用信号出现在干扰信号之后，可采用延迟发射电路让干扰信号通过之后再使有用信号发射，这样就可以使接收信号的设备在时间上将干扰与有用信号区分开来，达到剔除干扰的目的。

主动时间分隔法是按照干扰时间特性与有用信号时间特性的内在规律设计的控制干扰方法。

被动时间分隔法是利用干扰信号或有用信号出现的特征使其中某一信号迅速关闭，从而达到时间上不重合、不覆盖的控制要求。如果干扰信号是阵发性的，而有用信号出现时间又是不能预先确定的，这样两个信号就不能确定它们的出现时间，只能由其中一个来控制另一个，使之分隔。例如飞机上的雷达工作时，发射功率很强的电磁波，对于机上其他无线电设备的工作是一个很强的干扰源，为了不使无线电报警装置接收干扰信号而发出警报，可采用被动时间分隔法，由雷达首先发送一个封锁脉冲，报警器接收到之后立即将电源关闭，这样雷达工作时，报警器就不会发出虚假警报，实现了时间分隔。当雷达关闭后，报警器又重新接通电源恢复工作。时间分隔还可以应用于系统的不同任务剖面。

时间分隔方法在许多高精度、高可靠性的系统和设备中经常被采用，例如，卫星、宇航空间站、航空母舰、武器装备系统等。它成为简单、经济而行之有效的控制干扰方法。

3. 频率划分和管制

任何信号（包括有用信号和干扰信号）都是由一定的频率分量组成的，利用系统的频谱特性将需要的频率分量全部接收，将干扰的频率分量加以剔除，这就是利用频率特性来控制电磁干扰的指导思想。在这个原则下形成了很多具体的方法，如频谱管制、滤波、频率调制、数字传输、光电传输等方法。

1）频谱管制

为了防止电磁信号相互干扰，人们把频谱资源进行了分配和管理，这就可以减少有意发射电磁波的相互干扰，例如将频谱分成许多频段：不同用途的电磁波只能在自己的频段内工作和传播。

在世界范围内，由国际无线电组织规定了频率分配和使用的规则，制定了频率分配表。它成为全世界频谱利用和协调的基础，具有国际法性质；这个规则划分了从 9 kHz~27.5 GHz 的频谱范围，规定了广播、航空、航海、固定通信、宇宙通信、探测、天文、科研等 39 种无线业务的频率范围。规则中制定的频率分配表把全球按地理位置分成三个区域，区域（一）包括非洲、欧洲和整个苏联地区；区域（二）为美洲，区域（三）为亚洲和澳洲。每个区域又分成若干较小的地区，地区性频率分配主要针对从 0.1~4 MHz 的中距离通信无线电波，对于更高频的远距离通信无线电波，可以在不同地区通用。对于 90 MHz 以下的频率范围，除了卫星通信外，从 4~7.5 MHz 频率范围在全球内分配，作为各种专用业务频率，以免电离层反射到全球引起干扰。

每个国家根据国际电信公约和国际无线电规则设立国家级的频谱管理机构,为本国分配和管理无线电频谱,在我国则由全国无线电管理委员会负责分配、协调和管理。

2)电气隔离

电气隔离是避免电路中干扰传导的可靠方法,同时它还能使有用信号正常耦合传递。常见的电气隔离耦合原理有机械耦合、电磁耦合、光电耦合。

机械耦合是采用电气-机械的方法,如继电器将线圈回路和触头控制回路隔离开来,成为两个电路参数不相关联的回路,实现了电气隔离,然而控制指令却能通过继电器动作从一个回路传递到另一个回路中去。

电磁耦合是采用电磁感应原理,如变压器由初级电流产中磁通,磁通再产生次级电压使初级回路与次级回路在电气上隔离,而电信号或电能却能由初级传递到次级去,这就使初级回路中的干扰不能由电路直接进入次级回路。

变压器是电源中抑制传导干扰的最基本的方法,常用的电源隔离变压器有屏蔽隔离变压器、铁磁谐振隔离变压器等。变压器还在信号传递回路中作耦合和隔离用。

为了保证用电系统或设备与交流电网完全隔离,防止电网的各种干扰侵入设备和系统,可以将交流发电机和交流异步电动机装在同一轴上,或用联轴结连在一起,交流电动机接在交流电网上,当它转动时便带动发电机同步旋转,发出交流电来。发电机输出电路和交流电网回路是通过机械方式传递电能的,在电气上是完全隔离的,因此电网中的电磁干扰就不会污染发电机的供电回路。由于这种变换方式的效率很低、成本高、体积大,因此很少采用。

二、电磁兼容的控制技术

敏感设备指受干扰影响的系统、设备或电路,其受干扰的程度用敏感度来表示。所谓敏感度是敏感设备对干扰所呈现的不希望有的响应程度,敏感度门限指敏感设备最小可辨别的不希望有的响应信号电平,也就是敏感电平的最小值。敏感度越高,则其敏感电平越低,抗干扰能力就越差。

电磁兼容的技术关键在于有效地抑制电磁干扰,只有掌握电磁干扰的抑制技术。并在系统或设备的设计、生产、使用以及维修过程中合理地应用,才能实现电磁兼容。因此,干扰的抑制技术是电磁兼容领域的重要课题。抑制干扰的方法很多,屏蔽、接地、滤波、频率调制、数字传输是常用的方法。

1. 屏 蔽

抑制以场的形式造成干扰的有效方法是电磁屏蔽,所谓电磁屏蔽就是以某种材料(导电的或导磁的材料)制成的屏蔽壳体(实体的或非实体的)。将需要屏蔽的区域封闭起来,形成电磁隔离,即其内的电磁场不能越出这一区域,而外来的辐射电磁场不能进入这一区域(或者进出该区域的电磁能量将受到很大的衰减)。

电磁屏蔽的作用原理是利用屏蔽体对电磁能流的反射、吸收和引导作用。而这些作用是与屏蔽结构表面上和屏蔽体内感生的电荷、电流与极化现象密切相关。按屏蔽原理，可分为电场屏蔽、磁场屏蔽和电磁场屏蔽，下面阐述各种屏蔽的工作原理。

1）电场屏蔽

电场屏蔽简称电屏蔽，实质是减少设备（或电路、组件、元件）间的电场感应。它包括静电屏蔽和交变电场（如高阻抗电场源的近场）的屏蔽。

（1）静电屏蔽。

根据电磁场理论可知，置于静电场中的导体在静电平衡的条件下有下列性质：

① 导体内部任何一点的电场为零。

② 导体表面上任何一点的电场方向与该点的导体表面垂直。

③ 整个导体是一个等位体。

④ 导体内部没有静电荷存在，电荷只能分布在导体的表面上。

即使其内部存在空腔的导体，在静电场中也有上述性质。因此，如果把有空腔的导体引入电场，由于导体的内表面无净电荷，空腔空间中也无电场，所以该导体起了隔绝外电场的作用，使外电场对空腔空间并无影响。反之，如果把导体接地，即使空腔内有带电体产生电场，在腔体外面也无电场。这就是静电屏蔽的理论根据。例如，当屏蔽内空腔存在正电荷 Q 时，如图 11-4（b）所示，屏蔽体内侧感应出等量的负电荷，外侧感应出等量的正电荷，电力线继续达到导体 B，可以看出，仅用屏蔽体将静电场源包围起来，实际上起不到屏蔽作用。只有将屏蔽体接地时，如图 11-4（c）所示，才能将静电场源所产生的电力线封闭在屏蔽体内部，屏蔽体才能真正起到屏蔽的作用，导体 B 不会再受到感应的干扰。

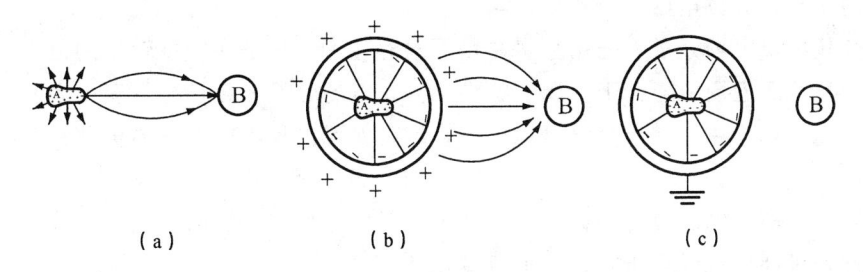

（a） （b） （c）

图 11-4 静电屏蔽原理

（2）交变电场的屏蔽。

对于交变电场的屏蔽，屏蔽体必须选用导电性能好的材料，而且必须良好地接地，只有这样才能有效地减少干扰。一般情况下，要求接地电阻小于 2 mΩ，比较严格的场合要求小于 0.5 mΩ。若屏蔽体不接地或接地不良，将导致加屏蔽体后，干扰变得更大，对于这一点应特别引起注意。

从上面的分析可以看出，电屏蔽的实质是在保证良好接地的条件下，将干扰源发生的电力线终止于由良导体制成的屏蔽体，从而切断了干扰源与受感器之间的电力线交连。

2）磁场屏蔽

磁场屏蔽简称磁屏蔽，用于抑制磁场耦合实现磁隔离的技术措施，它包括低频磁屏蔽和高频磁屏蔽（如对低阻抗磁场源近区感应磁场的屏蔽）。

（1）低频磁场屏蔽。

低频（100 kHz 以下）磁场屏蔽常用的屏蔽材料是高导磁材料，如铁、硅钢片、坡莫合金等。其屏蔽原理是利用铁磁材料的高导磁率对干扰磁场进行分路，使磁场主要沿屏蔽罩通过，即磁场被限制在屏蔽层内。同样，外界磁场也将通过屏蔽罩壁而很少进入罩内，从而使外部磁场不致影响到屏蔽罩内的物体。铁磁材料的磁导率 μ 越高，屏蔽罩越厚，则磁阻越小、磁屏蔽效果越好，但随之使成本增高，体积和质量也增加。

在使用铁磁材料做的屏蔽罩时，垂直于磁力线方向上不应开口或有缝隙，这样的开口或缝隙会切断磁路，使磁阻增大，屏蔽效果变差。铁磁材料的屏蔽只适于低频。

（2）高频磁场的屏蔽。

高频磁场屏蔽采用的是低电阻率的良导体材料，如铜、铝等。其屏蔽原理是利用电磁感应现象在屏蔽壳体表面所产生的涡流的反磁场来达到屏蔽的目的。也就是说，利用了涡流的反磁场，对于原干扰磁场的排斥作用，来抵消屏蔽体外的磁场。例如将线圈置于用良导体做成的屏蔽盒中，则线圈所产生的磁场将被限制在屏蔽盒内。同样外界磁场也将被屏蔽盒的涡流的反磁场排斥而不能进入屏蔽盒内，从而达到高频磁场屏蔽的目的。

根据上述对高频磁场屏蔽的原理可知，屏蔽盒上所产生的涡流的大小将直接影响屏蔽效果。在低频时，产生的涡流小，而且涡流与频率成正比。可见，利用感应涡流进行磁屏蔽在低频时效果是很小的。因此，这种屏蔽方法主要用于高频。

3）电磁屏蔽

通常所说的屏蔽，一般指的是电磁屏蔽，即指对电场和磁场同时加以屏蔽。电磁屏蔽一般也是指用来防止高频电磁场的影响的。

在交变场中，电场分量和磁场分量总是同时存在的，只是在频率较低的范围内。干扰一般发生在近场。而近场中随着干扰源的特性不同，电场分量和磁场分量有很大差别。高压大电流干扰源以电场为主，磁场分量可以忽略，这时就可以只考虑电场的屏蔽。而低压大电流干扰源则以磁场为主，电场分量可以忽略，这时就可以只考虑磁场屏蔽。

随着频率增高，电磁辐射能力增加，产生辐射电磁场，并趋向于远场干扰。高频时即使在设备内部也可能出现远场干扰，因此需要电磁屏蔽。

如前所述，采用良导电材料，就能同时具有对电场和磁场（高频）屏蔽的作用。由于高频集肤效应，对于良导体而言其集肤深度很小，因此电磁屏蔽体无需做得很厚，其厚度仅由工艺结构及机械性能决定便可。

2. 接　地

接地技术是任何电子、电气设备系统都必须采用的重要技术，它不仅是保护设施和人身安全的必要手段，也是控制电磁干扰、保证设备电磁兼容性、提高可靠性的重要技术措施。

接地原意指与真正的大地连接以提供雷击放电的通路，例如，避雷针的一端埋入大地，后来成为电气设备和电力设施提供漏电保护的放电通路的技术措施。现在接地的含义早已延伸，它一般指连接到一个作为参考电位点（或面）的良导体的技术行为。其中的"地"不一定为实际的大地，而是泛指电路和系统的某部分金属导电板线。它可以作为系统中各电路任何电信号的公共电位参考点，理想的接地导体是一个零电阻的实体，任何电流在接地导体中流过都不应该产生电压降，各接地点之间不应该存在电位差。良好的接地是提高抗干扰性能的基础，但是，如果接地不当就会引入电磁干扰。

通常电路和用电设备的接地按其功能分成两大类：安全接地和信号接地。

安全接地就是采用低阻抗的导体将用电设备的外壳连接到大地上，使工作人员不致因设备外壳漏电或故障放电而发生触电危险。安全接地还包括建筑物、输电线铁架、高大电力设备的接地，其目的是为了防止雷击放电造成设施破坏和人身伤亡。

由于大地具有非常大的电容量，是理想的零电位。不论往大地注入多大的电流或电荷，在稳态对其电位保持为零，因此，良好的安全接地能够保证用电设备、各种设施和人身安全。

信号接地就是在系统和设备中，采用低阻抗的导线（或地平面）为各种电路提供具有共同参考电位的信号返回通路，使流经该地线的各电路信号电流互不影响。

现将常用接地分类列于表 11-2 中。

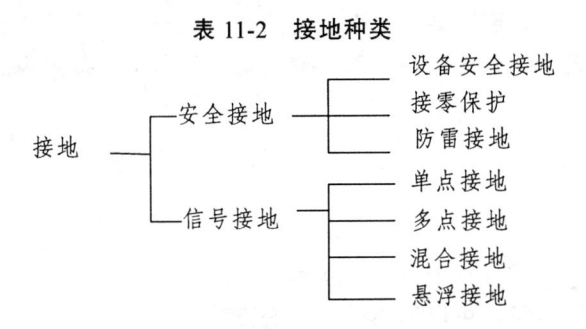

表 11-2　接地种类

```
                        ┌─ 设备安全接地
            ┌─ 安全接地 ─┼─ 接零保护
            │           └─ 防雷接地
   接地 ────┤
            │           ┌─ 单点接地
            │           ├─ 多点接地
            └─ 信号接地 ─┤
                        ├─ 混合接地
                        └─ 悬浮接地
```

一个接地系统的有效性，取决于减少接地系统的电位差和地电流的程度。一个不好的接地系统，往往使这些杂散寄生的电压、电流耦合到电路、分系统或设备中去，从而使一个屏蔽很好的单元的屏蔽有效度下降，在一定程度上抵消了滤波器的作用并产生电磁干扰问题。因此在考虑接地时应考虑以下问题：

（1）音频信号线路的屏蔽层采用单端接地，接地点通常在接线盒处，以防止从接地回路中耦合到干扰信号。

（2）稍不重要的电路屏蔽层可以在导线被设备分开的两个不同区段处的不同点接地。使用经验表明，两端或多点接地能对开关瞬变引起磁场屏蔽提供理想效果。

（3）敏感电路通过插销连接器或接线盒时，屏蔽层应专门利用插销中的一对插针插孔通过插销，以维持屏蔽的完整与连续。

（4）成对数字数据线先扭绞屏蔽，外面再覆盖绝缘保护层。所有数据总线的屏蔽层均应在两端接地，同时还要在机上安装的总线接口处接地。

（5）频率高于 10 MHz 及屏蔽电缆长度超过波长 1/20 时，常采用多点接地，以保证屏蔽层上等电位。一般采用两端接地方式，但长电缆应至少每隔 0.1~0.2 波长屏蔽层接地一次（每隔 2~6 m 屏蔽接地）。

3. 滤 波

实践表明,即使对一个经过很好设计并且具有正确的屏蔽和接地措施的系统,也仍然会有不需要的能量传导进入此系统,致使系统的性能降低或引起系统的失灵。滤波器可以把这些不需要的传输能量减小到使系统能接受的工作的电平上,这是因为在滤波器的通带内。滤波器对能量传输的衰减很小,使能量很容易通过,而在通带之外,传输能量则受到很大的衰减,从而抑制了能量的传输。滤波的实质是将信号频谱划分成有用频率分量和干扰频率分量两段,剔除干扰部分。正因为滤波器具有这样的作用,这是别的抑制方法难以起到的作用,所以滤波器是一种抑制干扰的有效手段。

当有用信号中含有干扰信号并且能够确定有用信号和干扰信号占据频谱的分量时,可采用滤波方法使干扰信号频率分量得以剔除和抑制,从而保留有用信号的频率分量。滤波技术不仅常见于控制电源中的传导干扰的传输,而且也应用于辐射信号传播中控制天线的接收信号分量。根据滤波器的频率特性可以分为几类:① 低通滤波器,只通过低频有用成分,抑制或削弱高于截止频率的成分;② 高通滤波器,只通过高频有用成分,剔除截止频率以下的干扰成分;③ 带通滤波器,只通过某一频带宽度的频率成分,低于或高于带宽的频率成分均不让通过,加以抑制或衰减;④ 带阻滤波器,抑制某一频率宽度范围内的频率成分,带宽以外的频率分量都可以通过。

4. 频率调制

通常在长距离信号传输过程中容易引入干扰,而且这种干扰的频谱较宽,频域范围难以确定,为提高信号传输质量,可以采用频率调制方法。

信号调制分为幅度调制和频率调制两种制式,幅度调制后产生的载波信号具有较高的频率,既便于发送,又能防止引入干扰。无线电广播发射的调幅波信号就是采用这种幅度调制方式。

频率调制后的信号在传输过程中如遇电磁干扰,只影响其幅度,极难影响频率,因此接收信号的质量较高。广播电台的立体声调频信号就是经过频率调制传送的,所以收听质量很好,特别是低频分量丰富,悦耳动听。

5. 数字传输

另一种防止信号在传输过程中被干扰的方法为采用数字传输技术,将待传送的信号经过高速采样、模/数转换,使之变成数字信号,成为一系列对应于原信号幅度的调制脉冲。

数字传输技术的采样频率应大于两倍以上传送信号的最高频率成分,否则信号的信息就不能全部被包含在数字信号中,经过采样后,将连续变化的信号波形变成为阶梯状波形,通常称为量化。当信号电平较小时,可提高采样频率来缩小量化误差。在数字传输技术中,还可采用非线性量化的压缩和扩展技术,使量化噪声均匀。

信号的数字传输技术实质上也是一种频率变换的方法,它在通信工程中应用较多,目前已应用在电视图像信号的传播工程中,以提高图像的清晰度。

第三节 静电及防护技术

一、静电现象

两种不同材料的相互摩擦是产生静电荷的主要原因。例如，当人穿塑料底或皮底鞋在铺有绝缘橡胶、地毯上行走时，就会因摩擦引起带电。在室温 20 °C，相对湿度 40%时测得人体带电的电压见表 11-3 所列的数据。

表 11-3 人体的带电电压/kV

	木棉	毛	丙烯	聚酯	尼龙	维尼龙/棉
棉衣 100%	1.2	0.9	11.7	14.7	1.5	1.8
维尼龙 55%/棉 45%	0.6	4.5	12.3	12.3	4.8	0.3
聚酯 65%/人造丝 35%	4.2	8.4	19.2	17.1	4.8	1.2
聚酯 65%/棉 35%	14.1	15.3	13.3	7.5	14.7	13.8

表 11-3 中所列的数据，说明人体带电电压的高低与所穿衣料有关，不同的衣料所带电压是不同的。当然这是在人体与地绝缘的情况下测得的，如果人体与地相连接，则人体中的静电荷都会泄漏到地而不累积静电荷，也就不会有静电压产生。

用人造革、泡沫塑料、橡胶、塑料贴面板等容易产生静电的材料制成的工作台、家具、工作室墙壁及各种塑料包装盒，在使用过程中不可避免要发生摩擦，从而产生静电；高速流动的气体或液体，因为与设备的腔壁和管壁发生了摩擦也会引起静电。

静电的产生与空气的湿度有很大关系。湿度高时，空气中所含有的水分子就多，物体表面吸附的水分子也多，表面的电阻率降低，使静电荷容易由高电位传到低电位而积聚不起来。产生的静电电压必然较低。相反，空气的湿度较低时，同样的活动就会产生较高的静电电压。表 11-4 所列的是不同湿度时进行活动的人体上所带的静电电压值。

表 11-4 活动在各种不同湿度时使人体所带的静电压/kV

活动类型	相对湿度 10%~20%	相对湿度 65%~90%
在地毯上走动	8.5	1.5
在聚乙烯地板上走动	1.2	0.25
在工作台上工作	0.6	0.1
在泡沫垫椅上坐	1.8	1.5

雷电从本质上说也属于静电的范畴，它是大自然中的一种静电放电现象。但是雷电不同于一般的静电放电，这是因为雷电的电压相当高，冲击电压可达数十甚至数百万伏，雷电的放电电流也相当大，可达数千、数万安培。因此，雷电破坏力要比一般的静电放电大得多，

以至一般的静电放电及其他形式的放电是无法与之比拟的。

人们已经开始利用静电为人类服务，例如，静电喷漆、除尘、植绒、复印、打印等。然而，静电也会给人们带来危害，主要有以下三个方面：一是引起火灾和爆炸事故，这类事故最为常见；二是引起静电电击，一般不能直接使人致命；三是影响生产，影响产品质量。

静电对航空航天事业造成了很大的影响，表11-5中给出了由于静电造成火箭发射失败的事例。

飞机在跑道上滑行，轮胎摩擦起电会立即传遍机身；飞机在高空中飞行遇到带电云也会感应带电。整个机体（包括螺旋浆、机翼、机身等）与高空中气流的水滴、冰屑、灰尘等冲击和摩擦而带电，燃烧废气高速冲出等也能使飞机带电。在地面上，燃料油注入油箱时把泵

表11-5 静电造成火箭发射失败

火箭名称	飞机实验代号	发射时间	故障出现时高度/km	故障出现时的真空度/kPa	故障简况及原因
民兵Ⅰ	FTM-502	1962	7.6	42.13	静电放电造成制导计算机故障，Ⅰ级发动机关闭前自毁，发射失败
民兵Ⅰ	FTM-503	1962	21.8	5.28	静电放电造成制导计算机故障，Ⅰ级发动机关闭前自毁，发射失败
欧罗巴Ⅱ	F-11	1971	72	1.06	静电放电使制导计算机阻塞，姿态失控，约1 min后，火箭Ⅰ、Ⅱ级过载自毁，发射失败
侦察兵	S-112	1964	38~24	0.39~0.25	电爆管桥丝和壳体之间因电弧击穿，Ⅱ级发动机自毁系统爆炸，发射失败
侦察兵	S-128	1964	38~24	0.39~0.25	电爆管桥丝和壳体之间因电弧击穿，Ⅱ级发动机自毁系统爆炸，发射失败
大力神ⅢC	C-10	1967	26	1.19	静电放电使制导计算机故障后自动转移到后备状态
大力神ⅢC	C-14	1967	17	6.93	静电放电使制导计算机故障后，经地面发射指令，修正到预定轨道
德尔安	2313	1974			制导系统控制器件故障，火箭翻滚，发射失败

或过滤器中产生的电荷带入油箱。飞机飞行时的晃动会使油箱内的油产生静电，而带电后的油会使油箱带电。因此，在整个飞机飞行过程中会使飞机带上大量静电。带电飞机的机翼、螺旋浆及天线的尖端，都可能产生电晕放电。这些静电放电会产生很强的无线电干扰，使飞机和地面的无线电通信中断，使无线电导航系统不能工作。另外，静电放电的噪声有可能淹没全部高、中、低频无线电讯号；飞机带电，大大增加了遭受雷击的可能性。据统计，南非航空公司在1948年至1974年的26年间，飞机受雷击共254次，其中可见损坏的雷击113

次，损坏情况见表 11-6。

表 11-6　103 次雷击中飞机损坏情况

损坏项目	次数	占 113 次中的百分比
无线屏蔽罩和测试设备	16	14%
无线和无线电	21	18.5%
放电锥和机身	76	67.5%

二、飞机结构的静电现象及其防护技术

1．飞机结构中静电荷的产生及危害

飞机在飞行期间，在其结构中会累积起静电荷。这些静电荷的产生有两方面的原因：

1）沉积起电

飞行过程中，机身与空气中的雨滴、雪花、冰晶、沙尘、烟雾及其他大气污染物等粒子流发生撞击和摩擦时会引起一种所谓的沉积起电，粒子流中的静电荷就建立在飞机的外表面。

2）静电感应

当飞机飞入某些类型的云所形成的静电场时，在飞机中产生感应电荷。静电感应可以产生 1 千万伏电压和可能的数千安培的电流通过飞机。

不管飞机是以何种方式获得静电荷，它与大气间造成的电位差会产生放电。由于飞机各分离零件以及飞机工作所需要的所有系统间有电位差，则飞机结构的各部分之间潜在着放电的危险。这种放电现象一旦发生就会干扰无线电通信和导航信号，甚至引发火灾。另外，人员在接触飞机的设备和零件时有触电的危险。飞机静电主要有两个方面的危险：静电燃爆、静电干扰和屏蔽。

（1）飞机静电燃爆事故。

航空燃油是良好的绝缘体。在给飞机加油过程中，以及飞机起飞、着陆过程中，燃油与油箱壁摩擦等原因致使油箱内积聚较多的静电荷，如果不采取适当的措施就会发生事故。例如，1977 年，美国空军的 F-105、A-10 和 UH-1 直升机在加油过程中都相继发生过静电失火事故。

（2）飞机的静电干扰与静电屏蔽。

飞机在飞行过程中会产生静电，在凸出部位的电位可高达 200~500 kV，当飞机表面的电场强度达到 3 300 V/mm 时，机体的凸出部位就会产生电晕放电。一般来说，只要飞机上的静电放电电流超过 5μA，无线电通信就要受到干扰，特别是在天线附近产生放电现象。

静电屏蔽的危险也是很大的。例如，我国歼 6 上使用的无线电罗盘受静电屏蔽影响比较严重。原来的垂直天线铺设在座舱盖有机玻璃内侧，飞行过程中有机玻璃与大气摩擦产生静电（在夜间飞行时，飞行员常能看到座舱盖有机玻璃外表出现"流星样的火花"）。由于静电屏蔽的结果，使得垂直天线的有效高度严重下降，它接收的导航信号严重衰减，

特别是遇到复杂天气时，飞机在穿云过程中，无线电罗盘往往不能正常工作，航向指示异常，严重影响飞行安全。后来改变了无线的形状和位置，才解决了问题。

2. 飞机结构静电现象的防护

为了防止飞机结构中静电荷积聚所带来的严重危害，可采取以下两种技术措施：

1）电气搭接

电气搭接（通常也称为搭铁）是把飞机结构中各个分离部件之间形成低电阻连接，以消除各部分之间存在的电位差。电气搭接可以是固定于金属零件（如非金属连接件每一侧的管子）间的金属条导体，也可以是连接活动部件（如操纵连杆。飞机操纵面以及安装在柔性安装件，如仪表板、电子设备安装架上的元件）之间的短长度柔性编织导体构成，图 11-5 所示是典型的电气搭接图。

一般来说，搭接有主和辅之分。这是根据所存在的静电荷引起的电流大小来确定的。主搭接导体用于主要的部件、发动机、外部表面（如飞机操纵面）与机体结构（飞机的接地）之间。辅搭接导体用在零部件与地之间以及按规定不需要主搭接的地方，例如，通有易燃流体的管路、接线盒、门板等。

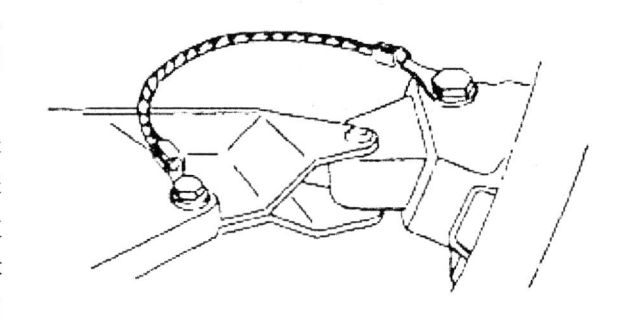

图 11-5 电气搭接

某些静电荷常常会留在飞机上，在着陆之后，会造成飞机与地之间的电位差，这显然是不希望有的情况。因为这不仅使进入飞机或离开飞机的人员有遭电击的危险，还可引起飞机同正在与其相连接的外部地面设备之间的放电现象。为此要给停留到地面后的飞机提供漏电到地的路径。这有两种方法，一是飞机前后起落架的轮胎采用具有良好导电性的橡胶制造；另一种是固定于起落架轮轴上的柔性钢丝与地面作实体接触。这两种方法可以单独使用其中的一种，也可以是两者组合使用。

2）静电放电索

飞机在空中飞行期间，为了均衡大气与飞机结构中静电荷的电位，需要不断地产生静电放电。然而，通常放电的速率要比飞机累积电荷的速率低，结果仍然会使飞机的电位升高到产生电晕放电的数值。在能见度很低时或在夜间就可看到电晕放电时的辉光。电晕放电往往发生在飞机结构的弯曲部位处和最小半径部位处，譬如翼梢、尾缘、螺旋桨尖、水平和垂直安定面、无线电天线、空速管等并引起干扰，特别是对无线电频率信号的严重干扰，使飞机的通信、导航系统无法正常工作。为了使电晕放电发生在干扰最小的地方，所采用的措施是用静电放电索（或称为静电放电器）。静电放电器为飞机结构

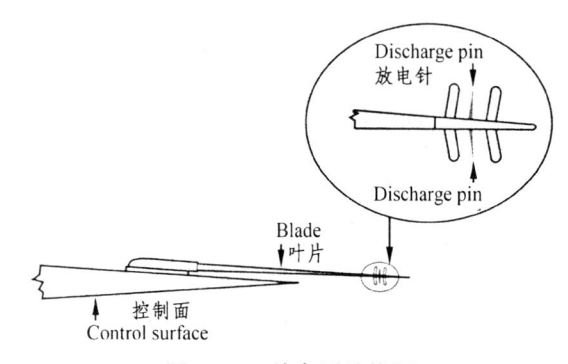

图 11-6 放电刷结构图

中累积的静电荷提供较容易逸出的出口，使电晕放电在人为预定点发生。通常把静电放电器安装在飞机的副翼、升降舵和方向舵的后缘。典型的静电放电器用镍线制成刷状或索状，如图 11-6 或图 11-7 所示，以使提供更多的放电点。在某些场合。静电放电器也可制成小金属杆的形式（用于后缘安装）和短平金属片形式（安装于翼梢、水平安定面和垂直安定面，见图 11-8）。

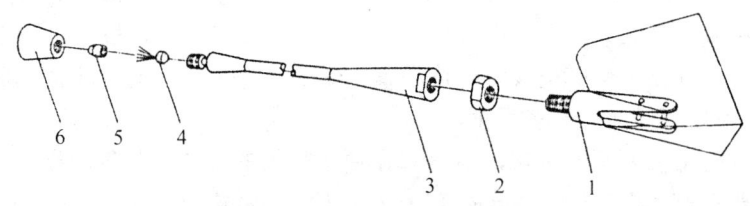

图 11-7 漏斗式放电刷分解图

1—叉形固定头；2—防松动螺母；3—漏斗杆；4—钢丝芯；5—橡胶套；6—漏斗头

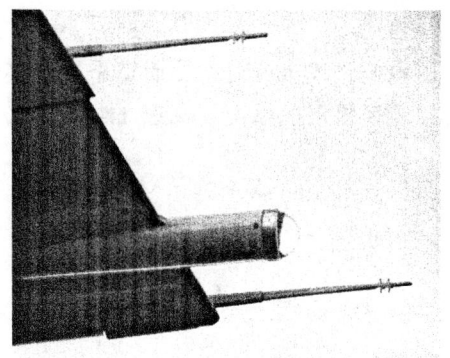

图 11-8 放电刷的安装

飞行前应对放电刷进行仔细检查，目视检查放电刷安装牢固，无损伤、变形现象，无丢失，无被闪电击伤的烧伤痕迹，放电刷前缘的锈蚀不超过放电宽度的 1/3。放电刷的钢丝应散开，如果放电刷的钢丝严重锈蚀或有三根钢丝不能伸出漏斗头外或断丝，均需要更换放电刷。使用微欧计检查放电刷与机体之间的阻值应不大于 300 μΩ（具体数值依机型而异）。

三、雷击现象

1. 雷击的特点

飞机被电击事件并不鲜见，根据美国有关部门统计，B-707 被雷电击中的概率为 1/4 400，而 B-747 被雷电击中的概率为 1/2 600。

从飞机雷击事故的统计和分析来看，飞机雷击事故具有以下特点：

（1）飞机遭受雷击的气象条件：云中飞行最易遭受雷击；轻度的大气紊流也是雷击的有利条件。对于各种降水情况来说，雨中飞行雷击的几率最高。从大气温度来看，飞机在 0°C

左右的飞行环境里遭受雷击的可能性最大，70%左右的雷击事故发生在－5~＋5°C的条件下。

（2）飞机遭受雷击的飞行高度：主要在6 000 m以下，约占全部雷击事故的80%以上，其中高度在3 000~4 579 m之间，雷击几率最大。

（3）飞机遭受雷击的飞行状态：起飞爬升和着陆下降阶段遭受雷击的几率最大，两者共计约占70%以上。

（4）在我国，飞机雷击事故主要发生在3~9月份。一年中，飞机遭雷击的月份分布与地理因素有关。我国雷雨地域分布为南方比北方多，山地比平原多，最多的地方在华南南岭地区。全国雷雨的季节分布是夏季最为旺盛频繁，冬季最少（秦岭黄河以北地区冬季几乎无雷雨），春季和秋季只有局部地区多雷雨。

（5）雷击着附飞机表面的区域，通常都在曲率较大的部位，如发动机进气口、机头等。

（6）雷击着附于飞机表面时，至少有一进一出两个雷击点。

2. 飞机遭雷击现象

雷击放电的过程十分复杂，而整个过程又是瞬间完成的。这里仅以云对地放电为例，说明飞机直接遭受雷击的情况，如图11-9所示。飞机遭受雷击可分为三个阶段：

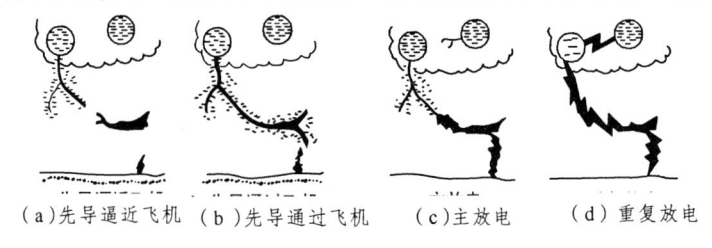

(a) 先导逼近飞机　(b) 先导通过飞机　(c) 主放电　(d) 重复放电

图11-9　雷击放电图

1）预先雷击阶段

当云中电荷中心积聚的电荷达到一定数量时，其周围的电场可以强到使空气电离，在电场最强的方向产生一个明亮的火花形式的导电通道。云中的电荷就流入这一通道，从而加强了火花通道前端的电场，于是再次引起电离，进一步延伸火花通道。这一过程反复进行，就形成了一条逐级推进的火花通道，称之为"阶梯先导"。如果飞机在有雷电活动的环境中飞行，飞机处在发展着的先导附近，由于飞机是良导体，在它上面要引起静电感应，飞机周围的电场在几毫秒时间内就会完成强化过程。

根据飞机雷击事故的调查分析，飞机表面遭受雷击的几率是不同的，可分为三个区域（见图11-10）。Ⅰ区：直接遭受雷击几率最高的飞机表面。雷电的最初击中点是在该区域内。雷电有可能击中这一区域并在雷击的整个持续时间内保持与之连接。该区域包括：头锥、翼尖、发动机短舱、外部油箱、螺旋桨桨帽、水平安定面与垂直安定面对翼尖、水平安定面的后缘，以及尾锥等突出部位，有时也在小的凸出部件上发生，如天线或传感器上。

Ⅱ区：从Ⅰ区的直接雷击点往后掠过的雷击几率高的飞机表面。该区域包括雷电直接击中的前部各突出点的前后连线的两侧0.5 m以内的表面，以及未划定在直接击中区域内的机身和发动机短舱表面。

图 11-10 飞机的雷击区域

Ⅲ区：Ⅰ区和Ⅱ区以外的飞机表面。闪电直接击中的可能性小。

当飞机端部的电场增大到空气的击穿强度时，空气会被击穿，在迎着先导方向来端部上形成电晕放电，并发展成流光，如图 11-9（a）所示。这些流光中的一束遇到最靠近的一支先导时，就形成了从云中电荷中心到飞机的通道，飞机成为阶梯先导的一部分，云里的电荷就顺着通道流到飞机上，大量的电荷又强化了飞机周围的电场，致使导电通道从飞机的其他端部继续先前发展，直到其中的一支到达地面时为止，如图 11-9（b）所示。这称为预先雷击阶段。这时飞机已成为云对地放电通道的一部分，雷击放电的电流将通过飞机。在阶梯先导的通道中，传递的电荷量平均为 5 C，平均电流约为 100 A，峰值电流约为 1 000 A。

2）主放电阶段

在阶梯先导到达地面后，立即从地面经过已经高度电离了的空气通道，向云中流去大量的相反极性的电荷，这股电流很强，以至空气通道被烧得白炽耀眼，出现一条细长而弯曲的光柱。这一过程叫"回击"，也叫"主放电"如图 11-9（c）所示。

在主放电过程中，峰值电流的平均值为 10~20 kA，最大值达 200 kA。这种高峰值电流上升速率很快，平均每微秒 10 kA，最高达每微秒 100 kA。峰值电流持续时间一般是 40 μs秒，最长可达 80 μs。

一旦回击到达云块，主放电就结束。如果云中还存在其他的电荷中心，它们还可能通过上述通道对地放电，再次形成雷击。这称为"重复放电"如图 11-9（d）所示。一次雷击平均有 3~4 次重复放电，最多的可达十几次，重复放电的电流比第一次主放电的电流小。各次放电的时间间隔为几十毫秒。

3）大量放电阶段

一般在第一个回击之后，留在云块里的电荷仍然可以通过通道泄放到地面，形成一个低的持续电流，通常为 100~200 A，最大可达 400~500 A。电流持续时间平均为几百毫秒，最长可达 1 s。传递的电荷量平均为几十库仑，最大值为 200 C。因此，雷击放电将传递的能量主要集中在这个阶段。

飞机遭受雷击的另一种情况是扫掠雷击。在续流和多重雷击过程中，闪电通道会稍微停留在空间。当飞机进入时，由于飞行有一定的速度，飞机相对于闪电通道移动，如果雷电起初附着在飞机的某一点，当电弧的附着点在飞机飞过稳定闪电通道时，会向后扫掠过飞机表面，这称为"扫掠雷击"。在扫掠雷击中，通过飞机的往往是持续电流和重复放电电流。扫掉雷击的能量比较分散,但也有足够的破坏能量。

3. 雷击对飞机的危害

雷击对飞机造成的损伤与雷电电流的传导状态有关,就其破坏因素来说,有以下几个方面的破坏作用。

1) 热破坏

在主放电阶段,雷击的高峰值电流能在极短的时间传递大量的电荷,这种电荷传递会使材料很快高温汽化。如果这一过程发生在有限的空间内,就能产生很大的蒸汽压力,造成大面积的结构损伤。如未加防护的雷达罩受到雷击时,常常发生这种损伤,使飞机遭雷击后某机件在隔舱内发生爆炸。

在雷击大电量阶段,雷电流通过导体时能在极短时间内转换成大量热能,会造成结构的严重烧伤和烧蚀。特别是在整个雷电传导期内,当闪电通道停留或附着在飞机的一点上时,会发生最严重的损伤,能使飞机蒙皮上生成直径达数厘米的洞。如果烧伤或烧蚀发生在油箱或近处有油蒸汽的蒙皮上。蒙皮烧穿或蒙皮下表面的局部过热点能点燃油蒸汽而引起爆炸。

2) 电破坏

雷击时会有数十万乃至数百万伏的冲击电压放电。这将造成绝缘材料的击穿。如机头雷达罩就可被这种极高电压击穿。在雷击大电流流过飞机的急转弯弯头时,产生强的磁场作用,其磁力能使结构件从铆钉、螺钉或其他紧固件处扭开、撕开、弯折或剪开。在预先雷击阶段,在飞机端部产生枝状流光。位于这一部位的某些类型的燃油通气口对枝状流光反应敏感,流光能点燃易燃爆的燃油蒸汽而发生爆炸。雷击电流流过电气附件或线路,也会给飞机电压或电子设备造成破坏。大电流通过导线、触点时,可使导线、触点烧熔并汽化。

3) 间接破坏

闪电是一种脉冲放电现象,具有频谱非常宽(从几 Hz 到有记录的 600 MHz)的电磁辐射,它与飞机内的电子、电气设备相互作用,会产生危及安全的间接影响。

在飞机受到雷击时,雷电流流过飞机,强烈的磁场便包围了导电的飞机,并且随迅速变化的雷电冲击电流而迅速变化。这种磁通量的某些部分通过观察窗、座舱盖、接缝等的间隙会漏进飞机里。流过飞机内表面的雷击电流也会产生磁场。这些内部的电磁场,通过飞机的电路在线路中产生感应电压和感应电流;另外,上升速率极快的高峰值电流流过机体时,对邻近的电气系统和电子部件产生电磁耦合作用,也在线路中产生感应电压和感应电流。这会带来以下危害:

(1) 通过导线的传导,对飞行员产生电击。

(2) 通过继电器的假触发,损坏电气系统或使飞机的一些机构产生错误动作,如外挂物的无意投放,飞行员座椅的误弹射等。

(3) 通过天线、固态电路装置的作用,使电子设备和控制系统发生故障。常使飞机无线电通信中断,电子设备受到干扰、失灵或烧毁。

4) 冲击波作用

在主放电过程中,闪电通道内的空气突然急剧加温和迅速冷却,在千分之几秒的短暂时间内发生急剧的膨胀和收缩，从而产生冲击波。飞机遭雷击后，强大的冲击波会破坏发动机进气气流的温度、压力和速度的均匀度。由于进入发动机空气流速瞬间发生急剧变化，发动机工作状态骤然移向不稳定区而发生喘振。如果在低空飞行，这会造成发电机严重过热，甚至会使涡轮叶片熔化；若在高空飞行，这种喘振会造成发动机自动停车。此外，雷击时的冲击波在一定条件下会造成发动机尾喷口前气流收敛，这是燃烧室熄火的直接原因。

国外资料表明，飞机不同部位和仪表遭电击的概率分别为：天线27%、机翼22%、尾翼21%、机身15%、螺旋桨叶7%、检验孔6%、罗盘2%，受雷击的损伤照片如图11-11所示。

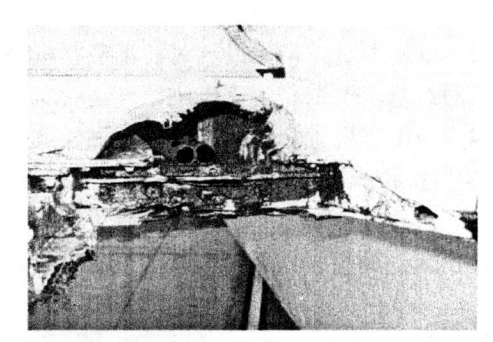

图 11-11 受雷击的雷达罩和升降舵

另外，飞机遭受雷击时，空勤人员也会受到影响。一是在电气线路中产生的感应电压和感应电流，会使飞行员受到电击；二是在主放电阶段，空勤人员会发生暂时的闪光失明；三是雷击时燃油箱发生爆炸，使飞机进入危险的大过载状态，导致飞行员失去知觉。

4. 雷击点的识别

（1）在认为飞机遭受雷击时和飞行人员的充分沟通以了解飞机是否飞经雷雨区，这是维护人员判明飞机是否遭受雷击的重要辅助手段。

（2）对于飞机的金属结构，通常在雷击点会出现凹坑或小的圆孔。这些损伤可能集中在一个较小的区域，也可能分散在一个较大的区域内。被燃烧过、烧焦或变色的蒙皮也是雷击点。

（3）对于飞机的复合材料（非金属）结构，雷击通常造成分层，或蜂窝结构的漆层变色，也可能导致蒙皮穿孔、烧蚀。复合材料的损伤不易发现，并且可能范围很大。在飞机的支撑结构的连接处也可能由于雷击而出现电弧及燃烧过的痕迹。

（4）在飞机被雷电击中时，飞机部件的磁性会变得很强；在放电过程中，可能会有很强的电流流过飞机的金属结构，从而形成磁场使铁磁性材料带有磁性并对相关部件造成损坏。

（5）雷击在飞机表面从前往后扫掠的路径上，通常都会产生一系列链式的雷击点。因此，只要找到了飞机遭雷击的进入点和脱离点，就需要在其路径上认真检查其他可能存在的雷击飞机表面漆层变色点。

（6）有时也会出现螺钉、铆钉松动或丢失，飞机零部件受损或丢失或飞机结构受损。在判明飞机已遭受雷击，参照特检工卡对飞机进行检查和处理。

5. 防雷检查

（1）飞机航前、过站和航后，如遇到雷雨天气，机械员需及时关好飞机各登机门、各勤务门及驾驶舱的活动风挡玻璃，以防止出现机舱进水和前电子舱发生渗水现象。

（2）过站及航后维护时注意检查飞机是否遭受雷击，如是则严格按照雷击后检查工作单执行维护。

（3）维修人员在雷雨天气时，不戴耳机进行通话联络，也不触摸与飞机的连接线路，避免导致对维修人员的伤害。

（4）做好飞机气象雷达、风挡雨刷、放电刷等雷雨探测、防范机载设备的检查，确保这些设备状态完好。

（5）对检查中发现有放电刷有缺失现象，务必对缺失处进行全面检查，确认缺失原因；对因雷击而缺失的放电刷，要扩大检查区域，并及时处理雷击造成的损伤。

第四节　典型飞机系统的电磁干扰源分析

对电磁干扰源的以上分析仅仅是一般性的讨论，在电磁兼容工程的实际应用中，往往需要针对一个典体的系统进行分析，以便得到电磁兼容性设计和采取防护措施的依据。例如，对一辆轿车、一枚运载火箭、一颗人造卫星或者一艘舰船进行系统内外干扰源的分析。可以有针对性地进行防护设计，现在我们来分析飞机系统可能存在的主要干扰源。

（图11-12所示是一架飞机的主要干扰源示意图。一般将这些干扰源分为系统内干扰源

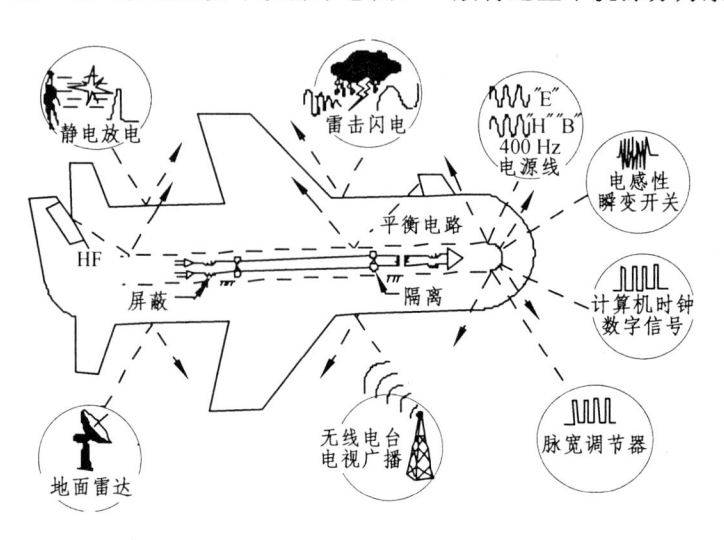

图 11-12　飞机主要干扰源示意图

和系统外（或系统间）干扰源两大类。）

一、系统内干扰源

系统内干扰大部分是由机载设备所产生的，因此又可按机载设备的种类把它们归纳如下。

1. 无线电发射设备干扰

飞机上的通信、导航、雷达等无线电设备都有大功率的发射机，其中高频单边带无线电台是最难控制的干扰源，它的发射功率达数百瓦，频率在 2~30 MHz 范围，使用非定向天线。超短波调幅通信电台使用频率在 100~150 MHz，发射功率也达数十瓦。它们除了通过天线发射电磁波以外，还通过机壳、电源线、控制线向周围辐射电磁干扰，在发射信号中除了调谐频率的有用电波外，还产生谐波和各种调制交调干扰电磁波，在它们进行收发工作时，整个飞机系统内将产生较大的复杂的干扰场。

2. 脉冲数字电路和开关电路干扰

随着电子设备和计算机等机载设备的增多，大量设备采用数字电路工作于开关状态，由于数字脉冲电流和电压波形的上升前沿很陡，其中包含着丰富的高次谐波分量，它们不仅传导进入电源线中，而且还向周围空间辐射。这是一种频谱较宽的干扰源。机载计算机中的时钟振荡器、数据总线以及各种门电路、触发器等都会产生辐射干扰。

电子设备中还有一种工作于"通-断"状态的开关电路，如电源调压器、逆变器等。由于开关变换使电流急剧变化，产生频谱较宽的干扰，其幅度和频谱随开关电流和电压的变化频率升高而增大。

3. 带有控制开关的电感性电气设备干扰

在飞机上存在着许多电感性的电气元件，如风扇电机、液压电泵、舵面、副翼操纵的电动舵机、起落架收放驱动电机等，它们都是含有铁芯线圈的电感性负载，当采用开关按钮或继电器触头来控制通-断转换时，就会在电路中产生前沿很陡的瞬变电压干扰，一般上升时间在 ps 至 ns 之间，电压峰值可达到 600 V，持续时间长达 1 ms，振荡频率在 1~10 MHz 范围。

发动机点火系统也是一个阻尼振荡瞬变电压干扰源，火花放电器的电流峰值高达几千安，振荡频率为 20 kHz~1 MHz，连同其谐波分量，干扰频谱可延伸到几百兆赫兹。

4. 旋转设备和荧光灯干扰

飞机上使用的发电机和电动机在旋转过程中，由于电刷与整流子（或滑环）之间滑动接触而产生的火花放电能形成频谱很宽的辐射噪声干扰，民航客机的照明大多数采用 400 Hz

交流供电的荧光灯，荧光灯管是充汞、氟混合气体的放电管，在放电的同时产生高频振荡，从而形成噪声干扰，其频谱在 0.1~5 MHz 范围，场强谱密度为 20~300 μV/kHz。

5. 400 Hz 电源输电线干扰

在 400 Hz 电源输电线的周围存在低频电场和磁场的干扰，实验测量数据表明，一根流过 100 A 电流的导线，在其表面附近磁感应强度高达 $(5~10)×10^{-4}$ Wb/m²，在离导线 30 cm 处磁感应强度为 $0.65×10^{-4}$ Wb/m²，电源输电线干扰油量指示器的事例为许多资料所记载。由于机舱内空间狭窄，电缆布置密集，电源线电场和磁场造成的干扰占飞机各种干扰总数的 30%。

二、飞机系统外的干扰源

1. 静电放电干扰

飞机上静电来源有几个方面，主要来自蒙皮和空气中粒子（包括雨、雪、尘埃和发动机排出的废气）相互间的摩擦生电，使大量电荷积累而产生静电。静电可在飞机的尖端部位形成很高的场强产生电晕放电，放电噪声会干扰无线电接收机。

飞机上的静电还来源于液压系统中液体的高速流动与管道内壁摩擦而产生的静电。还有同轴电缆由于弯曲和振动而使聚乙烯等绝缘材料带电引起静电。还有来自驾驶人员身体和衣物摩擦产生的静电以及民航客机乘客衣物携带的静电。

飞机上的静电放电干扰会造成电子设备的失灵甚至损坏。严重的还会引起燃料和弹药的燃烧和爆炸。1971 年美国发射欧罗巴Ⅱ火箭，由于静电放电引起计算机故障，进而引起姿态失控而炸毁。

2. 雷电干扰

飞机在穿过云层的飞行中常发生雷击闪电，雷电放电是一组脉冲群，造成特别大的电流，最大峰值电流可达 200 kA，具有很大的破坏性。

一般雷电都打在飞机的机翼和机身上部。飞机必须事先安排好电流通道，使之在某一部位的机构上逸出，绝对不能让它引导到电气系统和电路上去。因此，飞机活动部位及机内设备都应有良好的搭接防护。

3. 太阳和宇宙噪声干扰

太阳和宇宙空间辐射的干扰噪声对飞机通信导航系统具有明显的影响，特别是在接收机天线方向图主瓣正对准太阳的情况下干扰更为严重。

4. 地面无线电设施的射频干扰

当飞机在机场停留或起飞降落的时候，航空地面设备和机场设施可能对飞机辐射电磁波构成干扰。此外。地面广播电视的高频、甚高频发射以及地面高压输电线的电场和瞬态短路引起的电磁发射都是飞机系统外的主要干扰源。表 11-7 列出了飞机主要干扰源的分类和干扰源名称。

表 11-7 飞机主要干扰源分类和干扰源名称

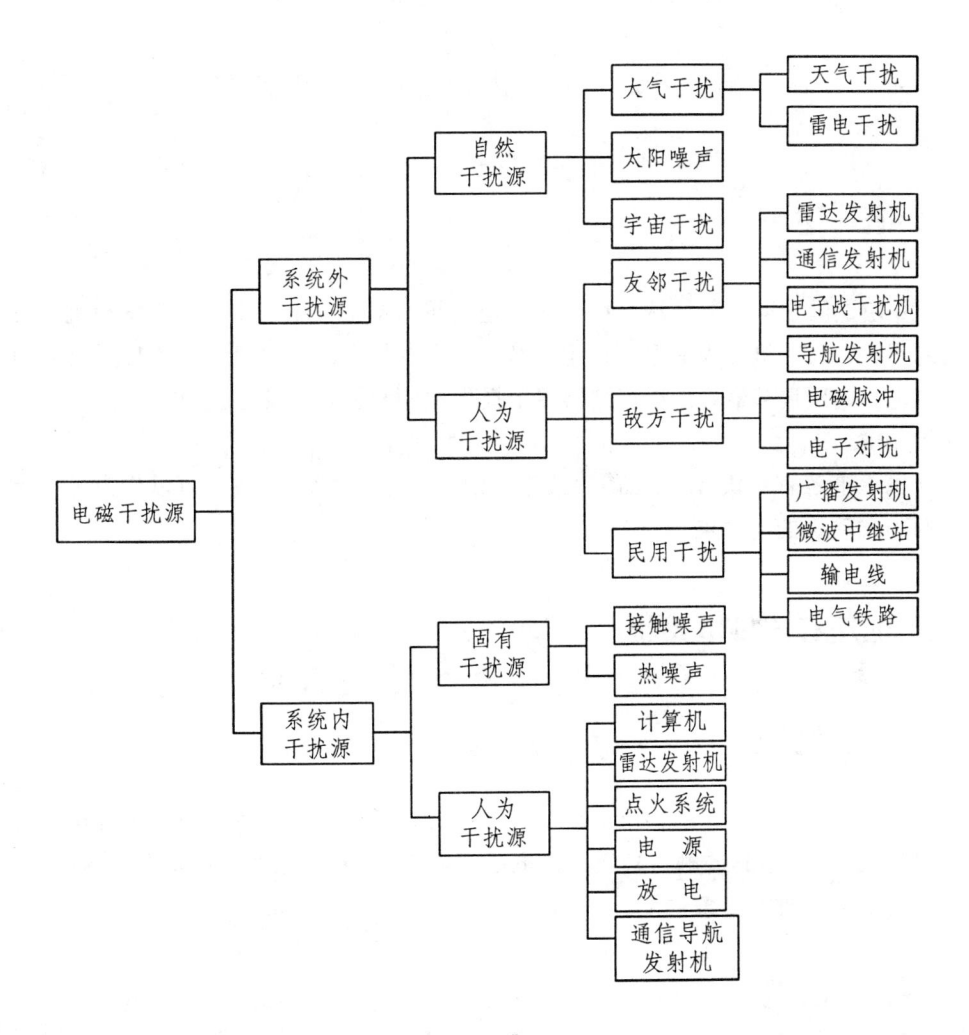

电磁干扰源	分类1	分类2	分类3	干扰源名称
电磁干扰源	系统外干扰源	自然干扰源	大气干扰	天气干扰
				雷电干扰
			太阳噪声	
			宇宙干扰	
		人为干扰源	友邻干扰	雷达发射机
				通信发射机
				电子战干扰机
				导航发射机
			敌方干扰	电磁脉冲
				电子对抗
			民用干扰	广播发射机
				微波中继站
				输电线
				电气铁路
	系统内干扰源	固有干扰源	接触噪声	
			热噪声	
		人为干扰源	计算机	
			雷达发射机	
			点火系统	
			电源	
			放电	
			通信导航发射机	

复习思考题

1. 电磁干扰与电磁兼容是如何定义的？
2. 电磁干扰的三要素是什么？
3. 电磁屏蔽和磁场屏蔽时需采取何种措施？
4. 静电的产生与哪些因素有关？
5. 飞机遭受雷击后如何识别？

第十二章 典型民航飞机供电系统

第一节 TB-20 飞机供电系统

一、概 述

TB-20 由法国宇航局苏柯达工厂生产，全金属结构，采用气冷式活塞发动机，可作为旅游及教练用机。此种机型仅有直流供电系统，一台变频交流发电机经整流后为机载用电设备提供直流电，电压调节器、低压探测器用于提供控制和保护。发电机的额定电压为 28 V，额定电流为 70 A。

在飞机上准备有一块 10 A·h 的铅酸蓄电池，额定电压为 24 V，可以作为飞机上的应急直流电源和发动机的起动电源。

二、低压直流供电系统

1. 蓄电池供电

图 12-1 所示是 TB-20 的供电电路。从图中可以看出，接通总电门的闭合按钮后，蓄电池继电器的线圈通电，它的触点接通了蓄电池供电电路，蓄电池即可经蓄电池继电器的触点、蓄电池断路器向飞机汇流条供电。

2. 地面电源供电

当外电源插好后，外电源继电器线圈即可工作，其触点切断了蓄电池的供电电路，同时接通了外电源的供电电路（见图 12-1）。在接通总电门后，外电源即可通过外电源继电器触点、蓄电池继电器触点向汇流条供电。

3. 发电机供电

当飞机发动机转速达到 900~1 000 r/min 以上时，接通发电机的跳开关，蓄电池或外电源

图 12-1 直流供电原理图

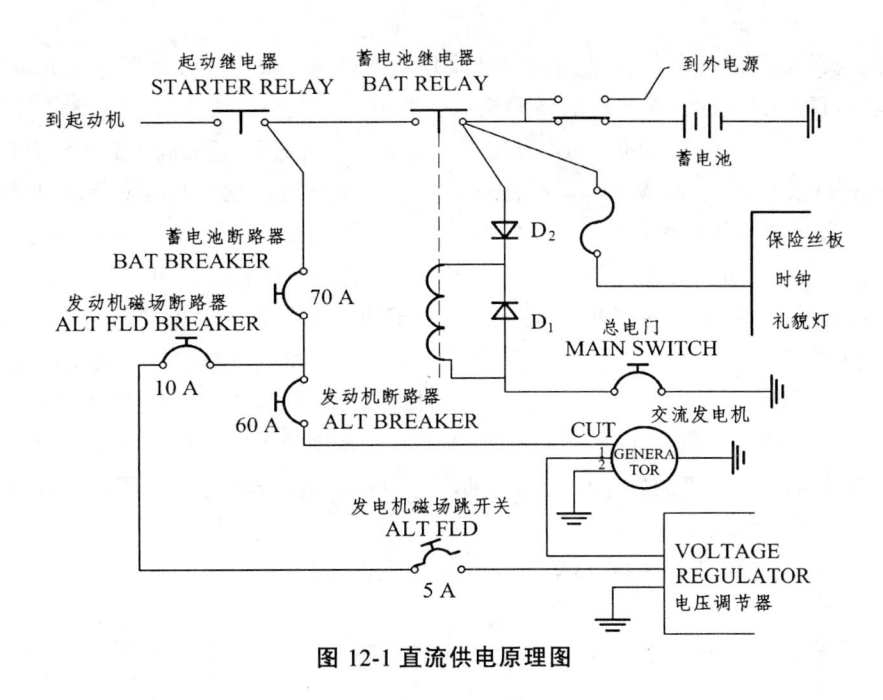

即可向发电机励磁线圈供电，励磁线圈产生磁场，发电机发电。当发电机电压高于汇流条电压时，发电机可向汇流条供电，并可为飞机蓄电池供电，如图 12-1 所示。

三、供电系统的特点

（1）在发电机正常发电时，总电门的闭合与断开不影响发电机的正常供电。但当电门断开时不能向蓄电池补充充电，当发电机瞬时断电后，由于没有励磁磁场，发电机将不能继续发电，将造成空中断电；而且，当发电机故障后，用电设备将得不到电能供应。

（2）飞机蓄电池与外电源互锁，不能同时供电，外电源也不能为蓄电池供电。

（3）发电机与航空发动机之间采用皮带传动，可靠性较低，发电机易发生供电中断故障。

第二节 新舟-60 飞机供电系统

一、概　述

新舟-60（MA60）是我国首次严格按照与国际标准接轨的中国民航适航条例 CCAR25 进行设计、生产和试飞验证的支线飞机，采用了国外先进发动机和电子设备，大大提高了飞机的经济性和舒适性，达到了国外先进支线飞机的同等水平。该机采用低压直流与变频交流电源混合供电的体制，电源系统具有 50% 以上的供电裕度，蓄电池可以满足起动 6 次发动机的要求。

直流电源系统由左右发动机驱动的直流起动发电机、发电机控制器、汇流条保护器、电流互感器、直流电源监控器和接触器等构成。发电机额定电压为 28.5 V，额定电流为 400 A，工作转速范围为 7 200~12 000 rpm，发电机在 2 min 内可过载 133%，5 s 过载 200%。起动航空发动机时工作电压为 24 V，起动时间 30 s。正常工作时，左右发电机分别向对应的汇流条供电。任一发电通道故障时，正常工作发电机可向全机直流电网供电。两发电机可以并联运行。

飞机上的辅助动力装置传动一台 28.5 V 400 A 直流发电机，它可作为飞机地面准备和起动发动机的电源。机上装备有两块 43 A·h 镍镉蓄电池，作为发动机的起动电源和应急电源。

飞机的变频交流电源由 20 kV·A 变频交流发电机、发电机控制器、交流电源监控器、电流互感器和主接触器等构成。左右发电机分别由两台发动机传动，额定容量均为 20 kV·A，过载容量为 30 kV·A，额定电压为 120/208 V，转速范围 9 750~15 850 rpm，频率范围 325~528 Hz。正常时，每个交流发电机向自己的用电设备供电，一个通道故障时，可由另一台发电机继续向两个通道供电。

恒频交流电源由 2 台 1 000 kV·A 单相静止变流器构成，它将 28 V 直流电逆变成 115 V 和 26 V 交流电。

由于飞机采用混合供电体制，飞机上既有直流配电系统，又有变频交流配电系统和恒频交流配电系统。

二、低压直流供电系统

新舟-60 低压直流电源系统（见图 12-2）由航空发动机传动的主直流电源、APU 传动的辅助直流电源和蓄电池构成的应急电源三部分构成。其中主直流电源与辅助直流电源构成相同。

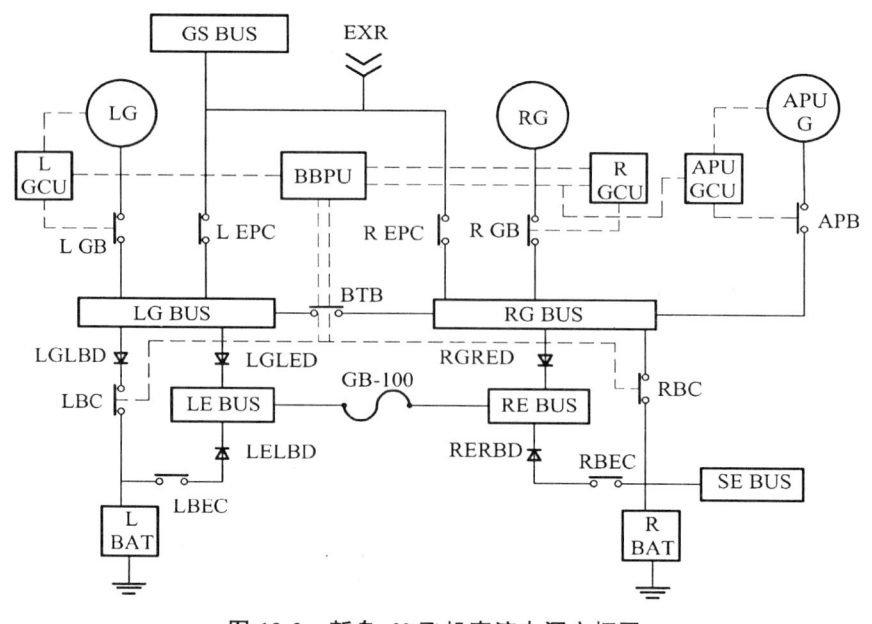

图 12-2　新舟-60 飞机直流电源方框图

1. 电能供应

在蓄电池供电时，接通右蓄电池接触器 RBC 和直流汇流条连接断路器 BTB，则左右发电机汇流条（LG BUS、RG BUS）和超应急汇流条（SE BUS）有电，而地面维护汇流条（GS BUS）无电。

外电源供电时，只要接通左右外电源断路器（LEPC、REPC），地面维护汇流条、左右发电机汇流条和左右应急汇流条有电，如果再接通 LBC 和 RBC，则外电源即可给蓄电池充电。

APU 发电机供电时，接通 APB 之前应断开 LEPC 和 REPC，以免两电源并联。如果 BTB 未接通，则 RG BUS 和 RE BUS 有电；BTB 接通，则 LG BUS 和 LE BUS 也有电。

左右发电机断路器应在左右发电机正常运行后接通，而且在接通前应断开 LEPC、REPC 和 APB，以免两电源并联。如果 BTB 不接通，则两发电机不并联供电，它们分别向各自的通道供电。由于左右应急汇流条间用一根 100 A 保险丝相连，故只要任一侧的应急汇流条有电，两边的应急汇流条都有电。如果出现一侧的应急汇流条短路，保险丝熔断，可防止两应急汇流条同时短路。在 BTB 接通后，两台发电机并联运行，GCU 控制负载均衡。

新舟-60 直流电源系统中的两台主发电机同时工作时有两种方式：独立供电和并联供电。两台发电机同时工作时，如果不接通并联运行开关，则为独立供电方式，它是飞机的基本工作方式。在左右应急汇流条的电源入口处有二极管，可以防止应急汇流条以外电网的故障导致应急汇流条的故障，例如，在 RG BUS 短路时，由于 RG RED 的作用，可以避免 RE BUS 短路，从而提高了应急汇流条供电的可靠性。而且在 GB-100 熔断前，任一应急汇流条都由三个方向供电，可以保证足够的供电裕度。左发电机汇流条与左蓄电池之间的二极管 LG LBD 可以防止左蓄电池向左发电机汇流条供电，左蓄电池只能向左应急汇流条供电。而右蓄电池电路中没有此二极管，故可用于起动主发动机或 APU。

2. 控制保护

GCU 用于自动调节起动发电机发电工作时的输出电压，起动时限制起动电流和对电源实行保护。自动电压调节器保持调节点电压为 28.5 V，在两发电机并联使得不均衡电流在发电机额定电流的 10% 以内，在交叉起动时限制发电机电流为额定值。

GCU 的故障保护项目有：发电机过流、过压、反流、过速、过热和差动短路保护。BBPU 是 GCU 的执行机构，它控制 BTB 和 L、RBC 的工作线圈，在故障保护时它们相互配合工作。

1）过流保护

发电机过流时，GCU 向 BBPU 发送信号，若过流时间超过了 0.5 s，则 BBPU 使 BTB 跳闸，同时汇流条故障警告灯亮；若过流时间超过 8 s，则 BBPU 输出信号给 GCU，GCU 使 GB 断开，同时让发电机去磁，发电机故障警告灯亮。若过流故障消失，则应接通汇流条故障复位开关，通过 BBPU 实现复位，复位后汇流条故障警告灯、蓄电池故障警告灯和发电机故障警告灯均熄灭。

2）过压保护

当调节点电压超过 31.5 V 后，R GCU 使 R GB 断开，发电机灭磁，同时使集中警告系统中的右发电机故障警告灯燃亮。

3）反流保护

如果发电机的反流超过 40 A，GCU 将使 GB 跳闸并使发电机灭磁。

4）过速保护

当发电机转速超过 14 000 rpm 时，GCU 将使 GB 跳闸并使发电机灭磁，发电机故障信号灯燃亮。

5）差动保护

霍尔传感器检测发电机负端和调节点附近的发电机馈电线电流，并送到 GCU 的相应接口。若发生短路，且两电流传感器检测的电流差达 100±25 A 时，GCU 使得 GB 跳闸，电机灭磁，同时禁止 BTB 吸合，左右发电机汇流条分离。

6）起动电流限制

若右发电机供电用于起动左发动机或 APU 的发动机时，起动指令送到 R GCU，使右发电机的最大输出电流限制在 400 A。

三、飞机交流电源系统

新舟-60 上有两类交流电源，如图 12-3 所示，一类为三相 115/200 V 变频交流电源，由航空发动机直接驱动的油冷无刷交流发电机和 GCU 等构成，输出电压的频率与发动机的工作状态有关。另一类是 400 Hz 单相交流电（115 V 和 26 V），由飞机上的 28.5 V 直流电源供电的静止变流器产生。

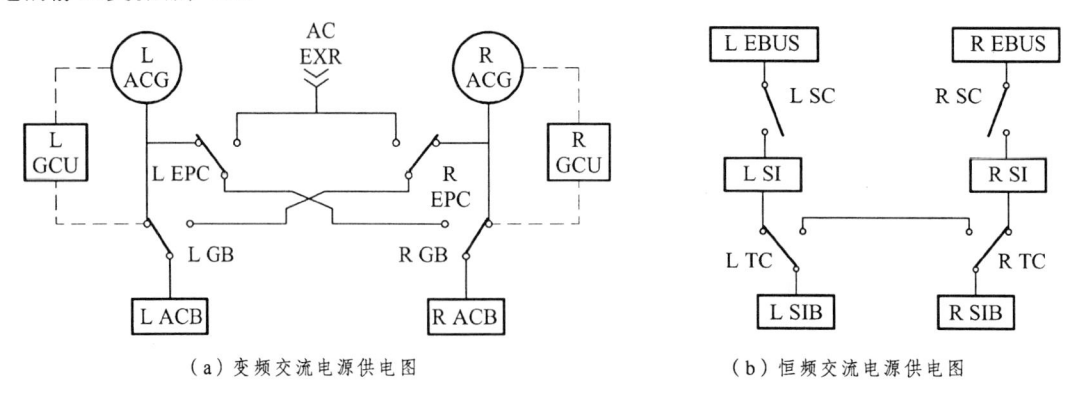

（a）变频交流电源供电图　　　　　　（b）恒频交流电源供电图

图 12-3　新舟-60 交流电源供电系统简图

1. 变频交流电源系统

变频交流电源由变频交流发电机、GCU、发电机断路器和电流互感器等组成。每台发动机上安装一台交流发电机，它的额定容量为 20 kV·A，其配套的 GCU 对发电机进行电压调节，实行系统控制和保护。电压调节器检测调节点三相电压平均值，通过改变发电机励磁机的励磁电流来调压。调压器中还有三套电路：高相限制电路防止任一相电压超过允许值；电流限制电路与测量互感器配合限制发电机的最大输出电流；低速偏置电路保证发电机频率低于 325 Hz 时使输出电压与频率成比例下降。

GCU 具有双通道供电系统的控制与故障隔离功能。例如，在左发电机向左右汇流条供电时，发生欠压故障，经延迟后若用电设备端的热断路器未跳闸，说明欠压故障继续存在，于是发电机控制器断开右汇流条，若此后欠压消除，则控制器认定右汇流条有故障，故锁定 R GC。此后，左发电机仅向左汇流条供电。如果 R GC 断开后未消除欠压故障，则 GCU 断开 L GC，GCU 认定左汇流条有故障，即锁定 L GC，接通 R GC，左发电机仅向右汇流条供电。若左右汇流条均切除后欠压故障仍存在，则 GCU 认为左发电机有故障，切除左发电机，左右汇流条由右发电机供电，实现了故障隔离，保证了供电。其他故障隔离情况与此类似。

发电机开关有两个位置：接通，断开/复位。当该开关从接通位拔到"断开/复位"位，再拨到接通位时，使 GCU 初始化。如果故障仍存在，故障隔离程序将重复。

2. 恒频交流电源系统

400 Hz 单相交流电源由 2 台 1 000 V·A 静止变流器、开关和接触器等构成。两套系统采用非并联供电。若左静止变流器故障，则由右静止变流器向左右 400 Hz 汇流条供电；若右静止变流器故障则由左变流器向两汇流条供电。当直流应急供电时，右静止变流器不工作，仅左静止变流器向左汇流条供电。

第三节 B737-300 供电系统

B737-300 是使用最广泛的旅客机，可以载客 150 人，巡航速度 927 km/h，航程 2 570 km。它的主电源可以选装恒速恒频或变速恒频交流电源，辅助电源为 APU 驱动的发电机，输出 115/200 V、400 Hz 三相交流电。飞机上有交流和直流两个外电源插座，通常用交流外电源插座即可。飞机仪表等设备用的 28 V 交流电，由自耦变压器将 115 V 交流降压后得到。28 V 直流电由三台飞机变压整流器、镍镉蓄电池或蓄电池充电器（工作于变压整流器模式时）获得。

一、飞机电源系统

1. 主交流电源

B737-300 有两种主交流电源，有的型号装恒速恒频交流电源，有的型号装变速恒频交流电源，两者可以互换。

恒速恒频交流电源由齿轮差动式液压恒速传动装置（CSD）、二级式无刷交流发电机

（GEN）、发电机控制器（GCU）、发电机控制继电器（GCR）、发电机断路器（GB）、手动控制电路、测试模块和电流互感器（CT）等构成。CSD 的输出额定转速为 6 000 rpm，发电机有 4 对极，输出 115/200 V、400 Hz 三相交流电。

GCU 对主交流电源进行控制和保护。其中的电压调节器用于保持调节点三相电压平均值于一定范围内，出现不对称故障时限制高相电压。当发电机发生下列故障时，GCU 送出信号使 GCR 或 GB 跳闸：调节点三相平均电压对应的相电压超过 127~133 V 时，发电机相电压低到 97~103 V 并保持 5~9 s 时；当发电机或馈电线发生短路且电流超过 200 A 时，当发电机负载电流超过 170~175 A 并延迟一定时间后；当 CSD 的输出转速不正常出现 425~435 Hz 过频或 360~370 Hz 欠频并持续 0.25~0.6 s 时。其中过压、欠压、差动和过流时断开 GCR，过流保护时欠频保护不会再动作，发电系统正常停车时欠压保护不工作。

2. 辅助电源

APU 传动的发电机装于飞机尾部垂尾下方的小舱内，舱的下方有舱门供装卸 APU 或发电机。发电机工作转速恒定，GCU 和发动机传动的发电机控制器相同。APU 发电机正常供电时"APU GEN OFF BUS"灯必须熄灭，电压表的指示应在 110~125 V 范围内，频率为（400±5）Hz。

3. 直流电源

B737-300 的直流电源由三台变压整流器、一台蓄电池、蓄电池充电器、外直流电源连接器座和测量仪表及指示灯等构成。

变压整流器额定输出电压为 28 V，电流为 50 A，由 115/200 V、400 Hz 三相交流电源供电，均放在电子设备舱。

蓄电池可以是 36 A·h 或 38 A·h 的镍镉电池，由 20 个单格电池组成，由专门的充电器充电。

蓄电池充电器将 115/200 V AC 三相电能变为直流电，由 115 V AC 地面勤务汇流条或 115 V AC 2 号主汇流条供电。充电器可在一小时内将放完电的电池充满。充电过程有三个阶段，先为恒流充电，电池将充满电时转为脉冲式充电，在 10 s 左右时间内输出 8 个脉冲后，转为恒压工作状态。这样可保持电池 100%充电状态，又不电解水，不使电池过多地放出气体，并防止电池过热。

充电器有三个工作模式，即充电模式、保护模式和变压整流模式。充电模式有两个状态，一为恒流充电，将充满电时转为脉冲充电模式。充电器进入保护模式时不再输出电能。电池充足电后转入恒压工作，即变压整流器状态，向 28 V DC 热电瓶汇流条供电，电压为 28 V。

B737-300 交流电源系统具有如下特点：① 没有并联的交流电源。② 后接通的电源取代先接通的电源。③ 所有电源需要人工接通。

二、电源配电系统

1. 交流配电系统

B737-300 配电系统包括 115 V AC 配电系统、28 V AC 配电系统、28 V DC 配电系统和应急电源配电系统。图 12-4 所示是飞机配电系统简图，交流电源系统采用独立供电方式，每个交流电源系统由发电机汇流条、主汇流条及一个转换汇流条组成，发电机汇流条和主汇流条分别向大负载和次要负载供电，转换汇流条向主要负载供电。交流发电机通过 GB 向各自的发电机汇流条供电，APU 发电机和交流外电源分别通过 APB 和 EPC 向左右发电机汇流条供电。如果 1 号发电机汇流条失效，而且汇流条转换电门又放在"自动"位，则 GB1 断开，在延时 0.25 s 后，1 号转换继电器在 GCU 的控制下接通，1 号发电机的转换汇流条由 2 号发电机汇流条供电，0.25 s 的延时是为了防止电源正常转换时出现短时间并联的情况。在 1 号发电机失效后，它的发电机汇流条和主汇流条断电，而且飞机具有自动卸载能力，当只有一台发电机工作时，BPCU 会自动断开厨房电源，以保证发电机不至于过负荷。

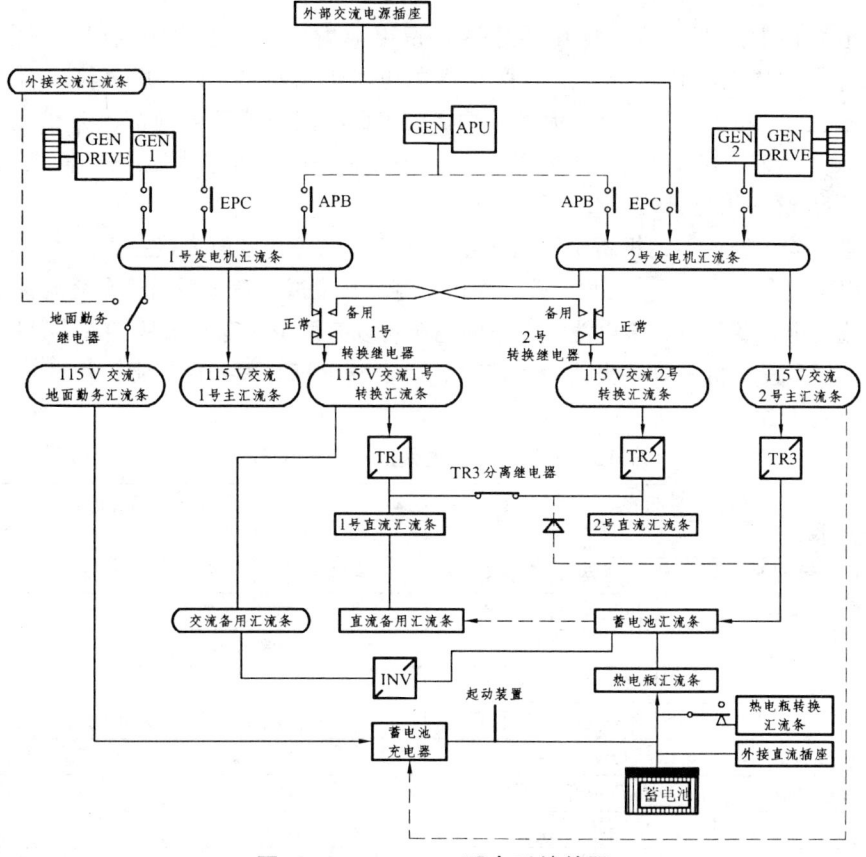

图 12-4　B737-300 配电系统简图

如果在发电机故障时，APU 已工作，APU 发电机可以替代失效的发电机并向其用电设备供电。

交流电源系统具有如下特点：

（1）所有交流电源均不能并联工作。

（2）发电机及地面电源的供电必须通过人工扳动电门来接通，并且在供电中接通一个新电源会自动断开原有电源。

（3）若需地面电源供电，蓄电池电门必须放于"ON"位，否则地面电源无法接通。

2. 直流配电系统

直流电源系统主要由三台变压整流器组成,它们可以并联工作。在交流电源及 TR 正常时,TR1 向 1 号直流汇流条供电,TR2 向 2 号直流汇流条供电,当汇流条转换电门放"AUTO"位时,TR1 和 TR2 并联工作。通常 TR3 为蓄电池汇流条供电,并作为 TR1 和 TR2 的备份。当使用自动驾驶仪进近着陆过程中,TR3 分离继电器会自动断开,使直流汇流条隔离,防止单一故障会同时影响两部导航接收机和飞行控制计算机。

3. 应急供电系统

应急电源由静止变流器、电压传感器、蓄电池电门、应急电源电门、应急电源继电器和指示灯等组成。在 B737-300 上有两个应急电源汇流条:28 V 备用直流汇流条和 115 V 交流备用汇流条。28 V DC 备用汇流条可由 1 号 DC 汇流条或蓄电池汇流条供电;115 V AC 备用汇流条可由左 115 V AC 转换汇流条或 500 V·A 115 V 单相静止变流器供电。应急电源向重要用电设备供电。

在发电机均失效时,飞机蓄电池通过蓄电池汇流条,一方面为接在直流备用汇流条上的重要直流用电设备供电;另一方面,通过静止变流器转变成交流电后为接在交流备用汇流条上的重要交流用电设备供电。蓄电池汇流条的电源可以有两个来源,一是 TR3,二是蓄电池。

表 12-1 是发电机失效时失效设备清单。两台发电机均失效后正常工作设备这里由于篇幅原因就不再介绍了。

表 12-1 单发电机失效时不工作设备清单

1 号发电机失效		2 号发电机失效	
失效部件	指示	失效部件	指示
1 号油箱前燃油泵	燃油压力低警告灯	1 号油箱前燃油泵	燃油压力低警告灯
中央油箱右燃油泵	燃油压力低警告灯	中央油箱右燃油泵	燃油压力低警告灯
厨房	不工作	燃油温度指示器	不工作
1 号发电机	发电机 OFF 汇流条指示灯	厨房	不工作
1 号发电机汇流条	汇流条 OFF 指示灯	2 号发电机	发电机 OFF 汇流条指示灯
左前风挡加温	ON 灯—灭	2 号发电机汇流条	汇流条 OFF 指示灯
右侧风挡加温	ON 灯—灭	TR3	TR3 电压—0
4 号和 5 号左风挡加温	不工作	设备冷却-备用	电门在 OFF 位,OFF 灯亮
左升降舵空速管加温	左升降舵空速管指示灯	左侧风挡加温	ON 灯—灭
B 系统电动泵	燃油压力低警告灯	右前风挡加温	ON 灯—灭
左外侧着陆灯	不工作	4 号和 5 号右风挡加温	不工作
右内侧着陆灯	不工作	右升降舵空速管加温	右升降舵空速管指示灯
左跑道转弯灯	不工作	A 系统电动泵	燃油压力低警告灯
前起落架滑行灯	不工作	再循环风扇	不工作
设备冷却-正常	OFF 灯亮	右外侧着陆灯	不工作
		左内侧着陆灯	不工作
		右跑道转弯灯	不工作
		发动机振动放大器	不工作(非 EFIS)

第四节 B777-200 供电系统

一、电源系统概述

B777 是 Boeing 公司于 20 世纪 90 年代中推出的大型双发客机，是世界上第一种无图纸的飞机，它的供电系统也与以往民航飞机不同，首次采用了电气负载管理系统。

图 12-5 所示是 B77-200 供电系统方框图，它的主电源是由左右发动机驱动的两台 120 kV·A 的组合传动发动机。备份电源发电机由发动机直接驱动，产生变频交流电，经备份发电机变换器转变为 115 V、400 Hz 三相交流电。该发电机内还有 4 台永磁发电机，其中一台为副励磁机，另两台供飞控系统用电，第 4 台不用。备份变换器的额定容量为 20 kV·A。辅助电源为辅助动力装置传动的发电机，额定容量为 120 kV·A。机上有两套外电源插座，外电源的容量不小于 90 kV·A。还有两台 47 A·h 的蓄电池，一为主蓄电池，另一为 APU 起动用蓄电池，蓄电池备有专门的充电器。由蓄电池供电的静止变流器在应急状态时向应急交流汇流条供电。飞机上还有由冲压空气涡轮驱动的 7.5 kV·A 应急交流发电机（RAT GEN）。

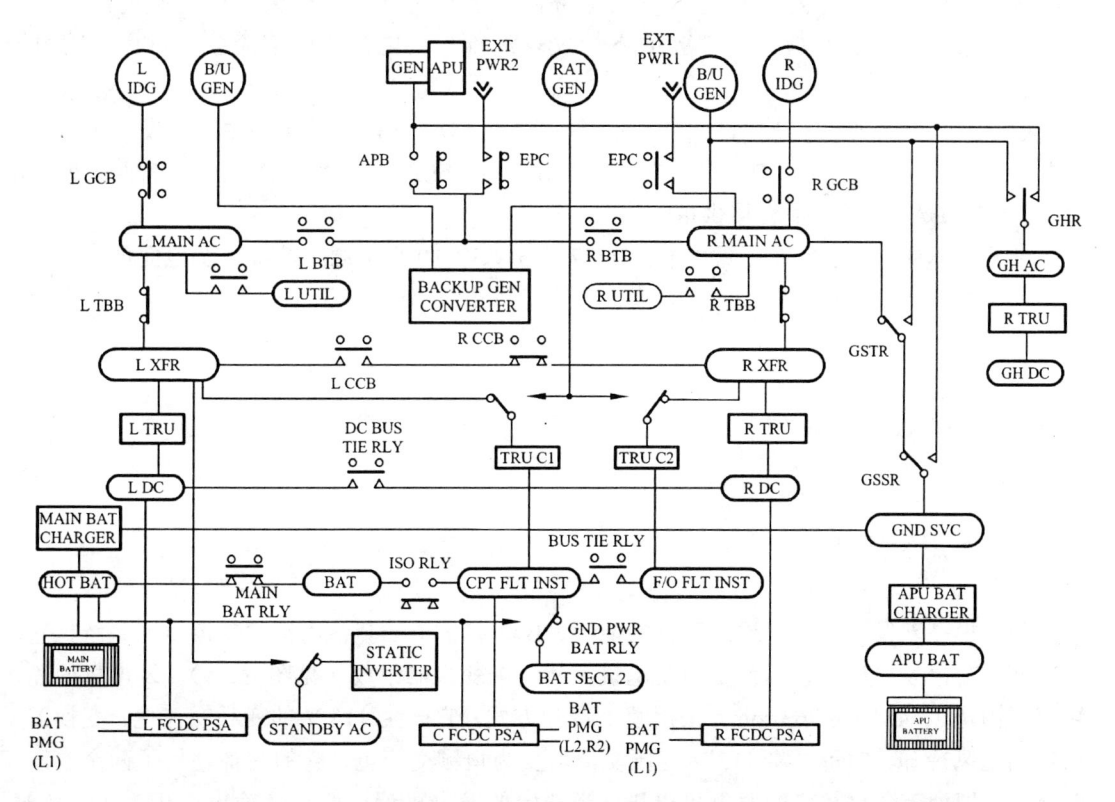

图 12-5 B777-200 供电系统方框图

左右 IDG 采用独立工作方式，分别向左右主交流汇流条供电，APU 发电机或 2 号外电源通过 APB 或 SEC EPC 向连接汇流条供电，连接汇流条经 BTB 与左或右主交流汇流条相连。左右普通用电设备汇流条 L/R UTIL 分别由左右主交流汇流条供电。1 号外电源通过 1 号外电源接触器向右主交流汇流条供电，防止两地面电源并联。

左右转换汇流条 L/R XFR 由主交流汇流条供电，也可由备份发电机经变换器供电。变换器既可由左备份发电机供电，也可由右备份发电机供电。在变换器向左（或右）转换汇流条供电时，同时控制 TBB 和 CCB 两电器，实现转换汇流条的不中断转换。

交流地面作业汇流条（GH AC）既可由 APU GEN 供电，也可由 1 号外电源供电，两电源由地面作业继电器 GHR 选择。该汇流条仅在地面时才能通电。

地面勤务汇流条 GND SVC 通过地面服务转换继电器 GSTR 或地面勤务选择继电器 GSSR 接到右主交流汇流条或接 1 号外电源，或接 APU 发电机。GND SVC 既可在地面时供电，也可在飞行时供电，主蓄电池和 APU 电池的充电器均接于此汇流条上。

应急汇流条（STANDBY AC）通过交流应急电源选择继电器（AC STBY PWR RLY）从左转换汇流条或从静止变流器接收电能。

左右变压整流器 L/R TRU 分别由左右转换汇流条供电，它们的输出分别接左或右 28 V 直流汇流条（L/R DC）。L DC 与 R DC 间通过直流汇流条连接继电器（DC BUS TIE RLY）相连。

两台中央变压整流器（TRU C1/C2）可以通过选择继电器选择电源，它们既可以由转换汇流条供电，也可由冲压空气涡轮发电机供电，故它们具有较大的供电裕度，失电的可能性很小，它们分别向正副驾驶的飞行仪表汇流条供电。该两汇流条还可由主蓄电池供电。

左、右或中间飞控系统电源组件（L、R 或 C CFDC PSA）除分别由永磁发电机、专用蓄电池供电外，还分别由 LDC、RDC、HOT BAT 或 FLT INST 汇流条供电，为四余度供电系统。HOT BAT 为蓄电池直接供电汇流条。

可见，不计飞控系统专用蓄电池，B777 飞机共有 10 个电源，若不计及地面电源，飞行中还有 8 个电源，具有较高的供电余度，提高了供电可靠性。

二、非主电源系统

1．备用交流电源

为了提高双发飞机延程越洋飞行的能力，B77 装备了一套备用恒频交流电源系统，它由两台变频交流发电机（也称为备用发电机）和一个变换器组成（见图 12-5）。发电机的输入转速范围是 13 484~26 763 rpm，采用喷油冷却方式，它产生 115 V 的变频交流电；变换器采用风扇通风冷却，它可以将 115 V 变频交流转变为恒频交流电，它的内部使用了两个电压调节器，分别调节各自相应的发电机电压，当选定的发电机调压器维持输出电压为 115 V 时，另一个调压器运行在备用模式。

备用电源系统可独立于主系统单独工作，在主电源系统全部失效时提供电力供应。在同一时间内，只能有一台变频发电机向飞机供电，另一台处于备用状态。备用电源系统在以下情况下向飞机电源系统供电。

（1）发动机起动过程中，备用系统向其相应的转换汇流条供电约 15 s，进行自检，随之实现不中断供电转换。

（2）在Ⅲb 类自动着陆期间，通常是备用系统向右 115 V 转换汇流条供电，随之实现不中断供电。

（3）在单主发电机供电期间，备用系统向一个转换汇流条供电。只有 APU 发电机没有供电时，才能由备用系统向已失效 IDG 的转换汇流条供电。

（4）115 V 主交流汇流条发生断相时，备用系统给相应的 115 V 转换汇流条供电。

（5）在主交流汇流条故障失电时，备用系统给相应的转换汇流条供电。

（6）在非发动机故障导致两台主发电机失效时，备用系统可向转换汇流条供电。

2. 冲压空气涡轮发电机（RAT）

RAT 传动的交流发电机不仅可在机上的交流发电机系统故障后向飞机提供交流电能，而且在直流电源系统故障时，它还可以通过两台中央 TRU 为系统提供应急直流电。RAT 不仅传动交流发电机，还可传动应急液压泵。

发电机由以下部分构成：永磁发电机 2、励磁机、主发电机和加热器 2。主发电机输出 115 V 三相交流电，频率变化范围是：392~510 Hz；发电机中的两个加热器用于防止结冰。

在直流电源系统应急供电时，TRU C1 和 TRU C2 由 RAT 发电机供电，此时 TRU C1 和 C2 经继电器接至 RAT。RAT 从机身放出后，RAT GCU 发出 RAT 电源已准备好的信号给直流子系统控制组件。若右转换汇流条失电，则使 TRU C2 继电器接通。于是，TRU C2 向机长仪表汇流条供电，继电器通电的同时也使机长-副驾驶汇流条连接继电器接通。

RAT 电源准备好后，RAT GCU 使 TRU C1 继电器通电，RAT 发电机向 TRU C1 供电，于是机长仪表汇流条有电，直流子系统控制组件提供备份信号使 TRU C1 继电器通电。

3. 蓄电池

B777 上有主蓄电池组和 APU 蓄电池组，各由以下部分组成：蓄电池、电池充电器和电流传感器。主蓄电池在飞机上其他电源故障时供电。APU 蓄电池用于起动 APU。如果此时飞机上无交流电源工作，蓄电池开关信号送 ELMS，可使主蓄电池在飞机停在地面时向 2 号蓄电池汇流条供电。

主蓄电池为镍镉蓄电池，额定容量 47 A·h，和 APU 蓄电池可以互换。主蓄电池主要应用于下列情况：飞机在地面时向直流用电设备供电；飞行时向 RAT 的放出装置供电；在 RAT 尚未工作而其他电源已损坏后向飞行重要用电设备供电，供电时间应不少于 5 min。

蓄电池均配有充电器，用于将 AC 电能转换为 DC 电能，为蓄电池充电或向汇流条供电。它有 4 个工作模式，其中 3 个为充电模式，1 个为 TRU 模式。在充电器内有蓄电池监控电路，主要监控：蓄电池过热、温度过低、温度传感器故障、蓄电池电压不平衡。

三、电气负载管理系统（ELMS）

为了增加系统配置的灵活性，提高可维护性，降低系统质量，B777 采用了电气负载管理系统，以实现对飞机电气负载进行自动分配、控制和监测，取代了以前复杂的继电器逻辑或电路板控制系统。

在 ELMS 中，用电设备接通电源的控制有三种方法：电气负载管理系统的电子装置（EEU）控制、外部控制和远距控制。EEU 控制是在 EEU 接到输入信号后，由 EEU 的软件确定开关动作时刻，然后控制开关通断。外部控制是指控制电路在 ELMS 外面，而开关或继电器则在 ELMS 内部；远距控制是 EEU 接收外部信息或指令，有的通过 EEU 内软件处理，有的由软件直接发控制指令操作电路。

ELMS 除用来配电外，还对电气负载进行监控，EEU 对以下五种信息进行监控：断路器触点两侧的电压、继电器触点两侧电压、通过继电器触点检测其是否接地或接电源、检测触点流过的电流、检测负载提供的模拟信号。

ELMS 的一个重要功用是负载管理，采用卸去次要负载的办法保证电源不会超负荷运行。卸载的次序是：厨房负载、普通用电设备汇流条上的负载、厕所和厨房风扇、液压泵、座椅电子设备。如果飞机停留在地面，液压泵与座椅的次序对调。

由于为飞机提供能量的电源容量不同：IDG 和 APU GEN 的额定容量为 120 kV·A，地面电源为 90 kV·A，故卸载极限不同。ELMS 根据从 GCU 和 BPCU 获得的：电源组态、过载量、过载持续时间、上次过载的时间和飞机的空/地逻辑等信息来确定需要卸载的设备。

若飞机失去一个电源，则一个新电源将自动地向失去电源的汇流条供电。在新电源接到失电汇流条前，ELMS 快速卸载，以防新电源过载。此过程采用 BTB、GB、APB 和 EPC 的辅助触点来快速判断，应用硬件电路实现。

ELMS 恢复负载的次序与卸载的次序相反。

第五节　B747-400 供电系统

一、概　述

B747 是 1970 年投入使用的四发动机宽机身远程客机，高空最大平飞速度 985 km/h。该飞机采用恒速恒频交流电源，产生三相 115/200 V、400 Hz 交流电。变压整流器将三相交流电转变为 28 V 直流电。在主电源不供电时，由蓄电池向重要直流用电设备供电，同时由静止变流器向重要交流用电设备提供单相交流电。

每台航空发动机通过恒装传动一台交流发电机，它们型号相同，额定容量为 90 kV·A，采用 GCU 实现发电机电压的调节、控制和保护。APU 发电机的 GCU 对 APU GEN 和外电源进行控制和保护。这些控制器还对同步汇流条进行保护。

控制板上的开关可用于控制 4 台主发电机的并联、分组并联或单台运行（见图 12-6）。不同的工作方式是由手动开关通过发电机控制器或 BPCU 控制 13 个断路器来实现。

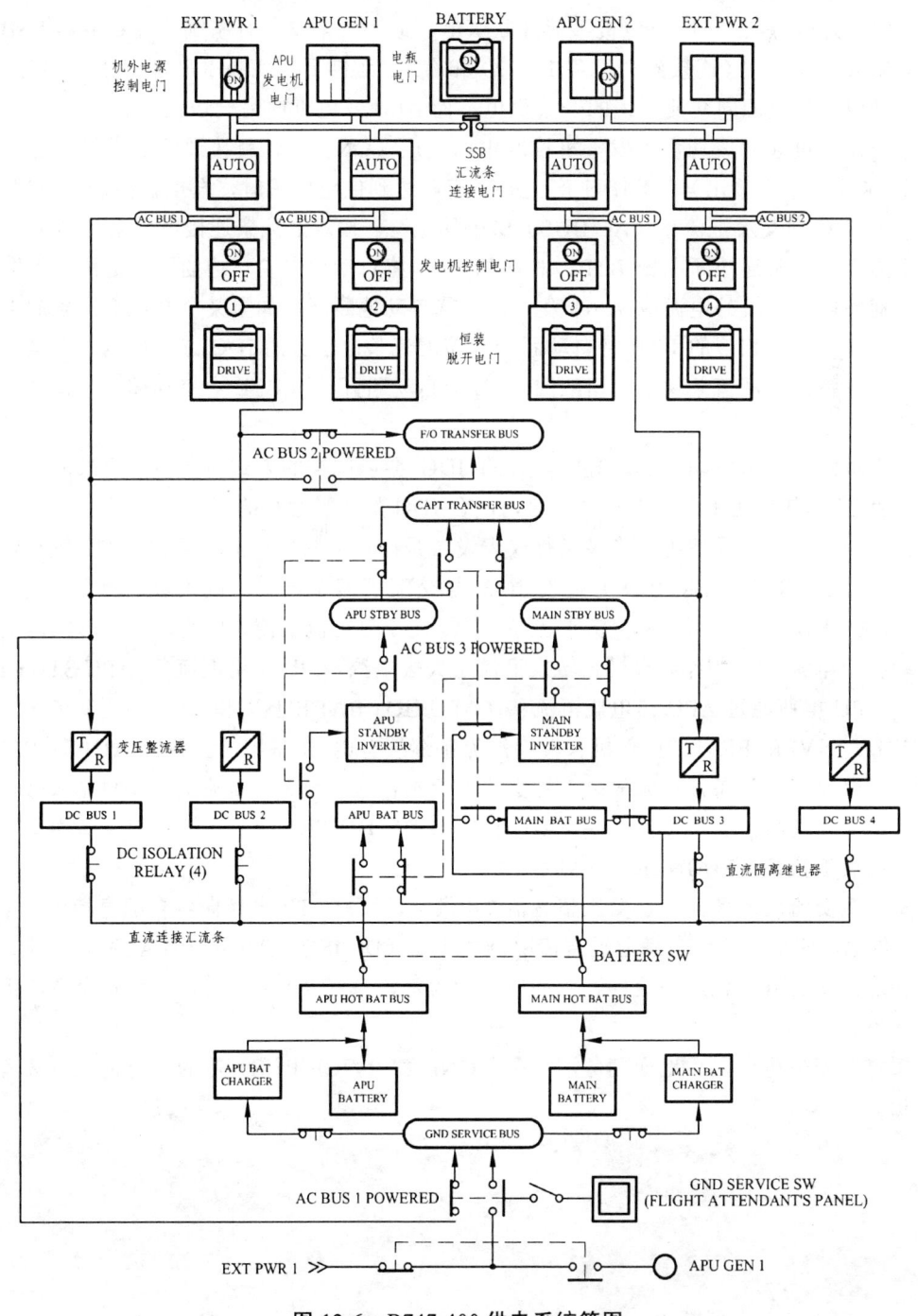

图 12-6 B747-400 供电系统简图

二、电源系统介绍

当飞机停在地面且未供电时，插上机外电源或起动好 APU，按下机外电源电门或 APU 发电机电门，相关的电源可用（AVAIL）灯亮，机外电源或 APU 发电机即可向同步汇流条供电。但机外电源与 APU 发电机不能并联供电，故飞机上安装有系统分离断电器 SSB，将同步汇流条分为左边（连接到汇流条 1 和 2）和右边（连接到汇流条 3 和 4）。当需要时，SSB 断开，可用机外电源向交流系统的一边供电，而 APU 发电机向另一边供电。

如果一台发动机起动成功，当发电机控制电门接通（ON）时，就接通了发电机励磁控制继电器 GCR（图中未示出），当 IDG 产生的交流电达到供电要求时，发电机控制断电器 GCB 就接通了 IDG 向交流汇流条（AC BUS）供电的电路。按压汇流条连接电门至自动（AUTO）位，将闭合汇流条连接断电器 BTB，相应的 IDG 将自动地向它一边的同步汇流条供电，而原来的辅助电源（机外电源或 APU 发电机）就自动地断开。如果某个交流汇流条的电源与同步汇流条失步，相应的 BTB 将自动断开，该汇流条由自身的 IDG 继续供电。但是，如果 IDG 不能保持向其汇流条供电，相应的 GCB 会自动断开，而 BTB 会自动闭合，使同步汇流条向该汇流条供电。

当飞机的另一边发动机起动好时，它的 IDG 会以同样的方式向同步汇流条的另一边供电，并且 SSB 自动地闭合。正常供电时，四台 IDG 是并联运行的。

机长和副驾驶操纵使用的许多飞行仪表设备是由相应的转换汇流条供电的。机长转换汇流条（CAPT TRANSFER BUS）通常由 3 号交流汇流条供电；副驾驶转换汇流条（F/O TRANSFER BUS）通常由 2 号交流汇流条供电。而 1 号交流汇流条则为这两个转换汇流条提供自动备用电源。飞行中，如果机长转换汇流条失去电源，APU 备用汇流条（APU STBY BUS）自动由 APU 电瓶通过 APU 热电瓶汇流条（APU HOT BAT BUS）和 APU 备用变流机（APU STANDBY INVERTER）供电，使机长转换汇流条继续有电。主备用汇流条（MAIN STBY BUS）上也接有重要用电设备，它通常由 3 号交流汇流条供电。当 3 号交流汇流条供电失效，则主备用汇流条自动与主备用变流机（MAIN STANDBY INVERTER）相接，而主备用变流机则由主热电瓶汇流条（MAIN HOT BAT BUS）供电工作。

每个主交流汇流条向一台变压整流器 TR 供电，而每台 TR 直接向各自的直流汇流条（DC BUS）供电，四个直流汇流条通过直流隔离继电器（DC ISOLATION RELAY）与直流连接汇流条相连，实行并联供电。这样，当相应的交流汇流条或 TR 失效时，可使每个直流汇流条继续有电。

蓄电池充放电情况、地面勤务汇流条（GND SERVICE BUS）等的供电情况，读者可自行分析。

附录1 电气设备维护规则

第一节 电气设备一般维护规则

在对飞机电气系统进行检查和维护时应遵循以下规则：

（1）在对飞机电气设备、线路进行检查时，必须在断开机上电源以后进行；在需要通电检查时，必须做好维护人员之间的协调工作，防止导电零部件、汇流条、接线柱等通过金属工具与机体短路，防止发生人身触电事故。

（2）必须依据飞机线路图手册(Wire Diagram Mannaul)排查电气故障，查找故障原因。

（3）只能使用地面电源对电气设备进行通电检查，禁止利用机上蓄电瓶来进行通电检查。

（4）维护电气设备时，禁止：

① 用跳火花方法检查电路内有无电压。

② 导线未连接线头未绝缘。

③ 将带电的配电盘和接线盒打开后不及时处理。

④ 在通电时打开配电装置、继电器和电气仪表的外壳或盖子。

⑤ 没有必要而接通电源，并擅离工作地点，使电路继续处于接通状态。

⑥ 在加油或放油以及座舱或其他舱内有汽油蒸汽时，接通或断开地面电源通电检查或修理电气设备。

⑦ 在刚刚使用汽油清洗过的附件上进行焊接。

⑧ 技术维护工作结束后，仍让断路器处于通电状态。

⑨ 使用不合格的工具和仪表。

（5）注意导线的绝缘和固定，不允许导线的端子和其露出的导电部分触及飞机壳体和附近接线柱上。

（6）在断路器出现过载或短路而自动跳开后，未查明原因之前严禁强迫接通。

（7）保险丝烧断时，应找出故障原因，更换保险丝时应判明保险丝的额定电流是否符合原来数值，禁止更换成更大电流的保险丝。

（8）在维修、更换飞机电源、电器设备时，要求在相应的开关、断路器处放置警告牌，避免其他人员误接通电源，造成事故。在维修、维护工作结束后，要撤掉警告牌。

（9）在飞机外部工作时，特别是在发动机相关区域工作时，放置警告牌以告诉人员不要起动发动机。

（10）当发动机刚关车后对电气附件进行检查时要小心，避免发生烫伤。

（11）对于带有保护盖的开关，应该先压入按钮开关，再盖保护盖，禁止通过关闭护罩的方法压入按钮电门。

第二节　飞机线路的检查与维护规则

一、馈电线检查

在维护各系统馈电线时，必须检查：

（1）导线标志及电气附件的动作是否正确。

（2）导线与电气附件的连接处的电接触是否可靠。

（3）各种设备在飞机结构上的安装固定是否可靠。

（4）飞机网络和电气附件的屏蔽状态。

（5）用电设备和电源负线同机体搭接的可靠性。

注意：

① 禁止负线与搭铁线固定在同一螺钉上。

② 在一个接线柱上不允许连接三根以上的导线或者截面大小相差悬殊的导线。

③ 禁止将导线连接在经常拆卸的部件上。

④ 不得在有燃油的油箱舱钎焊导线。

⑤ 导线的端头未挂锡或无收头时，不允许连接到配电设备上。

二、线路维护

作好电气网络的维护工作，是保证飞机上所有用电设备正常工作的关键。机务人员应经常加强对网络的管理和维护，采取有效的防油、防水和防磨措施，使线路不断线、不短路，为此必须做好如下工作。

1. 电缆的敷设

（1）电缆在沿其敷设的全程上均用卡箍或卡带固定，允许用苎麻线把附加的导线固定在原来敷设好的电缆和导线上。

（2）机上安装的电缆不允许与活动部件相碰，经过活动关节转接处的某些导线和电缆应留有足够的余量，以防止导线损坏。

(3) 电缆不允许直接绑在导管上，个别情况下允许用卡箍支撑。
(4) 在高温区域内(如发动机短舱等)的电缆上，应缠两层石棉带。

2. 电缆或导线的拆卸

(1) 飞机电路按单线敷设，并以机体为负线，所以在飞机上拆卸导线时，必须注意：
① 正线与机体绝缘，因为在飞机上接通电源时，带电部分(如导线接头、插头座、接线柱等)同机体接触会引起短路。
② 设备的负线与机体连接应牢固可靠。
③ 飞机带电时，严禁拆卸和敷设导线。
(2) 绝缘电阻不符合上述要求时，应更换新的导线。其顺序为：
① 从设备上拆下已损坏的导线。
② 松开导线的固定卡箍，解开需要更换区域的绑线。
③ 抽出已损坏的导线并敷设上新导线(但新更换导线的颜色、截面面积和标记应与被更换的导线一致)。
④ 用苎麻线将已解开的导线重新绑扎，并将松开的卡箍重新固定紧。
(3) 当电缆中的全部或大部分导线损坏时，应更换新的电缆。新电缆的制造按实样(从飞机上拆卸下来的电缆可作为实样)进行，其顺序如下：
① 按所需数量剪切相应截面面积和颜色的导线并打号。
② 按实样组合电缆并用绵丝线绑扎。
③ 按实样在导线端头套上打好标志的乙烯管。
④ 对导线端头进行收头。
(4) 更换电缆后，应进行下述检查：
注意：检查绝缘电阻时，应断开电路内所有电气设备和电容器，以免击穿。
① 利用检验灯或导通表，按接线图进行导通检查。
② 检查与新更换导线相通的每一根导线的绝缘电阻。

3. 导线的维护

定期检查全部导线，并随时排除所发现的故障。
(1) 擦净落到导线上的油污，固定紧导线上已松动的卡箍。
(2) 检查插头座的连接情况，如有松动，应拧紧螺母并打保险。
(3) 检查各固定元件(如电源线接头固定螺栓)，如有松动应立即拧紧。
(4) 检查负线与机体的全部连接处，如有红色保险漆损坏(负线固定螺钉松动)，必须拧紧螺母，然后重新涂上红漆。

4. 接线盒和配电板(盘)的维护

飞机经过长期使用或在机场停放之后，全部接线盒和配电板（盘）应按下列顺序检查：

（1）检查其完整性和固定的可靠性。
（2）检查导线收头情况和电搭接的可靠性，拧紧正负线固定螺母。
（3）检查并在必要时拧紧开关、转换开关及断路器等导线的固定螺钉。
（4）检查配电设备（开关、转换开关、可变电阻、继电器、接触器、按钮等）固定的可靠性和完整性。
（5）清除和擦净配电板(盘)上的灰尘和水汽。
（6）用干布擦净电源汇流条上的氧化痕迹和灰尘。
（7）按标牌检查熔断器是否完好，电流值是否相符，检查熔断器放在固定座中的固定性，如有缺装或损坏应补装或更换。
（8）检查完毕后，盖好接线盒及配电盘的盖子。

第三节　地面电源及检查与使用规则

一、地面电源

1. 地面电源

一般来说，飞机机载用电设备可以使用的电源包括：主电源（飞机发电机）、APU 发电机、蓄电池、外电源。当飞机停留在地面时，需要对飞机进行维护、加油、装卸货物、启动发动机等作业时，可以使用 APU 发电机、蓄电池、外电源，为了降低成本，减少对环境的危害，降本增效，应尽量使用地面电源。地面电源供电装置分为固定式、汽车式、挂车式和非动力式几种。根据电源的性质又可以分为直流和交流电源，交流电源又有单相交流电源和三相交流电源之分。以低压直流电为主电源的小型飞机通常采用地面直流电源，运输飞机和以交流电源为主电源的飞机采用地面交流电源。地面直流和交流电源可以通过两种方法获得，一是地面柴油发电机，产生与飞机上相同的交直流电源，俗称电源车；另一种是将工频交流电源通过变压整流器或变流器转变为飞机所需的直流电或交流电。

2. 地面直流电源

附图 1-1 所示为一种典型的三针插头，由两个正插针和一个负插针组成。一个正插针比其余的插针短，直径也小。这些插针由一个保护盖盖住，整个装置通常安装于设置在飞机机体结构适当部分的凹槽内。从飞机外部接近插头则通过带有可快速松开紧固件的铰链板。

附图 1-2 所示的使用多针插头装置的电路中短的正插针与地面电源继电器的线圈电路相连接，这样即使在电路带电的情况下拔下地面电源插座，地面电源继电器将在主插针从插座脱开之前消除激励，保证电源断开前，在继电器大电流的触点处不产生电弧。

外电源插入地面电源插座后，地面电源继电器接通工作，如果蓄电池总电门接通，地面电源就可以通过蓄电池继电器代替飞机蓄电池，向飞机电路供电。

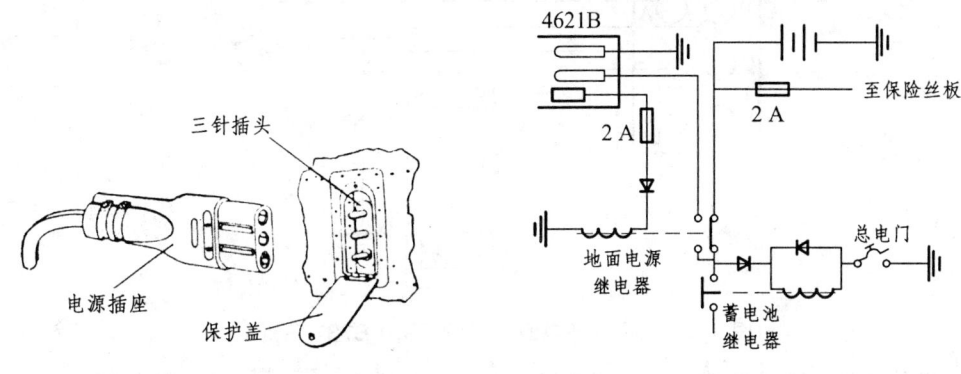

附图 1-1　地面电源插头

附图 1-2　地面电源供电电路

3. 地面交流电源

地面交流电源通常采用三相交流电，地面电源插座及指示灯的安装情况如附图 1-3 所示，插座中共有 6 个插钉，其中 4 个插钉较长，而且直径大，为三相四线制交流电源的连接插钉，分别对应 ABC 三相和零线 N。E、F 插钉为辅助插钉，它们比主插钉细且短，只有当 EF 插钉与外部插孔紧密连接后，地面电源才可能向飞机电网供电，可以有效避免在地面电源插头插拔时产生火花。

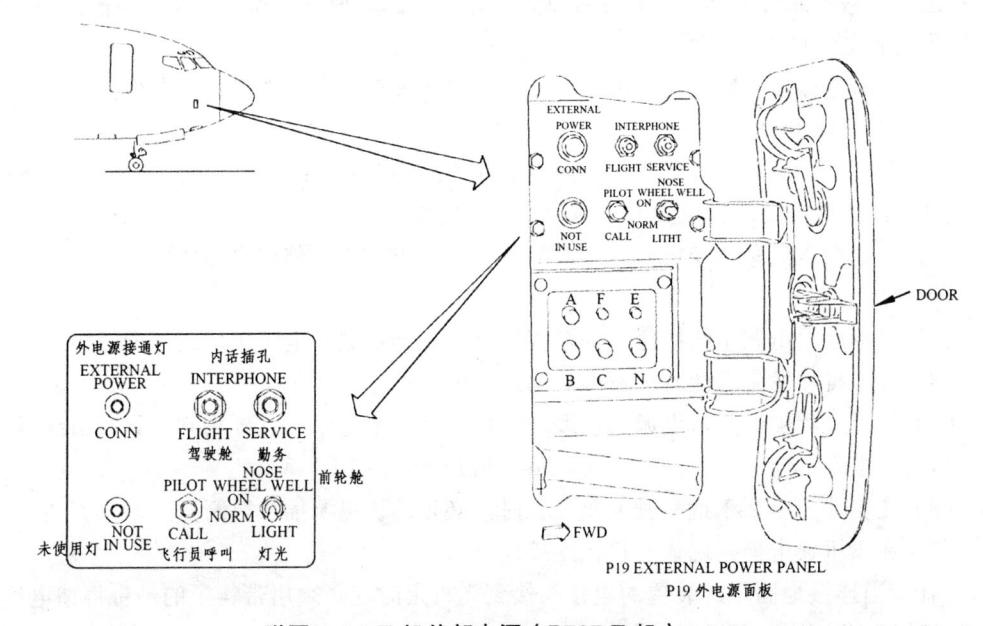

附图 1-3　飞机外部电源（B737 飞机）

在波音 737-800 中，BPCU 用于控制飞机电源系统的控制与管理，E、F 用于为外电源接触器提供接通逻辑信号，如附图 1-4 所示。

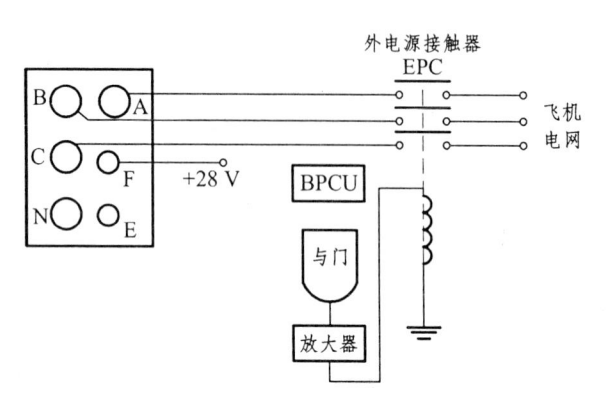

附图 1-4 飞机外部电源控制原理图（B737 飞机）

在飞机外部的地面电源插座上有两个指示灯，分别是"AC CONNECT"灯和"NOT IN USE"灯。当外部电源插好后，"AC CONNECT"灯亮；"NOT IN USE"灯亮时，表明地面电源没有向机上网络供电，允许拔下地面电源插头，而"NOT IN USE"灯熄灭时，说明飞机正在使用地面电源，需要先断开地面电源电门，才允许拔下插头。

二、使用地面电源通电检查时的要求

地面电源在设计时已经对使用过程中可能遇到的恶劣天气和温度、湿度剧烈变化等进行了考虑，但精心的日常维护与管理可以延长地面电源的使用寿命，减少电源的故障发生率。在使用地面电源过程中必须注意以下几点：

（1）地面电源车的操作，应由经过专门培训和具有独立工作能力的人员担任，严格遵守有关电源车的使用规定。

（2）要尽量避免电源长期在特别潮湿的环境中暴露或使用，不使用时应该储藏在房屋或遮阳棚中。如果需要露天放置时，应进行雨雪防护。

（3）在地面电源车不使用时应及时为蓄电池充电，延长使用寿命的同时，使之处于随时可用状态。

（4）保持地面电源车的插座和外壳清洁，防止异物进入电源车，或污染插座。

（5）在停机坪发生溢油时，不准起动地面电源车。

（6）使用过程中注意对电源车电缆的防护，避免用力牵拉、硬物割（划）伤或碾压等。

（7）当电源车向飞机供电时，司机不得离开岗位。

（8）在将地面电源车拖（驶）离飞机时，必须确认电源插头已断开。

（9）在飞机通电前，确认飞机已经接地。

（10）当连接地面电源装置的电接头接到飞机上时，必须用带钩子的吊带将馈电线吊好，以防损坏飞机外接电源插座。

（11）在连接电接头前，先检查外接电源电线和外接电源插座是否有腐蚀或损伤，如果发现插钉损坏，要更换外接电源插座。

（12）在将地面电源装置的电接头接到飞机外电源插座上前，确认外接电源未接通。如果已接通，则可能会出现危险的电弧。

（13）在给飞机上电前，确认所有维护所用的电路已经隔离开。

（14）在脱开地面电插头前必须先关断电源，避免产生危险的电火花。

（15）在外电源不能正常向机上供电时，可以考虑外电源接头接触是否良好，检查插紧性，检查接头和插座有无腐蚀污物等导致绝缘问题。

（16）外电源参数不符合要求，检查电源车仪表和飞机上仪表指示，频率、电压、相序是否正确。

飞机的电源系统既有 24 V、12 V 的低压直流供电系统，也有 115 V/200 V、400 Hz 恒频交流供电系统。因此，在连接外电源之前必须对外电源的供电电压进行确认，避免损坏机载电子设备。与外电源继电器线圈串联的二极管虽然可以起到反极性保护的作用，但对于过电压或欠电压的保护确无能为力。

附录2　常用电气符号对照

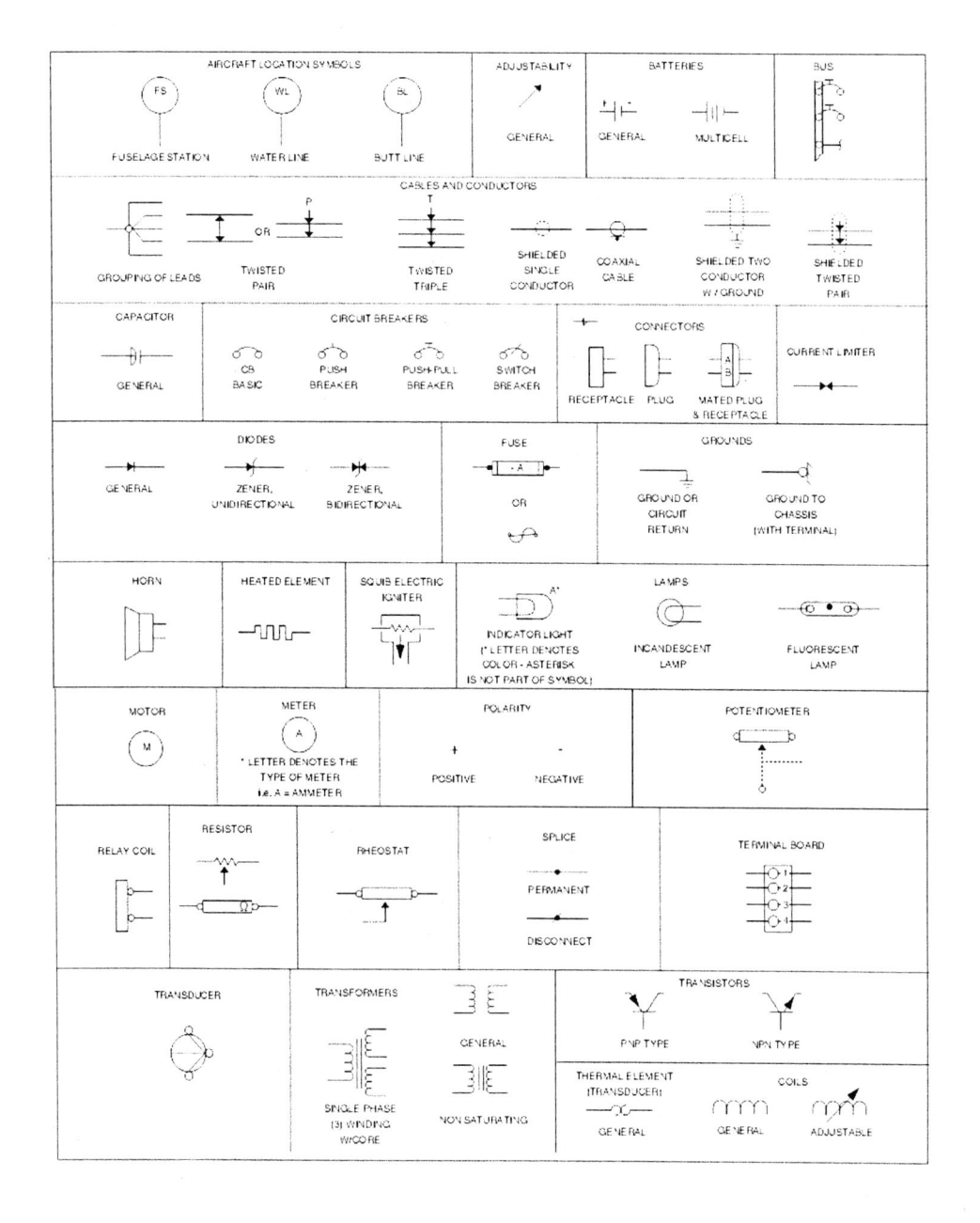

附录2 常用电气符号对照

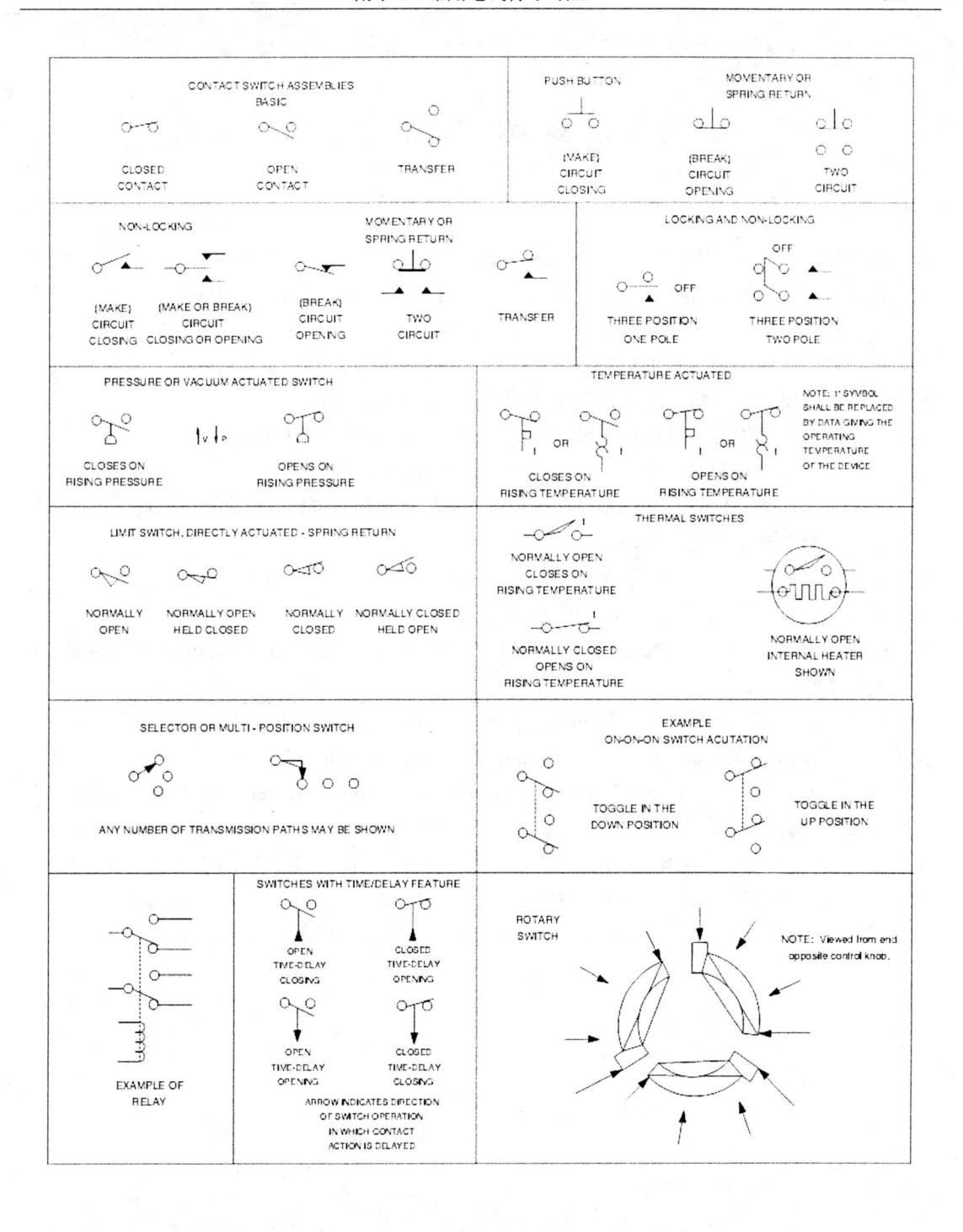

参 考 文 献

[1] 谢少军,严仰光. 民航飞机供电系统. 北京:航空工业出版社,1998.
[2] 沈颂华. 航空航天器供电系统. 北京:北京航空航天大学出版社,2005.
[3] 盛乐山. 航空电气. 北京:科学出版社,1994.
[4] 朱新宇,胡焱. 民航飞机电气及通信系统. 成都:西南交通大学出版社,2002.
[5] 刘迪吉. 航空电机学. 北京:航空工业出版社,1992.
[6] 蒋志扬,李颂伦. 飞机供电系统. 北京:国防工业出版社,1990.
[7] 严仰光. 航空航天器供电系统. 北京:航空工业出版社,1995.
[8] (美)David A. Lombardo 著. 小型飞机的结构和使用. 张鹏,孙淑光,杜鸣,等译. 北京:航空工业出版社,2006.
[9] 赵文志. 航空器电气附件修理. 北京:中国科学文化出版社,2003.
[10] 朱普安. 电气元件. 北京:中国民航出版社,1997.
[11] Dale Crane. Airframe Volume 2:Systems (2nd). Washington: Aviation Supplies & Academics, inc,1999.
[12] 蔡仁钢. 电磁兼容原理、设计和预测技术. 北京:北京航空航天大学出版社,1997.
[13] Gary Brown,Leonard Bovender. Aviation electricity and electronics—power generation and.distribution. Naval education and training professional development and technology center,2002.
[14] EHJ·帕利特著. 飞机电气系统. 韩世杰,徐荣林,译. 北京:国防工业出版社,1985.
[15] 郝劲松,徐亚军,朱新宇. 活塞发动机飞机结构与系统. 北京:兵器工业出版社,2007.
[16] 任仁良,张铁纯. 涡轮发动机飞机结构与系统. 北京:兵器工业出版社,2006.